JN046906

統計学入門 I

生成量による
実感に即した
データ分析

豊田 秀樹 著

朝倉書店

まえがき

■ ■ ■

　本書は文科系の大学生が読むことのできる統計学の入門書です．微分と積分を使っていません．必要とする数学的予備知識は高校数学Ⅰです．本書で扱うテーマは，1変数／2群の差／1要因／2要因／比率／分割表の分析です．統計学の入門教程の内容としては，極めてオーソドックスで，何の変哲もありません．入門書とは，統計学に限らず，どの分野でも最初に学習すべき内容は定まっているものです．しかし，本書のアプローチは極めて独自です．国内外を見わたしても，2022年現在，類書は1冊もないと言って過言ではありません．

　近年，統計分析を利用した論文の結果が再現されないとの報告が相次いでいます．論文の内容が再現されないと，学問の発展に大きな支障が生じます．これは再現性問題と呼ばれています．統計学を道具として利用する学問は多岐に亘っていますから，結果が再現されない事態は深刻です．研究資源の空費は大きな社会的損失です．またこれは同時に統計学の危機でもあります．本書では，その危機を克服するために初等統計教育の教程を根本的に変更することを主張します．具体的には有意性検定を初等統計教育から割愛します．

　本書を利用して筆者が統計学入門の講義をする際には，有意性検定が解説された別の拙著を副読本 [*1] として併用します．なぜなら現在，統計学の多くの初等教育教程では有意性検定が教授されており，過去の論文にも使用されていますから，有意性検定の知識は，コミュニケーションの道具として，今なお必要だからです．また副読本には，本書執筆の必要性や動機を詳述しています．

　本入門教程が掲げる教育目標は，以下の2つを学習することに集約されます．

1. 統計データ分析は，学問発展の十分条件を最初から目指す

　有意性検定における帰無仮説は学問発展のための必要条件を確認するために使用されてきました．有意性検定の大きな罪は「学問発展のための必要条件を確認すれば論文は査読を通る」という誤った文化を定着させたことです．学問を発展させることは，言うまでもなく，とても大変です．このため，必要条件をクリア

[*1]　豊田秀樹 (2020)『瀕死の統計学を救え！―有意性検定から「仮説が正しい確率」へ―』，朝倉書店.

しているけれど，学問発展に寄与しない論文をあの手この手 *2) で学術誌に掲載
してしまいました．それは誤った文化のもとで，許されたルールの範囲内だった
し，卒業・学位・生活がかかっていますから，研究者・執筆者の多くには悪意な
どありませんでした．これが再現性問題の本質です．たとえば「新薬を服用した
患者が回復するまでの平均日数は対照群と同じ」という帰無仮説を棄却できたと
しても，それは新薬に有効性があるための必要条件を確認しただけに過ぎません．
必要条件などには目もくれず，「新薬を服用した患者が回復するまでの平均日数
は，対照群と比較して，医学的観点から評価して十分に短い」等の学問発展に対
する十分条件への確信を示す分析を，最初からすべきです．

2. 研究の価値判断には，ドメイン知識で実感できる指標を用いる

　有意性検定を解説した教科書には「回復までの平均日数は従来と同じである」
に類する帰無仮説の棄却の例が掲載されてきました．このような必要条件のクリ
アでは学問が進歩するとは限らないのに，なぜそんな例ばかりが旧教程に並べら
れてきたのでしょうか．なぜそんな奇妙な文化が形成されたのでしょうか．

　その理由は，「まったく効果がない」状態を棄却することによる必要条件は，研
究分野／文脈によらずに統計学の側から定義できたからです．執筆する側も便利
だから，それを教科書に例として載せました．またアカデミックボランティアで
あることが多い査読者の側にとっても，白黒がはっきりつく客観的・統計的基準
で判定できたほうが効率的でした．3 つの側の状況を反映し，$p < 0.05$ のような
「研究分野／文脈によらずに，その研究に価値があると自動的に判定できる統計指
標が存在する」という誤ったもう一つの文化が，学界に定着してしまったのです．

　学問の発展のための十分条件は，統計学側からは決められません．実質科学側
からでさえ一意には定まりません．回復までの平均日数が十分に短ければ，その
研究が学問の進歩に寄与することは誰しも認めます．しかし十分に短いとは，具
体的には何日間なのでしょうか？　たとえば 2 日間早まれば学問的進歩といえる
でしょうか？　たぶん賛成する人もいるし，反対する人もいるでしょう．査読す
る専門家の側の十分条件の判定にも，幅があります．

　また従来約 15 日で回復していた病気と，約 1015 日で回復していた病気を思い

---

*2)　あの手この手とは「神の見えざる手」「帰無仮説採択の誤用」「強すぎる検定力」「多重性の悪用」「ゾ
　　ンビ的検定」などが挙げられ，総称的に p ハッキングと呼ばれています．詳細は副読本を参照して
　　ください．

浮かべてみてください．平均値の有意性検定として，仮に両者が同じだったとしても，2日早まった医学的価値は明らかに異なります．学術的に意味のある差と，統計的有意差 (p 値) は連動しないのです．

統計学の役割は「『1.5日間以上短くなる』という言明には88%の確信をもてる」に類する合理的な推測の結果を示すことです．そこには研究に対する価値判断がまったくありません．これこそが統計学側の本来の役割です．素晴らしい役割です．研究分野／文脈によらずに研究の価値を自動的に判定できる統計指標など存在しません．学問発展に寄与する状態を特定できるとしたら，たとえそれがどんなに難しくとも，当該分野の専門知識によってのみです．

専門家は2種類の評価をします．効果の評価と，正しさ (確信) の程度の評価です．効果の評価とは，たとえば『1.5日間以上短くなる』という新薬の効能を，従来の治療日数・副作用の程度・新薬のコストなど，専門知識を総動員して評価することです．薬理的観点から新薬にはあらかじめ副作用が心配されるなら，1.5日間くらいの短縮では，その効果に対して低い評価しか与えられないかもしれません．

正しさ (確信) の程度の評価とは，たとえば88%という確からしさが，効果のメリットと比較して十分高いといえるか否かの判断です．たとえば緊急事態宣言が発出されているなど，治療法の開発が一刻を争う社会状況であれば低くても許容すべきかもしれません．当該分野の専門家は2種類の評価を柔軟に統合し，研究の価値を判定します．以上が，統計学と実質科学の正しい役割分担です．

章末には確認問題が置かれています．ただし「用語を答えなさい」という形式の演習問題には正解を示していません．正解は章中の「太字」にあります．正解を示さない理由は，正解を学習者自身が探すことによって内容に対する理解が深まるためです．

また座学だけではデータ分析の実技は決して身につきません．本書の内容を再現するスクリプトを朝倉書店ウェブサイト (https://www.asakura.co.jp/) の当該ページから配布します．ダウンロードして，是非ご利用ください．

放送大学で2017年から2020年まで，心理統計学の講義をさせていただきました．また同時期にも，本務校の早稲田大学で講義を行っていました．その4年の間，片時も心離れることなく「初等統計教育はいかにあるべきか」を考え続けてきました．2021年になってようやく迷いがなくなりましたので，本書を世に問い

ます．放送大学の教科書を土台にして，表現・分析例・構成等大幅な書き換えを行い，筆者が理想と考える初等統計教育の教程を本書で具現化しました．それは「尤度によるデータ生成過程の表現」という教授学習パラダイムによる教程です．4年の間に質問をくださった，放送大学と早稲田大学の学生さんに，心より感謝いたします．

2022 年春　　豊 田 秀 樹

目　　次

■　■　■

1 データの要約と理論分布

■ ■ ■

1.1 データの整理

　起こりうる結果が2つ以上あり，それらの結果のうち，どれが起きるかが，偶然によって決まる観察・実験を試行 (trial) という．試行の結果，起こりうる状態を事象 (event) という．たとえばコインを投げる行為は試行であり，表または裏が出る結果が事象である．

　統計学を用いた研究では客観的な測定を重視する．測定 (measurement) とは，回答者や事物や事象などの観測対象 (observed object, observation) に，定められた操作に基づいて数値や記号を割り当てることである．測定によって割り当てられた数値や記号を測定値 (measured value) といい，観測対象ごとに値が変化するという意味では，それを変数 (variable) という．測定値の集まりをデータ (data) という．データのもつ情報を取り出すことが統計的分析 (statistical analysis) の目的である．

1.1.1 「抗原検査」データ

　抗原検査：　標準的な治療法がいまだ確立していない新型ウイルスに対する治療薬の開発を行っている．この病気は，幸いにも重症化しなかった場合には，発症から起算して平均 15.0 日で抗原検査の結果が陰性になる．この平均日数は膨大なケースから計算され，値が安定している．治験に参加してくれた患者に新薬 A を投与し，半日ごとに抗原検査を行った．結果が陰性になるまでの日数が表 1.1 である．この新薬には効果があるといえるだろうか．

　「抗原検査」データの観測対象は患者であり，変数は「日数」である．データを見たら，「観測対象・測定された変数は何であるか」を，まず認識することが大切

表 1.1 測定結果 (日数)

1	2	3	4	5	6	7	8	9	10
11.5	14.0	15.0	10.0	14.0	14.5	12.5	12.5	12.5	12.0

11	12	13	14	15	16	17	18	19	20
13.0	12.0	12.5	13.5	15.0	13.5	12.5	12.0	12.0	17.0

である.

データの分析は，1 つ 1 つの測定値を丁寧に観察することから始める．ここでは (陰性になるまでの)「日数」が測定値である．データを観察すると，最長で 17.0 日間の患者が 1 名いる．次が 15.0 日間で 2 名いる．平均日数 15.0 日より，長くかかった患者が 1 名いることが確認できる.

測定値の数を n とすると，データは

$$\boldsymbol{x} = (x_1,\ x_2,\ \cdots,\ x_i,\ \cdots,\ x_{n-1},\ x_n) \tag{1.1}$$

と表現する．i は添え字といい，観測対象を区別するための数字 (出席番号のようなもの) である．x_i は，ここでは，i 番目の測定値である．たとえば $x_2 = 14.0$ である．「抗原検査」の実験では $n = 20$ であり，データは

$$\boldsymbol{x} = (11.5, 14.0, 15.0, 10.0, 14.0, 14.5, 12.5, 12.5, 12.5, 12.0,$$
$$13.0, 12.0, 12.5, 13.5, 15.0, 13.5, 12.5, 12.0, 12.0, 17.0)$$

と表現する.

本書は x_i のような 1 つの数字 (スカラー) はイタリック体で表現し，$\boldsymbol{x}$ のような多次元のベクトルは ボールド体 で表現する.

1.1.2 度数分布表

データの入力ミスのチェックも行いながら，データを観察することは大切である．しかし目視には限界があるので，続いてデータ分布 (data distribution) を調べる．分布 (distribution) とは，どのあたりにどれくらいデータが観察されているかの様子であり，データの分布を調べるためには度数分布表を作成することが効果的である.

階級に観察された度数をまとめた表を度数分布表 (frequency distribution table) という．表 1.2 に「抗原検査」データの度数分布表を示す．ここで度数 (frequency) は観測された測定値の数であり，階級 (class) は測定値の区間である．区間の長

表 1.2 「抗原検査」の度数分布表 (階級幅 1 日)

階級値	階級	度数	確率	累積度数	累積確率
10 日	9.5 日以上 10.5 日未満	1	0.05	1	0.05
11 日	10.5 日以上 11.5 日未満	0	0.00	1	0.05
12 日	11.5 日以上 12.5 日未満	5	0.25	6	0.30
13 日	12.5 日以上 13.5 日未満	6	0.30	12	0.60
14 日	13.5 日以上 14.5 日未満	4	0.20	16	0.80
15 日	14.5 日以上 15.5 日未満	3	0.15	19	0.95
16 日	15.5 日以上 16.5 日未満	0	0.00	19	0.95
17 日	16.5 日以上 17.5 日未満	1	0.05	20	1.00

さを階級幅 (class width) という．表 1.2 の階級幅は 1 日である．階級値 (class value) とは，階級を代表する値の呼び名であり，通常は，切りのよい値，あるいは階級の真ん中の値である．たとえば階級「9.5 日以上 10.5 日未満」の切りのよい呼び名，あるいは階級の真ん中の値は「10 日」である．

　観測対象がその階級で観察される確率 (probability) は度数を n で割った値である．累積度数 (cumulative frequency) はその階級以下の度数の和であり，累積確率 (cumulative probability) は累積度数を n で割った値である．度数分布表を観察すると，たとえば 30%のデータが階級値 13 日であること，あるいは 80%のデータが階級値 14 日以下であることなどが分かる．

1.1.3 図的要約 (ヒストグラム)

ヒストグラム (histogram) は，縦軸に度数，横軸に階級あるいは階級値を配した統計グラフであり，分布の様子を視覚的に理解するために有効である．「抗原検査」のヒストグラムを図 1.1 に示す．

　左図は階級幅 1 日で描き，右図は階級幅 0.5 日で描いている．したがって右図の階級値は 10 日，10.5 日，· · ·，16.5 日，17.0 日 であり，たとえば階級値 10 日の階級は，9.75 日以上 10.25 日未満である．

　この 2 つの図を見て分かるように，ヒストグラムが示しているのはデータの唯一の視覚的イメージではない．階級と階級幅を変えると，ヒストグラムの印象も変わる．

1.1.4 数値要約

度数分布表やヒストグラムはデータの有する詳細な情報を有している．しかし手軽さに欠ける．そこでデータの特徴を要約的に記述するための数的な指標を利

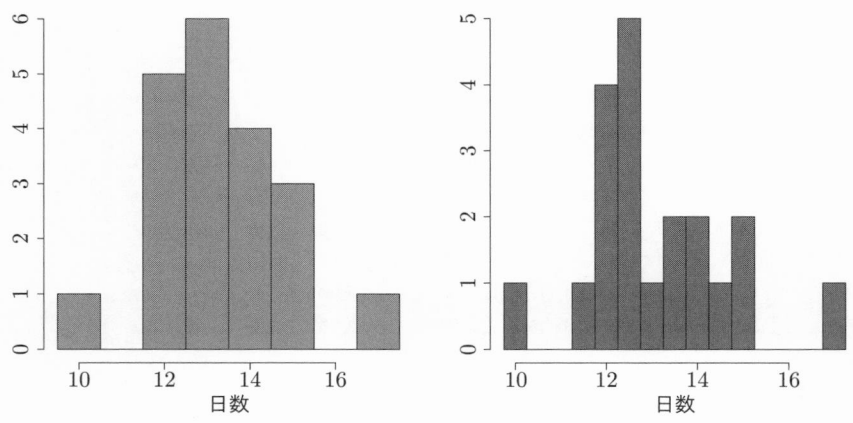

図 1.1 ヒストグラム. 左図は階級幅 1 日, 右図は階級幅 0.5 日

用する. データを独立変数とみたときの関数

$$統計量 = f(データ) \tag{1.2}$$

を一般に**統計量** (statistic) といい, 特にデータの性質を縮約するための統計量を**要約統計量** (summary statistic) という. また要約統計量でデータの特徴を要約することを**数値要約** (numerical summary) という.

初等的な要約統計量[*1] には代表値と散布度がある. 分布の位置 (location) を記述する要約統計量を**代表値** (representative value) という. データ全体の特徴を 1 つの数値で表す場合には代表値を利用する. 具体的な代表値として, 本書では平均値・中央値・最頻値を用いる.

1.1.5 平　均　値

代表値の中でも最も頻繁に利用されるのが平均値である. 単に平均と呼ぶこともある. 平均値 (mean) は, すべての測定値の合計を n で割って

$$\bar{x} = \frac{1}{n}(x_1 + x_2 + \cdots + x_i + \cdots + x_{n-1} + x_n) \tag{1.3}$$

と求める[*2]. 「抗原検査」データの平均値は $\bar{x} = 13.075$ 日であった. これは分布の中心的位置に関する目安である. 中央値と最頻値については後述する.

[*1]　さらに高度な要約統計量としては, 分布の歪みを表現する**歪度** (skewness) と, 分布の裾の重さを表現する**尖度** (kurtosis) がある.

[*2]　$\bar{x}$ は「えっくすバー」と読む.

1.1.6 散布度 (分散・標準偏差)

測定値が分布の中心的な位置から平均的にどれほど散らばっているかに関する要約統計量を**散布度** (dispersion) という. 散布度の要約統計量としては分散と標準偏差がよく利用される.

測定値から平均を引いて 2 乗した値の平均が**分散** (variance)

$$s^2 = \frac{1}{n}((x_1 - \bar{x})^2 + \cdots + (x_i - \bar{x})^2 + \cdots + (x_n - \bar{x})^2) \tag{1.4}$$

である.「抗原検査」データの分散は $s^2 = 2.257$ である.

ただし分散の単位は, 測定値の単位の 2 乗になっているから, その値を平均的な散布度として解釈しにくい. この欠点を補うために,

$$s = \sqrt{s^2} \tag{1.5}$$

のように分散の平方根をとり, もとの測定単位に戻す. これを**標準偏差** (standard deviation, sd と略記することもある) という.「抗原検査」データの標準偏差は $s = 1.502$ 日であった. これは, 平均から平均的に約 1 日半測定値が散らばっていることを示している. s が大きくなるに従って, 測定値は平均値から平均的に離れて観察される.

1.1.7 積率と分位

平均や分散や標準偏差のように, データの関数の平均の形式で求める統計量を**積率** (moment) 系の統計量という. 積率系の統計量は, データ中に少数の極端に大きい (小さい) 値の測定値 (これを**外れ値** (outlier) という) があると, その影響を強く受けてしまうという短所がある.

それに対してデータを小さい順に並べ替え, その情報を利用して求める統計量を**分位** (quantile) 系の統計量という. 分位系の統計量には外れ値の影響を受けにくいという長所がある. 主な分位系の統計量としては, **最小値** (minimum)・**最大値** (maximum)・中央値・%点がある.

「抗原検査」データを値が小さい順に並べ替えると

$$(10.0, 11.5, 12.0, 12.0, 12.0, 12.0, 12.5, 12.5, 12.5, 12.5,$$
$$12.5, 13.0, 13.5, 13.5, 14.0, 14.0, 14.5, 15.0, 15.0, 17.0)$$

となる. 最小値は 10.0 日であり, 最大値は 17.0 日である.

1.1.8 中 央 値

代表値の 2 番目に挙げた**中央値** (median, x_{med}) は,

$$
x_{med} = \begin{cases} \dfrac{n+1}{2} \text{番目の測定値} & n \text{ が奇数の場合} \\ \dfrac{n}{2} \text{番目と} \dfrac{n}{2}+1 \text{番目の測定値の平均} & n \text{ が偶数の場合} \end{cases} \tag{1.6}
$$

と定義される. 中央値は位置に関する分位系の要約統計量である. この場合は $n = 20$ であり, データ数は偶数だから中央値は 10 番目と 11 番目の測定値の平均, 12.5 日 $(= (12.5 + 12.5)/2)$ である.

1.1.9 α % 点

α%点 (α percentile) とは, その測定値の下方に全データの α% があるような値 [*3)] である. たとえば30%点は 12.0 日であり, 70%点は 13.5 日である.

特に, 25%点, 50%点 (中央値), 75%点を, それぞれ**第 1 四分位** (first quartile), **第 2 四分位** (second quartile), **第 3 四分位** (third quartile) という. それら 3 つをまとめて**四分位点** (quartile point) という. このデータでは, それぞれ 12.0 日, 12.5 日, 14.0 日である.

2 つの%点の区間を考察することによって, データの散布の様子を知ることができる. 最大値と最小値によって構成される区間 (ここでは区間 [10.0, 17.0]) にはすべての測定値が含まれる. これを**範囲** (range) という. 両側 10%のデータを捨てて構成される区間 (ここでは区間 [12.0, 15.0]) には全体の 80%の測定値が含まれる.

1.1.10 最 頻 値

代表値の 3 番目に挙げた**最頻値** (mode, x_{mod}) は, 最大度数を有する階級値である. 図 1.1 を観察すると, 階級幅 1 日の場合は, 度数 6 の階級値である 13 日が最頻値である. しかし階級幅 0.5 日の場合は, 度数 5 の階級値である 12.5 日が最頻値となる.

最頻値は, 中央値と同じように外れ値の影響を受けにくいという長所を有する. しかしヒストグラムの印象と同様に, 階級・階級幅を変化させると, 連続的な変数の最頻値は変化することがある. これは最頻値の短所である.

[*3)] 中央値や%点に関しては, 教科書によってさまざまな定義がある. 連続的な変数の場合には n の増加に伴って, どの定義で計算しても結果は実質的に変わらなくなる.

1.2 正 規 分 布

度数分布やヒストグラムで示されるデータ分布は経験的 (客観的) な事実である.このためデータ分布を**経験分布** (empirical distribution) ということがある.経験的事実を観察することは大切であるが,それだけでは推論が先に進まない.

そこでデータの性質に関する推論を行うために,**理論分布** (theoretical distribution)[*4] という数理的概念を導入する.理論分布は,一般的に,確率密度関数と確率分布関数という 2 つの関数によって特定される.

本節では,正規分布と呼ばれる理論分布を解説する.

1.2.1 正規分布の密度関数

私たちの身の回りのさまざまな連続的な変数の分布の近似として,最も頻繁に利用される理論分布が**正規分布** (normal distribution) である.平均値の付近に度数が大きく,両側に離れるに従って,度数が小さくなるデータを記述するのに適している.

正規分布に限らず,一般的に,**確率密度関数** (probability density function, PDF) とは,任意の区間の面積が,その区間でのデータの観察確率に一致するように理論分布を定義した関数である.したがって正規分布に限らず,あらゆる理論分布の確率密度関数は,総面積が 1 である.

確率密度関数は,略して**密度関数** (density function) と呼ぶこともある.正規分布の密度関数は

$$f(x|\mu, \sigma) = \frac{1}{\sqrt{2\pi}\sigma} \exp\left[\frac{-1}{2\sigma^2}(x-\mu)^2\right], \quad -\infty \leq x \leq +\infty \quad (1.7)$$

と定義される.ここで左辺中の縦棒 | は「ギブン (given,所与の意)」と読み,たとえば $f(a|b)$ は「えふカッコえいギブンびー」と読む.

(1.7) 式中の $\exp[a]$ は e^a である.$f(a) = e^a$ を指数関数という.e はネイピア数 (Napier's constant) と呼ばれる定数であり,$e = 2.7182818\cdots$ である.(1.7)

[*4] 理論分布には 2 種類の使用法がある.本章では,正規分布は「抗原検査」の分布として例示し,一様分布は列車の待ち時間の分布として例示する.このようにデータ分布を理論分布で表現するとき,それを**データ生成分布** (data generating distribution) という.理論分布はデータ生成分布としてばかりでなく事前分布としても利用される.事前分布はデータ生成分布の母数の分布であるが,それに関しては後続の章で詳述する.

式の大括弧の中身のように, a に相当する式表現が複雑になるときには, それを e の肩に乗せると小さくなって見にくくなるので, $\exp[a]$ と表記する.

1.2.2 母　　数

理論分布の特徴を定めている数的指標, あるいはデータの発生機構を特徴づける指標を, 一般的に**母数** (parameter) という. 正規分布では μ と σ (あるいは σ^2) が母数である. 正規分布では μ が平均に, σ が標準偏差に一致することが知られている. ただしその理由は本書の数理的レベルを超えるので割愛する.

また母数そのものが平均や標準偏差に一致することは, 数ある理論分布の中でも珍しい. それは正規分布の特別な性質である. たとえば本章で後述する一様分布では母数と平均・標準偏差は一致しない. 一致しないほうが一般的である.

1.2.3 母数と標本統計量の区別

理論分布の性質であることを強調したいときには, 母平均・母標準偏差・母分散など, **母** (population) という接頭語をつける. データから計算された要約統計量であることを強調し, 理論分布の母数と明確に区別したい場合には, 標本平均・標本中央値・標本分散・標本標準偏差など, **標本** (sample) という接頭語をつけて区別する. ただし文脈から明らかな場合には, 「母」も「標本」も省略する.

1.2.4 標準正規分布

ここで x に 1 次変換

$$z = \frac{x - \mu}{\sigma} \tag{1.8}$$

を施す. 測定値から平均を引いて標準偏差で割る一次変換を**標準化** (standardization) という. 標準化された z の密度関数は

$$f(z|\mu = 0, \sigma = 1) = \frac{1}{\sqrt{2\pi}}\exp\left[\frac{-1}{2}z^2\right], \quad -\infty \leq z \leq +\infty \tag{1.9}$$

となる. これを**標準正規分布** (standard normal distribution) という.

1.2.5 分布の表記

x が, 平均 μ, 標準偏差 σ の正規分布に従っていることを $x \sim N(\mu, \sigma)$ と表記する. 標準正規分布の平均は 0, 標準偏差は 1 である. したがって標準正規分布は, $z \sim N(\mu = 0, \sigma = 1)$, あるいは $z \sim N(0, 1)$ と表記する.

1.2.6 確率密度は点に付与，確率は区間に付与

(1.7) 式が与えるのは確率ではなく，**確率密度** (probability density) である．た
とえば「抗原検査」の測定値である 13.0 日や 14.5 日の小数第 1 位は，0 か 5 に
しかならない．1 日 2 回しか抗原検査をしないからである．常に血液中の抗原の
状態をモニターし続け，小数点以下をずっと測定したら，陰性になる瞬間がピタ
リと 13.0 日や 14.5 日になる確率は 0 である．

　連続した測定値にみえる「体重 kg」も，通常，小数第 2 位以降は 0 である．測
定精度には限界があり，あらゆる連続的変数は，実は離散的である．したがって
「時間」や「重さ」のような連続的変数は，通常，特定の点そのものが観察される
確率を定義しない．データが観察される確率は点ではなく区間に付与する．

1.2.7 確率分布関数

　区間の確率の中でも，特に，下限 (この場合は $-\infty$) から x までの区間で測定
値が観察される確率を与える関数 $F(x|\ )$ を考えよう．正規分布に限らず，理論分
布では一般的に，これを**累積分布関数** (cumulative distribution function, CDF)
という (または**確率分布関数**，略して**分布関数**ともいう)．正規分布の分布関数は

$$F(x|\mu, \sigma) \tag{1.10}$$

と表記する [*5)]．たとえば平均が 13.075 であり，標準偏差が 1.502 である正
規分布の密度関数と分布関数は，それぞれ $f(x|\mu = 13.075, \sigma = 1.502)$ と
$F(x|\mu = 13.075, \sigma = 1.502)$ のように表記する．データがこの分布に従っている
とすると，12.5 日以下のデータが観察される確率は，分布関数を評価し

$$F(12.5|\mu = 13.075, \sigma = 1.502) \simeq 0.351 \tag{1.11}$$

と計算できる．3 割 5 分 1 厘ほどである．35.1%といってもよい．

　確率分布関数は，図 1.2 の右図のように

$$F(+\infty|\mu, \sigma) = 1 \tag{1.12}$$

であり，x の増加に伴って限りなく 1 に近づく．正規分布に限らず，あらゆる理
論分布の分布関数は，変数の増加に伴って限りなく 1 に近づく，または 1 になる．

---

*5)　本書は読者に積分の知識を要求しないので，(1.10) 式の具体的な形状は割愛する．

1.2.8 理論分布の最頻値・中央値

正規分布の中央値と最頻値は平均値 μ に一致する．一般的に，理論分布の最頻値は，密度関数のピークを与える点である．理論分布の中央値は，分布関数の値が 0.5 になる点である．平均値・中央値・最頻値が一致するのは正規分布の特別な性質である．他の多くの理論分布では，3 つの代表値は一般的に一致しない．

1.2.9 任意の区間で測定値が観察される確率

下限からではなく，任意の区間で測定値が観察される確率は，2 つの分布関数の差で表現する．たとえば，陰性になるまでの日にちが 10.0 日以上 12.0 日未満である確率は以下のように計算でき，21.7%ほどである．

$$F(12.0|\mu = 13.075, \sigma = 1.502) - F(10.0|\mu = 13.075, \sigma = 1.502)$$
$$\simeq 0.237 - 0.020 = 0.217 \tag{1.13}$$

1.2.10 予測区間

理論分布を利用すると特定区間で測定値が観察される確率を計算できるだけではなく，逆に特定の確率で測定値が観察される区間を求めることができる．これを予測区間 (prediction interval) という．

統計分析では特定の確率として 95%が利用されることが多く，正規分布の場合には

$$F(\mu + 1.96\sigma|\mu, \sigma) - F(\mu - 1.96\sigma|\mu, \sigma) \simeq 0.95 \tag{1.14}$$

が 95%予測区間であることが知られている．標準正規分布なら $\mu = 0, \sigma = 1$ で

$$F(1.96|\mu = 0, \sigma = 1) - F(-1.96|\mu = 0, \sigma = 1) \simeq 0.95 \tag{1.15}$$

である．したがって「抗原検査」のデータに限らず，一般的に，正規分布の 95%予測区間は $[\mu - 1.96\sigma, \mu + 1.96\sigma]$ である．

推定値として，母平均には標本平均を利用し，母標準偏差には標本標準偏差を利用すると，「抗原検査」の 95%予測区間は [10.131 日，16.019 日] となる．分布関数を参照すると，95%に限らず，もちろん何%の予測区間でも構成できる．

1.2.11 標準正規分布の密度関数と分布関数の図示

図 1.2 に標準正規分布を示した．左図は確率密度関数であり，$-1.96 \leq x \leq 1.96$ に相当するこの曲線の面積は約 0.95 である．左図から「確率密度関数は，区間の

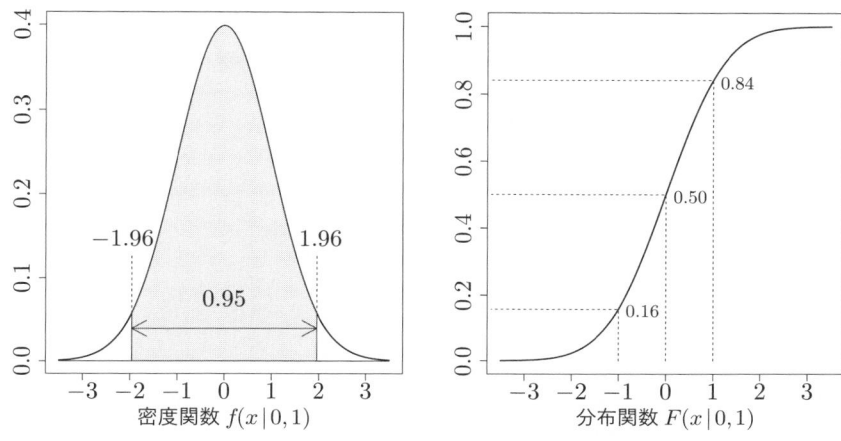

図 1.2 標準正規分布

面積が, その区間でのデータの観察確率に一致する」というイメージを明確にし
てほしい. また左図は $\mu = 0$ の例である. 理論分布の関数のピークである最頻値
が, (標準) 正規分布の場合は μ に一致していることを確認されたい.

右図に確率分布関数を示した. $F(-1|0,1) \simeq 0.16$, $F(1|0,1) \simeq 0.84$ であるこ
とが示されている. 前述したように, 理論分布の中央値は分布関数の値が 0.5 に
なる点であった. 右図には $F(0|0,1) = 0.5$ も示されている. (標準) 正規分布の
場合は, 中央値が μ に一致することが確認できた.

密度関数である左図は, 面積で確率を表現している. それに対して, 分布関数
である右図では, 関数の値が確率を表現している. 正規分布の確率を, 2 通りの
方法で表現していることに注意されたい.

1. 2. 12 生のデータは厳密には正規分布に従わない

「抗原検査」のデータは正規分布に従っているのだろうか？ n の増加に伴って
ヒストグラムの形状は図 1.2 左図に近づくのだろうか？ 正規分布は測定値が数
万あろうと, それ以上であろうと, たった 2 つの母数で分布の状態を完全に確定
する. したがって, 現実の度数分布表とピタリと一致することは期待できない.

経験分布と比較して, 理論分布である正規分布は, 平均と標準偏差だけで分布
の状態が決まる. 手軽で便利である. データ分布より, 少数の母数で表現される
理論分布のほうが, 記述の経済として便利だから, 方便として利用しているので
ある. 計算機で発生させた乱数など, 特別な例外を除き, フィールドの生のデー

タは，厳密には正規分布に従わない[*6)].

1.3　一　様　分　布

　本章では理論分布をもう一つ学習する．区間 $[\alpha, \beta]$ で均等に測定値が観察される連続的変数の理論分布が**連続一様分布** (continuous uniform distribution)[*7)] である．

　区間 $[\alpha, \beta]$ の一様分布の確率密度関数は，2つの母数 α, β を用いて

$$f(x|\alpha, \beta) = \frac{1}{\beta - \alpha}, \quad \alpha \leq x \leq \beta \tag{1.16}$$

と定義される．x が一様分布に従っていることを $x \sim U(\alpha, \beta)$ と表記する．

　一様分布の分布関数は，積分の表現を含む正規分布の分布関数とは異なり

$$F(x|\alpha, \beta) = \frac{x - \alpha}{\beta - \alpha} \tag{1.17}$$

のように簡単な式で書くことができる．上限が β であるから (1.12) 式に相当する式は以下となる．

$$F(x = \beta|\alpha, \beta) = \frac{\beta - \alpha}{\beta - \alpha} = 1 \tag{1.18}$$

　図 1.3 の左図に，一様分布の確率密度関数 $f(x|0, 1)$ を示した．区間 [0,1] において，同じ高さ 1.0 の確率密度を有する．図 1.3 の右図に，左図に相当する確率分布関数 $F(x|0, 1)$ を示した．

1.3.1　一様分布の例

　30 分おきに発車する列車があったとする．この駅にでたらめに到着した人が，列車に乗車するまでの時間 x は，範囲 0 から 30 の連続一様分布に従う．

　確率密度関数は

$$f(x|0, 30) = \frac{1}{30 - 0} \tag{1.19}$$

[*6)]　「同一の確率分布からの互いに独立な測定値の標本平均の分布は，もとの確率分布の形によらず，n の増加に伴っていくらでも正規分布に近づく」という**中心極限定理** (central limit theorem) は，生の測定値そのものの分布が n の増加に伴って正規分布に近づくことを意味しない．

[*7)]　一様分布には，連続型と離散型がある．今後特に混同の恐れのない場合には，連続一様分布を単に一様分布という．

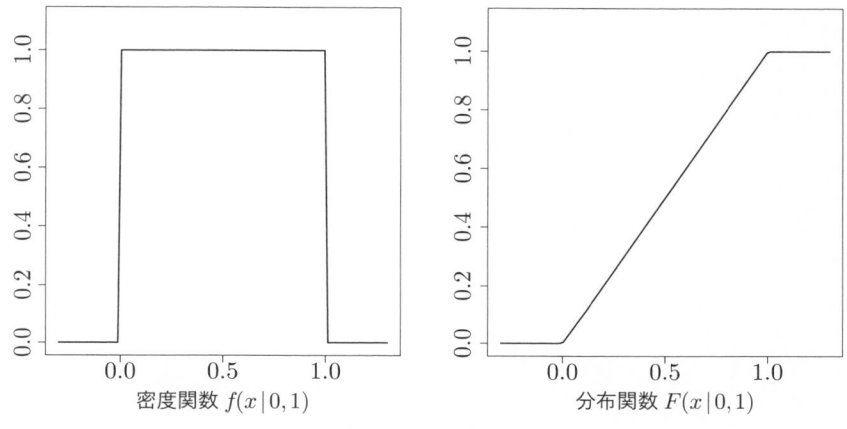

図 1.3　一様分布

となり，5 分間から 10 分間待たされる確率は

$$F(10|0,30) - F(5|0,30) = \frac{10-5}{30-0} = \frac{1}{6} \tag{1.20}$$

となる.

1.3.2　一様分布の平均と標準偏差

一様分布の平均と標準偏差は，それぞれ

$$平均 = \frac{\beta + \alpha}{2} \tag{1.21}$$

$$標準偏差 = \sqrt{\frac{(\beta - \alpha)^2}{12}} \tag{1.22}$$

であることが知られている. 駅の例では，平均的に 15 分 (=(30+0)/2) 待てば，列車に乗車できる. 待ち時間の平均的なばらつきは，標準偏差を計算して，8.66 分 ($\simeq \sqrt{(30-0)^2/12}$) である. 一様分布の中央値は平均値 (1.21) 式に一致する. また一様分布の最頻値は (密度関数のピークを与える点だから)，区間 $[\alpha, \beta]$ 内の任意の点である.

1.4　確 認 問 題

以下の説明に相当する用語を答えなさい.
1) 定められた操作に基づいて観測対象に数値を割り当てること.

2) 階級に観察された度数・確率・累積度数・累積確率をまとめた表.
3) 縦軸に度数, 横軸に階級あるいは階級値を配した統計グラフ.
4) データを独立変数とみたときの関数.
5) データの性質を縮約するための統計量.
6) 平均値・中央値・最頻値のように分布の位置を記述する要約統計量.
7) 測定値から平均を引いて 2 乗した値の平均.
8) データ中の少数の極端に大きい (小さい) 値の測定値.
9) その測定値の下方に全データの α% があるような値.
10) 最大度数を有する階級値.
11) 測定値から平均を引いて標準偏差で割る 1 次変換.
12) 理論分布の特徴を定めている数的指標.
13) 特定の確率で測定値が観察される区間.
14) 特定の区間で均等に測定値が観察される理論分布.

1.5 実 習 課 題

心理学的知覚時間実験: 「時計を見ないで私はどれほど正確に時間の長さを評価できるだろうか」. 表 1.3 は, 1 人の被験者が物理的な 30 秒を 20 回測定したデータ (秒) である. 方法は以下である.

用意するもの: ストップウォッチ (腕時計のもので可), 記録用紙.

実験のやりかた (15 分くらいかかる)

- 深呼吸して気持ちを落ち着かせる.
- 時計を見て, 30 秒間が, どれほどの長さか体感する. (最初の 1 回だけ)
- スタートし, ストップウォッチを見ずに, 30 秒間過ぎたと思った時点でストップする. 100 分の 1 秒まで記録する.
- これを 20 回繰り返す.

表 1.3 測定結果 (秒)

1	2	3	4	5	6	7	8	9	10
31.43	31.09	33.38	30.49	29.62	35.40	32.58	28.96	29.43	28.52

11	12	13	14	15	16	17	18	19	20
25.39	32.68	30.51	30.15	32.33	30.43	32.50	32.07	32.35	31.57

　実験の結果は，たとえば表 1.3 のようにまとめられる．「心理学的知覚時間実験」を実行し，自身のデータを作成しなさい．そして自身の「知覚時間データ」に以下の分析をしてみよう．
　1）度数分布表を階級幅 1 秒で作成しなさい．
　2）ヒストグラムを階級幅 1 秒と 2 秒で描き，印象を考察しなさい．
　3）積率系・分位系の要約統計量を算出し，考察しなさい．

1.6　実　践　問　題

　図 1.4 には，以下の 3 つのデータのヒストグラムを示した．「期末試験」は左に裾を引いたデータである．「男性の年収」は逆に右に裾を引いたデータである．「間欠泉の待ち時間」は 2 つのピークをもっている．3 つのデータの，3 つの代表値 (平均・最頻値・中央値) を求め，データと代表値の性質を考察しなさい．

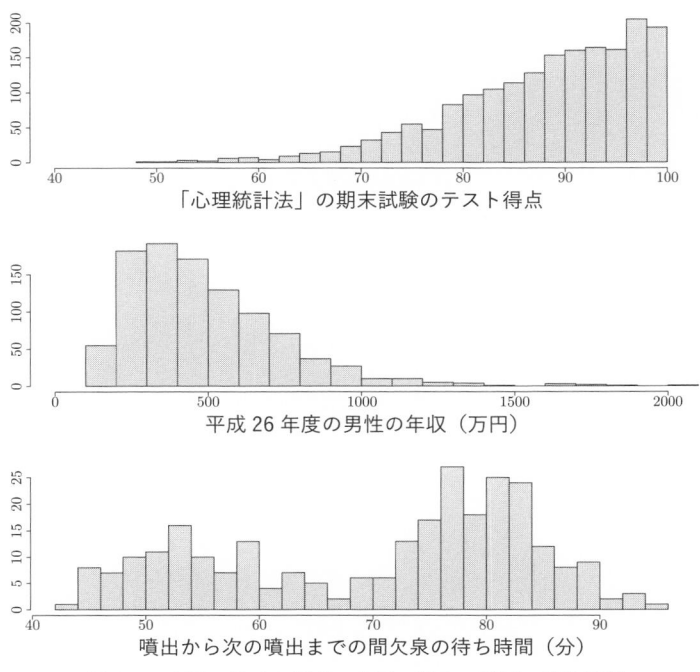

図 1.4　上図：テスト得点，中図：収入，下図：待ち時間

期末試験：BS 放送されたある「心理統計法」の講義に着目した．その講義の期末試
験の平均と中央値を利用し，実際の分布に近づくように 1824 人分のデータを
シミュレートした．新型コロナ禍で自宅受験だったために満点続出で天井効果
がみられる．

男性の年収：国税庁は「民間給与実態調査」という給与に関する調査を行っている．
その調査における平成 26 年度の男性の年収の平均と中央値を利用し，実際の
分布に近づくように 1000 人分のデータをシミュレートした．格差社会が読み
とれる．

間欠泉の待ち時間：米国ワイオミング州のイエローストーン国立公園には，オールド
フェイスフル (Old Faithful) と呼ばれる間欠泉がある．間欠泉 (geyser) とは，
一定周期で水蒸気や熱湯を噴出する温泉のことである．ここではその間欠泉の
噴出から，次の噴出までの待ち時間が 272 回計測されている．そもそも代表値
に意味があるのか？

2　ベイズの定理

■　■　■

2.1　いくつかの重要な分布

　本書で扱う統計分析はベイズ流のアプローチと呼ばれ，確率論の「ベイズの定理」に理論的基礎をおいている．本節ではベイズの定理を導くために必要となる，いくつかの重要な分布を準備する．

2.1.1　母数の一般的表記 $\boldsymbol{\theta}$

　前章では正規分布と一様分布という 2 種類の具体的な理論分布を学んだ．本章では個々の理論分布ではなく，理論分布の一般的な性質を学習する．その手始めに，まず理論分布の一般的な表記を導入する．理論分布の密度関数と分布関数は

$$f(x|\boldsymbol{\theta}), \quad F(x|\boldsymbol{\theta}) \tag{2.1}$$

とそれぞれ表記できる．ここで $\boldsymbol{\theta} = (\theta_1, \theta_2, \cdots)$ であり，複数の母数をまとめた多次元のベクトル表現である．以後，複数の母数は $\boldsymbol{\theta}$ で表現し，一般的な 1 つの母数は θ で表現する．この規則に従うと，正規分布と一様分布の母数は

$$\boldsymbol{\theta} = (\theta_1, \ \theta_2) = (\mu, \sigma) \tag{2.2}$$

$$\boldsymbol{\theta} = (\theta_1, \ \theta_2) = (\alpha, \beta) \tag{2.3}$$

のようにそれぞれ表記できる．

2.1.2　独立な 2 つの測定値の同時分布

　ここまでは 1 つの測定値の分布について論じてきた．ここからは，複数の測定値の分布である同時分布への拡張を行う．

　同時分布 (joint distribution) とは複数の測定値 (や母数) の同時的観察に関する分布である．x_1 と x_2 の測定が互いにまったく影響し合わないとき両者は独立

(independent) であるという. このとき x_1 と x_2 の同時分布は, 互いの分布の積

$$f(x_1, x_2|\boldsymbol{\theta}) = f(x_1|\boldsymbol{\theta})f(x_2|\boldsymbol{\theta}) \tag{2.4}$$

で表現できる.

たとえばコインを 2 回投げる試行を考えてみよう. 続けて表・表が出る同時確率は 0.25 であり, これは以下のように表現できる. (2.4) 式と比較されたい.

$$0.25 = f(x_1 = 表, x_2 = 表) = f(x_1 = 表)f(x_2 = 表) = 0.5 \times 0.5 \tag{2.5}$$

この場合, x_1 と x_2 が独立であるとは「1 回目に表が出たか否かは, 2 回目の結果にまったく影響しない」という意味であり, 妥当な仮定といえるだろう.

「抗原検査」の場合はどうだろうか.「1 人目の患者が陰性になるまでの日数 x_1 は, 2 人目の患者が陰性になるまでの日数 x_2 に影響しない」という仮定が成り立てば, x_1 と x_2 は独立である. おおむね成立している [*1)] とみなせるだろう.

x_1 と x_2 が独立であるなら, それらが同時に観察される確率密度は, (2.4) 式, (2.5) 式を参考にして

$$f(x_1 = 11.5, x_2 = 14.0|\mu, \sigma) = f(x_1 = 11.5|\mu, \sigma)f(x_2 = 14.0|\mu, \sigma) \tag{2.6}$$

と表現できる. それぞれが観察される確率密度の積である.

2.1.3 独立な n 個の測定値の同時分布

コインを n 回投げて, すべて表になる確率は 0.5^n である. 同様に, n 個の測定値 $\boldsymbol{x} = (x_1, x_2, \cdots, x_n)$ が互いに独立ならば, その同時分布は, (2.4) 式にならい

$$f(\boldsymbol{x}|\boldsymbol{\theta}) = f(x_1|\boldsymbol{\theta})f(x_2|\boldsymbol{\theta}) \times \cdots \times f(x_n|\boldsymbol{\theta}) \tag{2.7}$$

と, 積の連なりで表現できる.

20 個のデータが, 互いに影響し合わず測定されるとき,「抗原検査」データ全体 $\boldsymbol{x}$ が観察される確率密度は, (2.6) 式を参考にして

$$f(\boldsymbol{x}|\mu, \sigma) = f(11.5|\mu, \sigma)f(14.0|\mu, \sigma) \times \cdots \times f(12.0|\mu, \sigma)f(17.0|\mu, \sigma)$$

のように 20 個の確率密度の積として表現される.

[*1)] ただし 1 人目の患者がなかなか陰性にならないので, 2 人目の患者はいつもより手厚く治療したなどという場合は, もはや独立とはいえなくなる.

2.1.4 独立でない測定値の同時分布は個々の分布の積ではない

前項では，複数の測定値が独立に (影響し合わずに) 観察される場合の同時分布を紹介した．ここでは独立でない複数の測定値の同時分布を論じる．

例として x_1 を朝 8 時の気温，x_2 を同じ日の正午の気温とする．このとき正午の気温の測定値の分布は，すでに判明した朝の気温の測定値と無関係ではない．朝の気温 x_1 と正午の気温 x_2 は互いに独立ではなく，一般的には

$$f(x_1, x_2) \neq f(x_1)f(x_2) \tag{2.8}$$

のように，同時分布は個々の分布の積 [*2)] では表現できない．

たとえば，ある日の朝 8 時の気温 x_1 が $0°C$ であることが判明した場合と $20°C$ であることが判明した場合では，明らかに正午の気温 x_2 の分布が異なる．前者のほうが正午の気温が低くなり，正午の気温の分布は全体的に左に移動するだろう．つまり朝の気温 x_1 が正午の気温 x_2 の分布の特徴の一部を決める母数のような役割を有している．本来，母数を置く位置である縦棒 | の右側に x_1 を置きたい．

2.1.5 独立でない測定値の同時分布

複数の測定値 x_1, x_2 が互いに独立でない場合に，それらの同時分布は

$$f(x_1, x_2) = f(x_2|x_1)f(x_1) \tag{2.9}$$

と表現する．縦棒 | の右側に，母数の役割を果たす測定値 x_1 が置かれた．ただし，この式の厳密な導出は本書の程度を超えるので割愛する．

x_1 の分布と，x_1 が所与の場合の x_2 の分布との積が x_1 と x_2 の同時分布となる．具体的には「朝の気温の分布」と「朝の気温が所与の状態での正午の気温の分布」との積 (右辺) が「朝の気温と正午の気温の同時分布」(左辺) となる．

2.1.6 条件付き分布

(2.9) 式右辺の $f(x_2|x_1)$ は，x_1 が与えられた (given, 所与の) 場合の x_2 の分布を表現し，これを**条件付き分布** (conditional distribution) という．

条件付き分布は，(2.9) 式の両辺を $f(x_1)$ で割り，以下のように表現する．

$$f(x_2|x_1) = \frac{f(x_1, x_2)}{f(x_1)} \tag{2.10}$$

[*2)] $f(x_1, x_2|\mu_朝, \sigma_朝, \mu_{正午}, \sigma_{正午}) \neq f(x_1|\mu_朝, \sigma_朝)f(x_2|\mu_{正午}, \sigma_{正午})$ と表記すると分かりやすいが，煩雑なので，ここでは母数を省略する．

2.1.7　ギブン｜の機能の発展的変更

これまで縦棒｜は，右側に母数を明示するために用いてきた．しかしここからは，その規則を発展的に変更し，「その右側に，条件付き分布の条件を示すための記号」として縦棒｜を利用する．この規則のもとでは，たとえば $f(x|\mu,\sigma)$ は，母数 μ, σ が与えられた (所与の) ときの x の条件付き分布でもある．このように，従来の使用法を含み，かつ矛盾が生じないので，その意味で発展的変更である．この変更により分布の操作の規則に関して，データと母数を区別する必要がなくなった．

2.2　ベイズの定理

区別する必要がなくなったので，さっそくその性質を利用しよう．(2.9) 式の x_1 を母数 $\boldsymbol{\theta}$ で置き換え，x_2 をデータ $\boldsymbol{x}$ で置き換えると以下を得る．

$$f(\boldsymbol{\theta}, \boldsymbol{x}) = f(\boldsymbol{x}|\boldsymbol{\theta})f(\boldsymbol{\theta}) \tag{2.11}$$

2.2.1　単　純　化

(2.11) 式は抽象的なので，意味の理解を促すために単純化する．上式を

$$f(\theta, x) = f(x|\theta)f(\theta) \tag{2.12}$$

のように，高次元のベクトル表記からスカラー表記にし，次元数を 1 にする．これまで x は気温，θ は母平均等，連続的変数であった．ここでは x も θ も離散的な変数であるとする．状況を単純化して，(2.11) 式の本質を理解するためである．

ある医院を訪れる患者は，必ず風邪 A か，風邪 B という 2 種類の風邪のどちらかに罹患している．それ以外の病気の患者はいないものとする．データの発生機構を特徴づける指標だから病名は母数である．したがって母数 θ は連続的変数ではなく，A か B の 2 種類の値しかとらない．

この医院を訪れる患者の 7 割は風邪 A に罹患し，3 割は風邪 B に罹患している．また，どちらの風邪も 1 日から 4 日の間に必ず解熱するものとする．第 1 章では「日数」を連続的変数として扱ったが，ここでは離散的な変数として扱う．したがって測定値 x は 4 種類の値しかとらない．離散的な測定値を用いれば，確率密度ではなく確率そのものを扱えるので状況を単純化できる．

その確率は，1 日から 4 日まで，風邪 A の場合は $\{0.4, 0.3, 0.2, 0.1\}$ (和は 1) であり，風邪 B の場合は $\{0.1, 0.2, 0.3, 0.4\}$ である．風邪 B のほうが解熱が遅い．

2.2.2 イメージ作り 1

医院を訪れたある患者は 1 日で解熱した. その患者が風邪 A に感染し, かつ 1 日で解熱する同時確率 (同時分布) は (2.12) 式を用いて

$$f(\theta = A, x = 1) = f(x = 1 | \theta = A) f(\theta = A) = 0.4 \times 0.7 = 0.28 \qquad (2.13)$$

である. 風邪 A は人数が多く, 解熱が早い. 当該患者が観察される確率は高い.
　医院を訪れた患者が風邪 B に感染し, かつ 1 日で解熱する同時確率は

$$f(\theta = B, x = 1) = f(x = 1 | \theta = B) f(\theta = B) = 0.1 \times 0.3 = 0.03 \qquad (2.14)$$

のように表現される. 風邪 B は珍しい病気であり, 簡単には解熱しない. なのに 1 日で解熱している. したがって, そのような患者が観察される確率は 3% ととても低い. この例から条件付き確率と同時確率の意味・相違をしっかり認識されたい.

2.2.3 同時分布は並び順に依存しない

「患者が風邪 A に感染し, かつ 1 日で解熱する」確率と, 「患者が 1 日で解熱し, かつ風邪 A に感染していた」確率は意味が同じなので

$$f(\theta = A, x = 1) = f(x = 1, \theta = A) = 0.28 \qquad (2.15)$$

である. これは変数や母数の状態とは無関係である. したがって一般的に

$$f(\theta, x) = f(x, \theta) \qquad (2.16)$$

であり, 同時分布は並び順に依存しない.

2.2.4 ベイズの定理の導出

医療現場における診断は, (解熱までの日数など) 症状に関する複数の測定値 $\boldsymbol{x}$ から, 病名 θ という母数を推測することである.
　この目的を達するためには, 測定値で条件づけられた母数の分布 $f(\boldsymbol{\theta}|\boldsymbol{x})$ を導く必要がある. (2.10) 式における x_1, x_2 を, それぞれ $\boldsymbol{x}, \boldsymbol{\theta}$ に置き換えると

$$f(\boldsymbol{\theta}|\boldsymbol{x}) = \frac{f(\boldsymbol{x}, \boldsymbol{\theta})}{f(\boldsymbol{x})} \qquad (2.17)$$

となる. (2.16) 式のアナロジーで

$$f(\boldsymbol{\theta}, \boldsymbol{x}) = f(\boldsymbol{x}, \boldsymbol{\theta}) \qquad (2.18)$$

が成り立つから，(2.11) 式の右辺を，(2.17) 式の右辺の分子に代入すると

$$f(\boldsymbol{\theta}|\boldsymbol{x}) = \frac{f(\boldsymbol{x}|\boldsymbol{\theta})f(\boldsymbol{\theta})}{f(\boldsymbol{x})} \qquad (2.19)$$

となる．これがベイズの定理 (Bayes' theorem)，あるいはベイズの公式 (Bayes' formula) である．

2.2.5 　イメージ作り 2

具体例によってベイズの定理のイメージを作る．まずベクトル表記から，

$$f(\theta|x) = \frac{f(x|\theta)f(\theta)}{f(x)} \qquad (2.20)$$

のようにスカラー表記にする．右辺の分母 $f(x)$ は解熱までの日数の確率である．医院を訪れた患者が x 日で解熱する確率 $f(x)$ は，病気は 2 種類しかないから

「風邪 A に感染し，かつ x 日で解熱する」確率と

「風邪 B に感染し，かつ x 日で解熱する」確率との和であり，

$$f(x) = f(\theta = A, x) + f(\theta = B, x) \qquad (2.21)$$

である．これを (2.20) 式に代入すると以下を得る．

$$f(\theta|x) = \frac{f(x|\theta)f(\theta)}{f(\theta = A, x) + f(\theta = B, x)} \qquad (2.22)$$

ゆえに 1 日で解熱した患者が，実は風邪 A，または風邪 B であった確率は

$$
\begin{aligned}
f(\theta = A|x = 1) &= \frac{f(x = 1|\theta = A)f(\theta = A)}{f(\theta = A, x = 1) + f(\theta = B, x = 1)} \\
&= \frac{0.4 \times 0.7}{0.28 + 0.03} = 0.903 \\
f(\theta = B|x = 1) &= \frac{f(x = 1|\theta = B)f(\theta = B)}{f(\theta = A, x = 1) + f(\theta = B, x = 1)} \\
&= \frac{0.1 \times 0.3}{0.28 + 0.03} = 0.097
\end{aligned}
$$

である．病気は 2 種類に限定しているので，これらの確率は足して 1 になる．

2.3 　ベイズの定理の解説

(2.19) 式左辺の $f(\boldsymbol{\theta}|\boldsymbol{x})$ は事後分布という．上述のように θ が離散的な場合には事後確率という．事後とは「データを観察した後の」という意味である．すな

わちベイズの定理は「データで条件づけられた母数の分布を与える定理」である. (1.7) 式や (1.16) 式のような，母数で条件づけられたデータの分布とは，逆の関係であることを，しっかり認識されたい.

(2.19) 式右辺の $f(\boldsymbol{x}|\boldsymbol{\theta})$ は尤度といい，$f(\boldsymbol{\theta})$ は (母数の) 事前分布という. また $f(\boldsymbol{x})$ は正規化定数という. ベイズの定理を文字で書き下すと

$$事後分布 = \frac{尤度 \times 事前分布}{正規化定数} \tag{2.23}$$

となる. 以下にそれぞれの項について解説する.

2.3.1 尤　　　度

データ生成分布が互いに独立な正規分布であるとき，尤度 $f(\boldsymbol{x}|\boldsymbol{\theta})$ は

$$\begin{aligned}
f(\boldsymbol{x}|\boldsymbol{\theta}) = f(\boldsymbol{x}|\mu, \sigma) &= f(x_1, \cdots, x_n|\mu, \sigma) \\
&= f(x_1|\mu, \sigma)f(x_2|\mu, \sigma) \times \cdots \times f(x_n|\mu, \sigma)
\end{aligned} \tag{2.24}$$

である. ここで $\boldsymbol{x} = (x_1, \cdots, x_n)$ であり，$\boldsymbol{\theta} = (\mu, \sigma)$ である. この式は (2.7) 式で導入したデータの同時確率分布と見かけ上まったく同じである.

ただし同時確率分布は母数を定数として扱い，データを変数として扱った場合の呼称である. たとえば表が出る確率が 0.5 のコインを 3 枚投げて表が 3 枚である確率は 1/8 であり，表が 2 枚である確率は 3/8 と計算される. これは母数を定数として扱い，データを変数として扱っているから，1/8 や 3/8 は確率である.

しかし通常は，表が出る確率のような母数の値は分からない. 対して，データは観察されるから測定値として固定できる. 現実場面では，たとえば「コインを 3 枚投げて表が 1 枚出たとき，表の出る確率 (母比率という) はどの程度だろう」という問題設定が自然である. データ分析の実践場面では母数は未知，データは既知である. 先とは逆に，母数を変数として扱い，データを定数として確率密度関数を扱った場合には，同じ式の値を確率ではなく**尤度** (likelihood) と呼ぶ.

2.3.2 最尤推定量

データを固定して母数を動かし，尤度が最大になる値を探す操作を考えてみよう. そのようにしてみつかった尤度を最大にする母数の値は，「その値のもとで手元のデータが確率的に最も観測されやすい」という特別な意味をもっている. その値を母数の推定値として利用する.

一般的に，データの関数によって母数を推定する方法を**推定量** (estimator) と

いい，具体的に推定された値を**推定値** (estimate) という．観察されたデータ x を固定し，上述のように尤度が最大になるように母数を推定する方法を**最尤推定量** (maximum likelihood estimator，あるいは最尤推定法) といい，推定された値を**最尤推定値** (maximum likelihood estimate，MLE) という．「最も尤もらしい推定」という意味である．

データ生成分布が正規分布である場合には，母平均 μ の最尤推定量は標本平均 $\bar{x}$ に一致し，母標準偏差 σ の最尤推定量は標本標準偏差 s に一致することが知られている．これを

$$\boldsymbol{\theta}_{mle} = (\mu_{mle}, \sigma_{mle}) = (\bar{x}, s) \tag{2.25}$$

などと書く場合もある．$\boldsymbol{\theta}_{mle}$ は最尤推定量の一般的な表記である．最尤推定法は，頻度論的統計学で利用される有用な推定方法である．

2.3.3 事前分布

事前分布 $f(\boldsymbol{\theta})$ は母数の分布である．事前とは「データを観察する前の」という意味である．母数がどのあたりにあるかに関する，データを見る前の主観的な信念の確率分布が**事前 (確率) 分布** (prior (probability) distribution，単に prior ともいう) である．正規分布のように母数が複数 (μ, σ) あり，一緒に扱っていることを強調したい場合には，**同時事前分布** (joint prior distribution) という．ただし同時事前分布を単に事前分布と，略して呼ぶことも多い．

本書の範囲では複数の母数は互いに独立であることを仮定する．たとえば正規分布における μ と σ を互いに独立とみなし，同時事前分布は

$$f(\boldsymbol{\theta}) = f(\mu, \sigma) = f(\mu)f(\sigma) \tag{2.26}$$

のように，平均の事前分布と標準偏差の事前分布の積として表現する．μ と σ が独立であるとは，たとえば μ が大きかろうが小さかろうが，σ の分布は影響されない，ということである．

2.3.4 私的分析と公的分析

ベイズ的統計分析は，私的分析と公的分析に分類することができる．分析者はこれから行う分析が，そのどちらであるかをはっきり認識する必要がある．

私的分析 (private analysis) は，分析結果を分析者 (とその仲間たち) が享受する分析である．この場合は自己責任であるから，比較的自由に事前分布を定めて

かまわない．計算が簡便だったり，結果が迅速に安定する事前分布，あるいは分析者本人が，主観的にそう信じる事前分布が選ばれる．たとえば第 2 次世界大戦中，ドイツ軍の暗号エニグマはベイズ的に私的に解かれた．毎日何万人も死んでいる状況で，暗号は一刻も早く解くことが大切であった．解けるのであれば事前分布は恣意的でも何でもよかった．私的分析も重要だが，本書では解説しない．

公的分析 (public analysis) は，論文や報告書や著作を通じて分析結果からの知見を社会に還元するための分析である．公的分析では客観性・公平性が事前分布に求められる．科学論文の結果が分析者ごとに異なってしまっては困る．あるいは「出したい結論があって，それに合わせて事前分布を選んだのだろう」と批判されても困る．本書では公的分析だけを解説する．

2.3.5 無情報的事前分布

公的分析における事前分布として具体的に求められるのは無情報的事前分布である．**無情報的事前分布** (non–informative prior distribution) とは，その事前分布を用いて得られる事後分布に，その事前分布ができるだけ影響しないような事前分布である．無情報的分布としては，特定の領域に厚くなく，広く薄い信念を表明している形状が望まれる．

2.3.6 事前分布としての一様分布

広く薄い形状の理論分布は多数あるが，本書ではその条件を満たす理論分布として一様分布を利用する．この方針は，他の事前分布の可能性を否定するものではない．本書では入門段階における 1 つの選択肢として，一様分布を利用する．理由は 2 つある．

1 つは，事前分布の母数を安定的に，容易に定められるからである．先に述べた恣意性排除の理由から，事前分布の母数の変化が，事後分布に影響を与えることは望ましくない．一様分布の母数 α, β は，十分に広い範囲を選んでおきさえすれば，値を変化させても，事後分布が事実上変化しないという，とても望ましい性質を有している．

もう 1 つは，事前分布の影響が，事実上，事後分布に残らないからである．この性質は項をあらため，2.3.10 項にて解説する．

2.3.7 正規化定数

ベイズの定理の分母 $f(x)$ を正規化定数 (normalizing constant) あるいは正規

化係数 (normalizing coefficient) という. 正規化定数は (2.21) 式のように具体的
に計算できる場合もあるが, それは教科書的なまれな例外であり, 実践的な場面
では高次積分を含み, しばしば直接的には計算できない.

　ベイズの定理の式中で母数 $\boldsymbol{\theta}$ を含んだ部分をカーネル (kernel, 核, 本質的な
部分) という (母数に無関係な部分をすべて除いた残りを (狭義の) カーネルと呼
ぶこともある). 母数 $\boldsymbol{\theta}$ が含まれていないので, 正規化定数は事後分布のカーネ
ルには含まれない.

2.3.8　事後分布

事後 (確率) 分布 (posterior (probability) distribution, 単に posterior ともい
う) $f(\boldsymbol{\theta}|\boldsymbol{x})$ はデータが与えられた後の母数の条件付き分布である. ベイズの定理
は事後分布を与える定理である.

　$f(\mu, \sigma|\boldsymbol{x})$ のように複数の母数を同時に扱い, それを正式に (強調して) 表現す
るときには, **同時事後分布** (joint posterior distribution, あるいは simultaneous
posterior distribution) ということもある.

　$f(\mu|\boldsymbol{x})$ のように同時事後分布の一部の母数の事後分布であることを正式に (強
調して) 表現する場合には **周辺事後分布** (marginal posterior distribution) とい
うこともある. ただし多くの場合に, 同時も周辺も省略し, 単に事後分布と略し
て呼ばれる.

2.3.9　事後分布の比例的 (プロポーショナル) な表現

　正規化定数には母数が含まれていない. このため事後分布は

$$f(\boldsymbol{\theta}|\boldsymbol{x}) \propto f(\boldsymbol{x}|\boldsymbol{\theta})f(\boldsymbol{\theta}) \tag{2.27}$$

のように尤度と事前分布の積の部分だけを示すことがある. $\propto$ はプロポーション
と読み, 両辺は比例するという意味である. たとえば $y = 2x - 2 = 2(x-1)$ な
らば $y \propto (x-1)$, あるいは $f(x) \propto (x-1)$ と表記できる.

2.3.10　無情報的事前分布としての一様分布

　事前分布として一様分布を利用したときには, 事前確率密度が (1.16) 式で定義
されたように定数となる. 定数だから, 事後分布のカーネルから外れる.

　言い換えるならば, 事前分布で母数が定義される範囲において

$$f(\boldsymbol{\theta}|\boldsymbol{x}) \propto f(\boldsymbol{x}|\boldsymbol{\theta}) \tag{2.28}$$

となる．事前分布の影響が，事実上，事後分布に残らない．その意味で，事前分布としての一様分布は無情報的である．

そのことを具体的に確かめてみよう．μ の事前分布として一様分布 $f(\mu|\alpha_\mu,\beta_\mu)$ を用い，σ の事前分布として一様分布 $f(\sigma|\alpha_\sigma,\beta_\sigma)$ を用いると，平均 μ と標準偏差 σ の同時事後分布は，事前分布で母数が定義される範囲において

$$f(\mu,\sigma|\boldsymbol{x}) \propto f(\boldsymbol{x}|\mu,\sigma)f(\mu|\alpha_\mu,\beta_\mu)f(\sigma|\alpha_\sigma,\beta_\sigma) \qquad (2.29)$$

$$\left[\text{一様分布の密度関数 (1.16) 式を代入し，}\qquad\right]$$

$$= f(\boldsymbol{x}|\mu,\sigma)(1/(\beta_\mu-\alpha_\mu))(1/(\beta_\sigma-\alpha_\sigma))$$

$$\left[\begin{array}{l}\alpha_\mu,\beta_\mu,\alpha_\sigma,\beta_\sigma \text{ に具体的な数値を入れると，}\\ \text{一様分布の密度関数部分は定数になり}\end{array}\right]$$

$$\propto f(\boldsymbol{x}|\mu,\sigma) \qquad (2.30)$$

となる．事後分布から事前分布の影響が消え，(2.28) 式が確認できた．事後分布は尤度のみに比例している．したがって尤度の最大値 (MLE) と事後分布の最大値 (MAP) は一致する．

2.4　3 囚 人 問 題

3 囚人問題：　ある監獄で，罪状はいずれも似たりよったりである 3 人の死刑囚 A，B，C がそれぞれ独房に入れられている．3 人まとめて処刑される予定であったが，1 人が恩赦になって釈放され，残り 2 人が処刑されることとなった．誰が恩赦になるか知っている看守に「私は助かるのか」と囚人が聞いても看守は答えない．そこで，A は「B と C のうち少なくとも 1 人処刑されるのは確実なのだから，2 人の中で処刑される 1 人の名前を教えてくれても私についての情報を与えることにはならないだろう．1 人を教えてくれないか」と頼んだ．看守は A の言い分に納得して，「囚人 B が処刑 (dead) される」と答えた．それを聞いた A は「これで自分の助かる (alive) 確率は 1/3 から 1/2 に増えた」と喜んだ．実際には，この答えを聞いた後，A の釈放される確率はいくらになるか．

この問題をベイズの定理 (2.19) 式を使って考察する．興味の対象は「囚人 B が処刑宣告された」B_d という条件のもとで，「囚人 A が恩赦される」A_a の確率

$f(A_a|B_d)$ である.

$\boldsymbol{\theta}$ を A_a に置き換え，$\boldsymbol{x}$ を B_d に置き換えると，ベイズの定理 (2.19) 式は，

$$f(A_a|B_d) = \frac{f(B_d|A_a)f(A_a)}{f(B_d)} \tag{2.31}$$

となる．B が処刑されるのは，A または C が恩赦されるケースである．ゆえに分母 $f(B_d)$ の「囚人 B が処刑される確率」は (2.21) 式にならい，

「囚人 A が恩赦される場合との同時確率 $f(A_a, B_d)$」と，

「囚人 C が恩赦される場合との同時確率 $f(C_a, B_d)$」との和であり，

$$f(B_d) = f(A_a, B_d) + f(C_a, B_d)$$

$$[\text{公式 (2.9) を，第 1 項と第 2 項にそれぞれ適用し}]$$

$$= f(B_d|A_a)f(A_a) + f(B_d|C_a)f(C_a) \tag{2.32}$$

である．これを (2.31) 式に代入すると，

$$f(A_a|B_d) = \frac{f(B_d|A_a)f(A_a)}{f(B_d|A_a)f(A_a) + f(B_d|C_a)f(C_a)} \tag{2.33}$$

のように状況が特定される．

2.4.1　囚人 A が恩赦 (alive) される確率

ここで $f(A_a)$ と $f(C_a)$ は，看守が囚人 B の処刑を告げる前 (事前) に囚人 A，C が恩赦になる事前の確率である．問題文中に明確に「罪状はいずれも似たりよったりである 3 人の死刑囚」とあるから $f(A_a) = f(C_a)=1/3$ が自然である．

$f(B_d|C_a)$ は，恩赦が囚人 C に与えられるときに，囚人 B が処刑を宣告される確率である．囚人 A には決して処刑を宣告しないルールなので，$f(B_d|C_a) = 1$ である．必ず囚人 B が宣告を受ける．ここまでは題意より確定できる．

以上の確定条件を代入すると，(2.33) 式は

$$f(A_a|B_d) = \frac{f(B_d|A_a) \times (1/3)}{f(B_d|A_a) \times (1/3) + 1 \times (1/3)} = \frac{f(B_d|A_a)}{f(B_d|A_a) + 1} \tag{2.34}$$

と簡略化され，囚人 A が恩赦される確率は $f(B_d|A_a)$ だけの関数となる．

2.4.2　看守が囚人 B に処刑を宣告する確率

$f(B_d|A_a)$ は，囚人 A が恩赦されるときに，看守が囚人 B の処刑を宣告する確率である．囚人 B か囚人 C のどちらかに宣告するのであるから，明らかに

$$f(B_d|A_a) = 1 - f(C_d|A_a) \tag{2.35}$$

である．しかし $f(B_d|A_a)$ に関しては，問題文中に条件が記されていない．その確率は誰にも確定できない．ゆえに 3 囚人問題は，厳密には不定問題である．

2.4.3　3 囚人問題の「模範解」

「条件が記されていない」という状況を表現してみよう．1 つの状況表現は

$$f(B_d|A_a) = 1/2 \tag{2.36}$$

である．「看守が囚人 B か囚人 C かに死刑を宣告する確率は五分五分である」という仮定である．「分からない 2 択は 50%」という方針である．

(2.34) 式右辺に $f(B_d|A_a) = 1/2$ を代入すると，$f(A_a|B_d) = 0.5/(0.5 + 1) = 1/3$ となる．囚人 A が恩赦される確率は，1/3 のままで変化しない．これを「模範解」と呼ぶ．(2.35) 式より，$f(C_a|B_d) = 2/3$ である．「模範解」によれば，看守の宣告により，囚人 C が恩赦される確率は，1/3 から 2/3 に増えて 2 倍になる．

「模範解」は (2.36) 式のもとで数学的に正しい．しかし大多数の回答者は，3 囚人問題に対して「囚人 A が恩赦される確率は 1/2 である」と回答することが知られている．このため 3 囚人問題は，パラドクスとして紹介されることも少なくない．1/2 を「直観解」と呼ぼう．1/2 という回答は誤りなのだろうか？

2.4.4　「模範解」1/3 は唯一の正解ではない

2 つの状態のどちらかが確率 1/2 で生じることと，2 つの状態のどちらが生じるかがまったく不確実であることとは，等価ではない．

「試行の結果は不明だが，生起確率は分かっている」状態と

「試行の結果も不明だし，生起確率も不明である」状態は異なる．

「分からない 2 択は 50%」という方針は，前者のみを表現しており，「条件が記されていない 2 択」という状況を表現する唯一の方針ではない．それどころか，数学的には相当に強い条件である．したがって「模範解」1/3 は，唯一の正解などではない．

「火星人はネリリまたはキルルするが，キルルする確率は？」と聞かれたら「分からない 2 択だから 50% である」とあなたは言うだろうか？　たぶん言わないだろう．「分からないものは (確率も) 分からない」と答えるのではないだろうか．

看守は囚人 C と話をして，獄中で仲良くなっていたかもしれない．食事を粗末に残す囚人 B が大嫌いだったかもしれない．確率を 50% の 1 点に固定してよい

コイン投げ試行とは，未確定さ・不確実さの程度が異なる．処刑の宣告確率に関
しては，「分からないものは分からない」という方針は否定できない．

2.4.5　「直観解」1/2 は正しい，それは自然な正解の 1 つである

「分からないものは分からない」という方針を表現するために，ここでは確率の
定義域である区間 [0, 1] の一様分布を $f(B_d|A_a)$ に設定する．

区間 [0, 1] の一様乱数を 100 万個発生させ，(2.34) 式に代入し，求めた値で描
いたヒストグラムが図 2.1 である．全体の面積が 1 になるように縦軸を調整し，
確率密度関数の近似を与えた．これが乱数による「囚人 A が恩赦される確率」の
事後分布である．

母数の確率分布はそのままでは機動性に欠けるので数値要約する．具体的には，
データ分布と同様に平均と中央値と最頻値を求める．本書では導出を割愛するが，
図 2.1 の事後分布は解析的に求めることが可能であり，横軸を θ とすると

$$\frac{1}{(\theta - 1)^2}, \quad ただし \ 0 < \theta < 1/2 \tag{2.37}$$

となる [3]．乱数が 100 万個あるので，平均と標準偏差は，そのまま計算しても，
理論値とほとんど変わらず，最頻値は見たとおりで

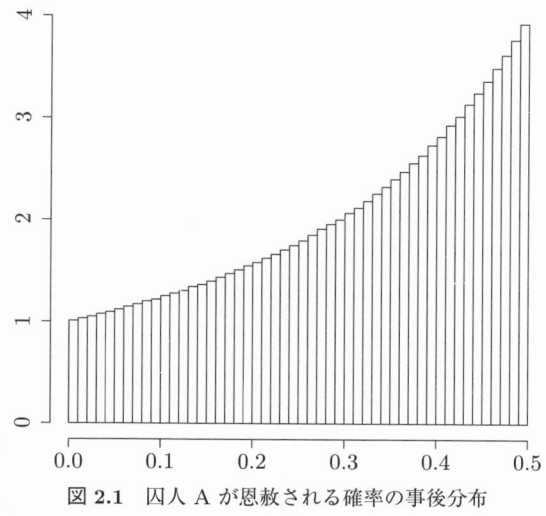

図 2.1　囚人 A が恩赦される確率の事後分布

---

[3]　豊田秀樹 (2015)『基礎からのベイズ統計学―ハミルトニアンモンテカルロ法による実践的入門―』，
　　朝倉書店，p.71.

平均値 $\simeq 0.30678$,　　中央値 $= 1/3$,　　最頻値 $= 1/2$　　　　　　(2.38)

となる.「模範解」1/3 は事後分布の中央値である. これも正解の 1 つである.

しかし事後分布の最頻値は MAP 推定値 $\hat{\theta}_{map}$ (3.2.4 項) と呼ばれ, ベイズ統計学の正当な推定値の 1 つである. 直観的な解である 1/2 は, 事後確率として確率的に最も高い確率を与える正解の 1 つである. 3 囚人問題の正解の 1 つとして「直観解」1/2 は許容される.

直観に合う解も, 正しい自然な解の 1 つであるとすると「3 囚人問題」はパラドクスとはいえない.

2.5　確　認　問　題

以下の説明に相当する用語を答えなさい.
1) 複数の測定値 (や母数) の同時的観察に関する密度関数.
2) 一方の測定値 (や母数) が与えられたもとでの他方の分布.
3) データで条件づけられた母数の分布を与える定理.
4) 母数を変数, データを定数とした確率密度関数の値.
5) データの関数によって母数を推定する方法.
6) 尤度が最大になるように母数を推定する方法.
7) データを見る前の母数に関する主観的な信念の確率分布.
8) 分析結果を分析者 (とその仲間たち) が享受する分析.
9) 分析結果の知見を社会に還元するための分析.
10) 事後分布にできるだけ影響しないような事前分布.
11) 母数を含まないベイズの定理の分母.
12) データが与えられた後の母数の条件付き分布.

2.6　実　習　課　題

第 1 章で作成した自身の「知覚時間データ」に関して標本平均と標本標準偏差を正規分布の母数として扱い, 以下の問いに答えなさい.
1) 28 秒付近と 32 秒付近では, どちらが観測されやすいですか. (確率密度の比較)
2) 33 秒以上の値が観察される確率はどれほどですか. (1.2.7 項の復習)
3) 28 秒以上 34 秒未満の値が観察される確率はどれほどですか. (1.2.9 項の復習)
4) 95%の確率でデータが観察される中央部の区間を求めなさい. (1.2.10 項の復習)

5) $p(x > a) = 0.05$, $p(x < b) = 0.025$ であるような a 秒, b 秒を求めなさい.

6) 3 つの四分位点を求めなさい. (4 と 5 は分布関数の逆関数によって求める)

2.7 実 践 問 題

(2.33) 式の添え字をとると

$$f(A|B) = \frac{f(B|A)f(A)}{f(B|A)f(A) + f(B|C)f(C)} \tag{2.39}$$

となる. この式を使い, あるメールが迷惑メールであるか否かを考察する. ここで「A:迷惑メール, B:キーワードがメール中に存在, C:非迷惑メール」である. またこの地域ではメール全体のうち 5 割が迷惑メール ($f(A)$=0.5) であることがサーバーの解析で分かっている. もちろん $f(A) + f(C) = 1$ である.

1) 「無料モニター」というキーワードに対して,

$$f(B|A) = 0.15, \quad f(B|C) = 0.02$$

であることが, サーバーの解析で分かっている.「無料モニター」という言葉の入ったメールが迷惑メールである確率を求めよ.

2) 1) のメールには「利益確約」というキーワードも含まれ,

$$f(B|A) = 0.22, \quad f(B|C) = 0.01$$

であることが分かっている. 1) の事後確率を事前確率として, このメールが迷惑メールである確率を求めよ. 事後確率を, それに続く分析の事前確率に利用する方法をベイズ更新 (Bayesian updating) という.

3) 2) のメールにはさらに「暴騰銘柄」というキーワードも含まれ,

$$f(B|A) = 0.25, \quad f(B|C) = 0.01$$

であることが分かっている. 2) の事後確率を事前確率として, このメールが迷惑メールである確率を求めよ.

正解

1) $\quad 0.8824 = \dfrac{0.15 \times 0.5000}{0.15 \times 0.5000 + 0.02 \times (1 - 0.5000)}$

2) $\quad 0.9940 = \dfrac{0.22 \times 0.8824}{0.22 \times 0.8824 + 0.01 \times (1 - 0.8824)}$

3) $\quad 0.9998 = \dfrac{0.25 \times 0.9940}{0.25 \times 0.9940 + 0.01 \times (1 - 0.9940)}$

3 正規分布の推測

■ ■ ■

3.1 事後分布の近似

　前章で学んだように，統計的推測の対象となる母数の事後分布は，一般的に式表現することは容易である．しかしその平均や標準偏差を求めるなど，性質を評価できる形式で事後分布を表現することは，ほとんどの場合に不可能である（評価できた「3囚人問題」の事後分布は，むしろまれな例外に属している）.

　事後分布を評価できないという理由から，ベイズ統計学は20世紀中に市民権を得ることはなかった．ところが近年，計算機パワーを利用し，発想の転換を図ることで，事後分布の詳細な性質を評価することが可能になった.

3.1.1 マルコフ連鎖モンテカルロ法

　その発想の転換とは，事後分布に従う母数を乱数として発生させ，事後分布をあたかもデータ分布のように入手することである．このアイデアが実践的かつ効果的だったので，単純で統一的な理論体系を有するベイズ統計学が，がぜん注目されるようになった.

　そのアイデアを実装する数値計算の技術の1つがマルコフ連鎖モンテカルロ法 (Markov chain Monte Carlo method, MCMC法) である．本書では，MCMC法の1つの手法であるハミルトニアンモンテカルロ法 (Hamiltonian Monte Carlo method, HMC法)[*1] を利用する．HMC法は，物理学分野の力学的エネルギーの原理を応用した方法である.

[*1] MCMC法自体の解説は他書に譲る．興味のある読者は，たとえば豊田秀樹 (2015)『基礎からのベイズ統計学―ハミルトニアンモンテカルロ法による実践的入門―』，朝倉書店，第4章，第5章を参照のこと.

3.1.2 乱数の生成

MCMC 法は，同時事後分布に従う乱数を，井戸から水が湧き出すように継時的に生成する．第 1 期から第 M 期まで生成させ，第 m 期に生成した乱数を $\boldsymbol{\theta}^{(m)}(m = 1, \cdots, M)$ と表記する．ただし湧き出し直後の井戸水が，泥で濁っているように，初期の乱数は同時事後分布に従わないことが知られている．

3.1.3 ウォームアップ期間

そこで最初から B 期までの乱数を捨てて利用しないこととする．捨てる期間をバーンイン (burn–in, 焼き入れ) 期間とか，ウォームアップ (warmup) 期間という．事後分布の性質を調べるためには，バーンイン以後 $(m = B+1, B+2, \cdots, M)$ の有効な乱数を用いる．バーンイン期間 $(m = 1, 2, \cdots, B)$ の乱数は捨て，以後一切の分析に使用しない．

3.1.4 チェイン

乱数列をチェイン (chain) と呼ぶこともあり，乱数列の数をチェイン数という．本書では，特に断らない場合には以後，$M = 21000$ のチェインを 5 つ発生させ，バーンイン期間を $B = 1000$ とし，$T = 10$ 万 $(= (21000 - 1000) \times 5)$ 個の乱数を利用するものとする．これを 1 列に並べて $\boldsymbol{\theta}^{(t)}(t = 1, \cdots, T)$ と表記する．

「抗原検査」データには正規分布を仮定しているから，乱数を発生させるときは $\boldsymbol{\theta}^{(m)} = (\mu^{(m)}, \sigma^{(m)})$ と表記し，分析するときには，ウォームアップ期間の乱数を除いて，$\boldsymbol{\theta}^{(t)} = (\mu^{(t)}, \sigma^{(t)})$ と表記する．

3.1.5 トレースプロット

継時 m に沿って乱数の値を折れ線で表現したグラフをトレースプロット (trace plot) という．「抗原検査」データによるトレースプロットを図 3.1 に示す．上段には平均 $\mu^{(m)}$ のトレースプロットを示し，下段には標準偏差 $\sigma^{(m)}$ のトレースプロットを示した．

折れ線グラフとはいっても，期間が長いので，もはや折れ線は見えない．図 3.1 はあたかも真横に広げたテープのようである．実はこのような視覚的形状が観察されることが，事後分布から正しく乱数が発生していることの必要条件となる．

3.1.6 トレースプロットのドリフト

正しく発生していない場合には，登ったり降りたりの形状が観察されることがある．これを「トレースプロットがドリフト (drift) している」という．

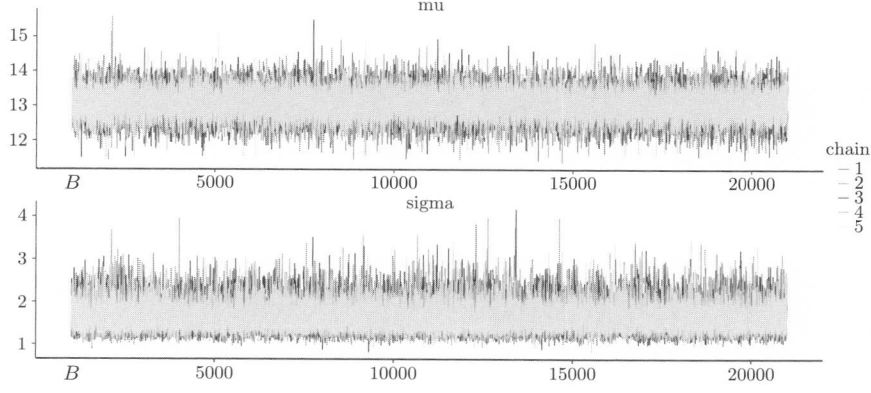

図 **3.1** 平均 μ (上段) と標準偏差 σ (下段) のトレースプロット

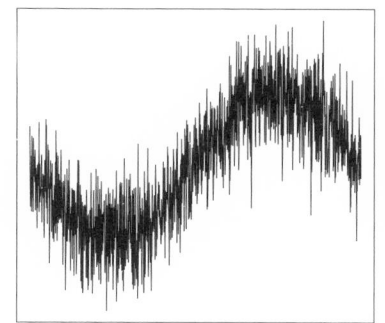 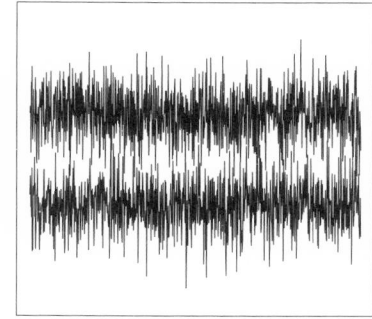

図 **3.2** ドリフト (左図)，違った水平レベル (右図)

トレースプロットのドリフトは，目的とする確率分布に従った乱数を得ていない可能性を示唆しており，好ましくない視覚的特徴である．図 3.2 左図にドリフトした望ましくないトレースプロットの模式図を例示した．

3.1.7　チェイン間のレベルの相違

図 3.1 には，5 本のチェインの折れ線が同時に描かれている．ただしそれらは重なり合い，互いにまったく区別がつかない．互いに区別がつかないことも，事後分布から正しく乱数が発生していることの必要条件となる．

上部と下部のように，いくつかの折れ線が違った水平レベルで描かれているなら，それぞれの乱数が目的とする確率分布をカバーしていない視覚的証拠である．図 3.2 右図に，水平レベルが違うことによる望ましくないトレースプロットの模

式図を例示した.

このようにトレースプロットは「目的としている事後分布から乱数が正しく発生しているか否か」の視覚的評価に利用できる.

3.1.8　収束判定指標

図 3.1 には，ドリフトも水平レベルの違いも観察されない．トレースプロットの観察から正常と考えられる場合には，表 3.1 に示された乱数列の数値的評価の指標を参照する．示されているのは収束判定指標 $\hat{R}$ と有効標本数 n_{eff} である.

R の上についた ^ は，ハットと読む．今後 ^ は，^ がついていない記号を推定した値であることを意味する．ここでは「$\hat{R}$ は R を推定した値である」ことを示している.

表 3.1　乱数列の評価

	n_{eff}	$\hat{R}$
μ	59352	1.00
σ	56538	1.00

チェイン間の散らばりがチェイン内の散らばりに比べて大きい場合には，事後分布から正しく乱数が発生していないことが疑われる．そのことを収束判定指標 $\hat{R}$ が警告してくれる．チェイン数が 1 の場合には，それを複数のチェインに分割して比較することで $\hat{R}$ が計算される．$\hat{R}$ の導出方法は本書の範囲を越えるので他書に譲るが，MCMC の実行プログラムが自動的に計算してくれる.

$\hat{R}$ は 1.1 ないし 1.2 以下であればよいとされる．表 3.1 では，μ と σ はその基準を満たしている．本書に登場する統計モデルは単純なので，基準を満たさないことはほとんどないと言っても過言ではない.

3.1.9　有効標本数

確率分布を近似する乱数は，互いに関係し合わないことが理想的である．しかし MCMC 法は継時的に乱数を発生するから，現実的には m 番目と $m+1$ 番目の乱数は関係をもっている.

有効標本数 (effective sample size, n_{eff}) は，「生成された乱数が理想的に無関係である乱数の何個分に相当するか」の推定値である．ここでは事後分布を近似するために，100000 個の乱数を残した．その μ に関する乱数は，理想的な独立した乱数の 59352 個分に相当すると推定されている．その σ に関する乱数は 56538

個分に相当すると推定されている.

3.1.10 推定値の不安定性

MCMC法の欠点は,事後分布の評価が完全には定まらないことである.MCMC
法の手法を変更したり,アルゴリズムを変えたり,ソフトウェアを更新すればも
ちろんのこと,乱数の種を変えるだけでも,事後分布の%点が変化する.平均や
標準偏差の推定値も変化する.このため第3章以降は第2章以前より有効数字を
減らす.

本書に登場する統計モデルは単純なので,分析結果の解釈が影響を受けるほど
の不安定さにはならない.しかしより安定させたい場合には,大きなMを指定
したり,チェイン数を増やすなどして,Tを大きくする.

3.2   推 定 量 ・ 精 度

データに関する情報はデータ分布にすべて含まれていた.同様に母数に関する
情報は事後分布にすべて含まれている.本節では,データ分布と事後分布を対応
づけながら,母数の推測に入門する.

3.2.1   点 推 定 量

データ分布を学習したときには,要約統計量を求め,データの有する情報を縮
約的に記述した.母数に関しても,常に事後分布を参照するのは煩雑なので,同
じように数値要約する.

データ分布では,まず位置を表現する代表値を計算した.具体的には,平均値
$\bar{x}$・中央値x_{med}・最頻値x_{mod}で要約した.つまりデータ分布を点で代表させた.

同様に母数の事後分布に関しても,まずは点で代表させる.母数を点で代表させ
ることを点推定 (point estimation) という.また,推定の方法を点推定量 (point
estimator) といい,推定された値を点推定値 (point estimate) という.母数θの
事後分布も,データの分布と同様に,平均値・中央値・最頻値という3つの観点
から代表させる.それらが以下に示す代表的な母数の点推定量 [2] となる.

---

[2]   事後分布を (2.25) 式のように式で表現したり,推定量を式で表現できる場合もある.しかし本書
では割愛し,すべての事後分布を乱数で表現し,すべての推定量を乱数から計算する.

3.2.2 事後期待値

事後期待値 (expected a posteriori, EAP, θ_{eap}) は，事後分布の平均値であり，$\theta^{(t)}$ の平均値

$$\hat{\theta}_{eap} = \frac{1}{T}(\theta^{(1)} + \theta^{(2)} + \cdots + \theta^{(t)} + \cdots + \theta^{(T-1)} + \theta^{(T)}) \tag{3.1}$$

を推定値とする．この方法を EAP 推定量という．(1.3) 式に相当する．

ただし平均値の計算には，ウォームアップ期間以後の乱数しか使用していないことに留意されたい．平均値ばかりでなく以後のすべての分析・作図においてもウォームアップ期間以後の乱数しか使用しない．

3.2.3 事後中央値

事後中央値 (posterior median, MED, θ_{med}) は，事後分布の中央値である．$\theta^{(t)}$ を小さい順にソートして，その中央の値

$$\hat{\theta}_{med} = \begin{cases} \dfrac{T+1}{2} \text{ 番目の乱数} & T \text{ が奇数の場合} \\ \dfrac{T}{2} \text{ 番目と } \dfrac{T}{2}+1 \text{ 番目の乱数の平均} & T \text{ が偶数の場合} \end{cases} \tag{3.2}$$

を MED 推定量とする．要するに 50%点である．(1.6) 式に相当する．

3.2.4 事後確率最大値

事後確率最大値 (maximum a posteriori, MAP, θ_{map}) は事後分布の最頻値である．$\theta^{(t)}$ のヒストグラムの最も度数の大きい階級の階級値を推定値に使うことを MAP 推定量 ($\hat{\theta}_{map}$) という．

3.2.5 事後標準偏差

データ分布を学習した際には，代表値を観察したのち，分散 s^2・標準偏差 s という 2 つの要約統計量で散布度を評価した．正規分布の散布度は母分散 σ^2 と母標準偏差 σ だった．

事後分布の散布度の小ささは点推定値の精度である．事後分布の散布度は，事後分散と事後標準偏差で評価する．**事後分散** (posterior variance, σ_θ^2) は事後分布の分散であり，

$$\hat{\sigma}_\theta^2 = \frac{1}{T}((\theta^{(1)} - \hat{\theta}_{eap})^2 + \cdots + (\theta^{(t)} - \hat{\theta}_{eap})^2 + \cdots + (\theta^{(T)} - \hat{\theta}_{eap})^2) \tag{3.3}$$

で推定する．これは (1.4) 式に相当する．

事後分布の標準偏差が**事後標準偏差** (posterior standard deviation, post.sd,

σ_θ) である. 事後分散の推定値の平方根

$$\hat{\sigma}_\theta = \sqrt{\hat{\sigma}_\theta^2} \tag{3.4}$$

で推定する. これは (1.5) 式に相当する. また事後標準偏差は, post.sd と略記することがある.

3.2.6 事後標準偏差の解釈

事後標準偏差は θ の標準偏差である. その推定値 $\hat{\sigma}_\theta$ は, 母数 θ が $\hat{\theta}_{eap}$ の周辺でどれほど散らばっているかの精度の指標として利用する.

EAP 推定値の周りに事後分布が密集していれば, 母数の評価値として EAP 推定値を利用しても不都合は生じにくいだろう. しかし事後分布が広範囲にわたっている場合には, EAP 推定値の代表性が疑われる. 母数の推定が安定的に行われているとはいえない. 事後標準偏差が大きいことは, 分析目的に対して n が小さいことを意味する. データを追加する必要がある.

3.2.7 確 信 区 間

特定の値で母数を評価する点推定に対して, 幅をもたせて区間で母数の評価を行う方法を区間推定 (interval estimation)*3) という. 事後分布の両端から $\alpha/2$ の面積を切り取って残った中央部の $(1-\alpha)$ の面積に対応する区間を $(1-\alpha) \times 100\%$ 両側確信区間 (credible interval) という.

下側 (上側) から α の面積を切り取って残った $(1-\alpha)$ の面積に対応する区間を $(1-\alpha) \times 100\%$ 上側 (下側) 確信区間という. 上側・下側確信区間をまとめて片側確信区間という. 本書では $\alpha = 0.05$ として 95%確信区間を利用するが, 一応の目安に過ぎない. 確信の度合いは, 状況に応じて柔軟に変化させるべきである. 確信区間は信用区間と呼ばれることもある.

3.3 測定値の分布の予測

手元のデータではなく, 将来観測されるであろうデータ x^* を予測したい場合

---

*3) ベイズ統計学では確信区間ばかりでなく, **最高事後密度区間** (highest posterior density interval, HPDI) を利用することもある. A%最高事後密度区間は, 事後分布の密度が高い部分の A%の範囲と定義される. 確率の大きい順に, 合計 A%になるまで階級を区間に組み込んだものが A%最高事後密度区間である. 本書では割愛するが, 利用しやすい分析用ソフトで HPDI が示されていたら, HPDI を利用することは有効である.

がある．具体的に「抗原検査」で例を挙げるならば，実験が終わった後に，別の患者が，同じ手続きで検査をした場合の陰性になるまでの日数である．将来観測されるであろうデータ x^* の分布を予測分布 (predictive distribution) という．予測分布には 2 種類ある．

3.3.1 事後予測分布

1 つは事後予測分布 (posterior predictive distribution) $f(x^*|\boldsymbol{x})$ である．観測済みのデータ $\boldsymbol{x}$ を所与としたときの未来のデータ x^* の条件付き分布であり，

$$x^{*(t)} \sim f(\theta^{(t)}) \tag{3.5}$$

という乱数列で近似する．正規分布モデルでは以下となる．

$$x^{*(t)} \sim N(\mu^{(t)}, \sigma^{(t)}) \tag{3.6}$$

データ生成分布が正規分布であっても，母数 μ と σ 自体が事後に分布し，確率的に揺れるから，事後予測分布は必ずしも正規分布にはならない．事後分布の頻度 (確率密度) に応じて母数 μ と σ を呼び出し，それを利用して乱数を発生させる．これが将来のデータを予測するための事後予測分布である．

事後予測分布の長所は，事後分布の情報をあまさず利用する精密さである．短所は，単純なデータ生成分布として表現できないことである．事前データ・事後分布を持ち続ける必要があり，これは煩雑である．事後予測分布は，将来を丁寧に予測したい場合に利用するとよい．

3.3.2 条件付き予測分布

もう 1 つは，条件付き予測分布 (conditional predictive distribution) である．モデルの分布を $f(x|\boldsymbol{\theta})$ とした場合に，条件付き予測分布は

$$f(x^*|\hat{\boldsymbol{\theta}}) \tag{3.7}$$

である．ここで $\hat{\boldsymbol{\theta}}$ には何らかの点推定値を用いる．EAP 推定値を代入した場合には，平均プラグイン予測と呼ばれることもある．条件付き予測分布は，母数の推定値 $\hat{\boldsymbol{\theta}}$ を所与としたときの未来のデータ x^* の条件付き分布である．

条件付き予測分布の長所は，将来の予測が点推定値にだけ依存することによる取扱いの容易さである．また条件付き予測分布は，データ生成分布 (この場合は正規分布) になるから扱いやすい．要するに条件付き予測分布を利用することは，データからの点推定値を用いて，既存の確率分布表を利用することと同義であり，

なじみ深い手順といえる.

条件付き予測分布の短所は,事後分布の豊かな情報を点推定値だけで要約していることによる情報損失である.

3.3.3 予 測 区 間

予測分布の両端から $\alpha/2$ の面積を切り取って残った中央部の $(1-\alpha)$ の面積に対応する区間を $(1-\alpha) \times 100\%$ 両側予測区間という.予測分布の下側 (上側) から α の面積を切り取って残った $(1-\alpha)$ の面積に対応する区間を $(1-\alpha) \times 100\%$ 上側 (下側) 予測区間という.上側・下側予測区間をまとめて片側予測区間という.

3.4 「抗原検査」データによる分析例

本節では「抗原検査」データを用いた具体的な分析例を示す.統計的推測をする際には研究目的 (research object),あるいは研究上の問い (research question, リサーチクエスチョン) を重視し,それを自覚することが大切である.たとえば以下のような研究上の問い (**RQ**) が着想される.

RQ.1 平均値 μ の点推定. (ex. 陰性になるまでに平均的に何日間必要だろうか.)

RQ.2 平均値の両側区間推定. (ex. 平均 μ はどの区間にあるだろうか.)

RQ.3 平均値の片側区間推定. (ex. 平均 μ は高々あるいは少なくとも何日だろうか.)

RQ.4 標準偏差 σ の点推定・区間推定. (ex. 陰性になるまでの日数の平均的散らばりは何日だろうか. 安全を見越すと,どれほどの散らばりに収まるだろうか.)

RQ.5 予測区間. (ex. 新治療法で治療された患者は平均的に何日で陰性になるだろうか. 何日から何日の間で陰性になるだろうか. 長くとも何日で陰性になるだろうか.)

3.4.1 平均 μ の事後分布のヒストグラム

図 3.3 に母数 μ の事後分布をヒストグラムで示す.目標としていた 15.0 日と,μ の分布の関係が一目瞭然である.事後分布のヒストグラムには,「百聞は一見にしかず」のメリットがある.

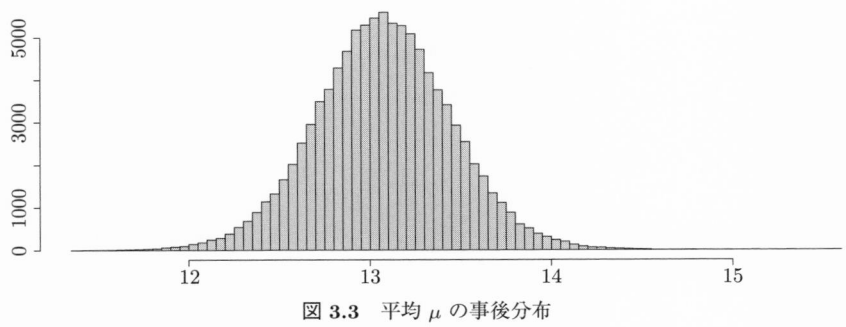

図 3.3　平均 μ の事後分布

3.4.2　平均 μ の点推定

表 3.2 に母数の事後分布と事後予測分布の要約統計量を示す．μ に関する EAP，MED は，$\hat{\mu}_{eap} = 13.07$ 日であり，$\hat{\mu}_{med} = 13.07$ 日である (**RQ.1** への回答)．事後分布の積率系の統計量と分位系の統計量からだけでは MAP 推定値は求まらない．ただし (2.30) 式より MAP 推定値が MLE に一致する．さらに MLE はデータの標本平均に一致することが知られているから $\bar{x} = \hat{\mu}_{mle} = \hat{\mu}_{map} = 13.075$ 日である．この場合，EAP，MED，MAP に実質的な差はないといえよう．

表 3.2　「抗原検査」の母数の推定結果

	EAP	(post.)sd	2.5%	5%	50%	95%	97.5%
μ	13.07	0.38	12.33	12.46	13.07	13.69	13.82
σ	1.65	0.30	1.20	1.25	1.61	2.20	2.35
x^*	13.08	1.72	9.68	10.27	13.08	15.88	16.48

3.4.3　事後標準偏差

事後標準偏差は，事後分布の標準偏差である．母平均の平均的な推定誤差である post.sd は $\hat{\sigma}_{\mu} = 0.38$ 日であった．これは「点推定値 13.07 日には，平均的に 0.38 日間の推定誤差がある」と解釈する．post.sd の小ささから，μ は 15.0 日より下にあると推定できる．

事後標準偏差は，データの標本標準偏差とも，母標準偏差 σ とも，予測分布の標準偏差とも異なる概念であることに留意されたい．

3.4.4　両側確信区間

両側確信区間は，母数が存在すると考えられる領域を上限と下限の両方で示す

方法である.

μ をはじめとする一般の母数の事後分布は正規分布するとは限らない. 確信区間を求めるためには, それに対応する $\theta^{(t)}$ の%点を参照する必要がある. 95%の確信で言明する場合には, 表 3.2 より, 2.5% 点と 97.5% 点を参照する.

$$p(2.5\%点 \ \le \ \mu \ \le \ 97.5\%点) = 0.95 \tag{3.8}$$

であるから, μ の 95% 両側確信区間は [12.33 日, 13.82 日] であることが分かる. 母平均 μ は 95% の確率で, 固定されたこの区間に入っていると解釈する.

同様に 90% 両側確信区間は [12.46 日, 13.69 日] である (**RQ.2** への回答). 少し狭くなった. 両側確信区間は, 低い確信でよければ狭い区間を示せるが, 高い確信で言明するために広い区間しか示せない, という性質を有している.

目標となる 15.0 日は, どちらの区間からも外れている.

3.4.5 片側確信区間

片側確信区間は, 母数が存在すると考えられる領域を, 上限または下限を用いて示す方法である. 陰性になるまでの日数は, 小さいほうが望ましい指標であるから, 新治療法の効果を確認するためには上限を確認するのが一般的である. たとえば 95% の確信で評価する場合は, 表 3.2 の 95% 点を参照し, 「新治療法によって陰性になるまでの平均日数は, 13.69 日以下であることが期待できる (**RQ.3** への回答)」と言明する. 同じ 95% の確信区間でも, 両側と片側では参照する%点が異なることに注意されたい.

逆に, 大きいほうが望ましい指標の効果を評価する場合には, 下限を確認するのが一般的である.

3.4.6 標準偏差の推測

σ に関する EAP, MED は, 表 3.2 より $\hat{\sigma}_{eap} = 1.65$ 日, $\hat{\sigma}_{med} = 1.61$ 日である (**RQ.4** の前半への回答). MAP は表からは読み取れない. ただし (2.30) 式より MLE に一致する. さらに MLE はデータの標準偏差に一致することが知られているから, $s = \hat{\sigma}_{mle} = \hat{\sigma}_{map} = 1.502$ 日である.

図 3.4 は σ の事後分布のヒストグラムである. 平均 μ とは異なり, 標準偏差 σ は, 推定量の間に無視できないほどの違いがしばしば生じる. 特に, 推定値として常用される $\hat{\sigma}_{eap}$ と標本標準偏差 s は, 一般的に, 互いに値が異なることに留意されたい. これは σ の事後分布が正に歪んでいるため生じる現象である.

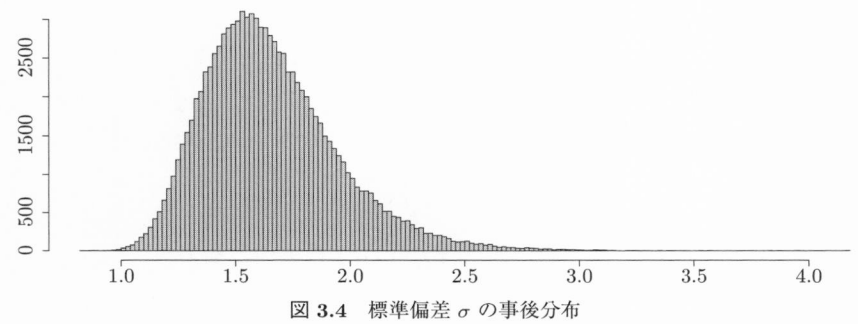

図 3.4 標準偏差 σ の事後分布

　事後分布に限らず，分布が非対称で右に長く裾を引いている形状のとき，その分布は正に歪んでいると表現する．事後分布が正に歪んでいる場合は [*4)]，一般的に MAP<MED<EAP となる．図 3.4 は右に裾を引いているが，これは「抗原検査」データに限った性質ではない．標準偏差の事後分布は，常に正に歪んだ形状となり，MAP<MED<EAP である．

　「抗原検査」における σ の事後標準偏差 (post.sd) は 0.30 である．

　95%両側確信区間は [1.20 日，2.35 日] である．治療法は結果が安定していたほうがよいので，この場合 σ は小さいほうが望ましい．このため先の理由から，片側確信区間は上限を評価し，95%の確信で「新治療法によって陰性になるまでの日数のばらつきは，2.20 日以下であることが期待できる (**RQ.4** の後半への回答)」と言明する．

3.4.7 事後予測分布

　図 3.5 に陰性になるまでの日数の事後予測分布を示す．実験終了後，新薬 A を投与された患者が，陰性になるまでにかかる日数の分布の予測である．

　表 3.2 より，陰性になるまでの平均日数は 13.08 日である (**RQ.5** の 1 番目への回答)．x^* の平均値は，母数 μ の EAP 等と一般的にほぼ一致する．

　表 3.2 の 3 列目の列名は (post.)sd となっている．この列には post.sd と sd の両方が記されているという意味である．母数 μ と σ に関しては上述したように post.sd が示されている．測定値 x^* に関しては sd が示されている．

　x^* の事後予測分布の 95%両側予測区間は，表 3.2 の 2.5%と 97.5%より [9.68

---

*4) 分布が非対称で，左に長く裾を引いている形状のとき，その分布は負に歪んでいると表現する．事後分布が負に歪んでいる場合は，一般的に MAP>MED>EAP となる．

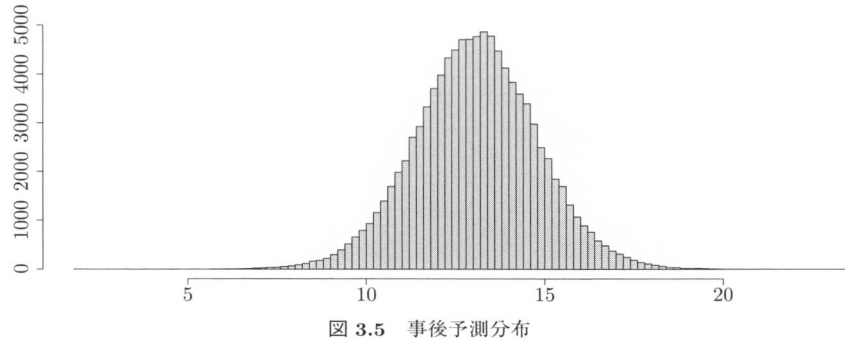

図 3.5 事後予測分布

日，16.48 日] である (**RQ.5** の 2 番目への回答).

先に述べた μ の 95%確信区間 [12.33 日，13.82 日] よりも，x^* の 95%予測区間 [*5) のほうがだいぶ広いことに注意してほしい．x^* は測定値，μ は母数なのであるから，この差は当然である．x^* の予測区間が μ の確信区間よりも広くなることは一般的性質である．

n が大きくなるにつれて確信区間は平均的に狭くなるが，予測区間は狭くなるとは限らない．したがって n が大きくなるにつれて，その差は顕著になる．

3.4.8 条件付き予測分布

たとえば MAP, EAP を代入し，正規分布の密度関数を用いて，条件付き予測分布を表現すると，それぞれ

$$f(x^*|\hat{\mu}_{map} = \hat{\mu}_{mle} = \bar{x} = 13.075, \ \hat{\sigma}_{map} = \hat{\sigma}_{mle} = 1.502) \tag{3.9}$$

$$f(x^*|\hat{\mu}_{eap} = 13.07, \ \hat{\sigma}_{eap} = 1.65) \tag{3.10}$$

となる．条件付き予測分布は，正規分布であるから図示は割愛する．

すでに述べた理由から，標本平均と標本標準偏差を利用した正規分布への当てはめは，MAP 推定値による条件付き予測分布に一致する．したがって MAP による予測分布 (3.9) 式の 95%予測区間は，第 1 章の (1.14) 式で，すでに導いている．95%予測区間は，[10.131 日，16.019 日] であった．

EAP による予測分布 (3.10) 式による 95%予測区間は，同様に (1.14) 式を用いて，[9.84 日，16.3 日] と計算される．MAP による予測より広い．常に，$\sigma_{map} < \sigma_{eap}$ なのであるから，この性質は，当該データに限らず一般的である．

---

*5) 文脈より両側区間か片側区間かが明らかな場合は，今後省略する．

事後予測分布による 95%予測区間 [9.68 日, 16.48 日] のほうが, 2 つの予測区間より, さらに広いことに留意されたい. これは μ や σ が分布しているためである. 言い換えるならば, 母数の推定に伴う不確実性が加味されるために, 事後予測分布による予測区間のほうが広くなるのである. この性質も, 当該データに限らず一般的である.

陰性になるまでの日数は, 小さいほうが望ましい指標であるから, 新治療法の効果を確認するためには上限を確認するのが一般的である. たとえば表 3.2 を参照し, 「新治療法によって治療された患者の 20 人中 19 人は 15.88 日以下で陰性になることが予測される (**RQ.5** の 3 番目への回答)」と言明する.

3.5 確 認 問 題

以下の説明に相当する用語を答えなさい.
1) 事後分布に従う母数をサンプリングする数値計算法.
2) 力学的エネルギーの原理を応用した MCMC 法の 1 つの手法.
3) 初期に発生させた MCMC の乱数のうち捨てて利用しない期間.
4) 継時に沿って乱数の値を折れ線で表現したグラフ.
5) 事後分布から正しく乱数が発生しているか否かを判定する指標.
6) 母数の事後分布を点で代表させる方法.
7) 事後分布の平均値である事後期待値の略号.
8) 事後分布の中央値である事後中央値の略号.
9) 事後分布の最大値である事後確率最大値の略号.
10) ある確率に相当する事後分布の端を除いて残った中央部の区間.
11) 将来観測されるであろうデータの分布.
12) 研究上の問いと同義なカタカナ表記.

3.6 実 習 課 題

第 1 章の実習課題で収集したあなた自身の「知覚時間」のデータに, 以下の分析をし, 適切に解釈しなさい.
RQ.1 平均値の点推定.
RQ.2 平均値の両側区間推定.
RQ.3 平均値の片側区間推定.
RQ.4 標準偏差の点推定・区間推定.

RQ.5 事後予測分布の予測区間.

3.7 実 践 問 題

第1章で登場した「抗原検査」の状況は

> 標準的な治療法がいまだ確立していない新型ウイルスに対する治療薬の開発
> を行っている. この病気は, 幸いにも重症化しなかった場合には, 発症から
> 起算して平均 15.0 日で抗原検査の結果が陰性になる. この平均日数は膨大
> なケースから計算され, 値が安定している. 治験に参加してくれた患者 20
> 名に新薬 A を投与し, 半日ごとに抗原検査を行い, 陰性になるまでの日数を
> 記録した.

というものであった. このデータを「(抗原検査) データ A」と呼ぼう. 同様の状
況で治験に参加してくれた患者 1000 名に新薬 B を投与し, 半日ごとに抗原検査
を行い, 陰性になるまでの日数を記録したデータが, 別に配布する資料に収めら
れている. このデータを「データ B」と呼ぶ. このデータに関して以下の分析を
し, 「データ A」と「データ B」の比較の観点から分析結果を解釈しなさい.
     RQ.1 平均値の点推定.
     RQ.2 平均値の両側区間推定.
     RQ.3 平均値の片側区間推定.
     RQ.4 標準偏差の点推定・区間推定.
     RQ.5 事後予測分布の予測区間.

4 生　成　量

■　■　■

4.1　研究は学問の発展に資する十分条件を目標とする

統計データ分析を，学問の発展に寄与させるためには，発展のための十分条件を最初から目指すことが大切である．

「抗原検査」で例を挙げよう．「新薬を投与した患者が回復するまでの平均日数は，投与しない場合と同じ」という仮説を，仮に棄却できたとしても，それは新薬に有効性があるための必要条件を確認しただけに過ぎない．必要条件を満たしただけの分析は，学問の発展に寄与しない可能性がある．いや，諸般の事情[*1]から，そうなる危険性が高い．

4.1.1　学問発展の十分条件は領域固有の知識が決める

本書の分析では必要条件などには目もくれず，「新薬を投与した患者が回復するまでの平均日数は，投与しない場合と比較して，医学的観点から評価して十分に短い」等の学問発展に寄与する十分条件の提示を，最初から目標とする．

ただし学問の発展に寄与する十分条件は，統計学側からは決められない．そのことを，まず明確に認識する必要がある．言い換えるならば，分野／文脈によらず研究の価値を自動的に判定できる統計指標など存在しない．

加えて，学問発展に寄与する十分条件は，専門分野の知識をもってしても，一意には定まらない，ということをも明確に認識する必要がある．たとえば「十分に短い」という十分条件を満たす研究目標は，副作用・調達コスト・保管の容易さ，その他無数の状況変数に依存し，意味深長である．

「何日なら十分に短いのか」に関する判断は，状況を熟知し，専門知識を有する

[*1]　「神の見えざる手」「帰無仮説採択の誤用」「強すぎる検定力」「多重性の悪用」「ゾンビ的検定」などが挙げられる．詳細は副読本を参照のこと．

医学者の間ですら，多くの場合に意見が分かれる．しかし学問発展に寄与する状態を特定できるとしたら，たとえそれがどんなに難しくとも，当該分野の専門知識によってのみである．

4.1.2 母数の関数に関する推測統計的考察の重要性

事後分布は母数に関する推測的知見を与え，予測分布は将来のデータに関する予測的知見を与えてくれることを前章で学んだ．正規分布の場合は，母数とは平均と標準偏差である．平均や標準偏差等の母数の推測的知見は，研究の価値判断にとって有用である．しかし，それだけでは十分ではない場合も少なくない．

学問発展に寄与する十分条件を注意深く判定するためには，母数の関数 $g(\boldsymbol{\theta})$ に関する推測的知見を併用することが有効である．本章では，研究分野によらずに利用できる母数の関数 $g(\boldsymbol{\theta})$ の事後分布を論じる．

4.1.3 領域固有の指標・指数・係数の推測統計的考察の重要性

母数の関数は，実質科学的・領域知識的には指標・指数・係数などと呼ばれることが多い．たとえばダイエットの効果研究をする場合には，肥満度 BMI[*2] という指標の推測統計的考察が有効となる．ダイエット法の効果を医学的に評価するためには減量の平均値のみならず，肥満度の変化を推測統計的に考察することが有効だからである．BMI は，平均や sd とは異なり，統計学の指標ではない．

心理テストの領域では，心理測定の安定性の指標として信頼性係数・一般化可能性係数[*3] を利用する．マーケティングの分野ではブランド価値指標を利用し，教育測定の分野では，産業職位別の経済知力スコアを利用する．

このように多くの実質科学分野では，領域特有の指標・指数・係数を利用し，それらは母数の関数として表現できることが少なくない．本章で導入する生成量は，統計学を専門としないユーザーが，目的・状況に応じた推測統計的指標を，自力で構成する可能性を開く．

本書は入門教程であるから，領域固有の指標・指数・係数の推測統計的分析には深入りしない．しかし学問発展に対する十分条件を注意深く判定するためには，領域固有の指標・指数・係数の推測統計的考察が有効である．

[*2]　BMI ＝ 体重 kg/(身長 m)^2．肥満度 BMI を用いた推測統計的な考察例は，副読本の第 7 章を参照されたい．本章で導入する生成量を用いて分析している．

[*3]　生成量を利用した信頼性係数・一般化可能性係数の分析例は，以下を参照されたい．徳岡　大 (2018) 第 11 章 歴代 M–1 グランプリで最もおもしろいのは誰か (豊田秀樹 (編著)『たのしいベイズモデリング：事例で拓く研究のフロンティア』)．北大路書房．

　本書を読了した後には，是非，ご自身の研究分野特有の指標・指数・係数の生
成量の構成を，ご自身で試みていただきたい．

4.2　生　成　量

　$\boldsymbol{\theta}$ の実数値関数 $g(\boldsymbol{\theta})$ の事後分布 (正確には周辺事後分布) は，乱数 $g(\boldsymbol{\theta}^{(t)})$ に
よって近似できる．以後，MCMC 法による標本 $\boldsymbol{\theta}^{(t)}$ の関数 $g(\boldsymbol{\theta}^{(t)})$ を**生成量**
(generated quantities) と呼ぶ．より広義には，$g(\boldsymbol{\theta}^{(t)})$ を母数とみた場合の乱数
$f(\cdot \, | g(\boldsymbol{\theta}^{(t)}))$ も生成量である．

　$g(\boldsymbol{\theta}^{(t)})$ は $g(\boldsymbol{\theta})$ の事後分布として利用可能なので，その EAP 推定量には，

$$g(\hat{\boldsymbol{\theta}})_{eap} = \frac{1}{T}(g(\boldsymbol{\theta}^{(1)}) + \cdots + g(\boldsymbol{\theta}^{(t)}) + \cdots + g(\boldsymbol{\theta}^{(T)})) \tag{4.1}$$

が利用できる．式は難しそうだが，これは $g(\boldsymbol{\theta}^{(t)})$ の普通の平均値である．同様
に生成量の中央値・最頻値は，それぞれ $g(\boldsymbol{\theta})$ の MED 推定値・MAP 推定値とし
て利用できる．$g(\boldsymbol{\theta}^{(t)})$ の標準偏差は生成量の事後標準偏差の推定値として利用で
きる．%点を利用すれば生成量の確信区間も求まる．

4.2.1　分　　　散

RQ.6　分散の点推定・区間推定. (ex. 分散は標準偏差の 2 乗である．標準
　　　　偏差の EAP の 2 乗は分散の EAP だろうか．標準偏差の MED の 2 乗
　　　　は分散の MED だろうか．また標準偏差の確信区間の上限や下限を 2 乗
　　　　すると分散のそれになるのだろうか.)

　正規分布の母数を，本書では $\boldsymbol{\theta} = (\mu, \sigma)$ と表記しているけれども，分散を用いて
$\boldsymbol{\theta} = (\mu, \sigma^2)$ と表記するスタイルもある．MCMC 法によって $\boldsymbol{\theta}^{(t)} = (\mu^{(t)}, \sigma^{(t)})$
を生成しているので，分散の事後分布を生成量によって導こう．分散の事後分布
は，生成量

$$g(\sigma^{(t)}) = \sigma^{(t)2} \tag{4.2}$$

で求められる．具体的には，標準偏差の事後分布に従う乱数 10 万個を

$$g(\sigma^{(t)}) = g(\sigma^{(1)}, \sigma^{(2)}, \sigma^{(3)}, \sigma^{(4)}, \sigma^{(5)}, \cdots, \sigma^{(99999)}, \sigma^{(10\,万)})$$
$$= g(1.903, 1.679, 1.377, 1.529, 1.578, \cdots, 1.462, 1.891)$$

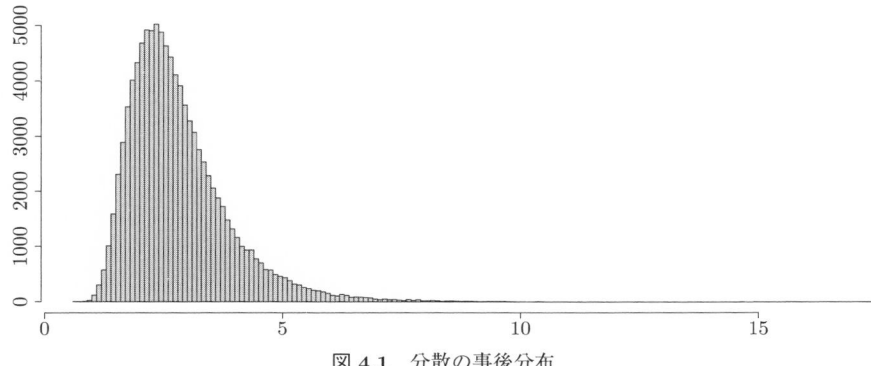

図 4.1 分散の事後分布

表 4.1 生成量の数値要約

	EAP	post.sd	2.5%	5%	50%	95%	97.5%
分散 σ^2	2.824	1.071	1.432	1.564	2.605	4.833	5.509
標準偏差 σ	1.654	0.295	1.197	1.251	1.614	2.199	2.347
変動係数 cv	0.127	0.023	0.091	0.095	0.124	0.169	0.181

$$= (1.903^2, 1.679^2, 1.377^2, 1.529^2, 1.578^2, \cdots, 1.462^2, 1.891^2)$$
$$= (3.620, 2.819, 1.896, 2.336, 2.491, \cdots, 2.138, 3.576)$$
$$= (\sigma^{(1)2}, \sigma^{(2)2}, \sigma^{(3)2}, \sigma^{(4)2}, \sigma^{(5)2}, \cdots, \sigma^{(99999)2}, \sigma^{(10\,万)2}) = \sigma^{(t)2}$$
$$(4.3)$$

のように，すべて 2 乗すると，分散の事後分布に従う 10 万個の乱数となる．

10 万個の乱数を用い，生成量・分散の事後分布のヒストグラムを描き，図 4.1 に示した．標準偏差の事後分布である図 3.4 と比較して，さらに正の歪みが強くなっていることが観察される．これを「右に裾が重たい」と表現することもある．2 乗すると極端な値になるからである．図の右側にはデータはないようにも見えるが最大値は 17 付近にまで達している．数値要約を表 4.1 に示す．

4.2.2 平均の 2 乗は，2 乗の平均に一致しない

平均の 2 乗は，2 乗の平均に一致しないから，EAP に関しては，

$$2.824 = \hat{\sigma}_{eap}^2 \neq (\hat{\sigma}_{eap})^2 = 1.654^2 = 2.737 \tag{4.4}$$

であり，標準偏差の EAP の 2 乗は分散の EAP には一致しない．同様に標準偏差の post.sd の 2 乗は分散の post.sd には一致しない．

4.2.3　50%点の2乗は2乗の50%点に一致する

単調増加変換をしても%点の順序は保存される．したがって 50%点の2乗は2乗の 50%点に一致する．具体的に MED に関しては

$$2.605 = \hat{\sigma}^2_{med} = (\hat{\sigma}_{med})^2 = 1.614^2 = 2.605 \tag{4.5}$$

であり，標準偏差の MED の2乗は分散の MED に一致していることが確認できる．また標準偏差の 95%確信区間の上限・下限の2乗は，分散の 95%確信区間の上限・下限に一致する（**RQ.6** への回答）．積率系の統計量は一致せず，分位系の統計量は一致する．

4.2.4　間隔尺度・比率尺度

連続的な値をとる測定特性のうち，絶対0点のあるものを比率尺度 (ratio scale) といい，絶対0点のないものを間隔尺度 (interval scale) という．絶対0点とは特性のない状態である．たとえば時間という特性を例にとるならば，0秒は時間という特性がない状態である．したがって時間は比率尺度である．0 kg は重さがない状態であり，0 m は長さがない状態であるから，重さや長さは比率尺度である．

それに対して，摂氏0度は温度がない状態ではない．試験の成績の0点は，学力がない状態ではない．したがって摂氏温度や試験の成績は間隔尺度である．

4.2.5　変 動 係 数

RQ.7　変動係数の点推定・区間推定．(ex. 平均値に対する測定値の平均的な散らばりは何割だろうか.)

・月に 1000 円の小遣いをもらっている人が，平均的に 100 円の赤字を出す．
・月に 10000 円の小遣いをもらっている人が，平均的に 1000 円赤字を出す．

この両者は，1割の赤字という意味では，心理的に共通している．測定値が比率尺度である場合には，散布度の指標として**変動係数** (coefficient of variation)

$$cv = \frac{\sigma}{\mu} \tag{4.6}$$

が計算できる．変動係数は単位のない指標であり，平均値に対する相対的なばらつきを表す．変動係数の事後分布は生成量

$$g(\mu^{(t)}, \sigma^{(t)}) = \frac{\sigma^{(t)}}{\mu^{(t)}} \tag{4.7}$$

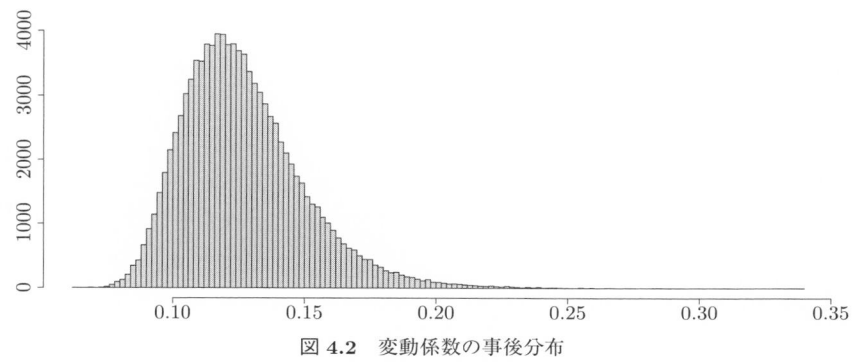

図 4.2 変動係数の事後分布

で求める.

その結果は 0.127(0.023)[0.091,0.181] であった. ただしこれ以降, 事後分布の数値要約は 4 つの数値で行うことがある. 特に言及しない場合には, 最初の数字で EAP を表し, ( ) で事後標準偏差を表し, [ ] で 95%の確信区間を表す.

$\hat{cv}_{eap}=0.127$ であり, 測定時間は平均値の 13% くらいの散らばりがある (**RQ.7** への回答) と解釈する. 図 4.2 を観察すると右に裾が重たい.

変動係数の推測統計的分析は, 従来の初等的教科書には掲載されていない. しかし生成量を用いれば, 上述のように, それは容易に示せる. 変動係数ばかりでなく, 母数の関数として表現された指標・指数・係数は, 生成量によって推測統計的考察が可能になる. 生成量の極めて有用な性質である.

4.3 基 準 点 c

基準点 (reference point), あるいは**基準確率**とは, 学問の発展のための十分条件を確認するために参照する基準となる数値である. 効果的な統計分析を行うためには, 基準点や基準確率を設定することが有効である.

ここで大切なことは, 基準点や基準確率が, 統計学とはまったく関係ない知見に基づいて設定されることである. これを**実質科学的知見からの要請**という. 実質科学的知見は, **固有技術**とか, **ドメイン知識**などともいう.

統計的分析において最も大切なことは, 常に研究上の問いを自覚し, 実質科学的知見を最大限利用することである. たとえば, 投薬せずに陰性になるまでの平均日数 $c = 15$ (日) は, 投薬した「抗原検査」データとは無関係であり, 医学的

知識によって設定された基準となる数値である.

以下, 本節では基準点や基準確率を用いた生成量を論じる.

4.3.1　基準点と平均値の差 d_c

RQ.8　基準点と平均値の差 d_c の点推定・区間推定. (ex. 新薬によって平均
的に何日間早く陰性になるのだろうか. 短縮された日数 d_c は, どの区間
に存在するのだろうか.)

平均が基準点からどれくらい離れているかの指標に,

$$d_c = c - \mu \tag{4.8}$$

がある. ここでは, これを**基準点と平均値の差**と呼ぶ. d_c の事後分布は生成量

$$g(\mu^{(t)}) = c - \mu^{(t)} \tag{4.9}$$

で求められる. ここで基準点は $c = 15$ (日) である. もちろん $d_c = \mu - c$ でもよ
いのであるが, ここでは「何日間早く陰性になるか」を指標とする.

d_c の添え字 c は基準点を表現している. したがって, 基準点と平均値の差 d_c
は, この場合は d_{15} と表記される.

d_{15} の事後分布を図 4.3 に示す. d_{15} は $1.925(0.376)[1.183, 2.668]$ と推測され
た. 従来よりおよそ 2 日早く陰性になる. 確信区間の下限より, 少なくとも 1 日
以上は早く陰性になると判断してよいだろう (**RQ.8** への回答). ただし 95% 確信
区間が 0 日を含んでいないからといって, そのことだけから新薬が有効であると
即断してはいけない.

表 4.2 に, これより本節に登場する生成量の数値要約をあらかじめ示しておく.

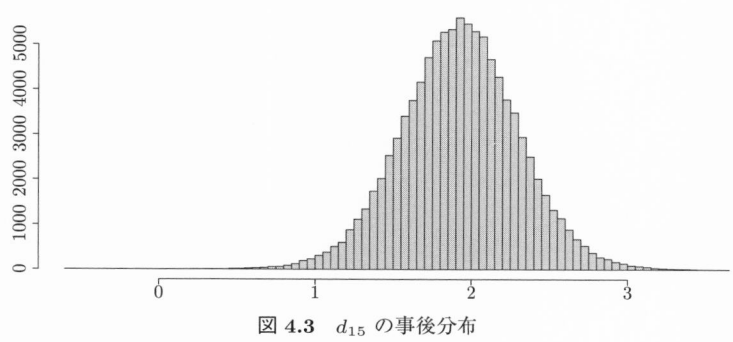

図 4.3　d_{15} の事後分布

表 4.2　基準点のある生成量の数値要約

	EAP	post.sd	2.5%	5%	50%	95%	97.5%
d_{15}	1.925	0.376	1.183	1.310	1.927	2.541	2.668
δ_{15}	-1.199	0.302	-1.792	-1.699	-1.197	-0.707	-0.613
$q_{0.75}$	14.191	0.428	13.442	13.552	14.159	14.940	15.126
$p(15.0 < x^*)$	0.126	0.061	0.037	0.045	0.116	0.240	0.270
基準点との比 (15)	0.872	0.025	0.822	0.831	0.872	0.913	0.921

4.3.2　標準化された基準点と平均値の差 δ_c

RQ.9　標準化された基準点と平均値の差 δ_c の点推定・区間推定. (ex. 新薬によって平均的に陰性になる日数と，基準点 15 日との差は，平均的な測定値の散らばりと比較してどれほどだろうか. δ_c は，どの区間に存在するのだろうか.)

基準点と平均値の差 d_c の長所は，測定単位の実質科学的意味に即して，効果の大小を解釈できる点にある. 平均約 2 日早く陰性になるという解釈は明快である. しかし逆にいうと，分かりやすいからこそ，平均約 2 日早く陰性になるという事実に対する評価が，専門家間で割れる可能性もある.

d_c の解釈を補助する指標の 1 つが，**標準化された基準点と平均値の差**

$$\delta_c = \frac{\mu - c}{\sigma} \tag{4.10}$$

である. δ_c は，標準偏差を単位として，平均が基準点からどれくらい離れているかを示す指標である.

投薬の効果には個人差があり，早く陰性になる患者と，遅く陰性になる患者がいる. その平均的な個人差のばらつきに対する，平均的に早まる日数の比が δ_c である. その比を考察することによって，平均値と基準点との差 (たとえば 1.93 日間) に意味づけする.

δ_c の事後分布は，生成量

$$g(\mu^{(t)}, \sigma^{(t)}) = \frac{\mu^{(t)} - c}{\sigma^{(t)}} \tag{4.11}$$

で求められる. ここでも投薬しない場合の平均日数である 15 日を基準点としてみよう. δ_c の添え字 c は，d_c と同様に，基準点を表現している. したがって，標準化された基準点と平均値の差 δ_c は，この場合は δ_{15} と表記される.

δ_{15} の事後分布を図 4.4 に示す. δ_{15} は $-1.199(0.302)[-1.792, -0.613]$ と推測

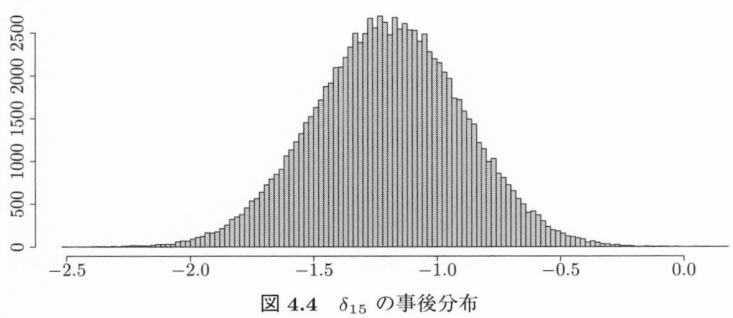

図 **4.4** δ_{15} の事後分布

された. $\hat{\delta}_{15\ eap} = -1.199$ だから，基準点 15 日に対して，平均値 13.07 日は，平均的な個人差の散らばりの 120% くらい下の点であると解釈する．95% の確信で δ_{15} は $[-1.792, -0.613]$ に存在する (**RQ.9** への回答).

4.3.3 分位点・%点

ここまでは母数に関係した生成量の事後分布を論じてきた．ここからは将来のデータ x^* に関係した生成量の事後分布を紹介する．

> **RQ.10** %点の点推定・区間推定. (ex. なかなか陰性にならない患者は，4人に1人の割合で，陰性になるまでに，何日以上待たされるだろうか．それを $q_{0.75}$ 日と表記すると，$q_{0.75}$ はどの区間に存在するのだろうか.)

測定値の分析は，はじめに代表値に向けられる．「抗原検査」の例では，まず陰性になるまでの平均日数という代表値に関心が向けられた．しかし代表値以外の%点の分析も重要である．たとえば，回復には個人差があり，なかなか陰性にならない患者もいる．「新薬は4人に1人の割合で，陰性になるまでに，何日以上待たされるだろうか」という問いは，新薬の効果を考察する際に重要である．この問いは，75% 点が何日かを調べることで解決する．

x^* の%点は，正規分布モデルでは

$$q_c = \mu^{(t)} + z_c \times \sigma^{(t)} \tag{4.12}$$

で求まる．ここで z_c は，標準正規分布の当該%点である．

q_c の%点の事後分布は，生成量

$$g(\mu^{(t)}, \sigma^{(t)}) = \mu^{(t)} + z_c \times \sigma^{(t)} \tag{4.13}$$

で利用できる．

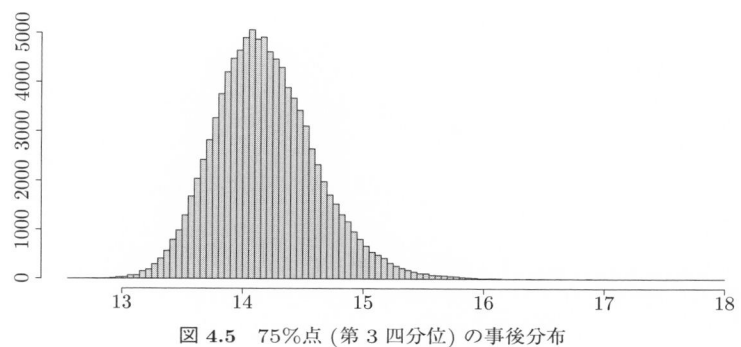

図 **4.5** 75%点 (第 3 四分位) の事後分布

「新薬は 4 人に 1 人の割合で，陰性になるまでに，何日以上待たされるだろう
か」という問いに答えるためには，75%点を調べればよいのであるから，標準正
規分布表から $F(0.675|\mu = 0, \sigma = 1) \simeq 0.75$ を読み取り，$z_{0.75} = 0.675$ とすれ
ば，75%点の事後分布が得られる．図 4.5 に 75%点の事後分布を示す．

推測の結果は 14.191(0.428)[13.442, 15.126] であった．EAP 推定値を参照する
と，4 人に 1 人の割合で約 14.2 日より長くなることが分かる．25%点の 95%の確
信区間は [13.442, 15.126] である (**RQ.10** への回答)．確率の確率 (メタ確率)[*4]
として確信区間が定義されている．

4.3.4 特定区間での観測確率

RQ.11　特定区間で測定値が観測される確率．(ex. 新薬を投与しても患者が
　　　　陰性になるまでに 15 日以上かかる確率はどれほどだろうか．またその
　　　　確率は，どの区間に存在するだろうか.)

回復には個人差があり，遅い人もいるから，平均値ばかりに注目していてはい
けない．新薬を投与しても，投与しない場合の平均日数である 15 日以上かかって
しまう患者の割合は全体のどれほどであろうか．この問いに答えるためには，将
来のデータが区間 $[b, a]$ に観察される確率 (1.13) 式を用い

$$p(b < x^* < a) = F(x^* = a|\boldsymbol{x}) - F(x^* = b|\boldsymbol{x}) \tag{4.14}$$

[*4]　メタ確率 (meta probability) にはさまざまな種類があるが，ここでは単純に「確率の確率」と定
　　義する．気象庁は，週間天気予報の降水確率に確信度 ABC を付帯させている．降水確率の信頼度
　　A は「確度が高い予報」，B は「確度がやや高い予報」，C は「確度がやや低い予報」である．これは
　　確率の区間推定であり，A より C は区間が広くなっていることを意味し，メタ確率の 1 種である．

を利用する.

　％点を調べると「ある確率で起きることはどんなことだろうか」という疑問に答えることができる. つまり (4.12) 式を使うということは, 確率を固定して現象を調べるということである. (4.14) 式を使うと, 逆に「ある現象はどの程度の確率で起きるだろうか」という疑問に答えることができる. つまり現象を固定して確率を考察できる.

　事後分布は, 正規分布の分布関数を利用した生成量

$$g(\mu^{(t)}, \sigma^{(t)}) = F(a|\mu^{(t)}, \sigma^{(t)}) - F(b|\mu^{(t)}, \sigma^{(t)}) \tag{4.15}$$

で求められる.

　上述の場合は区間が $[15, +\infty]$ であるから

$$g(\mu^{(t)}, \sigma^{(t)}) = F(+\infty|\mu^{(t)}, \sigma^{(t)}) - F(15|\mu^{(t)}, \sigma^{(t)}) = 1 - F(15|\mu^{(t)}, \sigma^{(t)})$$

という生成量を利用する.

　確率の事後分布は図 4.6 であり, 推測の結果は 0.126(0.061)[0.037, 0.270] であった. 陰性になるまでに 15 日以上かかる確率の点推定値は 12.6％である. その確率が, 95％の確率で存在する確信区間は [0.037, 0.270] である (**RQ.11** への回答). これもメタ確率の表現になっている. a 日以内に陰性になる確率の分布を求めるためには, 区間 $[-\infty, a]$ の確率であるから, (4.15) 式は

$$g(\mu^{(t)}, \sigma^{(t)}) = F(a|\mu^{(t)}, \sigma^{(t)}) - F(-\infty|\mu^{(t)}, \sigma^{(t)}) = F(a|\mu^{(t)}, \sigma^{(t)})$$

となる.

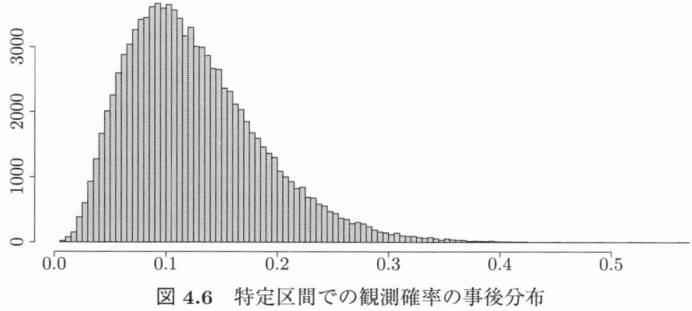

図 **4.6**　特定区間での観測確率の事後分布

4.3.5 基準点と平均の比

RQ.12 基準点と平均の比の点推定・区間推定. (ex. 基準となる 15 日に対する, 投薬して陰性になるまでの平均日数の比はどれほどだろうか. またその確率は, どの区間に存在するだろうか.)

従来約 15 日で回復していた病気と, 約 1015 日で回復していた病気を思い浮かべてみよう. それぞれ新薬 A と B を投与すると, 平均的に約 2 日回復が早まるとする. さらに基準点と平均値との差に関する統計的考察がまったく同一だったとしよう. このとき新薬 A と B の効果は同一だろうか. 否である. 回復が約 2 日早まった事実の医学的価値は明らかに異なる.

両者の違いは, 基準点 c と平均 μ の比

$$\mu/c \tag{4.16}$$

を比較すれば, 新薬 B の効果は極めて小さいことが示されるだろう.

基準点 c と平均 μ の比の事後分布は, 生成量

$$g(\mu^{(t)}) = \mu^{(t)}/c \tag{4.17}$$

で利用できる.

基準点 15 日に対する μ の比の事後分布を図 4.7 に示す. 推測の結果は 0.872(0.025)[0.822, 0.921] であった. 点推定値は 0.872 であり, 投薬によって陰性になるまでの平均日数は約 87% になると解釈される (1015 日に対する比は, およそ 0.998 (=1013/1015) となり, ほとんど無意味であることが示せる). 95% 確信区間は [0.822, 0.921] であった (**RQ.12** への回答). もちろん 1.0 を含んでいないことだけを理由に, 新薬に効果があると即断してはいけない.

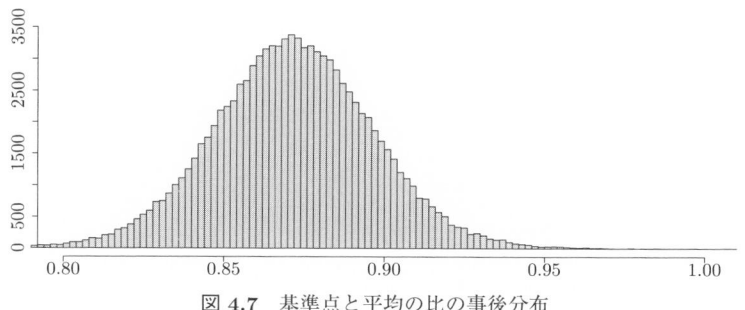

図 4.7 基準点と平均の比の事後分布

4.4 確 認 問 題

以下の説明に相当する用語を答えなさい.
1) MCMC 法による母数の標本の関数.
2) 連続的な値をとる測定特性のうち, 絶対 0 点のあるもの.
3) 連続的な値をとる測定特性のうち, 絶対 0 点のないもの.
4) 標準偏差を平均で割った散布度の指標.
5) 実質科学的知見によって効果的な統計分析を行うために定めた点.
6) 基準点と平均との差を標準偏差で割った指標.
7) 確率の確率.

4.5 実 習 課 題

第 1 章の実習課題で収集したあなた自身の「知覚時間」のデータに関して, 以下の **RQ.** を基準点も含めて自作し, 分析し, 考察しなさい. ただし事後分布は「EAP 推定値 (post.sd)[95%確信区間の上下値]」の形式で要約的に報告すること.
RQ.6 分散の点推定・区間推定.
RQ.7 変動係数の点推定・区間推定.
RQ.8 基準点と平均値の差 d_c の点推定・区間推定.
RQ.9 標準化された基準点と平均値の差 δ_c の点推定・区間推定.
RQ.10 %点の点推定・区間推定.
RQ.11 特定区間での観測確率の点推定・区間推定.
RQ.12 基準点と平均の比の点推定・区間推定.

4.6 実 践 問 題

第 3 章で登場した「抗原検査データ B」に関して, 以下の **RQ.** を基準点も含めて自作し, 分析し,「データ A」と「データ B」の比較の観点から分析結果を解釈しなさい.
RQ.6 分散の点推定・区間推定.
RQ.7 変動係数の点推定・区間推定.
RQ.8 基準点と平均値の差 d_c の点推定・区間推定.
RQ.9 標準化された基準点と平均値の差 δ_c の点推定・区間推定.

RQ.10　％点の点推定・区間推定.

RQ.11　特定区間での観測確率の点推定・区間推定.

RQ.12　基準点と平均の比の点推定・区間推定.

5 事後確率の利用

∎ ∎ ∎

5.1 母数が特定区間に存在する事後確率

平均値 μ をはじめとする母数の事後分布は推測統計的に重要な知見を与える.「抗原検査」では,たとえば図3.3のヒストグラムや,表3.2の数値要約を参照することによって,μ は 13.07(0.38)[12.33, 13.82] であるとの目安が得られた.ただし推測統計的知見の実質科学的価値を判定することは,統計学の役割ではない.判定のための客観的な材料を提供することが統計学の役割である.

5.1.1 研究仮説の基準点を決めることは統計学の役割ではない

基準点 c はドメイン知識を有する実質科学者が決める.たとえば当該分野を専門とする医学者が「副作用・調達コスト・保管の容易さ,その他の状況変数を考慮して,投薬しない患者より,新薬を投与した患者が平均的に1日半以上早く陰性になるなら,新薬には効果があるといってよい」と判断したとする.この判断は,

$$U: \quad \mu \leq 13.5 \tag{5.1}$$

という研究仮説で言い換えることができる.(5.1) 式が成立する事後確率が高ければ,研究目標は達せられ,低ければ達せられなかったと判定する.

ドメイン知識を有さない統計学の側から無理に決めようとすると,$\mu = 15$ のような,それを否定することによって学問発展のための必要条件が満たされるような基準しか提示できない.学問を発展させることは,いうまでもなく,とても大変である.このため,そんな基準を許すと,「必要条件をクリアしているけれど,学問発展に寄与しない論文」があの手この手 [*1)] で公刊されてしまう.

[*1)] あの手この手とは「神の見えざる手」「帰無仮説採択の誤用」「強すぎる検定力」「多重性の悪用」「ゾンビ的検定」などが挙げられ,総称的に p ハッキングと呼ばれている.詳細は副読本を参照されたい.

実質科学者によって $\mu \le c = 13.5$ 等の学問発展のための十分条件が設定されれば, 統計学は判定のための客観的な材料を提供することができる. それこそが価値判断から独立した統計学の役割である. 本章の主たる目的は, そのための方策を導入することである.

5.1.2 確からしさをもとに価値判断を下すことも統計学の役割ではない

ただし提示した研究仮説が正しい事後確率が, 高いか低いかを判定することも統計学の役割ではない. 状況変数の状態から, 95%正しくても低いと判定されるケース, 70%正しくても高いと判定されるケースはある. 仮説の正しさの%の程度・高低を実践的に判定し価値判断することも, 統計学の役割ではない. それは当該領域の専門家の役割である.

統計学の役割は, 当該領域の専門家の判断を補佐する材料たる表や曲線を示すことにある. もちろん, 同じ表や曲線をもとにして査読した医学者間で, 研究の価値に対する最終判定が異なることもあるだろう. しかし, それらは互いに健全な複数の異論であり, 異論間の意見・議論は尊重される必要がある. 学問発展の真髄はその議論にこそある. 分野／文脈によらず研究の価値を自動的に判定できる統計指標など存在しない.

5.1.3 事後確率の評価

事後確率とは第2章 (2.22) 式で学習したように, データを観察した後に母数に関する事象が成立する確率である.「当該患者は風邪 A に (または風邪 B に) 罹患していると診断する」という事象は離散的なので, ベイズの定理を用い, その診断が正しい事後確率を直接的に計算できた.

しかし μ のような連続量である母数に関する (5.1) 式のような言明が正しい (成立する) 確率を扱うためには一工夫必要である. μ の事後分布 (図 3.3) は確率を与える分布関数ではなく, 確率密度を与える密度関数である. したがって, たとえば $\mu \le 13.5$ という事象が成立する確率を評価するためには, 図 5.1 のように, μ の事後分布 (密度関数) のグレーの部分の面積を求める必要がある.

5.1.4 研究仮説 $\mu \le 13.5$ が成立する確率

密度関数全体の面積は 1 であったから, 事後分布に従うすべての乱数の中で, (5.1) 式が成立する (true となる) 乱数の割合を調べることによって, グレーの部分の面積 (研究仮説 (5.1) 式の言明が正しい (correct) 確率) を求めることができる.

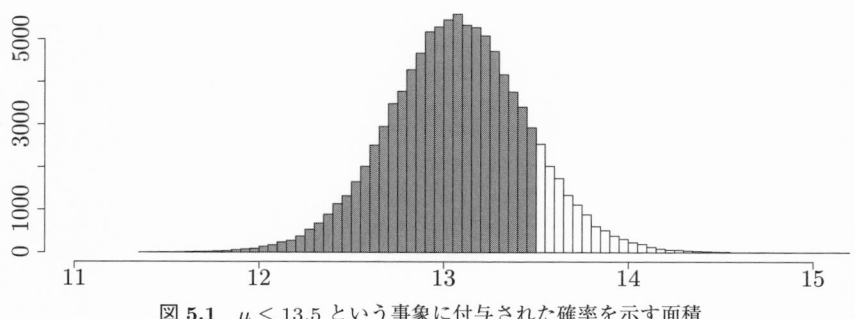

図 5.1　$\mu \leq 13.5$ という事象に付与された確率を示す面積

具体的には，まず

$$u^{(t)}_{\mu^{(t)}\leq 13.5} = \begin{cases} 1 & \text{true} \quad \mu^{(t)} \leq 13.5, \quad t = 1, \cdots, 10\,万 \\ 0 & \text{false} \quad \text{それ以外の場合} \end{cases} \quad (5.2)$$

という 0 と 1 の値だけをとる 2 値変数 $u^{(t)}_{\mu^{(t)}\leq 13.5}$ を作る [*2)]．次に，10 万個の 2 値変数の平均値を計算する．

するとその値は，2 値変数全体に占める 1 の割合に一致し，同時に $\mu^{(t)}$ 全体に占める (5.1) 式が true である割合にも一致する．その割合を計算すると 0.879 となった．これが図 5.1 のグレーの部分の面積である．研究仮説 (5.1) 式の言明が正しい事後確率は 87.9% である．

5.1.5　2 値変数中の 1 の割合は平均値に一致する

なぜ，平均値を計算すると割合になるのだろう．その理由を説明しよう．ここでは $T = 10$ と規模を小さくし，たとえば μ の事後分布に従う乱数が

$$(13.59, 13.42, 12.76, 12.86, 12.95, 13.65, 13.11, 12.96, 13.61, 13.16) \quad (5.3)$$

であったとしよう．このとき，$u^{(t)}_{\mu^{(t)}\leq 13.5}(t = 1, \cdots, 10)$ は

$$(0, \quad 1, \quad 1, \quad 1, \quad 1, \quad 0, \quad 1, \quad 1, \quad 0, \quad 1) \quad (5.4)$$

となる．

(5.4) 式の平均値は 0.7 であり，これは 2 値変数全体に占める 1 の割合に一致している．0 と 1 の値だけをとる 2 値変数では，常に

[*2)]　確率的命題として表現された研究仮説 U は大文字で表記し，その実現値である 2 値は，$u^{(t)}$ のように小文字で表記する．具体的な仮説は $u^{(t)}_{\mu^{(t)}\leq 13.5}$ のように下付きで表現する．

$$平均値 = 1 \text{ の割合} \tag{5.5}$$

が成り立つ. 同時に 0.7 は, (5.3) 式に占める $\mu^{(t)} \leq 13.5$ が true である割合にも一致している. 以上のことを一般化しよう.

5.2 「研究仮説が正しい確率」PHC

研究仮説は (「平均 μ は 13.5 日以下である」等の)「A は B である」という形式の命題で表現される. 通常の論理命題は, 正しいときには真 (true, 1), 誤っているときには偽 (false, 0) で表現する. 本書で扱う研究仮説 U は, 確率的に 1 と 0 の値をとる命題である.

研究仮説 U に関する 2 値変数

$$u^{(t)} = \begin{cases} 1 & \text{true} \quad \theta^{(t)} \text{に関して研究仮説 } U \text{ が真}, \quad t = 1, \cdots, T \\ 0 & \text{false} \quad \text{それ以外の場合} \end{cases} \tag{5.6}$$

の平均値は, 研究仮説 U が正しい事後確率として利用できる. これを**研究仮説が正しい確率** (probability that research hypothesis is correct, PHC)[*3)] と呼び, phc(研究仮説 U)[*4)] と表記する. たとえば phc($\mu \leq 13.5$) $= 0.876$ である.

PHC を使用する際に守るべきことは, 学問発展の必要条件の phc で価値判断しないことである. phc($\mu = 15.0$) はもちろんのこと, phc($\mu \leq 15.0$) $= 0.9999$ でもいけない. その理由は本章の実践問題で示す.

大切なことは, 学問発展の十分条件を満たす基準点による phc(研究仮説 U) を常に念頭に置くことである. 学問発展に寄与する基準点 c を特定できるのは, たとえそれがどんなに難しくとも, 当該分野の専門知識によってのみである.

5.2.1 phc(研究仮説 U) には数理的前提がある

PHC の使用に際しては, 数理的前提を受け入れた上での「研究仮説が正しい確率」であることを忘れてはいけない. 主たる数理的前提としては, たとえば

[*3)] 豊田秀樹 (2015)『基礎からのベイズ統計学——ハミルトニアンモンテカルロ法による実践的入門——』, 朝倉書店.
豊田秀樹 (2017) p 値を使って学術論文を書くのは止めよう. Let us stop writing academic papers relying on p-values for hypothesis validation. *Japanese Psychological Review*, **60**(4), 379–390.

[*4)] システムは大文字 PHC で, 実現した確率は小文字 phc(研究仮説 U) で表記する.

1) μ や σ の事前分布に一様分布を選んだこと.

2) 母数の事前分布が独立であること.

3) データ生成分布として正規分布を選んだこと.

4) 測定値が互いに独立であること.

などがある.

前提が妥当でなければ,その程度に応じて,phc による確率評価も妥当でなくなる.たとえば第 II 巻で扱う複雑なモデルで PHC を扱う場合には「そもそもモデルがデータに合っているのだろうか」という観点 [*5)] が重要になる.ただし第 I 巻の範囲であれば,モデルが単純なので,過度に神経質になる必要はない.

数理的前提のない統計学的知見は,そもそも存在しない.数理的前提があることは,有意性検定の p 値等,他の統計量とまったく同じであり,phc 独自の欠点などではない.それを踏まえていれば,研究仮説に関する実感に伴った情報や,応用範囲の広い豊かで柔軟な知見を phc は与えてくれる.

5.2.2 連続的変数の点に付与される確率は 0

PHC を利用すると「新薬を投与した患者が陰性になるまでの平均日数は,投与しない場合と比較して,医学的観点から評価して十分に短い」等の学問発展に寄与する十分条件が成立する確率を示すことができた.

そればかりでなく,逆に「新薬を投与した患者が回復するまでの平均日数は,投与しない場合とほぼ変わらない (から無益で役に立たない)」という研究成果を否定する仮説が成立する確率をも示すことができる.

ただしそれは,投薬しない患者が陰性になるまでの平均日数 15 日を利用した $\mathrm{phc}(\mu = 15.0)$ ではない.なぜだろう.連続的変数に関しては,点に確率密度が付与され,区間に確率が付与されることを,1.2 節で学んだ.連続的変数の点に,あえて確率を付与すると 0 になることも同時に学んだ.

連続的な値をとる母数 μ も同様である.いかなる点を指定しても $\mathrm{phc}(\mu = c) = 0.0$ であり,当然,$\mathrm{phc}(\mu = 15.0) = 0.0$ である.$\mu = 15.0$ という点による仮説は,成り立つ確率が 0 なのであるから,データをとる前から偽である.仮説が成立する確率を計算するためには,当該仮説に区間を与える必要がある.

[*5)] 本書のレベルを超えるので解説は割愛するが,興味ある読者の方は,事後予測チェックや交差妥当化 (交差検証) の方法を学んでいただきたい.

5.2.3 「事実上同じ範囲」ROPE

「新薬を投与した患者が陰性になるまでの平均日数は，投与しない場合とほぼ同じで，大差ない」という仮説の現実世界におけるイメージは，「μ は，およそ 15.0 日の近辺に存在する」である．このおよその近辺を**事実上同じ範囲** (region of practical equivalence, ROPE, ロウプと読む)[*6] という．ROPE は，一般的に

$$|g(\theta) - まったく研究成果のない点| < c \tag{5.7}$$

と表現できる．平均値に関する ROPE は，この場合 $|\mu - 15.0| < c$ である．ROPE が成立する phc を求めるためには，(5.6) 式の右辺 1 行目

$$\theta^{(t)}に関して研究仮説 U が真，\quad t = 1, \cdots, T \tag{5.8}$$

の部分を

$$|\mu^{(t)} - 15.0| < c \tag{5.9}$$

で置き換えればよい．「陰性になるのが 13.5 日以降では事実上同じ」と判定されていたから $c = 1.5$ とする．結果は phc$(|\mu - 15.0| < 1.5) = 0.124$ であった．「15 日の前後の 1.5 日に μ が存在する場合は，投与しない場合とほぼ変わらない」という専門家の価値判断を受け入れるなら，「投与しない場合と事実上同じで，大差ない」という研究成果を否定する仮説が成立する確率は 12.4％である．

全体を要約しよう．領域的知見により基準点 $c = 13.5$ (または 1.5) 日が納得できるとき，陰性になるまでの平均日数による 3 つの仮説が成立する確率は

phc$(\mu \leq 13.5)$ $\quad = 87.6\%,$ （意味があるほどに短い）
phc$(|\mu - 15.0| < 1.5)$ $= 12.4\%,$ （事実上同じ）
phc$(16.5 \leq \mu)$ $\quad = 0.0\%,$ （むしろはっきり長い）

となる．それぞれの仮説が成立する確率の和は 1 となることに注目されたい．

5.3 phc 曲線・phc テーブル

前節で「領域的知見により基準点 $c = 13.5$ 日が納得できるとき」と述べた．言

[*6] J. Kruschke (2014) *Doing Bayesian Data Analysis: A Tutorial with R, JAGS, and Stan* (2nd ed.), Academic Press. 前田和寛，小杉考司 (翻訳) (2017)『ベイズ統計モデリング：R, JAGS, Stan によるチュートリアル』(原著第 2 版)，共立出版，第 12 章.

い換えるならば，1.5 日間以上早く陰性になれば，意味のある短縮であることを
前提として議論を進めた．「陰性になるまでの期間は十分に短い」という表現は的
確だが曖昧である．基準点 c を与えることで言明が明確になり，そのお陰で統計
的知見を得ることができた．では納得できる基準点 c は，一般的に，どのように
定めたらよいのだろうか．

5.3.1 基準点 c の決め方

1 つの方向は，調査を行い，当該分野の複数の識者の意見の分布を調べること
である．効果ゼロ (15 日) からの乖離の評価を，あらかじめ複数の専門家 (研究
課題によっては一般人) に依頼し，聴取することは，研究目標を定めるという目
的にとって重要である．

もう 1 つの方向は，当該分野の固有技術の観点から c を評価することである．
たとえば 1.5 日間短くなることの意味は「全体の 1 割早まる」「病院の会計の 1 区
切りである 1 日を超えていて便利である」「患者は，退院して半日休んでから，1
日早く仕事が始められる」などが考えられる．

少なくとも基準点 c の意味をまったく考えずに，統計的に有意だからといって，
15 日より 1 秒でも早く陰性になればよいという態度で統計分析をしてはいけない．

5.3.2 基準点 c を事前に決めることの難しさ

基準点 c は，統計学的には決められない．前述のように調査やドメイン知識で
定めることができれば，それに越したことはない．しかし多くの場合に基準点を
1 点に定めることはしばしば困難である．同じ基準点 c の研究上の価値は，立場
(たとえば基礎医学・病院経営・患者の利便) や固有技術的文脈によって異なるか
らだ．同じ立場の中でも人によって，重視する観点が異なることもあるだろう．

また研究開始に当たって，自信をもって 1 点に定めた基準点を，「データを見て
から，分析者に都合のよい基準点を定めたのだろう」と言われるのは心外で，口
惜しい．1 点に定めたその基準点を「査読者が受け入れてくれるだろうか」と，心
配し続けるのも生産的でない．では，どうしたらよいだろうか．

5.3.3 基準点 c は必ずしも事前に決めなくてもよい

結論を述べるならば，基準点は必ずしもあらかじめ決めなくてよい．代わりに
表 5.1 のような表を示したり，図 5.2 のようなグラフを示すことができる．

表 5.1 には，11.5 日から 15.5 日まで，0.5 日刻みで c を動かしたときの phc$(\mu \leq c)$

表 5.1 phc($\mu \leq c$) の phc テーブル (新薬 A)

c (日)	11.5	12	12.5	13	13.5	14	14.5	15
phc($\mu \leq c$)	0.000	0.004	0.061	0.419	0.876	0.991	1.000	1.000

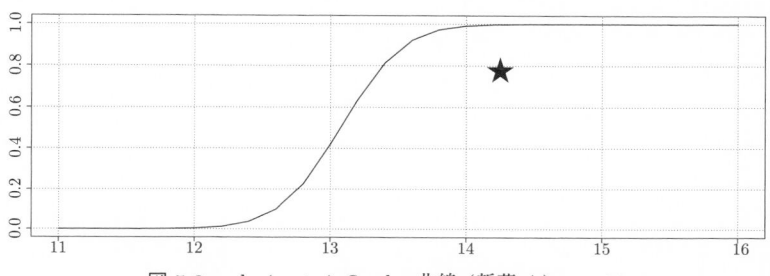

図 5.2 phc($\mu \leq c$) の phc 曲線 (新薬 A) $n = 20$

を示した．これを **phc テーブル** (phc table)[7] と呼ぶ．図 5.2 は横軸に基準点 c を，縦軸に phc を配したグラフである．これを **phc 曲線** (phc curve) と呼ぶ．表 5.1 の内容を可視化したグラフである．この場合は「$\mu \leq 14$ 日である」という (99.1%成立する) 主張に反対する識者は少ないと考えられる．値が小さいことが望まれる母数に関心があるケースでは，この例のように，phc 曲線は単調増加関数となる．

　短縮する日数と，その言明が成立する確率を俯瞰的に考察できるという意味で，phc テーブル・phc 曲線は，横軸の指標に関するデータが有する情報を集約して表現している．分析者・論文執筆者は phc テーブル・phc 曲線を利用して，考察を展開する．phc 曲線をもとに，効果の程度を常に議論する過程を査読の常態とすべきである．ただし phc テーブル・phc 曲線を利用しても，基準点の実質科学的意味を考え続けることの大切さは，少しも変わらない．

5.3.4 n が小さいと，分析者に有利な主張は支持されにくい

　図 5.3 は，第 3 章の実践問題に登場した新薬 B による「データ B」によって描いた phc($\mu \leq c$) の曲線である．横軸の範囲を図 5.2 に合わせて描いている．$n = 1000$ の図 5.3 のほうが，$n = 20$ の図 5.2 よりも立ち上がりが急峻である．この傾向はこのデータに限定された特徴ではない．事後分布を用いた phc 曲線には，n が小さいうちは曲線は緩慢に変化し，大きくなると急峻に変化するという

---

[7] この場合，phc は何回計算しても多重比較のような補正が必要ない．

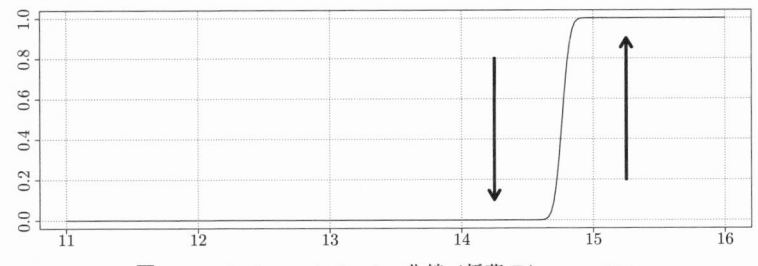

図 **5.3**   phc($\mu \leq c$) の phc 曲線 (新薬 B) $n = 1000$

表 **5.2**   phc($\mu \leq c$) の phc テーブル (新薬 B)

c (日)	14.5	14.6	14.7	14.8	14.9	15	15.1	15.2
phc($\mu \leq c$)	0.000	0.000	0.089	0.772	0.998	1.000	1.000	1.000

一般的性質がある.

　小さいほうが望ましい母数の phc で高い確信を得るためには，n が小さいうちは (緩慢にダラダラ立ち上がる単調増加関数であるがゆえに) 図 5.2 の右の領域★の大きな c しか選べない．言い換えるならば n が小さいうちは，分析者に不利な基準点 c でしか，phc は高くならない．

　研究意義の存在証明責任は論文執筆者の側にある．データが少ない分析では「自身に有利な主張がしにくい」という phc 曲線の性質は自然だし，とても重要である．データが少ないがゆえの不安定さのために，たまたま研究者に有利な結論が導かれてしまう社会的不利益を防げるからである．

5.3.5　n は，大きいほうがよい

　図 5.3 のように，c の値によらず n の増加に伴って，phc は 0 か 1 に確率的に近づいていく．表 5.2 によれば phc($\mu \leq 14.7$) = 0.089 であり，phc($\mu \leq 14.9$) = 0.998 である．たった 0.2 日間差で，完全に判断が分かれている．n が大きい新薬 B に対しては「投薬しないよりも，平均的に 0.1 日間は早まるが，0.3 日は早まらない」とはっきり結論づけられる．n が 2000, 3000, $\cdots$ と増加すれば，判断が分かれる差は平均的にいくらでも小さくなる．

　n が大きいと，分析者に有利な仮説か否かとは無関係に，明確な結論が出せる．ゆえにデータは多ければ多いほどよい．

5.3.6　あらかじめ観測対象数 n を定める必要はない

　研究を始めるのに先立って，あらかじめ観測対象数 n を定める必要はない．研

究予算や資源に応じて，研究が必要とする急峻さが phc 曲線に観察されるまで，様子を見ながらデータを逐次的に増やせる．データを収集するたびに phc を再計算しても，補正の必要はない．

ただし効果が 0 以上という phc を参照し，それをもとに判定してはいけない．表 5.2 によれば，「μ は投与しないで陰性になる日数以下である」という仮説が，小数 4 桁の精度で 100% 成立している (phc($\mu \leq 15$) = 1.000)．しかし同時に「平均的に半日以上早まる」という仮説は小数 4 桁の精度で 100% 成立しないからである (phc($\mu \leq 14.5$) = 0.000)．必要条件の確認には目もくれないことが大切である．

常に実質科学的に意味のある基準点 c における phc を参照することが大切である．様子を見ながらデータを集め，ときどき phc を参照する．ある日，自身があらかじめ意味があると目途にした基準点において高い phc が観察されたら，その時点でデータ収集を止め，論文を書き始めてよい．不幸なことに低い phc しか得られないことが明らかになったら，その段階で研究を中断する．その意味で研究資源に無駄が生じない．

5.3.7 ROPE の phc 曲線

表 5.3 に，0 日から 3.5 日まで，0.5 日刻みで c を動かしたときの phc($|\mu - 15.0| < c$) に関する phc テーブルを示した．基準点 c を前提として受け入れたときに，ROPE の主張が成立する確率である．図 5.4 は，表 5.3 の内容を可視化した phc 曲線である．

表 5.3 phc($|\mu - 15.0| < c$) の phc テーブル

c (日)	0	0.5	1	1.5	2	2.5	3	3.5
phc($|\mu - 15.0| < c$)	0.000	0.000	0.009	0.124	0.581	0.939	0.996	1.000

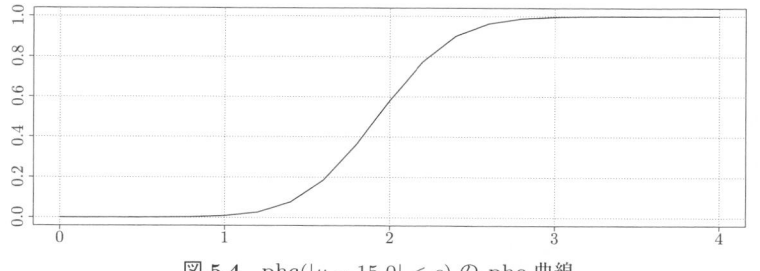

図 5.4 phc($|\mu - 15.0| < c$) の phc 曲線

　もし「15 日の前後 3 日間に μ が存在するなら，陰性になる時期は事実上同じ」という主張を受け入れ，それを前提とするならば，「新薬を投与した患者が陰性になるまでの平均日数は，投与しない場合とほぼ同じで，大差ない」という ROPE の仮説が成立する確率は 99.6% である．新薬に効果はないのだろうか？　いや，3 日早く陰性になっても事実上同じと考える識者は，まずいないだろう．むしろ「15 日の前後 1 日間に μ が存在するなら，陰性になる時期は事実上同じ」という ROPE の主張が，0.9% でしか受け入れられない事実に注目する公算が高いのではないだろうか．

　図 5.4 の左端が 0.0 からスタートしていることに注目されたい．このデータに限らず，ROPE の phc 曲線は，0.0 からスタートする．$c = 0$ の場合は，常に

$$\mathrm{phc}(|\theta - \text{まったく研究成果のない点}\,| < 0) = 0 \qquad (5.10)$$

だから [8] である．これは「連続的変数の分布の 1 点には，確率密度と確率 0 が付与される」という数理統計学における基礎知識を，数値実験によって確認している．

5.4　生成量の phc 曲線

　母数や生成量の phc を求めるためには，(5.6) 式の右辺 1 行目

$$\theta^{(t)}\text{に関して研究仮説 } U \text{ が真}$$

の部分を必要に応じて書き換えればよかった．標準偏差 σ・基準点と平均値の差 d_{15}・標準化された基準点と平均値の差 δ_{15}・基準点と平均の比に関する phc は，それぞれ

$$\sigma^{(t)} \le c, \qquad \text{小さいことが望まれる母数} \qquad (5.11)$$

$$c \le d_{15}^{(t)}, \qquad \text{大きいことが望まれる生成量} \qquad (5.12)$$

$$\delta_{15}^{(t)} \le c, \qquad \text{小さいことが望まれる生成量} \qquad (5.13)$$

$$\mu^{(t)}/15.0 \le c, \qquad \text{小さいことが望まれる生成量} \qquad (5.14)$$

で置き換える．望まれ方によって，生成量の位置が，左辺か右辺かの相違がある．

---

[8]　これは $\mathrm{phc}(H_0 : \mu = 15.0) = 0$ を意味し，有意性検定における帰無仮説は「データをとる前から厳密には偽」であることの本質を示している．

　事後分布の形状から phc の値が約 0 から 1 に収まるように基準点を選び，表
5.4 に母数と生成量の phc テーブルを示し，図 5.5 にその phc 曲線を示した．

　図 5.5a は，標準偏差 σ の phc 曲線である．薬剤としては，陰性になるまで
の日数は安定しているほうがよい．小さいことが望まれ，単調増加曲線である．
$\mathrm{phc}(\sigma \leq 2.5) = 0.988$ である．散らばりが，2 日半以下であることに確信がも

表 5.4　母数と生成量の phc テーブル

σ	1	1.25	1.5	1.75	2	2.25	2.5	2.75	3
phc	0.000	0.050	0.328	0.679	0.882	0.961	0.988	0.996	0.999
d_{15}	0.667	1	1.333	1.667	2	2.333	2.667	3	3.333
phc	0.999	0.991	0.944	0.762	0.419	0.132	0.025	0.004	0.000
δ_{15}	-2	-1.75	-1.5	-1.25	-1	-0.75	-0.5	-0.25	0
phc	0.004	0.035	0.159	0.431	0.744	0.933	0.991	0.999	1.000
$\mu/15.0$	0.8	0.825	0.85	0.875	0.9	0.925	0.95	0.975	1
phc	0.004	0.032	0.187	0.557	0.876	0.982	0.998	1.000	1.000

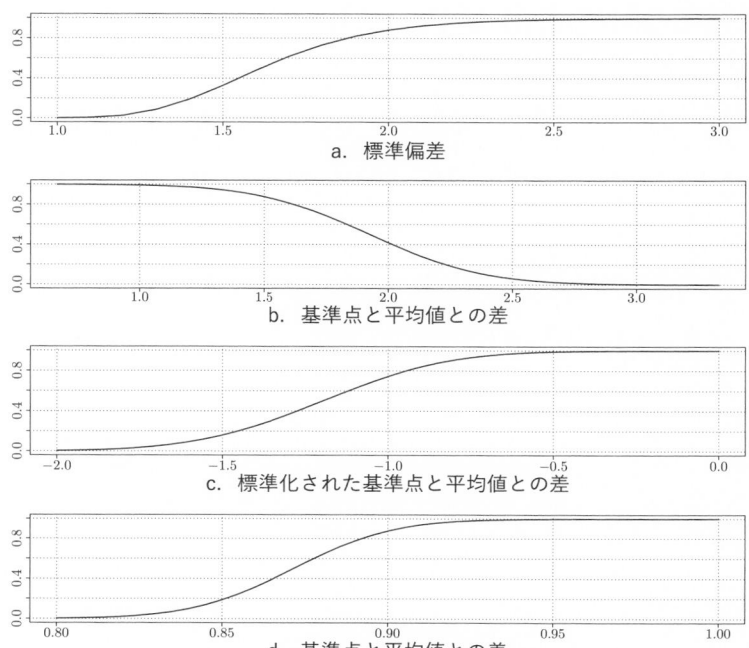

a. 標準偏差

b. 基準点と平均値との差

c. 標準化された基準点と平均値との差

d. 基準点と平均値との差

図 5.5　母数と生成量の phc テーブル曲線

てる.

図 5.5b は,基準点と平均値の差 d_{15} の phc 曲線である.投薬しない患者より早く陰性になることが目標なので,値は大きいほうがよく,単調減少曲線である. $\mathrm{phc}(1.0 \leq d_{15}) = 0.991$ である.1 日以上平均的に早まることに確信がもてる.

図 5.5c は,標準化された基準点と平均値の差 δ_{15} の phc 曲線である. $\mathrm{phc}(d_{15} \leq -0.5) = 0.991$ である. δ は 10 倍すると偏差値として解釈できる.投薬して陰性になるまでの平均日数は,散らばりで測り直すと,15 日よりも少なくとも偏差値で 5.0 以上,下方に位置している.

図 5.5d は,基準点と平均の比の phc 曲線である.15 日を 1 としたときの,投薬して陰性になるまでの平均日数の比である.値は小さいほうがよい. $\mathrm{phc}(\mu/15.0 \leq 0.95) = 0.998$ であるから,強い確信をもって,少なくとも 5%以上早まるといえる.

5.5　確　認　問　題

5.5.1　用　語　問　題
以下の説明に相当する用語を答えなさい.
1)「研究仮説が正しい確率」のアルファベット 3 文字の略号.
2) 事実上同じ範囲のアルファベット 4 文字の略号.

5.5.2　正　誤　問　題
以下の phc の説明で,正しい場合は○,誤っている場合は × と回答しなさい.
1) 基準点 c の価値はドメイン知識に依存しており,統計学とは無関係である.
2) phc の高低の評価は当該ドメインの専門家が行う.統計学とは無関係である.
3) 小さい (大きい) ことが望まれる指標の phc 曲線は単調増加 (減少) 関数となる.
4) 観測対象数の増加に伴って,仮説の真偽の判定が明確になっていく.
5) phc 曲線を利用すれば,あらかじめ観測対象数 n を定める必要がなくなる.
6) phc 曲線を利用すれば,あらかじめ基準点 c を定める必要がなくなる.
7) 労を惜しんで n が小さいと,分析者が望む仮説の phc は低くなる傾向がある.
8) n が大きいと,分析者が望む仮説か否かとは無関係に,明確な結論が出せる.
9) n は大きいほうがよい.
10) 横軸の指標に関するデータが有する情報を phc 曲線は集約して表現している.
11) ROPE の phc 曲線は,必ず座標 (0,0) が始点となる.
12) 母数や生成量の phc 曲線は,n の増加に伴って,立ち上がりが急峻になる.

正解はすべて○

5.6　実　習　課　題

第1章の実習課題で収集したあなた自身の「知覚時間」のデータに関して，以下の **RQ.** に関する，phc テーブルと phc 曲線を作成しなさい．また ROPE の phc テーブルと phc 曲線も作成しなさい．それらをもとに，あなた自身の価値観で基準点に意味づけし，解釈しなさい．

RQ.13　平均値

RQ.14　標準偏差

RQ.15　標準化された基準点と平均値の差 δ_{30}

RQ.16　基準点と平均の比 $\mu/30.0$

5.7　実　践　問　題

第3章で登場した「抗原検査データ B」に関して，以下の **RQ.** に関する，phc テーブルと phc 曲線を作成しなさい．また ROPE の phc テーブルと phc 曲線も作成しなさい．それらをもとに，あなた自身の価値観で基準点に意味づけし，解釈しなさい．

RQ.13　平均値 (phc テーブルと phc 曲線は表 5.2 と図 5.3 に示したので省略してよい)

RQ.14　標準偏差

RQ.15　標準化された基準点と平均値の差 δ_{15}

RQ.16　基準点と平均の比 $\mu/15.0$

6 2つの正規分布の推測

■ ■ ■

6.1 2群のデータ

本章では独立した **2群** (two independent groups) の差の推測方法を学ぶ．ここで独立とは，2群のデータが互いに**影響し合わずに測定される**ことである．

> **英語学習法：** 英語のある領域の授業のやりかたに関して，新しい学習法を開発した．この学習法の効果を調べるために，まず，40人の生徒を20人ずつ2つの群に無作為に分けた．次に，一方の群では新学習法で指導し，他方の群では旧学習法で指導した．そして，100点満点の同じ期末試験を両群に実施し，結果を比較した．この期末試験は，小問は3点，中問は5点，大問は10点で構成されている．その結果，両群の成績は表6.1のとおりであった．新学習法は旧学習法より学習効果が高いだろうか．

表 **6.1** 実験群と対照群の英語の成績

実験群	49, 66, 69, 55, 54, 72, 51, 76, 40, 62, 66, 51, 59, 68, 66, 57, 53, 66, 58, 57
対照群	41, 55, 21, 49, 53, 50, 52, 67, 54, 69, 57, 48, 31, 52, 56, 50, 46, 38, 62, 59

6.1.1 実験群・対照群

新学習法で指導した群は，その効果を調べたい群であり，**実験群** (experimental group) という．実験群に対するはたらきかけを**処理** (treatment) という．ここでは新学習法で授業を行うことが処理である．他方の群は比較のための群であり，**対照群** (control group, 統制群，コントロール群) という．

6.1.2 無作為割り当て

実験群に学力の高い生徒が集まると，仮に実験群の期末試験の成績が高くと
も，新学習法の効果で成績がよくなったのか，もともと学力が高いから成績が
よいのか判定できない．このように処理以外の原因が結果に影響することを**交絡**
(confounding) という．

学力差ばかりでなく，学習動機の差，発達差，なども交絡を生じさせる原因とな
る可能性がある．さまざまな交絡原因からの影響を避けるためには，生徒を2つの
群のどちらかに作為なく分けることが望ましい．このような目的のために，実験群
または対照群へ観測対象をランダムに割り当てることを**無作為割り当て** (random
assignment) という．

6.1.3 処理のさまざま

実験群と対照群を使った実験は心理学で利用されるばかりではない．たとえば
喫煙が肺がんに与える影響を調べるためには，喫煙者たちを実験群，非喫煙者た
ちを対照群と呼び，肺がんの罹患数を比較する．この場合，処理に相当する喫煙
を**暴露** (exposure) という．

治療行為の効果を調べるためには治療群と非治療群を比較する．この場合，処
理に相当する治療を**介入** (intervention) という．

性別による反応時間の違いを調べるためには男性群と女性群を比較する．この
場合，処理に相当する性別を**属性** (attribute) という．これら広い意味での処理の
効果は，本章で論じられる独立した2群の差の推測によって考察することが可能
である．

6.1.4 数値要約

第1章で学んだように，まず，データの要約を行う．表6.2に平均値・標準偏
差・分散・25%点・中央値・75%点を示し，表6.3に小さい順に並べ替えた測定
値を示す．

第6章から第9章までは，平均値の大きい群を第1群と呼び，平均値の小さい
群を第2群と呼ぶ．ここでは第1群が実験群，第2群が対照群である．

表 6.2 「英語データ」の数値要約

統計量	平均	sd	分散	25%点	50%点	75%点
実験群	59.8	8.68	75.4	53.5	58.5	66.0
対照群	50.5	11.09	123.1	47.0	52.0	56.5

表 6.3 小さい順に並べ替えた測定値

順位	20, 19, 18, 17, 16, 15, 14, 13, 12, 11, 10, 09, 08, 07, 06, 05, 04, 03, 02, 01
実験群	40, 49, 51, 51, 53, 54, 55, 57, 57, 58, 59, 62, 66, 66, 66, 66, 68, 69, 72, 76
対照群	21, 31, 38, 41, 46, 48, 49, 50, 50, 52, 52, 53, 54, 55, 56, 57, 59, 62, 67, 69

6.1.5 図 的 要 約

第 1 章で学んだ 1 群のデータの場合には，図的要約としてヒストグラムを描く
ことが効果的であった．2 群のデータの場合は，図 6.1 のような箱ひげ図 (box–
and–whisker plot) を描くことが効果的である．箱ひげ図はボックスプロット (box
plot) ともいう．また図 6.1 のような複数の群を並べて比較した図を，特に平行箱
ひげ図 (parallel box–and–whisker plot) ということもある．

この図からは，新学習法で授業をした実験群のほうが，旧学習法で授業をした
対照群よりも，全体的に成績がよいことが観察される．

6.1.6 箱ひげ図のルール

箱ひげ図は，箱とその両側に出たひげで，データの分布を表現する．箱の上端は
75%点，箱の下端は 25%点，箱の真ん中の横棒は 50%点である．75%点と 25%点
との差を四分位範囲 (interquartile range) という．箱の端から四分位範囲の c 倍
以内で，それに最も近い内側の測定値までひげを引く．箱の端から四分位範囲の
c 倍以上の点は，外れ値 (outlier) と呼んで，測定値を打点する．ここでは $c = 1.5$

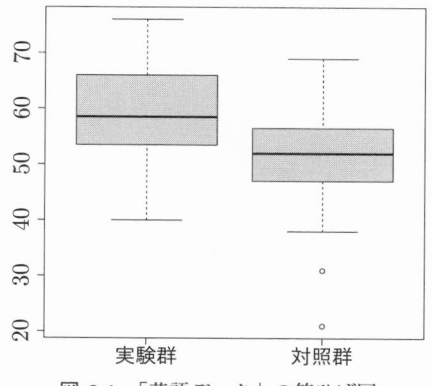

図 6.1 「英語データ」の箱ひげ図

とする [*1].

　実験群では 25%点の 53.5 から箱が始まり，50%点の 58.5 に線が引かれ，75%点の 66.0 まで箱が続く．箱の端から四分位範囲の 1.5 倍上方の 84.75 (= (66.0 − 53.5) × 1.5 + 66.0) は，最大値 76 より大きいので，上のひげは 76 まで引かれている．下方の 34.75 (= 53.5 − (66.0 − 53.5) × 1.5) は最小値 40 より小さいので，下のひげは 40 まで引かれている．

　対照群では 47.0 から箱が始まり，52.0 に線が引かれ，56.5 まで箱が続く．70.75 (= (56.5 − 47.0) × 1.5 + 56.5) は最大値 69 より大きいので，上のひげは 69 まで引かれている．32.75 (= 47.0 − (56.5 − 47.0) × 1.5) より大きい最小測定値は 38 なので，下のひげは 38 まで引かれている．21 と 31 は外れ値として，○で打点する．

6.2 2つの正規分布モデル

　ベイズ統計学はベイズの定理を使用して現象のモデル化を行う．ベイズの定理は母数の事後分布を与える．復習のために (2.27) 式を

$$f(\boldsymbol{\theta}|\boldsymbol{x}) \propto f(\boldsymbol{x}|\boldsymbol{\theta})f(\boldsymbol{\theta})$$

[事後分布]　　比例　　[尤度] × [事前分布]

のように再掲する．事後分布は尤度と事前分布の積に比例する．

6.2.1　デ　ー　タ
　連続的変数の測定値 $\boldsymbol{x}$ が

$$\boldsymbol{x} = (\boldsymbol{x}_1, \boldsymbol{x}_2) \tag{6.1}$$

のように 2 つの群に分割できたとする．

　属性 (性別，地域，年齢，…)・実験条件 (温度，材料，時間，…)・介入 (学習法，治療法，…)・暴露 (嗜好，習慣，接触，…) など，分割の基準は問わない．
　たとえば「英語学習法」データでは

[*1]　$c = 1.5$ と指定することが一般的である．ただし箱ひげ図にはさまざまな書き方のバリエーションがある．c の値を決めるのではなく，5%点と 95%点までひげを引く流儀，外れ値は書かない流儀，外れ値を程度に応じて分類する流儀などである．

$$\boldsymbol{x}_1 = (x_{11}, x_{12}, \cdots, x_{1n_1}) = (32.30, 34.24, \cdots, 32.12, 31.81),$$

$$\boldsymbol{x}_2 = (x_{21}, x_{22}, \cdots, x_{2n_2}) = (31.43, 31.09, \cdots, 32.35, 31.57) \tag{6.2}$$

であり，第1群のデータ数は n_1，第2群のデータ数は n_2 である．「英語学習法」データでは $n_1 = 20$，$n_2 = 20$ である．

ここでは第1群が実験群，第2群が対照群として説明を行うが，読者が実践的に分析するときはどちらでもよい．たとえば平均の差が正になるように選ぶと，本書の記述と同じになって分かりやすいかもしれない．

6.2.2 尤　　　度
実験群と対照群の測定値が，以下のような正規分布 ((1.7) 式)

$$x_{1i} \sim N(\mu_1, \sigma_1), \quad x_{2i} \sim N(\mu_2, \sigma_2) \tag{6.3}$$

に従っているものとする．母数ベクトルは

$$\boldsymbol{\theta} = (\mu_1, \mu_2, \sigma_1, \sigma_2) \tag{6.4}$$

である．群内・群間で測定が独立だとすると，(2.24) 式に相当する尤度は

$$\begin{aligned}
f(\boldsymbol{x}|\boldsymbol{\theta}) &= f(\boldsymbol{x}_1, \boldsymbol{x}_2 | \mu_1, \mu_2, \sigma_1, \sigma_2) \\
&= f(x_{11}|\mu_1, \sigma_1) \times \cdots \times f(x_{1n_1}|\mu_1, \sigma) \\
&\quad \times f(x_{21}|\mu_2, \sigma_2) \times \cdots \times f(x_{2n_2}|\mu_2, \sigma)
\end{aligned} \tag{6.5}$$

と表現される．

6.2.3 事前分布・事後分布
母数は互いに独立であると仮定すると，(2.26) 式に相当する同時事前分布は

$$f(\boldsymbol{\theta}) = f(\mu_1, \mu_2, \sigma_1, \sigma_2) = f(\mu_1)f(\mu_2)f(\sigma_1)f(\sigma_2) \tag{6.6}$$

と表現される．

尤度と事前分布の積により，(2.27) 式に相当する事後分布を，

$$\begin{aligned}
f(\boldsymbol{\theta}|\boldsymbol{x}) &= f(\mu_1, \mu_2, \sigma_1, \sigma_2 | \boldsymbol{x}_1, \boldsymbol{x}_2) \\
&\propto f(\boldsymbol{x}_1, \boldsymbol{x}_2 | \mu_1, \mu_2, \sigma_1, \sigma_2) f(\mu_1, \mu_2, \sigma_1, \sigma_2)
\end{aligned} \tag{6.7}$$

と導く．MCMC法を利用することにより，正規化定数は必要なくなり，母数の

事後分布・生成量の事後分布・予測分布に従う乱数を生成することが可能になる.

　平均 μ_1 および μ_2 と標準偏差 σ_1 および σ_1 の事前分布は,主観的にならないように十分に広い範囲の一様分布を設定 (MCMC 法を行うソフトウェア Stan の規定値に) し,MCMC 法を実行する.

6.3　　リサーチクエスチョンに対する考察

　実験状態と対照状態の差とは何だろうか.これは現実的要請に依存した問いであり,一意には定まらず,実はとても多様で豊かな目標を包含している.

　たとえば以下のようなリサーチクエスチョン (RQ.) がすぐに着想される.「英語学習法」を例に具体的に考察するが,暴露・介入・属性・実験条件・処遇・その他どのような独立した 2 群の差の考察においても,以下のリサーチクエスチョンは同様に案出できることが多い.

RQ.1　平均値 μ_1 と μ_2 の差に関する考察. (ex. 新しい学習法を採用すると,学力試験の成績は本当に向上するのだろうか.仮に向上するとしたらどの程度だろうか.意味があるほど向上するのだろうか.)

RQ.2　標準偏差 σ_1 と σ_2 の差に関する考察. (ex. 新しい学習法を採用すると,従来の方法と比較して,学力の差は広がるのだろうか,縮まるのだろうか.仮に縮まるとしたらどの程度だろうか.意味があるほど縮まるだろうか.)

　ここで大切なことは,教科教育学 (実質科学) 的観点から,意味のある差があるか否かに関して問いを設定することである.意味のある差は,統計学の側からは決められない.また違いがあることを示したい状況で,「差がないことを否定する」ような,学問発展のための必要条件を目指してはいけない.あの手この手で必要条件だけをクリアし,学問が発展しなくなってしまうからである.

6.3.1　母数の事後分布の数値要約

　表 6.4 に,母数 (μ_1, μ_2, σ_1, σ_2) の事後分布の数値要約を示す.新学習法の平均値 μ_1 は 59.74(2.18)[55.41,64.05] である.従来の学習法の平均値 μ_2 は 50.52(2.78)[44.96, 56.04] である.EAP の点推定値によれば,新学習法の平均点のほうが高い.

表 6.4　母数の事後分布の数値要約

	EAP	post.sd	2.5%	5%	50%	95%	97.5%
μ_1	59.74	2.18	55.41	58.32	59.74	61.15	64.05
μ_2	50.52	2.78	44.96	48.71	50.53	52.32	56.04
σ_1	9.57	1.70	6.91	8.37	9.35	10.51	13.52
σ_2	12.21	2.17	8.85	10.68	11.92	13.41	17.28

　学力の差は広がらないほうがよいと考えるならば，下側の片側確信区間を確認することが有効である．新学習法の標準偏差 σ_1 は，95%の確信で 10.51 以下であり，従来の学習法の標準偏差 σ_2 は，95%の確信で 13.41 以下である．

6.3.2　母数の事後分布の図的要約

　図 6.2 の左図に，平均の事後分布を近似する乱数 $\mu_1^{(t)}$, $\mu_2^{(t)}$ の密度関数に相当するグラフを示す．この図は，ヒストグラムの柱の上部を滑らかに曲線でつなぎ，全体の面積が 1 になるように描いている．これを**確率密度推定** (probability density estimation) という．実験群の平均の事後分布のほうが，右側に位置していることが観察される．

　標準偏差の事後分布を近似する乱数 $\sigma_1^{(t)}$, $\sigma_2^{(t)}$ の確率密度推定を図 6.2 の右図に示す．第 3 章で学習したように，標準偏差の事後分布は，実験群も対照群も正に歪んでいることが分かる．実験群のほうが左に位置しているから，新学習法のほうが，学力の差を縮める性質を有しているかもしれない．

6.3.3　生成量 (平均の差・標準偏差の差)

　属性差・条件差・介入差・暴露差など広い意味での処理差を評価したい場合には，平均の差

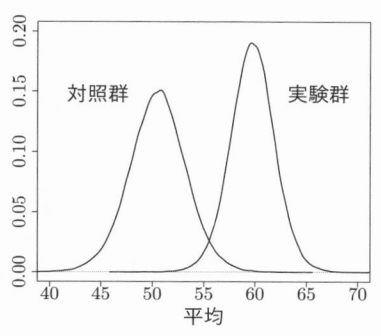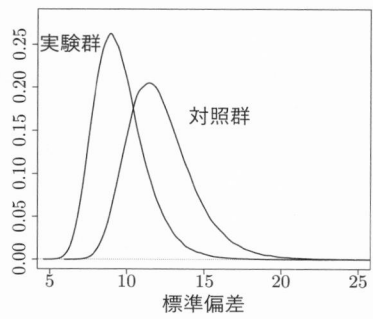

図 6.2　実験群と対照群の事後分布の比較

$$d_\mu = \mu_1 - \mu_2 \tag{6.8}$$

に関する推測を行うことが基本である. 母平均の差の事後分布は生成量

$$d_\mu^{(t)} = g(\mu_1^{(t)}, \mu_2^{(t)}) = \mu_1^{(t)} - \mu_2^{(t)} \tag{6.9}$$

によって近似できる.

近似された事後分布を要約して, 点推定値, post.sd, %点, 確信区間, 片側上限, 片側下限の点を評価する. 生成量は MCMC 法からの母数の関数であることが明らかなので, 以後 $g(\ )$ という関数表記を省略することがある.

処理による測定値のばらつきの差を評価したい場合には, 標準偏差の差

$$d_\sigma = \sigma_1 - \sigma_2 \tag{6.10}$$

に関する推測を行うことが基本である. 標準偏差の差の事後分布は生成量

$$d_\sigma^{(t)} = \sigma_1^{(t)} - \sigma_2^{(t)} \tag{6.11}$$

によって近似できる.

6.3.4 生成量の事後分布の要約

図 6.3 の左図に, 平均値の差 $d_\mu^{(t)}$ の事後分布のヒストグラムを示した. 0 の点より, はっきり右の正の領域で分布していることが観察される. 新学習法によって, 平均的に成績がよくなることが示唆されている.

図 6.3 の右図に, 標準偏差の差 $d_\sigma^{(t)}$ の事後分布のヒストグラムを示す. 正の領域よりも, 負の領域により広く分布している. 傾向としては, 新学習法は学力の

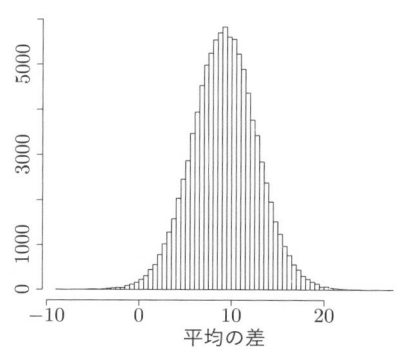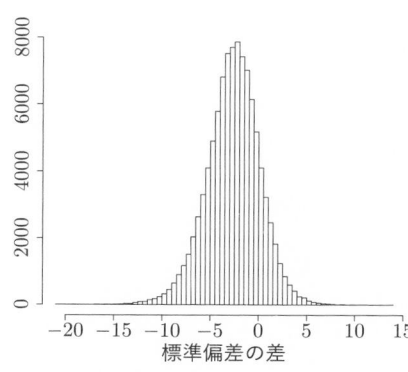

図 **6.3** 生成量の事後分布の図的要約

表 6.5 生成量の事後分布の数値要約

	EAP	post.sd	2.5%	5%	50%	95%	97.5%
d_μ	9.22	3.53	2.29	3.45	9.21	15.02	16.22
d_σ	−2.64	2.76	−8.40	−7.28	−2.55	1.68	2.58

差を縮める効果が示唆されている．しかし 0 の点は，平均値の差 $d_\mu^{(t)}$ の事後分布ほど中心から外れてはいない．

表 6.5 に生成量の事後分布の数値要約を示す．平均値の差 $d_\mu^{(t)}$ は 9.22 (3.53) [2.29,16.22] であり，平均的に 9.22 点上昇すると点推定された．95%の確信で 2.29 点から 16.22 点の区間にある．95%の片側の確信で，少なくとも 3.45 点より大きい．同様に高々 15.02 より小さい．

標準偏差の差 $d_\sigma^{(t)}$ は −2.64(2.76)[−8.40, 2.58] であり，平均的に 2.64 点縮まると点推定された．

6.3.5 差があるという仮説の phc

「研究仮説 $U_{d_\mu>c}$：μ_1 と μ_2 の差は c より大きい」が正しい確率は，生成量

$$u_{d_\mu>c}^{(t)} = \begin{cases} 1 & d_\mu^{(t)} = \mu_1^{(t)} - \mu_2^{(t)} > c \\ 0 & \text{それ以外の場合} \end{cases} \tag{6.12}$$

の平均値で評価する．

基準点 $c = 0$ の研究仮説は，実質科学的知見によらずに，いうなればオールマイティに設定できる命題である．学問発展のための必要条件である．しかし差が正であれば，それがどんなに微小な差であっても，この命題は真になる．平均値に差があるといっても，100 点満点の期末試験で 0.1 点の平均点の上昇では，新学習法が有効であるとは誰も言わない．研究は，必要条件を目指してはいけない．

「研究仮説 $U_{d_\sigma<c}$：σ_1 と σ_2 の差は c より小さい」が正しい確率は，生成量

$$u_{d_\sigma<c}^{(t)} = \begin{cases} 1 & d_\sigma^{(t)} = \sigma_1^{(t)} - \sigma_2^{(t)} < c \\ 0 & \text{それ以外の場合} \end{cases} \tag{6.13}$$

の平均値で評価する．

6.3.6 差があるという仮説の phc 曲線

図 6.4 の上図に，c を 0 から 20 まで動かして，phc($c < d_\mu$) の曲線を描いた．大きいほうが望ましい生成量であるから単調減少曲線である．

図 6.4 の下図に，c を 0 から 20 まで動かして，phc($d_\sigma < c$) の曲線を描いた．

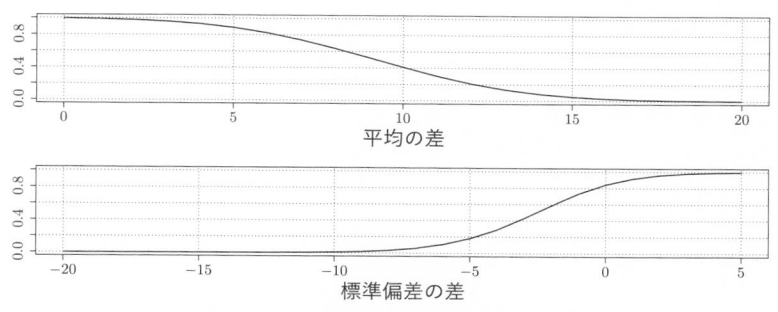

図 **6.4**　差があるという仮説の phc 曲線

小さいほうが望ましい生成量であるから単調増加曲線である.

6.3.7　差があるという仮説の phc テーブル

　固有技術からの何らかの基準によって基準点 c が定められるなら, それ以上の差があるときに実質的に差があると推測できる. 議論の対象としている英語の期末試験は, 小問は 3 点, 中問は 5 点, 大問は 10 点で構成されていた. 3 点差, 5 点差, 10 点差の実質的な意味を, 教室で授業をした教師は肌感覚として実感している. この基準に対する実感は, 統計学とは無関係である.

　表 6.6 は, 差があるという仮説の phc テーブルであり, $\mathrm{phc}(3 < d_\mu) = 0.961$, $\mathrm{phc}(5 < d_\mu) = 0.888$, $\mathrm{phc}(10 < d_\mu) = 0.410$ である. 新学習法は, 小問 1 つ分以上成績が向上するという主張は 96.1% で受け入れられる. 中問・大問 1 つ分以上成績が向上するという主張は, それぞれ 88.8%, 41.0% で受け入れられる. ただし, この確率の高低を判定するのは統計学の役割ではない.

　$\mathrm{phc}(d_\sigma < 3) = 0.431$, $\mathrm{phc}(d_\sigma < 5) = 0.180$, $\mathrm{phc}(d_\sigma < 10) = 0.009$ である. 新学習法は, 小問 1 つ分以上成績差が縮まるという主張は 43.1% で受け入れられる. このように基準点 c は, しばしば統計学とは無関係にドメイン知識から定められる.

表 **6.6**　差があるという仮説の phc テーブル

c	0	3	5	10	15	20
$\mathrm{phc}(c < d_\mu)$	0.995	0.961	0.888	0.410	0.051	0.002
c	-20	-15	-10	-5	-3	0
$\mathrm{phc}(d_\sigma < c)$	0.000	0.000	0.009	0.180	0.431	0.844

6.3.8　事実上差がないという ROPE の仮説の phc

「新学習法を導入しても，従来の学習法と平均的な成績は，ほぼ同じで，大差ない」という仮説の現実社会におけるイメージは「d_μ は，実質的に 0 である」であり，その主張が成立する確率は，生成量

$$u^{(t)}_{|d_\mu|<c} = \begin{cases} 1 & |d_\mu^{(t)}| = |\mu_1^{(t)} - \mu_2^{(t)}| < c \\ 0 & \text{それ以外の場合} \end{cases} \tag{6.14}$$

の平均値で評価できる．

「新学習法と従来の学習法とが生み出す，学力差はほぼ同じで，大差ない」という仮説の現実社会におけるイメージは「d_σ は，実質的に 0 である」であり，その主張が成立する確率は，生成量

$$u^{(t)}_{|d_\sigma|<c} = \begin{cases} 1 & |d_\sigma^{(t)}| = |\sigma_1^{(t)} - \sigma_2^{(t)}| < c \\ 0 & \text{それ以外の場合} \end{cases} \tag{6.15}$$

の平均値で評価できる．

6.3.9　事実上差がないという ROPE の仮説の phc 曲線

図 6.5 の上図に，c を 0 から 20 まで動かして，phc($|d_\mu| < c$) の曲線を描いた．また下図に，c を 0 から 20 まで動かして，phc($|d_\sigma| < c$) の曲線を描いた．基準点が $c = 0$ のとき，ROPE の仮説の phc は，常に 0 となる．

6.3.10　事実上差がないという ROPE の仮説の phc テーブル

表 6.7 は，ROPE の仮説の phc テーブルであり，phc($|d_\mu| < 3$) = 0.038，phc($|d_\mu| < 5$) = 0.112, phc($|d_\mu| < 10$) = 0.590 である．「大問 1 つ分以下の差は，事実上同じ」という立場をとるなら，ROPE の主張が成立する確率は 59.0%あ

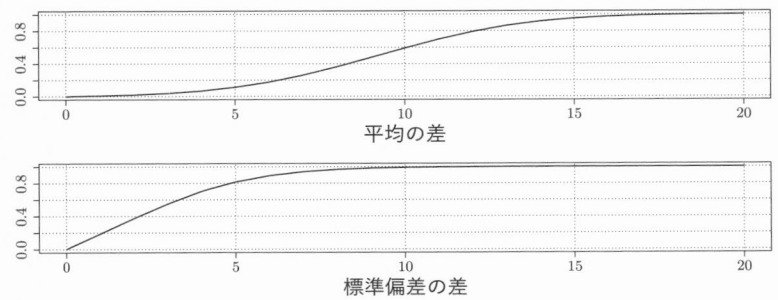

図 6.5　事実上差がないという ROPE の仮説の phc 曲線

表 **6.7**　事実上差がないという ROPE の仮説の phc テーブル

c	0	3	5	10	15	20
phc($|d_\mu| < c$)	0.000	0.038	0.112	0.590	0.949	0.998

c	0	3	5	10	15	20
phc($|d_\sigma| < c$)	0.000	0.551	0.816	0.991	1.000	1.000

る．しかし，そもそもこの前提は識者に受け入れられるだろうか．

　むしろ「小問 1 つ分以下の差は，事実上同じ」という立場をとると 3.8%でしか受け入れられない phc から，「$|d_\mu|$ には実質的な大きさがある」と判断するのではないだろうか．表 6.6 の結果と合わせて解釈すると，d_μ に関しては，少なくとも小問 1 つ分以上の学力向上に確信がもてるといえよう．

　phc($|d_\sigma| < 3$) = 0.551, phc($|d_\sigma| < 5$) = 0.816, phc($|d_\sigma| < 10$) = 0.991 である．「小問 1 つ分以下の学力差の縮小は，実質的な縮小ではない」という立場の仮説が，すでに 55.1%受け入れられている．表 6.6 の phc($d_\sigma < -3$) = 0.431 という結果を鑑みるに，どちらも中途半端である．「この程度のデータ数では，σ_1 と σ_2 の間には，実質的に差があるとも，ないともいえない」と判断するのが妥当である．

6.4　確　認　問　題

以下の説明に相当する用語を答えなさい．
1) 独立した 2 群とは，互いにどのように測定された群か．
2) 実験群に対するはたらきかけ．
3) 処理をしない群．
4) 喫煙者と非喫煙者を比較するとき，処理に相当する喫煙の呼称．
5) 治療群と非治療群を比較するとき，処理に相当する治療の呼称．
6) 男性群と女性群を比較するとき，処理に相当する性別の呼称．
7) 箱とその両側に出たひげで，データの分布を表現する統計グラフ．
8) 75%点と 25%点との差．
9) 箱ひげ図の箱の端から四分位範囲の c 倍以上の点．

6.5　実　習　課　題

第 1 章では「時計を見ないで私はどれほど正確に時間の長さを評価できるだろ

うか」という疑問に答えるための実験を行った．ここでは「特定の音楽を聴きながら私はどれほど正確に時間の長さを評価できるだろうか」という疑問に答えるための実験を行う．実験結果はたとえば表6.8のようにまとめられる．第1章の実習課題で収集した対照状態のデータに，そのデータを合わせ，独立した2群の推論に関する以下の分析をし，適切に解釈しなさい．

> **心理学的知覚時間 (聴音条件)**：　「音楽を聴きながら私はどれほど正確に時間の長さを評価できるだろう」という実験をする．
> **用意するもの**：デジタルストップウォッチ，記録用紙．
> **実験のやりかた (15分くらいかかる)**
> - 深呼吸して気持ちを落ち着かせる．時計を見て，30秒間が，どれほどの長さか体感する．(最初の1回だけ)
> - 「歓喜の歌　ベートーベン交響曲第9番」を流す．イヤフォン可．
> - スタートし，ストップウォッチを見ずに，30秒間過ぎたと思った時点でストップする．100分の1秒まで記録する．
> - これを20回繰り返す．

表 **6.8**　聴音条件の知覚時間の測定結果 (秒)

1	2	3	4	5	6	7	8	9	10
32.30	34.24	28.10	33.40	37.71	31.62	31.37	35.85	32.33	34.04

11	12	13	14	15	16	17	18	19	20
34.96	31.43	35.28	30.19	35.09	33.38	31.49	28.44	32.12	31.81

RQ.1　平均値 μ_1 と μ_2 の差に関する考察．

RQ.2　標準偏差 σ_1 と σ_2 の差に関する考察．

7 独立した2群の群間差の分析

■ ■ ■

本章では，前章に続いて「英語学習法」の実験群と対照群のデータを利用し，2群の差を考察する方法を解説する．実験群と対照群の差異は，平均値の差や標準偏差の差ばかりではなく，いくつかの指標を併用することによって，詳細に考察することができるようになる．

7.1 標準化された平均値差

RQ.3 標準化された平均値差に関する考察．(ex. 新学習法条件と従来の学習法条件の期末試験の平均点の差は 9.22 点だった．クラス内の成績の散らばりとの比で評価するなら，この差は大きいのだろうか小さいのだろうか.)

7.1.1 群内標準偏差

前章で示された分析例では，実験群と対照群の標準偏差 σ_1, σ_2 の間に，実質科学的差異が明確には評価されなかった．このような場合には，

$$\sigma_内 = \sqrt{(\sigma_1^2 + \sigma_2^2)/2} \tag{7.1}$$

で定義される**群内標準偏差** (within group standard deviation) を利用すると，後述するような利便が生じる．「英語学習法」の場合では，実験群と対照群で共通させたクラス内の成績の散らばりの指標が $\sigma_内$ である．2つの群の標準偏差の単純な平均ではなく，分散の平均の平方根によって，平均的な標準偏差の目安を定義している．

7.1.2 平均値差は標準偏差 $\sigma_内$ の何倍か

標準化された平均値差 (standardized mean difference) の 1 つは，平均値の差を群内標準偏差で割った

$$\delta = \frac{\mu_1 - \mu_2}{\sigma_内} \tag{7.2}$$

で定義される. 標準化とは, 基準となる点を引き, 平均的な散らばりで除す変換であり, 詳細は第8章で学習する.

標準化された平均値差 δ は, 群内の平均的な散らばりを単位としたときに, 平均値差はその何倍か, という指標である. 分子が正の値になるように実験群と対照群を選ぶと解釈しやすい.

7.1.3 平均値の差が解釈しにくい場合

標準化された平均値差 δ と比較して, 通常の平均値の差は解釈しにくい場合がある. たとえば9.22点という差は, 1000点満点の試験の差であるならば, 意味のある差とはいえないだろう. たとえば資格試験なら100点刻みで ToDo リスト (その点を超えるとどんなことができるかのリスト) が示されるのが普通である.

対して, 20点満点の試験だとすると, 9.22点はとても大きな差である. 得点の全域のほぼ半分の差であり, 差は決定的である. δ を用いれば, 前者を小さく, 後者を大きく評価できて実感に合う.

このように差を差としてだけ観察していたのでは, その大きさを評価しにくいことが少なくない. 群内の標準偏差との比で差を見直すことにより, その大きさは評価しやすくなる.

7.1.4 平均値の差の偏差値による解釈

標準化された平均値差 δ を10倍すると, それは2つの群の平均値が偏差値換算でどれだけ離れているかの目安となる. 偏差値は標準得点を1次変換 (10倍して50を足) した指標であり, 本来, 必ずしも学力を表現する指標ではない. 偏差値は他の測定値に対しても解釈の助けとなる.

標準化された平均値差 δ を理解するための模式図が図7.1である. 2つの正規分布は, どちらも標準偏差が共通して1.0であり, $\delta = 0.2, 0.5, 0.8, 1.0$ の場合を図示した.

Cohen (1969)[*1] では, 0.2 は「小さな δ」, 0.5 は「中くらいの δ」, 0.8 は「大きい δ」の目安とされている. 左上, 右上, 左下, 右下の順に, 標準化された平均値差 δ は大きくなっている. それに伴って2つの群が離れていく様子が示され

[*1]   J. Cohen (1969) *"Statistical Power Analysis for the Behavioral Sciences"*, Academic Press.

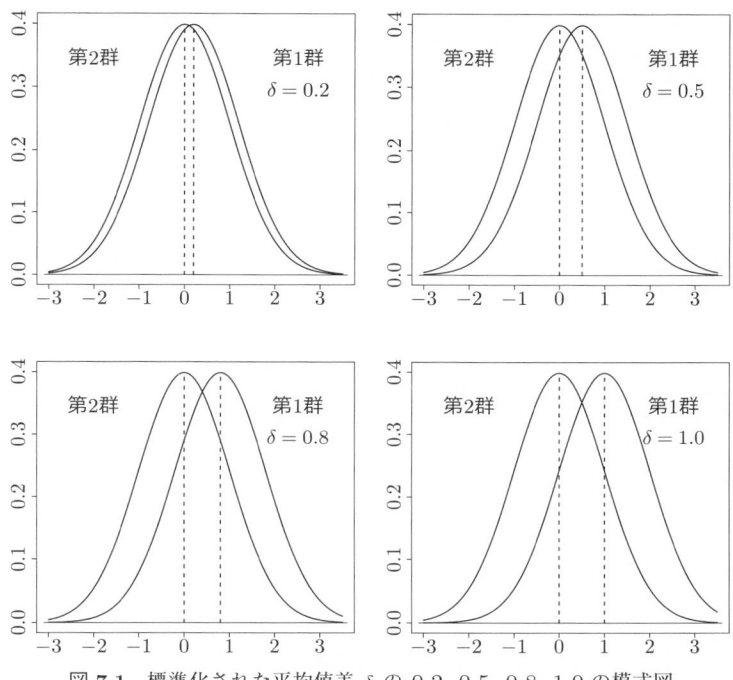

図 7.1 標準化された平均値差 δ の 0.2, 0.5, 0.8, 1.0 の模式図

ている.

7.1.5 平均値差は標準偏差 σ_1, σ_2 の何倍か

群内標準偏差による δ が有用なのは，σ_1 と σ_2 の差が，固有技術的観点から深刻でない場合に限定される．たとえば「英語学習法」の例において，実質的な違いがあったとすると，所属したクラスによって学力差の程度が異なることになり，平均的な $\sigma_{内}$ を実感する生徒が 1 人もいなくなってしまう．これでは δ が実質的な意味をもてない.

$|d_\sigma|$ が無視できないほどに大きい状況では，標準化された平均値差として，平均値の差を一方の群の標準偏差で割った

$$\delta_1 = \frac{\mu_1 - \mu_2}{\sigma_1}, \quad \delta_2 = \frac{\mu_1 - \mu_2}{\sigma_2} \tag{7.3}$$

を利用する．標準化された平均値差は 2 種類存在することになる.

これは，第 1 群から見た第 2 群の隔たりと，第 2 群から見た第 1 群の隔たりが，互いに異なることを意味している．標準化された平均値差の定義式の分母に，一

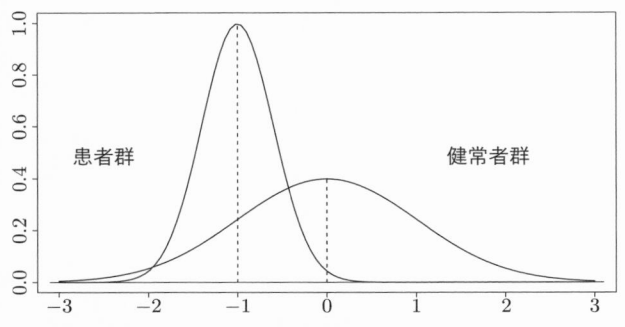

図 **7.2** 標準偏差が異なる場合の標準化された平均値差の模式図

方の群の標準偏差を利用するとはどういうことだろうか.

図 7.2 には,標準偏差が明らかに異なる 2 つの正規分布が示されている.ある臨床検査の測定値に関して,健常者は平均 0,標準偏差 1.0 の正規分布に従い,患者は平均 −1,標準偏差 0.4 の正規分布に従っているとする.

7.1.6 着目する群によって他方への隔たりが異なる

(7.3) 式のように健常群の標準偏差 1.0 を分母に置くと,$1.0 = (0.0-(-1.0))/1.0$ だから標準化された平均値差 δ_1 は 1.0 となる.「健常者集団から見た患者の平均的な位置までは,健常者自らの平均値な散らばりくらいの隔たりである」という解釈である.

患者群の標準偏差 0.4 を分母に置くと,標準化された平均値差 δ_2 は 2.5 ($=(0.0-(-1.0))/0.4$) になる.「患者集団から見た平均的な健常者は,患者自らの平均値な散らばりの 2.5 倍の隔たりの位置にいる」という解釈である.これはどちらの立場から見るかによって,もう片方の典型的な立場までの隔たりが異なることを示している.同じ平均値差でも,妥当な 2 通りの解釈が可能になる.

7.1.7 事 後 分 布

標準化された平均値差の事後分布は,生成量

$$\delta^{(t)} = \frac{\mu_1^{(t)} - \mu_2^{(t)}}{\sigma_{\text{内}}^{(t)}}, \quad \delta_1^{(t)} = \frac{\mu_1^{(t)} - \mu_2^{(t)}}{\sigma_1^{(t)}}, \quad \delta_2^{(t)} = \frac{\mu_1^{(t)} - \mu_2^{(t)}}{\sigma_2^{(t)}} \tag{7.4}$$

によって近似できる.近似された事後分布を要約して,点推定値,post.sd,％点,確信区間,片側上限,片側下限の点を評価する.

標準化された平均値差の事後分布の数値要約を表 7.1 に示す.δ による実験群

表 **7.1** 標準化された平均値差の事後分布の数値要約

	EAP	post.sd	2.5%	5%	50%	95%	97.5%
$\sigma_{内}$	11.046	1.455	8.689	8.987	10.883	13.650	14.363
δ	0.849	0.334	0.196	0.300	0.847	1.401	1.505
δ_1	0.992	0.411	0.227	0.343	0.976	1.692	1.843
δ_2	0.778	0.319	0.173	0.268	0.769	1.313	1.426

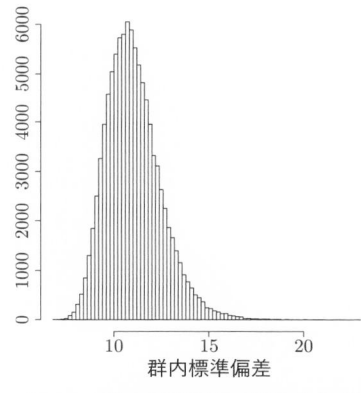 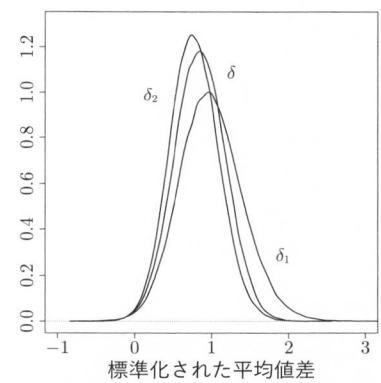

図 **7.3** 群内標準偏差の事後分布 (左), デルタの事後分布の位置関係の確認 (右)

と対照群の隔たりは, 8 割 4 分 9 厘と点推定された. 実験群と対照群には, 偏差値換算で 8.49 の差がある. 学力差としては解釈しやすい. 実験群から見た対照群への隔たり (0.992) のほうが, 対照群から見た実験群への隔たり (0.778) より遠い.

図 7.3 の左図に群内標準偏差の事後分布を示した. 標準偏差の事後分布であるから右に歪んでいる. 右図に 3 種のデルタの事後分布の密度関数を示した. ピークが, 左から $\delta_2, \delta, \delta_1$ の順番である.

7.1.8 phc による考察

「研究仮説 $U_{\delta>c}$:標準化された平均値差 δ は c より大きい」が正しい確率は, 生成量

$$u_{\delta>c}^{(t)} = \begin{cases} 1 & \delta^{(t)} > c \\ 0 & それ以外の場合 \end{cases} \tag{7.5}$$

の EAP で評価する. ROPE の phc は, 右辺中括弧 1 行目を $|\delta^{(t)}| < c$ で置き換える. δ_1, δ_2 に関しては, 当該箇所を置き換えればよい.

図 7.4 に標準化された平均値差の phc 曲線を示す. 上図が, 差があるという研

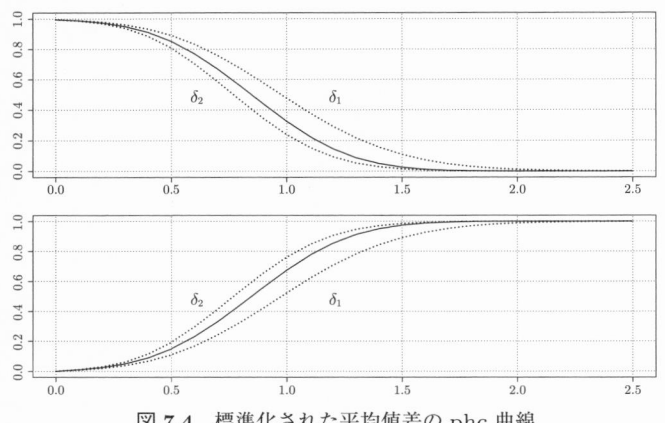

図 7.4 標準化された平均値差の phc 曲線

表 7.2 標準化された平均値差の phc テーブル

c	0	0.1	0.2	0.3	0.4	0.5
phc($c < \delta_{内}$)	0.995	0.988	0.974	0.950	0.911	0.852
phc($c < \delta_1$)	0.995	0.989	0.979	0.961	0.933	0.891
phc($c < \delta_2$)	0.995	0.987	0.969	0.938	0.885	0.808
phc($|\delta_{内}| < c$)	0.000	0.010	0.025	0.050	0.089	0.148
phc($|\delta_1| < c$)	0.000	0.008	0.020	0.038	0.067	0.108
phc($|\delta_2| < c$)	0.000	0.011	0.030	0.061	0.115	0.192

究仮説の phc 曲線であり，下図が，ROPE の phc 曲線である．また実線が δ の
phc 曲線であり，点線が δ_1, δ_2 の phc 曲線である．

　ROPE の曲線に関しては，1.0 以上離れないと，考慮すべき状態にまで高まら
ない．しかし「偏差値で 10 以内の学力向上は，事実上，向上しないのと同じであ
る」という主張に賛成する人はたぶんいないだろう．表 7.2 に標準化された平均
値差の phc テーブルを示した．phc の大きさから，「少なくとも，0.3 以上 (偏差
値で 3 以上) は学力向上する」という主張は手堅く受け入れられそうである．

7.2 非 重 複 度

RQ.4 非重複度に関する考察．(ex. 新学習法のクラス平均点は，従来の学
　　　　習法のクラスの何%点なのだろうか．50%点よりも高ければ高いほど新
　　　　学習法の効果が大きいといえるが，どの程度だろうか．)

7.2.1　群内標準偏差 $\sigma_内$ を用いた場合

第 1 群の平均値 μ_1 が第 2 群では何%点に相当するかを示す

$$U_1 = F(\mu_1 | \mu_2, \sigma_内) \tag{7.6}$$

は平均値の差の解釈をするときに有用である．ここで $F(\ )$ は正規分布の分布関数である．これを**非重複度** (measure of nonoverlap)[*2] と呼ぶ．

この指標は，0.5 のときに第 1 群と第 2 群が完全に重複していることを意味する．$\mu_1 > \mu_2$ となるように群を選んだので，0.5 から離れ，1.0 に近づくほど重複していないと解釈する．たとえばこの値が 0.84 なら，第 1 群の平均値は，第 2 群では 84%点（平均値より 34%上 (= 84 − 50)）ということである．このように非重複度は，2 つの群の違いを%点で表現している．

図 7.5 に標準偏差が共通した ($\sigma_内$ で代表させた) 場合の非重複度の模式図を示す．2 つの群が完全に一致すると $U_1 = 0.5$ となる (左上図)．左上図，右上図，左下図を順番に観察すると，2 つの群の重複が少なくなると U_1 がそれに伴って大きくなっている．

(7.6) 式は第 2 群から見た μ_1 の位置である．逆に第 1 群から見た μ_2 の位置は，

$$U_2 = F(\mu_2 | \mu_1, \sigma_内) \tag{7.7}$$

である．ただし左下図と右下図のグレーの部分は，明らかに同じ面積であるから

$$U_1 = F(\mu_1 | \mu_2, \sigma) = 1 - F(\mu_2 | \mu_1, \sigma) = 1 - U_2 \tag{7.8}$$

が常に成り立つ．(7.6) 式と (7.7) 式の和は常に 1.0 である．

先の例では，第 2 群の平均値は第 1 群の平均値の 16%点（平均値から 34%下 (= 50 − 16)）である（左下図と右下図を見比べてほしい）．このため，両方計算する必要はなく，たとえば平均値の大きいほうの非重複度だけを計算すればよい．非重複度は 0.5 から引いたり，0.5 を引いたりして，さまざまな解釈に利用する．

7.2.2　標準偏差 σ_1, σ_2 を用いた場合

群内標準偏差による非重複度が有用なのは，σ_1, σ_2 に実質的な違いがなく，標

[*2]　正式には Cohen の U_3(third measure of nonoverlap) という．本書では 3 番目の指標だけ扱うので，添え字の 3 は省略する．添え字は群を表現するために使用する．J. Cohen (1988) "*Statistical Power Analysis for the Behavioral Sciences*" (2nd ed.), Lawrence Erlbaum Associates.

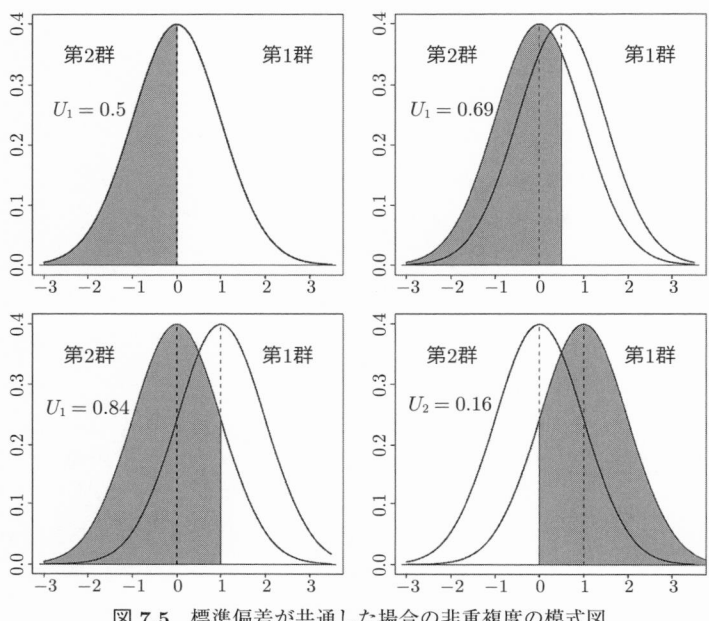

図 7.5 標準偏差が共通した場合の非重複度の模式図

準偏差を $\sigma_内$ で代表させられる場合である. 実質的に違いがある場合は, 第 2 群から見た μ_1 の位置である非重複度

$$U_{1*} = F(\mu_1 | \mu_2, \sigma_2) \tag{7.9}$$

と, 第 1 群から見た μ_2 の位置である非重複度

$$U_{2*} = F(\mu_2 | \mu_1, \sigma_1) \tag{7.10}$$

を両方とも参照する必要が生じる. なぜならば

$$U_{1*} = F(\mu_1 | \mu_2, \sigma_2) \neq 1 - F(\mu_2 | \mu_1, \sigma_1) = 1 - U_{2*} \tag{7.11}$$

であり, $\sigma_内$ を用いた場合とは異なり, (7.9) 式と (7.10) 式の和は 1.0 にはならず, 互いに別の情報を有しているからである.

図 7.6 に, 標準偏差が明らかに異なる場合の非重複度の模式図を示す. 左図と右図は同じ 2 つの分布を示している. しかしグレーの部分の面積は同じではない. その点で図 7.5 の下左図・下右図とは異なっている. 第 1 群の平均は第 2 群の平均の 45% (= 0.95 - 0.50) 上方にあり (左図), 第 2 群の平均は第 1 群の平均の 34% (= 0.50 - 0.16) 下方にあり (右図), 両者は異なった情報を示している.

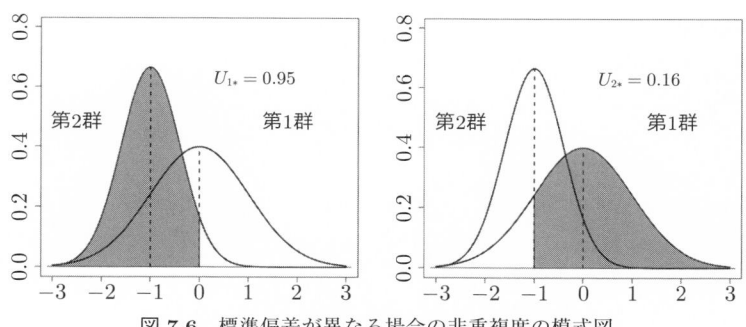

図 **7.6**　標準偏差が異なる場合の非重複度の模式図

7.2.3　事 後 分 布

非重複度の事後分布は，たとえば (7.6) 式ならば，生成量

$$U_1^{(t)} = F(\mu_1^{(t)}|\mu_2^{(t)}, \sigma^{(t)}) \tag{7.12}$$

によって近似できる．U_2, U_{1*}, U_{2*} に関しては，定義式に従って書き換える．

　表 7.3 に非重複度の事後分布の数値要約を示した．U_1 と U_2 に関しては，2.5%
と 97.5% を足すと 1.0 になる．5% と 95% も足すと 1.0 になる．U_{1*} と U_{2*} に
関しては，そのような関係性はない．EAP による点の評価では，77〜79%点であ
るから，新学習法を受講することによって平均的な学力の生徒は，27〜29%の生

表 **7.3**　非重複度の事後分布の推定結果

	EAP	post.sd	2.5%	5%	50%	95%	97.5%
U_1	0.790	0.093	0.578	0.618	0.802	0.919	0.934
U_2	0.210	0.093	0.066	0.081	0.198	0.382	0.422
U_{1*}	0.771	0.092	0.569	0.606	0.779	0.905	0.923
U_{2*}	0.179	0.099	0.033	0.045	0.165	0.366	0.410

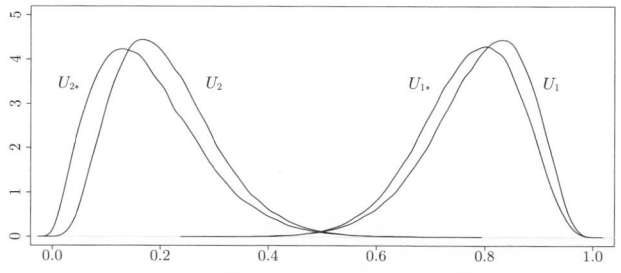

図 **7.7**　非重複度の事後分布の位置関係の比較

徒を追い抜くことが期待できる.

図7.7に非重複度の密度関数を示した. U_1とU_2の密度関数は0.5を中心として,線対象の図形となっている.

7.2.4 phcによる考察

「研究仮説 $U_{U_1 > c}$:非重複度はcより大きい」が正しい確率は,生成量

$$u_{U_1 > c}^{(t)} = \begin{cases} 1 & U_1^{(t)} > c \\ 0 & \text{それ以外の場合} \end{cases} \tag{7.13}$$

のEAPで評価する. その他の指標に関しては,右辺中括弧1行目を書き換える. U_2は不等号の向きを変えて$U_2^{(t)} < c$とする.

まったく効果がない点は0.5であったから,ROPEの場合は,$|U_1^{(t)} - 0.5| < c$,$|U_2^{(t)} - 0.5| < c$とする. U_{1*}とU_{2*}に関しては,当該箇所を置き換えればよい.

図7.8にphc曲線を示した. 上図は,$\mathrm{phc}(c < U_1)$と$\mathrm{phc}(c < U_{1*})$のphc曲線であり,大きいほうが望ましい指標なので単調減少関数である. 中図は,$\mathrm{phc}(c < U_2)$と$\mathrm{phc}(c < U_{2*})$のphc曲線であり,小さいほうが望ましい指標なので単調増加関数である.

下図は,ROPEのphc曲線であり,U_1とU_2の曲線(実線)は完全に一致する.

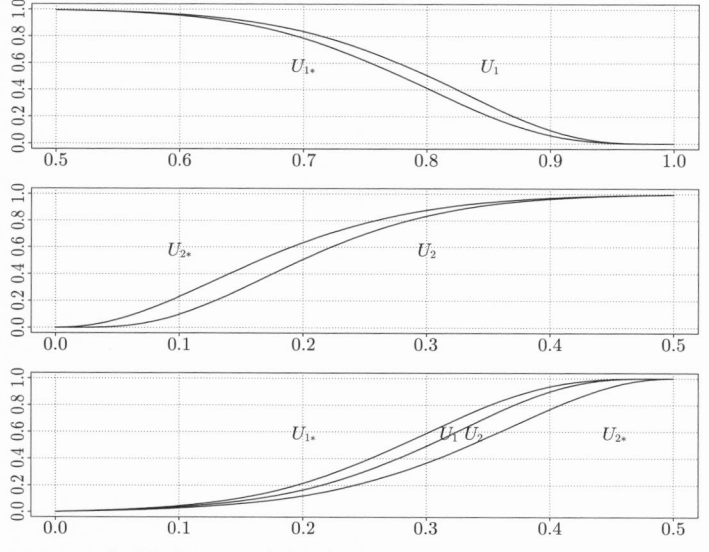

図7.8 非重複度のphc曲線/事実上0.5であるROPEのphc曲線

表 7.4 非重複度の phc テーブル／事実上 0.5 である ROPE の phc テーブル

c	0.5	0.55	0.6	0.65	0.7	0.75
phc$(c < U_1)$	0.995	0.985	0.963	0.918	0.835	0.698
phc$(c < U_{1*})$	0.995	0.983	0.955	0.895	0.785	0.619

c	0.25	0.3	0.35	0.4	0.45	0.5
phc$(U_2 < c)$	0.698	0.835	0.918	0.963	0.985	0.995
phc$(U_{2*} < c)$	0.780	0.879	0.938	0.971	0.987	0.995

c	0	0.05	0.1	0.15	0.2	0.25
phc$(|U_1 - 0.5| < c)$	0.000	0.013	0.037	0.082	0.165	0.302
phc$(|U_{1*} - 0.5| < c)$	0.000	0.015	0.045	0.105	0.215	0.381
phc$(|U_2 - 0.5| < c)$	0.000	0.013	0.037	0.082	0.165	0.302
phc$(|U_{2*} - 0.5| < c)$	0.000	0.011	0.029	0.062	0.121	0.220

「0.5 と事実上同じ」とはとてもいえない領域でないと，高い phc は得られていない.

表 7.4 に phc テーブルを示した．phc$(0.6 < U_1)$, phc$(U_2 < 0.4)$ の主張は受容可能であろう．ROPE の主張の phc は全般的に低い.

7.3 閾 上 率 π_c

RQ.5 閾上率に関する考察．(ex. 新教授法で学習した生徒と，従来の教授法で学習した生徒を無作為に 1 人ずつ選んでくる．その 2 人の期末試験の成績を比べたとき，新教授法で学習した生徒のほうが c 点以上成績がよい確率はどれほどだろうか.)

無作為に抽出した第 1 群と第 2 群の測定値の差が，基準点 c より大きくなる確率を調べる．この確率を，閾値 c を上回る確率という意味で閾上率[*3)](probability beyond threshold) と呼ぶ．閾上率を π_c と表記する．添え字 c は基準点である．たとえば「実験群の期末成績が対照状態の期末成績を 3 点上回る確率」を $\pi_{3.0}$ と表記する.

[*3)] 豊田秀樹 (2017) p 値を使って学術論文を書くのは止めよう. Let us stop writing academic papers relying on p-values for hypothesis validation. *Japanese Psychological Review*, **60**(4), 379–390.

7.3.1 直接比較する方法

2群のデータの場合,将来のデータは $\boldsymbol{x}^* = (x_1^*, x_2^*)$ である. (3.5) 式に相当する2変数の事後予測分布は,

$$x_1^{*(t)} \sim N(\mu_1^{(t)}, \sigma_1^{(t)}) \tag{7.14}$$

$$x_2^{*(t)} \sim N(\mu_2^{(t)}, \sigma_2^{(t)}) \tag{7.15}$$

という乱数列で近似される. 事後予測分布の MCMC 標本を用い,閾上率の定義式をそのまま確率評価しよう.

「研究仮説 $U_{x_1^*-x_2^*>c}$:第1群と第2群の測定値の差が c より大きい」が成立する確率である閾上率は,生成量

$$u_{x_1^*-x_2^*>c}^{(t)} = \begin{cases} 1 & x_1^{*(t)} - x_2^{*(t)} > c \\ 0 & \text{それ以外の場合} \end{cases} \tag{7.16}$$

の EAP で評価できる.

$\pi_0 = 0.720$, $\pi_3 = 0.653$, $\pi_5 = 0.606$, $\pi_{10} = 0.480$ となった. 期末試験の成績を比べたとき,新教授法で学習した生徒のほうが0点,3点,5点,10点,以上成績がよくなる確率である閾上率 π_c は,それぞれ 72.0%, 65.3%, 60.6%, 48.0% と推定された. 条件がきつくなるので,確率は徐々に下がる.

図 7.9 を用いて閾上率を模式的に示す. 事後予測値 x_1^*, x_2^* は 10 万個発生させたが,そのうち 1000 個を打点している. 縦軸に対照群,横軸に実験群の成績をとり,目盛は0〜100点まで共通させているのに,球状の打点の位置が中心より右下にずれているのは,新学習法に学力向上の効果があるためである.

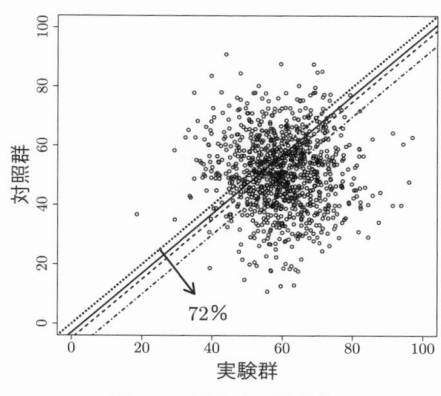

図 7.9　閾上率の視覚化

図の中心の左下から右上に向けて点線が描かれている．この直線は $x_1^* - x_2^* = 0$ であり，この右下の領域が $x_1^* - x_2^* > 0$ の条件を満たしている．$\pi_0 = 0.720$ とは，1000 個中，約 720 個が点線より右下に打点されていることを意味している．同様に実線・破線・1 点破線の右下の領域の打点の比率が，それぞれ π_3, π_5, π_{10} である．

ここまで説明した閾上率を直接比較する方法は，直接的で視覚的にも理解しやすい．しかし点推定値のみを求める方法であり，post.sd や確信区間による推測統計的解釈がしにくい．そこで以下に閾上率 π_c の事後分布を導く．

7.3.2 　独立した 2 群から抽出した測定値の差の分布

閾上率を導出する準備として，まず独立した 2 群から抽出したデータの差の分布を導出する．互いに独立した正規分布に従う第 1 群と第 2 群から，無作為に 1 つずつデータを抽出し，その測定値の差を調べる事象を考える．このとき 2 つの測定値の差は

$$x_1^* - x_2^* \sim N\left(\mu_1 - \mu_2, \sqrt{\sigma_1^2 + \sigma_2^2}\right) \tag{7.17}$$

という正規分布に従う．

理由を説明しよう．平均値は

$$E[x_1^* - x_2^*] = E[x_1^*] - [x_2^*] = \mu_1 - \mu_2 \tag{7.18}$$

である．分散は

$$V[x_1^* - x_2^*] = E[(x_1^* - x_2^* - E[x_1^* - x_2^*])^2]$$

　　　　[分散 $V[a]$ とは a の平均からの偏差の 2 乗の期待値である．　　　　]

$$= E[(x_1^* - x_2^* - (\mu_1 - \mu_2))^2]$$

　　　　[(7.18) 式を代入し，項を入れ替えて括り直し　　　　　　　　]

$$= E[((x_1^* - \mu_1) - (x_2^* - \mu_2))^2]$$

　　　　[$(a-b)^2 = a^2 + b^2 - 2ab$ なので　　　　　　　　　　　　]

$$= E[(x_1^* - \mu_1)^2 + (x_2^* - \mu_2)^2 - 2(x_1^* - \mu_1)(x_2^* - \mu_2)]$$

　　　　[和や差の期待値は，期待値の和や差なので　　　　　　　　　]

$$= E[(x_1^* - \mu_1)^2] + E[(x_2^* - \mu_2)^2] - 2E[(x_1^* - \mu_1)(x_2^* - \mu_2)]$$

$$\left[\begin{array}{l}\text{第1項, 第2項は分散であり, 第3項は共分散である.}\\ \text{ただし独立した2群なので共分散は0となる.}\end{array}\right]$$

$$= \sigma_1^2 + \sigma_2^2 \tag{7.19}$$

なので, 標準偏差は $\sqrt{\sigma_1^2 + \sigma_2^2}$ である. 2つの正規分布の差は正規分布に従うので (7.17) 式が成り立つ. ただし

$$\sqrt{\sigma_1^2 + \sigma_2^2} = \sqrt{2}\sqrt{(\sigma_1^2 + \sigma_2^2)/2} = \sqrt{2}\sigma_内 \tag{7.20}$$

だから, (7.17) 式は

$$x_1^* - x_2^* \sim N(\mu_1 - \mu_2, \sqrt{2}\sigma_内) \tag{7.21}$$

と表現してもよい. したがって (7.21) 式は, $|d_\sigma|$ の大きさに関係なく成立する. δ や非重複率とは異なり, 閾上率は $|d_\sigma|$ の大きさによって指標の場合分けをする必要がない.

7.3.3 閾上率の導出

準備が整ったので, 評価が可能な母数の関数で閾上率を表現する.

$$\pi_c = p(x_1^* - x_2^* > c)$$

$$\left[\begin{array}{l}\text{抽出されたデータの差が } c \text{ より大きい事象が生じる確率 } p(\ ) \text{ を表現する.}\\ \text{次に, 不等式の左辺を標準化する.}\\ \text{具体的には平均 (7.18) 式を引いて, 標準偏差 ((7.19) 式の平方根) で割る.}\\ \text{分母は正だから不等号の向きは変わらない.}\end{array}\right]$$

$$= p\left(\frac{(x_1^* - x_2^*) - (\mu_1 - \mu_2)}{\sqrt{\sigma_1^2 + \sigma_2^2}} > \frac{c - (\mu_1 - \mu_2)}{\sqrt{\sigma_1^2 + \sigma_2^2}}\right)$$

$$\left[\begin{array}{l}\text{両辺に } -1 \text{ を乗じて, 不等式の向きを変える.}\\ \text{左辺は平均0, 分散1に標準化されたので, 標準得点 } z \text{ と表記する.}\end{array}\right]$$

$$= p\left(z < \frac{\mu_1 - \mu_2 - c}{\sqrt{\sigma_1^2 + \sigma_2^2}}\right) \tag{7.22}$$

$$\left[\begin{array}{l}\text{正規母集団が仮定されている.}\\ \text{そこで第1章で登場した累積分布関数 } F(\ |\mu, \sigma) \text{ で表記し直す.}\\ \text{しかも標準化されているので } F(\ |0,1) \text{ を用いて,}\end{array}\right]$$

$$= F\left(\left.\frac{\mu_1 - \mu_2 - c}{\sqrt{\sigma_1^2 + \sigma_2^2}}\right|0,1\right) \tag{7.23}$$

$$\left[\text{(7.21) 式を考慮して, 以下のように表現してもよい.}\right]$$

$$= F\left(\left.\frac{\mu_1 - \mu_2 - c}{\sqrt{2}\sigma_内}\right|0,1\right) \tag{7.24}$$

7.3.4 事後分布

閾上率の事後分布は，生成量

$$\pi_c^{(t)} = F\left(\left.\frac{\mu_1^{(t)} - \mu_2^{(t)} - c}{\sqrt{\sigma_1^{2(t)} + \sigma_2^{2(t)}}}\right| 0, 1\right) \tag{7.25}$$

によって近似できる．表 7.5 に事後分布の数値要約を示した．ここで π_0 を参照してはいけない．学問発展のための必要条件だからである．小問 1 問分以上成績がよくなる確率 π_3 は，$0.653(0.083)[0.482, 0.804]$ である．中問 1 問分以上成績がよくなる確率 π_5 は，$0.606(0.085)[0.434, 0.764]$ であり，大問 1 問分以上成績がよくなる確率 π_{10} は，$0.480(0.087)[0.312, 0.652]$ である．

図 7.10 には，基準点 c を -10 から 30 まで動かし，EAP 推定値を太い実線で結んだ．また 2.5%点を下側の細い実線で結び，97.5%点を上側の細い実線で結んだ．細い実線の内側が，閾上率の 95%両側確信区間である．

標準化された平均値差 δ や非重複度は，母数の関数に関する知見を与えていたために，母数に関する phc 曲線は，n が大きくなるに従って勾配が急になった．対して閾上率は測定値そのものに対する知見を与えている．このため図 7.10 は，n が大きくなるに従って細い実線が接近し，確信区間が狭まっていく．

表 7.5　閾上率の事後分布の推定結果

	EAP	post.sd	2.5%	5%	50%	95%	97.5%
π_0	0.720	0.078	0.555	0.584	0.725	0.839	0.856
π_3	0.653	0.083	0.482	0.511	0.657	0.784	0.804
π_5	0.606	0.085	0.434	0.461	0.608	0.742	0.764
π_{10}	0.480	0.087	0.312	0.339	0.480	0.625	0.652

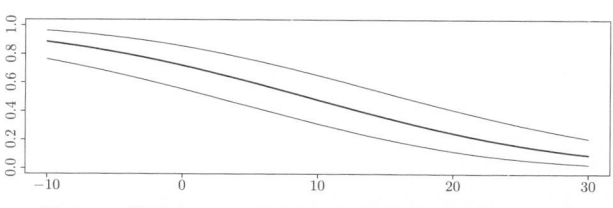

図 7.10　閾上率の EAP と両側 95%確信区間上限・下限

7.4 確 認 問 題

以下の説明に相当する用語を答えなさい.
1) 平均値差は標準偏差の何倍かという指標.
2) 第 1 群の平均値 μ_1 は，第 2 群では何％点に相当するかという指標.
3) 第 1 群と第 2 群の測定値の差が基準点 c より大きくなる確率.

7.5 正 誤 問 題

以下の説明で，正しい場合は○，誤っている場合は × と回答しなさい.
1) 標準偏差 σ_1, σ_2 に実質的差異がないとき，群内標準偏差 $\sigma_{内}$ の使用が便利である.
2) 標準化された平均値差 δ を用いると，平均値の差を偏差値の観点から解釈できる.
3) σ_1, σ_2 に実質的差異があるとき，着目する群によって他方への隔たりが異なる.
4) $\sigma_{内}$ を用いた非重複度 U_1 と U_2 の和は常に 1 である.
5) 非重複度において，まったく効果のない基準点は 0.5 である.
6) 標準化された平均値差 δ や非重複度は，母数の関数に関する知見を与える.
7) 閾上率は測定値そのものに対する知見を与える.
正解はすべて○

7.6 実 習 課 題

第 1 章と第 6 章の実習課題で収集したあなた自身の「知覚時間」のデータに関して，以下の **RQ.** を基準点も含めて自作し，分析し，考察しなさい.
　RQ.3 標準化された平均値差に関する考察.
　RQ.4 非重複度に関する考察.
　RQ.5 閾上率に関する考察.

付録：phc による閾上率の考察

「研究仮説 $U_{\pi_c > c'}$：第 1 群と第 2 群の測定値の差が，基準点 c より大きくなる確率は c' より大きい」が正しい確率は，生成量

$$u_{\pi_c > c'}^{(t)} = \begin{cases} 1 & \pi_c^{(t)} > c' \\ 0 & \text{それ以外の場合} \end{cases} \qquad (7.26)$$

の EAP で評価する．新たに基準確率 c' が導入されたことに注意されたい．

　たとえば「新学習法と従来の学習法の成績の差が 3 点を超える閾上率が 0.7 より大きい」という学習法開発の目標があったとする．この主張が成立する確率は 0.301 である．

8 2変量データと多変量データ

■ ■ ■

8.1 2 変 量 デ ー タ

本章では対応ある **2 群** (paired two groups) の差や相関関係の推測方法を学ぶ.
対応があるとは,1 つの観測対象から 2 回測定されることである.

> 心の健康: 大学の新入生に,心の健康についての心理検査を実施した.
> その後,メンタルヘルスに関するサポートが必要と判断した学生 50 人に心
> 理臨床的援助を行い,半年後に心の健康についての再検査を行った.

表 8.1 心の健康得点の半年間の変化

援助後:
73, 72, 56, 58, 71, 42, 78, 77, 75, 72, 56, 71, 69, 77, 84, 51, 62, 88, 56, 58, 84, 91, 71, 82, 81, 77, 65, 78, 79, 60, 66, 70, 65, 57, 64, 61, 56, 67, 75, 64, 68, 67, 80, 55, 48, 85, 56, 62, 65, 79
援助前:
62, 54, 19, 54, 47, 22, 35, 77, 64, 60, 27, 41, 41, 44, 57, 16, 42, 89, 40, 67, 69, 46, 74, 62, 60, 87, 32, 42, 73, 25, 42, 57, 31, 35, 33, 38, 43, 53, 55, 62, 67, 56, 76, 05, 31, 70, 66, 65, 34, 48

　結果を表 8.1 に示す.これを「心の健康」データと呼び,援助後での測定値を
「実験群」または「援助後群」,援助前での測定値を「対照群」または「援助前群」
と呼ぶ.前章までに扱った「英語学習法」データでは,「実験群 (新学習法実施)」
と「対照群 (従来学習法実施)」の 2 群の差の考察を行った.そこでは,それぞれ
の 20 人 (合計 40 人) の測定値は,互いに何の関係もなく測定された.
　それに対して「心の健康」データは 50 人の観測対象 (学生) に対して,それぞ
れ 2 回ずつの測定を行っている.具体的にいうならば,表 8.1 の 1 番目のデータ

73 と 62 は同じ学生の測定値であり，最後のデータ 79 と 48 も同じ学生の測定値
である．これが，対応があるということの具体的意味である．

「実験群 (援助後群)」と「対照群 (援助前群)」の 2 つの変数を，それぞれ

$$\boldsymbol{x}_1 = (x_{11}, \cdots, x_{1i}, \cdots, x_{1n}) = (73, 72, 56, \cdots, 65, 79) \qquad (8.1)$$

$$\boldsymbol{x}_2 = (x_{21}, \cdots, x_{2i}, \cdots, x_{2n}) = (62, 54, 19, \cdots, 34, 48) \qquad (8.2)$$

と表現しよう．1 番目の添え字 (1 or 2) で群 (または変数) を表現する．ここでは
1 のときは「援助後群」，2 のときは「援助前群」である [*1)]．2 番目の添え字第
i $(1, \cdots, n)$ は観測対象を表現している．n がデータ数である．ここでは $n = 50$
である．

8.1.1 数値要約・図的要約

データの要約的記述をする．表 8.2 に平均値・sd・分散・25% 点・中央値・75% 点
を示す．平均値と中央値は，いずれも「援助前群」のほうが小さくなっている．
散布度は「援助前群」のほうが大きい．以上のことは図 8.1 の箱ひげ図にも示さ
れている．心理臨床的援助により，心の健康度が全体的に上昇している様子が観
察された．

対応ある 2 群のデータは **2 変量データ** (bivariate data, 2 変数データ) ともい
う．2 変量データの状態を視覚的に確認するためには図 8.2 に示したような散布
図を描くことが有効である．**散布図** (scatter plot) とは，縦軸と横軸にそれぞれ
の変数の目盛を配し，観測対象を 2 次元平面上に付置した統計グラフである．

実は図 7.9 で散布図は既出している．図 7.9 は，事後予測分布を示した散布図
だった．

図 8.2 の散布図には $x_1 = x_2$ の補助線が引かれている．これによって，援助後
に健康度が上がった学生が (直線の左上の領域に) 43 人いて，援助前より健康度

表 8.2 「心の健康」データの数値要約

統計量	平均	sd	分散	25% 点	50% 点	75% 点
援助後群	68.5	10.89	118.5	60.0	68.5	77.0
援助前群	49.9	18.48	341.6	35.0	50.5	64.0

[*1)] ただし，さまざまな指標を後述するときには，$\boldsymbol{x}_1$ の平均値が $\boldsymbol{x}_2$ の平均値より大きい状況を想定
して解説する．自身のデータを分析するときには，適宜，$\boldsymbol{x}_1$ の平均値が大きくなるように，「実験
群」と「対照群」の変数の番号を入れ替えると分かりやすい．

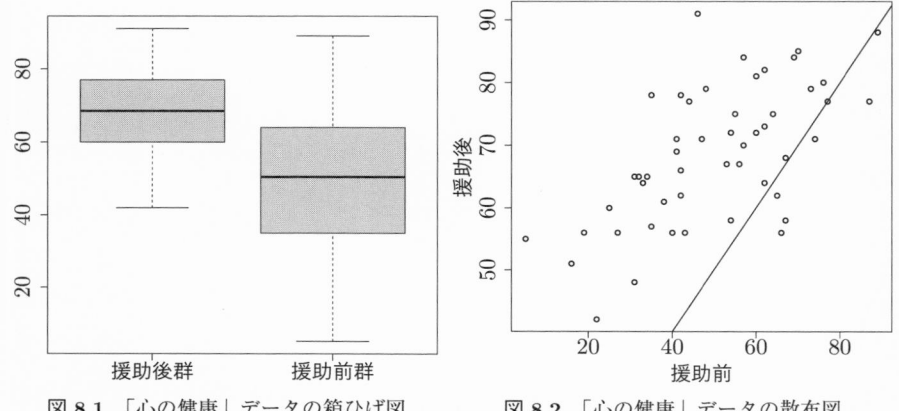

図 **8.1**　「心の健康」データの箱ひげ図　　　図 **8.2**　「心の健康」データの散布図

が下がってしまった学生が (直線の右下の領域に) 6 人いて，援助前後で健康度に
変化のない学生が (直線上に) 1 名いることが分かる．

8.1.2　共　分　散

「英語学習法」データでは，分布の状態を数値要約するために代表値と散布度と
%点を求めた．「心の健康」データのような 2 変量のデータでは，それ以外にどの
ような観点を数値要約すればよいのだろうか．

図 8.2 を観察すると左下から右上に向かってデータが打点されていることに気
がつく．なぜだろう．健康度は，群間でまったくでたらめに (独立に) 測定されて
いるわけではない．援助前に高い人は援助後にも高く測定され，援助前に低い人
は援助後にも低く測定される傾向があるためである．

このような左下から右上に向かって右上がりにデータが打点される 2 変数の関係
を正の相関関係 (positive correlation) という．逆に，左上から右下に向かって右
下がりにデータが打点される 2 変数の関係を負の相関関係 (negative correlation)
という．図 7.9 のような，どちらの特徴もない (右上がりでも，右下がりでもな
い) 2 変数の関係を無相関 (no correlation) という．

相関関係を表現する要約統計量として共分散と相関係数がある．まず共分散か
ら説明する．共分散を導出するためには，各測定値から平均を引いた平均偏差デー
タ (mean deviation data)

$$v_{1i} = x_{1i} - \bar{x}_1 = x_{1i} - \frac{1}{n}(x_{11} + \cdots + x_{1i} + \cdots + x_{1n}) \tag{8.3}$$

表 **8.3** 「心の健康」データの平均偏差データ

i	1	2	3	$\cdots$	48	49	50
援助後群	4.5	3.5	-12.5	$\cdots$	-6.5	-3.5	10.5
援助前群	12.1	4.1	-30.9	$\cdots$	15.1	-15.9	-1.9

$$v_{2i} = x_{2i} - \bar{x}_2 = x_{2i} - \frac{1}{n}(x_{21} + \cdots + x_{2i} + \cdots + x_{2n}) \tag{8.4}$$

を計算する. 平均偏差データは, 必ず平均が 0 になる. sd に変化はない. 「心の健康」データの平均偏差データを表 8.3 に示す. たとえばこの表の中の最初のデータに関して, 「援助後群」は $4.5 = 73 - 68.5$, 「援助前群」は $12.1 = 62 - 49.9$ のように計算されている.

観測対象ごとの平均偏差データの積 $(v_{1i} \times v_{2i})$ の平均値

$$s_{12} = \frac{1}{n}(v_{11} \times v_{21} + \cdots + v_{1i} \times v_{2i} + \cdots + v_{1n} \times v_{2n}) \tag{8.5}$$

が共分散 (covariance) である. 「心の健康」データの共分散は

$$s_{12} = 123.7 = \frac{1}{50}(4.5 \times 12.1 + \cdots + 10.5 \times -1.9) \tag{8.6}$$

となった. 正の値であるから, 「援助後」と「援助前」は正の相関関係にあることが示され, これは図 8.2 の見た目の特徴と一致する.

8.1.3 共分散の符号が相関関係を表す理由

なぜ共分散は相関関係の正負を示すことができるのだろう. 図 8.3 に, 平均偏差データの散布図を示した. ここでは縦軸と横軸の 0 に補助線を入れた. 図 8.2 と図 8.3 の相対的位置関係は, まったく同じであることを確認していただきたい.

第 1 象限には, 縦軸も横軸も平均値以上の値のデータが打点されている. したがって第 1 象限のデータの平均偏差の積は正 (= 正 × 正) である. 第 1 象限には 17 個のデータが打点されている. 第 2 象限には, 横軸は平均値以下, 縦軸は平均値以上の値のデータが打点されている. したがって第 2 象限のデータの平均偏差の積は負 (= 負 × 正) である. 第 2 象限には 8 個のデータしかない. 同様に考えると, 第 3 象限の平均偏差データの積は正 (= 負 × 負) となる. 第 3 象限には 17 個のデータが打点されている. 第 4 象限の平均偏差データの積は負 (= 正 × 負) である. 第 4 象限には 8 個のデータが打点されている.

図 8.2 (あるいは図 8.3) のように, 左下から右上に向かった形状の散布図は, 一般的に第 1 象限と第 3 象限のデータが多くなる. 「心の健康」データでは, 平均偏

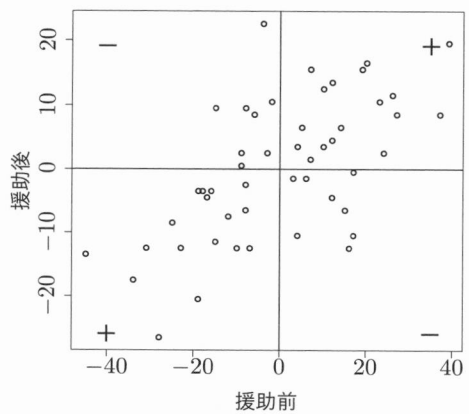

図 **8.3** 平均偏差データの散布図

差データの積が正になるデータは 34 個あり，かつ平均的な絶対値が大きい．負に
なるデータは 16 個あり，かつ平均的な絶対値が小さい．このため平均偏差デー
タの積の平均は正になった．

逆に，左上から右下に向かった形状の散布図は，一般的に第 2 象限と第 4 象限
のデータが多くなる．その場合は平均偏差データの積の平均は負になる傾向があ
る．4 つの象限に，万遍なくデータが打点される散布図では，打ち消しあって平
均偏差データの積の平均は 0 に近くなる．これが共分散で相関関係を数値要約で
きる理由である．

しかし共分散には欠点がある．たとえば「心の健康」データの共分散は 123.7
だった．これは正の相関関係が強いのだろうか，弱いのだろうか？　この数値だ
けからはよく分からない．その大きさを直接的に相関関係の強さとして解釈する
ことができない共分散は，相関関係の強弱を表現することが苦手である．

8.1.4 相 関 係 数

1 次変換に対して不変な相関関係の指標として相関係数がある．相関係数を導出
するためには，まず平均偏差データを標準偏差で割った**標準化データ** (standardized
data)

$$z_{1i} = v_{1i}/s_1 \tag{8.7}$$

$$z_{2i} = v_{2i}/s_2 \tag{8.8}$$

を計算する．標準化データは，必ず平均が 0，標準偏差が 1 になる．「心の健康」

表 8.4 「心の健康」データの標準化データ

i	1	2	3	$\cdots$	48	49	50
援助後群	0.42	0.32	-1.15	$\cdots$	-0.60	-0.32	0.97
援助前群	0.65	0.22	-1.67	$\cdots$	0.82	-0.86	-0.10

データの標準化データを表 8.4 に示す．たとえばこの表の中の最初のデータに関して，「援助後群」は $0.42 = 4.5/10.89$，「援助前群」は $0.65 = 12.1/18.48$ のように計算されている．標準化データの散布図の相対的位置関係は，図 8.2，図 8.3 とまったく変わらない．

標準化データの積の平均値 (掛け算記号は省略して)

$$r = \frac{1}{n}(z_{11}z_{21} + \cdots + z_{1i}z_{2i} + \cdots + z_{1n}z_{2n}) \tag{8.9}$$

が (標本) 相関係数 (correlation coefficient) である．「心の健康」データの相関係数は

$$r = 0.61 = \frac{1}{50}(0.42 \times 0.65 + \cdots + 0.97 \times (-0.10)) \tag{8.10}$$

となった．相関係数は，測定値に正の値を掛けても，定数を加えても変化しない．また相関係数は $[-1, +1]$ の区間に収まるから，解釈も容易である．

図 8.4 に相関係数とその典型的な散布図を示す．$r = 1.0$ または -1.0 の場合は，データが完全に直線上に乗る．絶対値が大きくなるに従って細くなり，絶対値が小さくなるに従って丸くなる様子が示されている．実際には，こんなに綺麗な散布図が観察されることはまれであるが，図 8.4 で相関係数と散布図の大まかな対応関係のイメージを作っていただきたい．

8.1.5 相関係数の絶対値は 1 以下

相関係数は $[-1, +1]$ の区間に収まると上述した．そのことを確かめる．まず補助的な指標として，2 つの標準化データの差を考える．

$$y_i = z_{1i} - z_{2i} \tag{8.11}$$

具体的には i 番目の学生の援助後と援助前の標準化データの差をイメージしていただきたい．この値 y_i の 2 乗の平均 $\overline{y^2}$ を展開すると

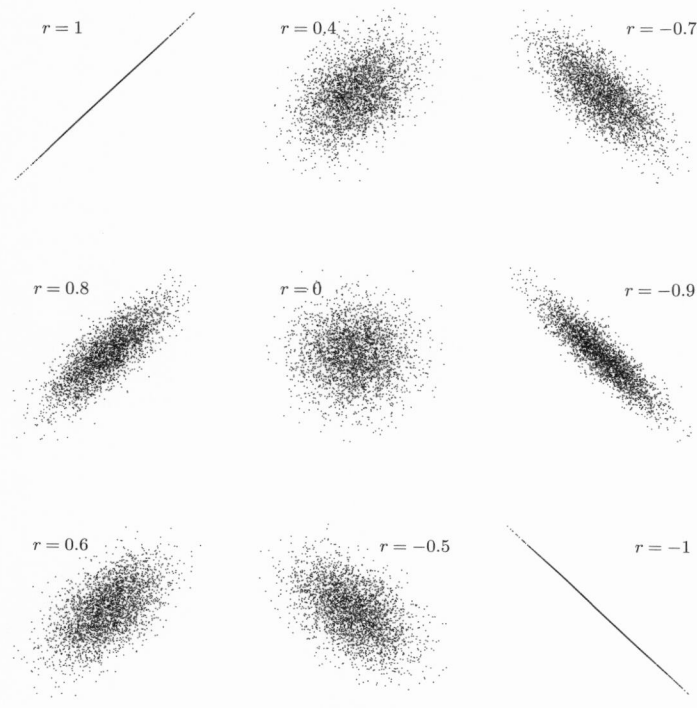

図 8.4　散布図と相関係数

$$\overline{y^2} = \frac{1}{n}(y_1^2 + y_2^2 + \cdots + y_i^2 + \cdots + y_n^2)$$

$$\left[(a-b)^2 = a^2 + b^2 - 2ab \text{ という恒等式を使い} \right.$$

$$= \frac{1}{n}(z_{11}^2 + \cdots + z_{1i}^2 + \cdots + z_{1n}^2) + \frac{1}{n}(z_{21}^2 + \cdots + z_{2i}^2 + \cdots + z_{2n}^2)$$

$$- \frac{2}{n}(z_{11}z_{21} + \cdots + z_{1i}z_{2i} + \cdots + z_{1n}z_{2n}) \tag{8.12}$$

$$\left[\begin{array}{l} \text{標準化データの平均は 0 なので第 1 項,第 2 項はその分散である.標準化デー} \\ \text{タの分散は 1 である.第 3 項は (8.9) 式の } -2 \text{ 倍である.} \end{array} \right]$$

$$= 1 + 1 - 2r \geq 0 \tag{8.13}$$

となる.最左辺は 2 乗の平均なので,それが 0 以上であることを最後の不等式は示している.不等式を解くと $1 \geq r$ となる.同様にして 2 つの標準化データの和の 2 乗の平均を展開すると,(8.12) 式の第 3 項の符号が+になるので,$r \geq -1$ となる.以上のことから,2 つの制約を満たす相関係数の区間として以下が導かれる.

$$-1 \le r \le 1 \tag{8.14}$$

8.2 2変量正規分布

散布図はデータ分布の様子を素直に表現している．しかし，第1章で学んだ1変量のときと同様に，データ分布は n の増加に伴って，次第に複雑になる．このため第1章では，正規分布と一様分布という2つの理論分布を導入した．

2変量の学習でも同様に理論分布を利用する．それは2変量正規分布である．**2変量正規分布** (bivariate normal distribution) の密度関数は

$$f(x_1, x_2 | \mu_1, \mu_2, \sigma_1, \sigma_2, \rho) = \frac{1}{2\pi\sigma_1\sigma_2\sqrt{1-\rho^2}} \times$$
$$\exp\left[\frac{-1}{2(1-\rho^2)}\left(\left(\frac{x_1-\mu_1}{\sigma_1}\right)^2 - 2\rho\left(\frac{x_1-\mu_1}{\sigma_1}\right)\left(\frac{x_2-\mu_2}{\sigma_2}\right) + \left(\frac{x_2-\mu_2}{\sigma_2}\right)^2\right)\right] \tag{8.15}$$

と表される．μ_1 と μ_2 はそれぞれ x_1 と x_2 の平均，σ_1 と σ_2 はそれぞれ x_1 と x_2 の標準偏差である．

8.2.1 共分散と相関係数の関係式

(8.15) 式中の ρ は母相関係数であり，データから計算した標本相関係数 r に対応する．標本共分散と標本相関係数には

$$s_{12} = s_1\, s_2\, r, \quad r = \frac{s_{12}}{s_1\, s_2} \tag{8.16}$$

の関係があることが知られている．

それに対応し，母共分散と母相関には，以下の関係があることが知られている．

$$\sigma_{12} = \sigma_1\, \sigma_2\, \rho, \quad \rho = \frac{\sigma_{12}}{\sigma_1\, \sigma_2} \tag{8.17}$$

8.2.2 2変量正規分布の図示

$\mu_1 = 0,\ \mu_2 = 0,\ \sigma_1 = 1,\ \sigma_2 = 1$ のとき，特に**標準2変量正規分布** (standard bivariate normal distribution) という．$\rho = 0.7$ の場合の標準2変量正規分布の3次元グラフを図8.5に示す．

図8.6に，標準2変量正規分布の密度関数の等高線を，ρ を変化させながら示す．$\rho = 1.0$ または -1.0 の場合は，1変数の標準正規分布となり，上から見て

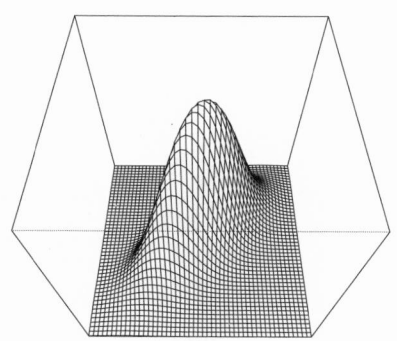

図 **8.5**　2 変量正規分布 ($\rho = 0.7$)

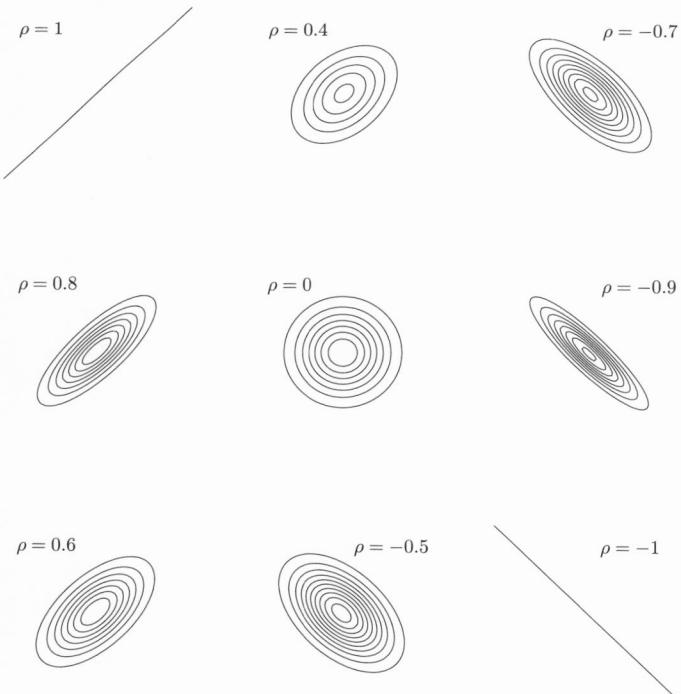

図 **8.6**　2 変量正規分布の密度関数の等高線

いるので直線になってしまう．絶対値が大きくなるに従って細く，小さくなるに従って丸くなる様子が示されており，図 8.4 の r と対応させて配置したので，見

比べて対応関係のイメージを作っていただきたい.

8.2.3 尤　　度
データは

$$\boldsymbol{x} = (\boldsymbol{x}_1, \boldsymbol{x}_2) \tag{8.18}$$

である. 2変量正規分布の母数ベクトルは,

$$\boldsymbol{\theta} = (\mu_1, \mu_2, \sigma_1, \sigma_2, \rho) \tag{8.19}$$

である.

　学生の健康度の測定が学生間で互いに影響し合わない (独立) とすると, (2.24)式に相当する尤度は

$$f(\boldsymbol{x}|\boldsymbol{\theta}) = f(\boldsymbol{x}_1, \boldsymbol{x}_2|\boldsymbol{\theta}) = f(x_{11}, x_{21}|\boldsymbol{\theta}) \times \cdots \times f(x_{1n}, x_{2n}|\boldsymbol{\theta}) \tag{8.20}$$

のように $n = 50$ 個の2変量正規分布の密度関数の積となる.

8.2.4 事前分布・事後分布・事後予測分布
(2.26)式に相当する同時事前分布を, 互いの独立性を仮定し

$$f(\boldsymbol{\theta}) = f(\mu_1)f(\mu_2)f(\sigma_1)f(\sigma_2)f(\rho) \tag{8.21}$$

とする.

　初登場の相関の事前分布 $f(\rho)$ は $\rho \sim U(-1, 1)$ とする. 以上から (2.27) 式に相当する事後分布は,

$$f(\boldsymbol{\theta}|\boldsymbol{x}) = f(\boldsymbol{\theta}|\boldsymbol{x}_1, \boldsymbol{x}_2) \propto f(\boldsymbol{x}_1, \boldsymbol{x}_2|\boldsymbol{\theta})f(\boldsymbol{\theta}) \tag{8.22}$$

と導かれる.

　この式を利用し, MCMC によって, 母数の事後分布・生成量の事後分布に従う乱数を発生させる. 事後予測分布は, 2変量正規分布の密度関数を利用し

$$(x_1^{*(t)}, x_2^{*(t)}) \sim N_2(\boldsymbol{\theta}^{(t)}) = N_2(\mu_1^{(t)}, \mu_2^{(t)}, \sigma_1^{(t)}, \sigma_2^{(t)}, \rho^{(t)}) \tag{8.23}$$

で発生させる.

8.2.5 母数と生成量の事後分布／予測分布の数値要約
表8.5に母数事後分布と予測分布の数値要約を示す. 第7章に登場しなかった

表 **8.5**　母数の事後分布と予測分布の数値要約

	EAP	post.sd	2.5%	5%	50%	95%	97.5%
μ_1	68.48	1.61	65.32	67.42	68.49	69.56	71.64
μ_2	49.91	2.73	44.50	48.09	49.91	51.73	55.23
σ_1	11.31	1.17	9.29	10.49	11.22	12.03	13.88
σ_2	19.22	2.00	15.78	17.81	19.06	20.45	23.62
ρ	0.59	0.09	0.39	0.54	0.60	0.66	0.75
x_1^*	68.53	11.49	45.99	60.83	68.52	76.18	91.14
x_2^*	49.91	19.56	11.29	36.95	50.00	62.95	88.34

表 **8.6**　生成量の事後分布の数値要約

	EAP	post.sd	2.5%	5%	50%	95%	97.5%
d_μ	18.580	2.192	14.273	14.981	18.588	22.179	22.871
d_σ	−7.909	1.922	−11.963	−11.210	−7.818	−4.917	−4.394
$\sigma_内$	15.793	1.43	13.335	13.664	15.675	18.332	18.945
δ	1.186	0.175	0.849	0.903	1.184	1.478	1.534
δ_1	1.659	0.259	1.183	1.252	1.648	2.102	2.198
δ_2	0.977	0.152	0.687	0.732	0.974	1.232	1.282
U_1	0.879	0.035	0.802	0.817	0.882	0.930	0.938
U_2	0.121	0.035	0.062	0.070	0.118	0.183	0.198
U_{1*}	0.833	0.038	0.754	0.768	0.835	0.891	0.900
U_{2*}	0.054	0.027	0.014	0.018	0.050	0.105	0.118

母数は相関係数であり，0.59(0.09)[0.39, 0.75] であった（[**RQ.6**] 相関係数に関する考察）．EAP の 0.59 や MED の 0.60 は，(8.10) 式の標本相関係数 0.61 とは，必ずしも一致しない．

前章で導入した生成量は，該当する同じ定義式を利用し，すべて同様に計算される．表 8.6 に生成量の事後分布の数値要約を示す．

8.3　対応ある 2 群の群間差の分析

対応ある 2 群の群間差の分析を行う．群間差の分析とは，この場合，入学時に心理臨床的援助が必要と判断された学生たちの心の健康度の分布と，その学生たちに心理臨床的援助を行った後の健康度の分布の比較である．とても重要な分析観点である．しかし従来の統計学の教科書では，対応ある 2 群のデータの群間差の分析は，ほとんど解説されてこなかった．対応ある 2 群のデータに対しては，次章で論じる差得点の分析にのみ焦点が当てられてきた．これは大変奇妙なこと

であり，また残念なことでもある．その理由や弊害の詳細に関しては，副読本の
「第 7 章　セリグマンの犬」を参照されたい．

　本節で着目する生成量の phc 曲線を図 8.7 に示し，phc テーブルを表 8.7 に示

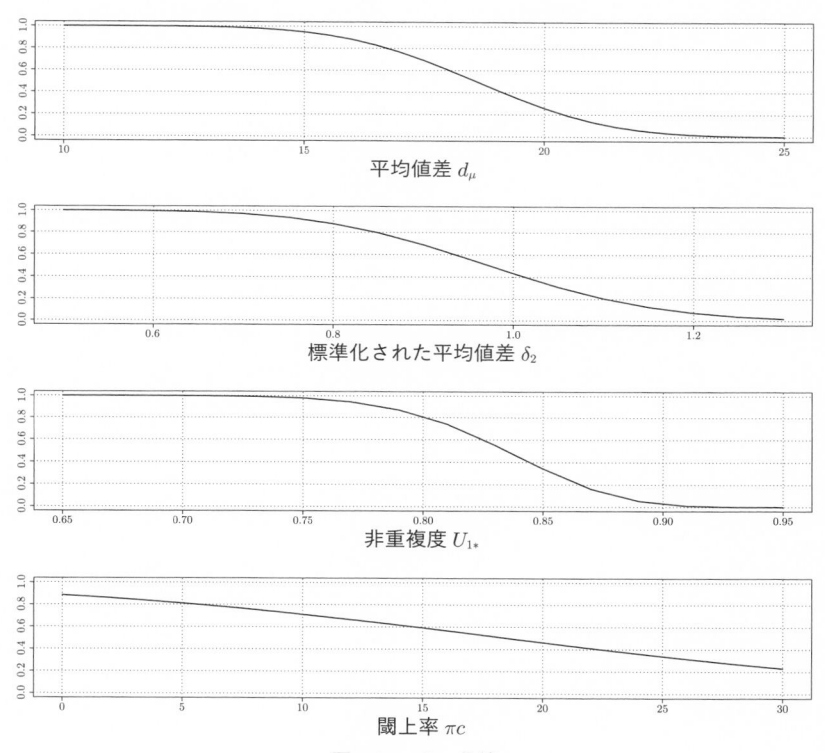

図 8.7　phc 曲線

表 8.7　phc テーブル

c	5	10	15	20	25	30
$\mathrm{phc}(c < d_\mu)$	1.000	1.000	0.949	0.258	0.002	0.000

c	0.6	0.7	0.8	0.9	1	1.1
$\mathrm{phc}(c < \delta_2)$	0.995	0.969	0.878	0.688	0.434	0.206

c	0.7	0.75	0.8	0.85	0.9	0.95
$\mathrm{phc}(c < U_{1*})$	0.999	0.980	0.812	0.343	0.025	0.000

c	5	10	15	20	25	30
$\hat{\pi}_{cEAP}$	0.811	0.711	0.592	0.462	0.338	0.231

す．適宜参照してほしい．

8.3.1　平均値差／閾上率

RQ.1　平均値の差に関する考察．(ex. 当該の「心の健康」リッカート法による5件法 *2) で測定されている．テスト得点は20の質問に対する得点の合計であり，最低点は20点，最高点は100点の心理検査である．テスト得点には以下の意味づけが可能である．全部の質問に対して平均的に回答が1段階好転すると，20点上昇する (目標1)．4分の3の質問に対して平均的に回答が1段階好転すると，15点上昇する (目標2)．半分の質問に対して平均的に回答が1段階好転すると，10点上昇する (目標3)．この視点からは，当該援助は，どの程度の好転に貢献しているだろう．)

RQ.5　閾上率に関する考察．(ex. 入学時に心理臨床的援助が必要と判断された学生を無作為に1人選び，心理臨床的援助を行った半年後の学生を無作為に1人選ぶ．両者の点数を比較したとき10点，15点，20点以上，後者の得点が高くなる確率はどれほどだろうか．)

phc$(10 < d_\mu) = 1.000$, phc$(15 < d_\mu) = 0.949$ なので目標3は確実に，目標2はほぼクリアしている．phc$(20 < d_\mu) = 0.258$ なので，目標1は強くは主張できない．

EAP による閾上率の点推定値は，$\hat{\pi}_{10EAP} = 0.711$, $\hat{\pi}_{15EAP} = 0.592$, $\hat{\pi}_{20EAP} = 0.462$ であった．10点の平均値差に100%正しい (有効数字3桁) との確信がもてても，それは母集団の性質であって，実際の点数を比較したときに10点以上の差が開く確率は，もちろん100%ではなく，71.1%と推定されている．逆に phc$(30 < d_\mu) = 0.000$ であっても，$\hat{\pi}_{30EAP} = 0.231$ である．

8.3.2　標準化された平均値差／非重複度

RQ.3　標準化された平均値差に関する考察．(ex. 援助前と援助後の平均値の差は偏差値換算でどれほどだろうか．)

RQ.4　非重複度に関する考察．(ex. 心理臨床的援助を受けた平均的な学生

---

*2)　たとえば「最近よく眠れますか」という質問に対して，「とてもよく眠れる　5点」「よく眠れる　4点」「どちらともいえない　3点」「ときどき眠れなくて困る　2点」「眠れなくて困る　1点」という選択肢の中から1つ選ぶ．

は，援助前の心の健康度の分布でどのあたりにいるだろうか.)

「英語学習法」では，両群で学習法が実施されている．その意味で対等であるために，どちらの側からの隔たりも重要であり，δ_1, δ_2 の両方を解釈した．あるいは両群の sd に実質的な違いがない場合には，群内標準偏差 $\delta_{内}$ を用いて知見を統合し，平均化 (単純化) した.

それに対して「心の健康」は，援助前 (処理なし) と援助後 (処理あり) の比較により，援助 (処理) の効果を調べている．処理なし群は，自然な状態であるから，比較の基準としてふさわしい．このため処理なし群の分布を基準として，処理の効果が記述されることが多い．以上の理由から，ここでは δ_2 と U_{1*} を中心に解釈を進める.

$\mathrm{phc}(0.6 < \delta_2) = 0.995$, $\mathrm{phc}(0.7 < \delta_2) = 0.969$ より，偏差値換算で 6 ないし 7 は心の健康度が高まっているといえよう．$\mathrm{phc}(0.7 < U_{1*}) = 0.999$, $\mathrm{phc}(0.75 < U_{1*}) = 0.980$ より，援助を受けた平均的な学生は，援助前の 25% $(= 75 - 50)$ の学生を上回った健康度といえよう.

8.4　確　認　問　題

以下の説明に相当する用語を答えなさい.
1）1 つの観測対象から 2 回測定したデータ.
2）縦軸と横軸に変数の目盛を配し，観測対象を 2 次元平面上に付置した統計グラフ.
3）左下から右上がりにデータが打点される 2 変数の関係.
4）左上から右下がりにデータが打点される 2 変数の関係.
5）散布図に丸いボールのような形状が観察される 2 変数の関係.
6）各測定値から平均を引いた値のデータ.
7）平均偏差データの積の平均値.
8）平均偏差データを標準偏差で割った値のデータ.
9）標準化データの積の平均値.

8.5　実　習　課　題

　知覚された長さの実験 ： 「私はどれほど正確に長さを評価できるだろう」.

用意するもの：パスタ 10 本 (他の乾麺でも可)，記録用紙，定規.

実験のやりかた

- 10 本のパスタを 5 cm くらいから 20 cm くらいの長さに適当に折る.
- よく混ぜて，見ないで 1 本引き抜き，mm の単位で長さを目測し，表の「目測」の欄に記入する．記入後，それが何本目に評価されたかが分かるようにしておく.
- 10 本のパスタをすべて同様に評価したら，パスタの長さを測り，表の「実測」の欄に記入する.

　実験の結果を表 8.8 に示す．これを「パスタ」データと呼び，目測での測定値を「実験群」または「目測群」，実測での測定値を「対照群」または「実測群」と呼ぶ．表 8.8 の 1 番目のデータ 110 と 130 は同じパスタの測定値であり，最後のデータ 250 と 175 も同じパスタの測定値である．「パスタ」データに以下の分析をして，適切に解釈しなさい.

RQ.1 平均値差に関する考察．自分の知覚は実測より長めか短めか，その程度は.

RQ.2 標準偏差の差に関する考察．実測よりばらけるのか，縮まるのか，その程度は.

RQ.3 標準化された平均値差に関する考察．実測群の sd を分母に置いて考察.

RQ.4 非重複度に関する考察．実測群の分布から見た目測群の平均値の位置の考察.

RQ.5 閾上率に関する考察．平均値差との解釈の違いを明確に報告.

RQ.6 相関係数に関する考察．標本相関・EAP・MED の違い．確信区間の報告.

表 8.8　長さの目測と実測の生データ (mm)

	1	2	3	4	5	6	7	8	9	10
目測群	110	232	176	207	122	202	191	124	193	250
実測群	130	268	104	185	128	147	162	68	142	175

9 対応ある2群の差得点の分析

■ ■ ■

対応ある2群のデータは，群間差と差得点という2つの観点から分析される．前章では，対応ある2群の群間差について解説した．対応ある2群の群間差は，現在の初等統計教育では，完全に抜け落ちている．群間差とは，第1群と第2群から，互いに独立に無作為に抽出した測定値の差である．確率抽出は2回である．

本章では差得点の分析を解説する．分析例には「心の健康」データを使用する．

9.1 差　得　点

対応ある2群と独立した2群の大きな違いは，対応ある2群のデータには**差得点** (difference score)

$$x^*_{1i} - x^*_{2i} \tag{9.1}$$

が定義でき，独立した2群のデータでは定義できない点にある．

対応ある2群のデータにおける差得点とは，たとえば「心の健康」データにおいては，i 番目の学生の心の健康度の変化 (援助後得点 − 援助前得点) である．「パスタ」データにおいては，i 本目のパスタに関する知覚のバイアス (目測 − 実測) である．このように差得点は，しばしば研究における中心的関心となるので，その平均値にも関心がもたれる．

観測対象 i を1つ抽出し，その観測対象 i の第1群の測定値から第2群の測定値を引いた値が差得点である．確率抽出は1回である．差得点は，独立した2群では定義できず，対応ある2群に定義される．

9.1.1 差得点の平均値と2群の平均値差との関係

差得点の平均値は

$$E[x^*_{1i} - x^*_{2i}] = E[x^*_{1i}] - E[x^*_{2i}] = \mu_1 - \mu_2 \tag{9.2}$$

と導かれる. 2 群の平均値差である. 独立した 2 群のデータにおいて $\mu_1 - \mu_2$ は 2 群の平均値差を意味する. 単純である.

しかし対応ある 2 群のデータにおいて $\mu_1 - \mu_2$ は, 2 群の平均値差ばかりでなく, 差得点の平均をも意味する. $\mu_1 - \mu_2$ は, 2 種類の意味をもっている. したがって対応ある 2 群のデータの平均値の差に関しては, 独立した 2 群のデータとは異なり, 群間差と差得点という両面から考察を深めることができる.

母数による表現が同一であるから, どちらの観点でも事後分布 (点推定／区間推定など) は同一である. しかし $\mu_1 - \mu_2$ を, 2 群の平均値差と見るか, 差得点の平均と見るかによって, その後の推測統計的考察が異なってくる. 本章を理解するための重要なカギは, この 2 つの観点をしっかり区別して学習することにある.

9.1.2 差得点の標準偏差

差得点は, どのような分布に従うのだろうか. 特定の観測対象 i の 2 つの変数の差得点は

$$x^*_{1i} - x^*_{2i} \sim N\left(\ \mu_1 - \mu_2, \ \sqrt{\sigma_1^2 + \sigma_2^2 - 2\rho\sigma_1\sigma_2}\ \right) \tag{9.3}$$

の正規分布に従う.

理由を説明しよう. まず平均値は, すでに (9.2) 式で導かれている.

次に差得点の分散は

$$V[x^*_{1i} - x^*_{2i}]$$

$$= E[(x^*_{1i} - x^*_{2i} - E[x^*_{1i} - x^*_{2i}])^2]$$

　　[分散 $V[a]$ とは a の平均からの偏差の 2 乗の期待値である. 　　　]

$$= E[(x^*_{1i} - x^*_{2i} - (\mu_1 - \mu_2))^2]$$

　　[(9.2) 式を代入し, 項を入れ替えて括り直し　　　　　　　　　　]

$$= E[((x^*_{1i} - \mu_1) - (x^*_{2i} - \mu_2))^2]$$

　　[$(a - b)^2 = a^2 + b^2 - 2ab$ なので　　　　　　　　　　　　　]

$$= E[(x^*_{1i} - \mu_1)^2 + (x^*_{2i} - \mu_2)^2 - 2(x^*_{1i} - \mu_1)(x^*_{2i} - \mu_2)]$$

　　[和や差の期待値は, 期待値の和や差なので　　　　　　　　　　]

$$= E[(x^*_{1i} - \mu_1)^2] + E[(x^*_{2i} - \mu_2)^2] - 2E[(x^*_{1i} - \mu_1)(x^*_{2i} - \mu_2)] \tag{9.4}$$

　　[第 1 項, 第 2 項は分散, 第 3 項は共分散 (8.17) 式を代入し　　]

$$= \sigma_1^2 + \sigma_2^2 - 2\rho\sigma_1\sigma_2 \tag{9.5}$$

である. したがって標準偏差は $\sqrt{\sigma_1^2 + \sigma_2^2 - 2\rho\sigma_1\sigma_2}$ である. 2つの正規分布の差は正規分布に従う. 以上のことから (9.3) 式が成り立つ. 差得点の標準偏差を, 今後 σ' と表記する.

9.1.3 群間差の標準偏差と差得点の標準偏差

群間差は (7.17) 式によって $x_1^* - x_2^*$ と定義され, 差得点は (9.1) 式, (9.3) 式によって $x_{1i}^* - x_{2i}^*$ と定義されていた.

群間差の標準偏差は, (7.20) 式を参照し, $\sqrt{2}\sigma_{内} = \sqrt{\sigma_1^2 + \sigma_2^2}$ であり, 差得点の標準偏差は, (9.5) 式を参照し, $\sigma' = \sqrt{\sigma_1^2 + \sigma_2^2 - 2\rho\sigma_1\sigma_2}$ であった.

σ_1 と σ_2 は標準偏差だから正である. したがって対応ある 2 群のデータの相関係数 ρ の符号によって, 以下の大小関係が成立する.

$$\rho = \begin{cases} + & 群間差の標準偏差 > 差得点の標準偏差 \\ 0 & 群間差の標準偏差 = 差得点の標準偏差 \\ - & 群間差の標準偏差 < 差得点の標準偏差 \end{cases} \tag{9.6}$$

9.1.4 平均値の差と差得点の平均のイメージによる相違

平均値の差と差得点の平均は, 互いに意味や内容がまったく異なる. 平均値の差は, 2つの分布の隔たりであり, イメージとしては図 7.1 や図 7.2 である. 独立した 2 群でも対応ある 2 群でも定義される.

対して差得点の平均は, 対応ある 2 群だけに定義され, それは差得点という単

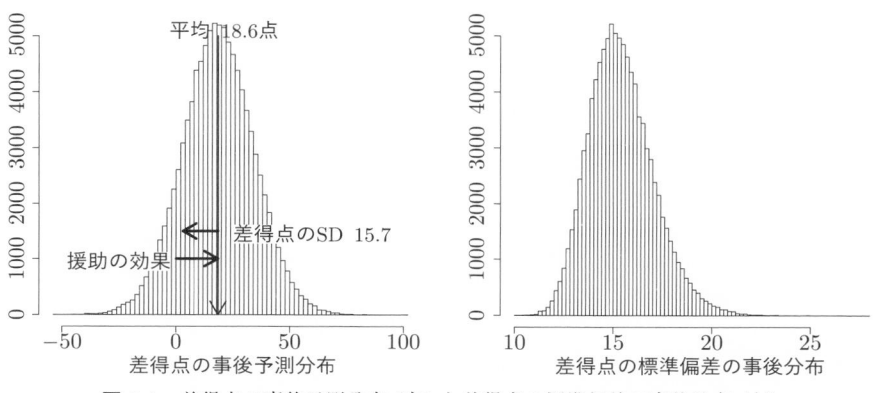

図 **9.1** 差得点の事後予測分布 (左) と差得点の標準偏差の事後分布 (右)

一の変数の「分布のピークが，0 からどれだけ離れているか」である．図 9.1 の
左図のように，「援助の効果」と書かれた，0 から平均 18.6 までの右方向の矢印
の長さを，差得点の平均としてイメージしていただきたい．

9.1.5 平均値の差と差得点の評価観点の相違

平均値の差は，標準化された平均値差 $\delta_1, \delta_2, \delta$ のように，データ分布の標準偏
差 $\sigma_1, \sigma_2, \sigma_内$ の小ささで評価することが 1 つの方法であった．平均値の差と差得
点の平均は，どちらも $\mu_1 - \mu_2$ であり，事後分布も同一である．しかし差得点の
平均は $\sigma_1, \sigma_2, \sigma_内$ では評価しない．

図 9.1 の左図の 0 より左の面積は，援助を受けてかえって不健康になってしま
う学生の確率である．「差得点の SD」と書かれた左矢印が長いと，差得点の平均
が 18.6 で固定されていても，不健康になる学生や，ほとんど好転しない学生の割
合が増えてしまう．

一般的に差得点の標準偏差が大きいと，処理の効果が安定しない．以上の理由
から，差得点の平均は，差得点の標準偏差 σ' の小ささで評価する．

9.1.6 差得点の標準偏差の事後分布

差得点の標準偏差 $\sigma' = \sqrt{\sigma_1^2 + \sigma_2^2 - 2\rho\sigma_1\sigma_2}$ の事後分布は，生成量

$$\sigma'^{(t)} = \sqrt{\sigma_1^{2(t)} + \sigma_2^{2(t)} - 2\rho^{(t)}\sigma_1^{(t)}\sigma_2^{(t)}} \tag{9.7}$$

によって近似できる．近似された事後分布を要約して，点推定値，post.sd，％点，
確信区間，片側上限，片側下限の点を評価する．

9.1.7 差得点の標準偏差が基準点より小さい確率

基準点 c を定め「研究仮説 $U_{\sigma'<c}$：差得点の標準偏差 σ' は c より小さい」が正
しい確率は，生成量

$$u_{\sigma'<c}^{(t)} = \begin{cases} 1 & \sigma'^{(t)} < c \\ 0 & それ以外の場合 \end{cases} \tag{9.8}$$

の EAP で評価する．

9.1.8 phc による差得点の標準偏差の分析

RQ.7 差得点の標準偏差に関する考察．(ex. 仮に差得点の平均値が大きく，
援助の有効性が示されたとする．しかし，もし差得点の標準偏差がとて

表 **9.1** 差得点の標準偏差の事後分布の数値要約と phc テーブル

	EAP	post.sd	2.5%	5%	50%	95%	97.5%
σ'	15.4	1.6	12.6	13.0	15.3	18.3	19.0
c	15	16	17	18	19	20	21
$\mathrm{phc}(\sigma' < c)$	0.433	0.672	0.841	0.933	0.975	0.991	0.997

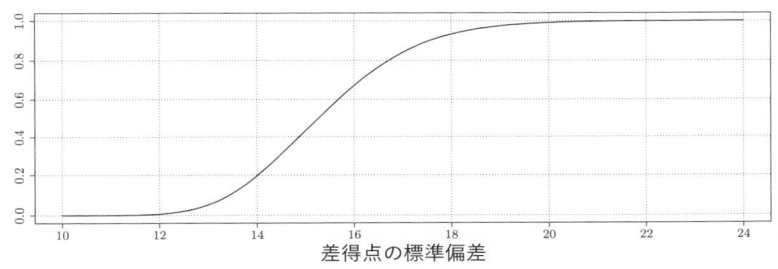

図 **9.2** 差得点の標準偏差の phc 曲線

も大きかったら，ほとんど好転しない学生や，むしろ不健康になってしまう学生も，増えてしまわないだろうか．差得点の標準偏差は，小さいほうが援助の効果が安定するはずである．差得点の標準偏差はどのくらいの大きさだろうか．)

差得点の標準偏差 σ' の事後分布のヒストグラムを図 9.1 の右図に示す．また差得点の標準偏差 σ' の事後分布の数値要約と phc テーブルを表 9.1 に示した．phc 曲線を図 9.2 に示す．小さいほうが望ましい指標であるから，phc 曲線は単調増加曲線である．$\mathrm{phc}(\sigma' < 18) = 0.933$ であり，$\mathrm{phc}(\sigma' < 19) = 0.975$ である．

9.2 標準化された差得点の平均 δ'

RQ.8 標準化された差得点の平均に関する考察．(ex. 差得点の標準偏差 σ' に対する，差得点の平均 $\mu_1 - \mu_2$ の比はどれほどであろうか．σ' に対して，$\mu_1 - \mu_2$ が大きければ，その効果は安定しているだろう．小さければ学生によって援助の効果が異なってしまうだろう．)

標準化された差得点の平均は，

$$\delta' = \frac{\mu_1 - \mu_2}{\sigma'} = \frac{\mu_1 - \mu_2}{\sqrt{\sigma_1^2 + \sigma_2^2 - 2\rho\sigma_1\sigma_2}} \tag{9.9}$$

のように，差得点の平均値 (2 群の平均値の差) を差得点の標準偏差で割って定義する．差得点の平均値は，差得点の平均的散らばりの何倍かという指標である．

図 9.1 の左図を用いて，(9.9) 式のイメージを作ろう．(9.9) 式の分母は左矢印の長さであり，分子は右矢印の長さである．左矢印の長さを単位として，右矢印の長さを測り直した指標が，標準化された差得点の平均である．

9.2.1　事後分布

標準化された差得点の平均値 δ' の事後分布は，生成量

$$\delta'^{(t)} = \frac{\mu_1^{(t)} - \mu_2^{(t)}}{\sqrt{\sigma_1^{(t)2} + \sigma_2^{(t)2} - 2\rho^{(t)}\sigma_1^{(t)}\sigma_2^{(t)}}} \tag{9.10}$$

によって近似できる．近似された事後分布を要約して，点推定値，post.sd，%点，確信区間，片側上限，片側下限の点を評価する．

9.2.2　δ' が基準点より大きい確率

基準点 c を定め「研究仮説 $U_{\delta'>c}$：δ' は c より大きい」が正しい確率は，生成量

$$u_{\delta'>c}^{(t)} = \begin{cases} 1 & \delta'^{(t)} > c \\ 0 & \text{それ以外の場合} \end{cases} \tag{9.11}$$

の EAP で評価する．

標準化された差得点の平均 δ' の事後分布のヒストグラムを図 9.3 の左図に示し．phc 曲線を右図に示す．大きいほうが望ましい指標なので，単調減少関数である．また事後分布の数値要約と phc テーブルを表 9.2 に示した．phc$(0.8 < \delta') = 0.987$ であり，phc$(0.9 < \delta') = 0.955$ である．

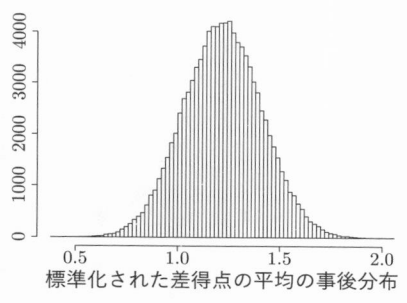 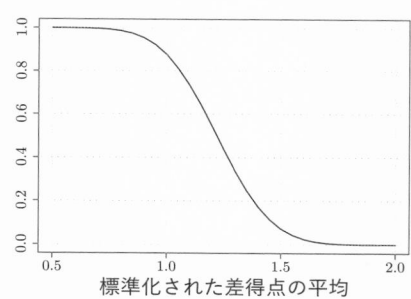

図 **9.3**　標準化された差得点の平均値 δ' の事後分布 (左) と phc 曲線 (右)

表 **9.2** 標準化された差得点の平均 δ' の推測

	EAP	post.sd	2.5%	5%	50%	95%	97.5%
δ'	1.22	0.19	0.85	0.909	1.219	1.535	1.596
c	0.6	0.7	0.8	0.9	1.0	1.1	1.2
$\mathrm{phc}(c < \delta')$	1.000	0.997	0.987	0.955	0.876	0.733	0.539

9.3　差得点の閾上率

RQ.9　差得点の閾上率 π'_c に関する考察.（ex. 無作為に選んだ 1 名の学生の援助後の心の健康度が，援助前の心の健康度より 10 点以上高くなる確率はどれほどだろうか．この確率が高ければ，援助は有効といえるのだが，どうだろうか.）

　無作為に抽出した 1 つの観測対象の 2 つの測定値の差が，基準点 c より大きくなる確率を調べる．この確率を，閾値 c を上回る確率という意味で差得点の閾上率 [*1)](probability beyond threshold of difference score) と呼ぶ.

　閾上率を π'_c と表記する．添え字 c は基準点である．たとえば「無作為に選んだ 1 名の学生の援助後の心の健康度が，援助前の心の健康度より 3 点以上高くなる確率」を $\pi'_{3.0}$ と表記する．第 7 章で導入した閾上率との相違に注意していただきたい.

9.3.1　直接比較する方法

　2 群のデータの場合，将来のデータは $\boldsymbol{x}_i^* = (x_{1i}^*, x_{2i}^*)$ である．2 変量正規分布を利用した事後予測分布の近似法は，すでに (8.23) 式に登場しており，

$$(x_1^{*(t)}, x_2^{*(t)}) \sim N_2(\boldsymbol{\theta}^{(t)}) = N_2(\mu_1^{(t)}, \mu_2^{(t)}, \sigma_1^{(t)}, \sigma_2^{(t)}, \rho^{(t)})$$

とするのであった．事後予測分布の MCMC 標本を用い，閾上率の定義式をそのまま確率評価しよう.

　「研究仮説 $U_{x_{1i}^* - x_{2i}^* > c}$：差得点が c より大きい」が成立する確率である差得点の閾上率は，生成量

[*1)]　豊田秀樹 (2017) p 値を使って学術論文を書くのは止めよう. Let us stop writing academic papers relying on p-values for hypothesis validation. *Japanese Psychological Review*, **60**(4), 379–390.

$$u^{(t)}_{x^*_{1i}-x^*_{2i}>c} = \begin{cases} 1 & x^{*(t)}_{1i} - x^{*(t)}_{2i} > c \\ 0 & \text{それ以外の場合} \end{cases} \tag{9.12}$$

の EAP で評価できる.

$\pi'_0 = 0.885$, $\pi'_3 = 0.843$, $\pi'_5 = 0.810$, $\pi'_{10} = 0.711$ となった. 期末試験の成績を比べたとき,新教授法で学習した生徒のほうが 0 点,3 点,5 点,10 点以上成績がよくなる確率である閾上率は,それぞれ 88.5%,84.3%,81.0%,71.1% と推定された. 条件がきつくなるので,確率は徐々に下がる.

9.3.2 図 7.9 と図 9.4 の相違

図 9.4 を用いて閾上率を模式的に解説する. 事後予測値 x^*_1, x^*_2 は 10 万個発生させたが,そのうち 1000 個を打点している. 縦軸に対照群,横軸に実験群の成績をとり,目盛は 0 点から 100 点まで共通させているのに,葉巻状の打点の位置が中心より右下にずれているのは,新学習法に学力向上の効果があるためである. ここまでは図 7.9 と共通している.

しかし図 7.9 は散布図が真ん丸だった. 群間差の場合は,援助前の学生と援助後の学生をそれぞれ 1 名ずつ無作為に選ぶ. このため対応がある 2 群のデータの場合であっても,事後予測分布の散布図は無相関になる. それに対して図 9.4 は,同じデータなのに,左下から右上に向かって葉巻状に散布している. 差得点の場合は,無作為に選んだ 1 人の学生の援助前と援助後の得点の事後予測分布が示される. このため母相関 0.59 の散布図が描かれている.

図 9.4 には図 7.9 と同じ補助線が引かれている. 図の中心の左下から右上に向

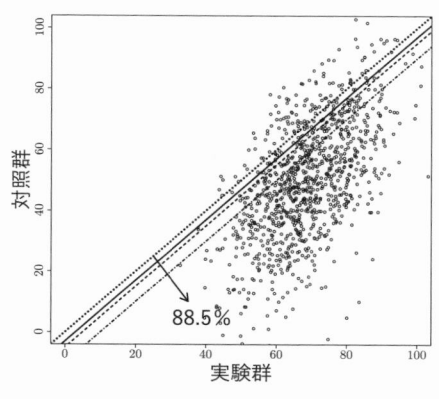

図 **9.4** 閾上率の視覚化

けて点線が描かれている. この直線は $x_1^* - x_2^* = 0$ であり, この右下の領域が $x_1^* - x_2^* > 0$ の条件を満たしている. $\pi_0 = 0.885$ とは, 1000 個中, 約 885 個が点線より右下に打点されていることを意味している. 同様に実線・破線・1 点破線の右下の領域の打点の比率が, それぞれ π_3, π_5, π_{10} である.

ここまで説明した差得点の閾上率を直接比較する方法は, 直接的で視覚的にも理解しやすい. しかし点推定値のみを求める方法であり, post.sd や確信区間による推測統計的解釈がしにくい. 以下に差得点の閾上率 π_c の事後分布を導く.

9.3.3 差得点の閾上率の導出

基準点 c に対する差得点の閾上率を, 評価が可能な母数の関数で表現すると

$$\pi'_c = p(x_{1i}^* - x_{2i}^* > c)$$

$$\left[\begin{array}{l} \text{不等式の左辺を標準化する.} \\ \text{両辺から平均 (9.2) 式を引いて, 両辺を標準偏差 (9.5) 式の平方根で割る.} \end{array} \right]$$

$$= p\left(\frac{(x_{1i}^* - x_{2i}^*) - (\mu_1 - \mu_2)}{\sqrt{\sigma_1^2 + \sigma_2^2 - 2\rho\sigma_1\sigma_2}} > \frac{c - (\mu_1 - \mu_2)}{\sqrt{\sigma_1^2 + \sigma_2^2 - 2\rho\sigma_1\sigma_2}} \right)$$

$$\left[\begin{array}{l} \text{両辺に } -1 \text{ を乗じて, 不等式の向きを変える.} \\ \text{左辺は平均 0, 分散 1 に標準化されたので, 標準得点 } z \text{ と表記する.} \end{array} \right]$$

$$= p\left(z < \frac{\mu_1 - \mu_2 - c}{\sqrt{\sigma_1^2 + \sigma_2^2 - 2\rho\sigma_1\sigma_2}} \right) \tag{9.13}$$

$$\left[\text{標準正規分布の累積分布関数 } F(\ |0,1) \text{ で表記する.} \right]$$

$$= F\left(\frac{\mu_1 - \mu_2 - c}{\sqrt{\sigma_1^2 + \sigma_2^2 - 2\rho\sigma_1\sigma_2}} \middle| 0, 1 \right) \tag{9.14}$$

のように導出できる.

9.3.4 閾上率と差得点の閾上率の関係

先に示した差得点の閾上率は, $\pi'_0 = 0.885$, $\pi'_3 = 0.843$, $\pi'_5 = 0.810$, $\pi'_{10} = 0.711$ であった. 第 7 章で学習した閾上率は, 同じデータに対して, $\pi_0 = 0.720$, $\pi_3 = 0.653$, $\pi_5 = 0.606$, $\pi_{10} = 0.480$ だった. 基準点 c の値によらずに, すべての場合で差得点の閾上率のほうが大きくなった. これはこのデータに特殊化された性質ではない.

閾上率 (7.24) 式と差得点の閾上率 (9.14) 式を見比べると, どちらも標準正規分布の分布関数で表現されている. 図 1.2 の右図で示したように, (a) 分布関数は単調増加関数である. (7.24) 式と (9.14) 式の関数中の分子は $\mu_1 - \mu_2 - c$ で共通しているから, (b) 分母が小さいほうが大きくなる. 分母は $\sigma_1^2 + \sigma_2^2$ が共通して

おり，相違点は $-2\rho\sigma_1\sigma_2$ の有無だけである．その項の σ_1 と σ_2 は標準偏差だから正である．

したがって (a)(b) を考慮すると相関係数 ρ の符号によって，

$$\rho = \begin{cases} + & \pi_c < \pi'_c \\ 0 & \pi_c = \pi'_c \\ - & \pi_c > \pi'_c \end{cases} \tag{9.15}$$

という大小関係が成立する．「心の健康」データは ρ が正なので，c の値によらずに $\pi_c < \pi'_c$ となる．

9.3.5 事 後 分 布

閾上率 π'_c の事後分布は，(9.14) 式を用い，生成量

$$\pi'^{(t)}_c = F\left(\left.\frac{\mu_1^{(t)} - \mu_2^{(t)} - c}{\sqrt{\sigma_1^{(t)2} + \sigma_2^{(t)2} - 2\rho^{(t)}\sigma_1^{(t)}\sigma_2^{(t)}}}\right| 0,\ 1\right) \tag{9.16}$$

によって近似できる．表 9.3 に事後分布の数値要約を示した．ここで π_0 を参照してはいけない．学問発展のための必要条件だからである．小問 1 問分以上成績がよくなる確率 π_3 は，$0.843(0.042)[0.751, 0.915]$ である．中問 1 問分以上成績がよくなる確率 π_5 は，$0.810(0.045)[0.713, 0.890]$ であり，大問 1 問分以上成績がよくなる確率 π_{10} は，$0.711(0.052)[0.604, 0.806]$ である．

図 9.5 には，基準点 c を -10 から 30 まで動かし，EAP 推定値を太い実線で

表 **9.3**　差得点の閾上率の事後分布の推定結果

	EAP	post.sd	2.5%	5%	50%	95%	97.5%
π_0	0.885	0.037	0.802	0.818	0.889	0.938	0.945
π_3	0.843	0.042	0.751	0.768	0.847	0.906	0.915
π_5	0.810	0.045	0.713	0.731	0.814	0.879	0.890
π_{10}	0.711	0.052	0.604	0.622	0.713	0.793	0.806

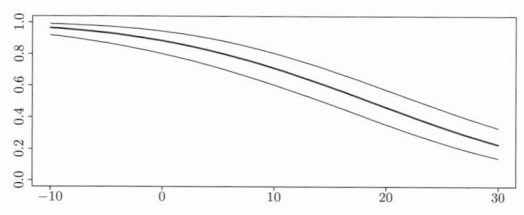

図 **9.5**　閾上率の EAP と両側 95%確信区間上限・下限

結んだ．また 2.5％点を下側の細い実線で結び，97.5％点を上側の細い実線で結んだ．細い実線の内側が，閾上率の 95％両側確信区間である．

標準化された平均値差 δ や非重複度は，母数の関数に関する知見を与えていたために，母数に関する phc 曲線は，n が大きくなるに従って勾配が急になった．対して差得点の閾上率は測定値そのものに対する知見を与えている．このため図 7.10 は，n が大きくなるに従って細い実線が接近し，確信区間が狭まっていく．

閾上率・差得点の閾上率を利用する際には，可能な限り $c = 0$ を避ける．基準点 $c = 0$ の場合には π'_0 の値が高くとも，0 に限りなく近い正の領域での発生確率である可能性を捨てきれず，学問発展のための必要条件を確認していることになってしまうからである．

9.4　2群の差を解釈するための指標のまとめ

2群の差を解釈するための指標を表 9.4 にまとめた．注の解説を行う．

[1] 群間差／差得点の定義　　群間差とは，第 1 群と第 2 群から，互いに独立に無作為に抽出した測定値の差である．確率抽出は 2 回である．この確率試行は独立した 2 群のデータばかりでなく，対応ある 2 群のデータでも定義できる．

差得点の確率試行はそれとは明確に異なる．観測対象 i を 1 つ抽出し，その観測対象 i の第 1 群の測定値から第 2 群の測定値を引いた値が差得点である．確率抽出は 1 回である．差得点は，独立した 2 群では定義できず，対応ある 2 群に定義される．

[2] 群間差の期待値／差得点の期待値　　群間差と差得点は互いに異なった確率試行で得られる．しかし群間差の期待値と差得点の期待値は結果が一致し，$\mu_1 - \mu_2$ となる．

対応ある 2 群のデータを分析する際には，群間差と差得点のどちらに関心があるのかを明確に自覚する必要がある．両者は異なった確率試行だからという理由ばかりではない．その後の分析において，見かけ上一致している（データから計算した）標本平均値差 $\bar{x}_1 - \bar{x}_2$ の評価・意味が歴然と異なってくる場合があるからである．

[3] 群内標準偏差　　実験群と対照群の標準偏差 σ_1, σ_2 の間に，実質科学的差

表 9.4　群間差の分析と差得点の分析の指標の比較

指標	群間差　独立した2群／対応ある2群	差得点　対応ある2群
定義 [1]	$x_1^* - x_2^*$　(7.17)	$x_{1i}^* - x_{2i}^*$　(9.1), (9.3)
期待値 [2]	$\mu_1 - \mu_2$　(7.18)	$\mu_1 - \mu_2$　(9.2)
群内標準偏差 [3]	$\sigma_{内} = \sqrt{(\sigma_1^2 + \sigma_2^2)/2}$　(7.1)	定義されない
標準偏差 [4]	$\sqrt{\sigma_1^2 + \sigma_2^2} = \sqrt{2}\sigma_{内}$　(7.20)	$\sigma' = \sqrt{\sigma_1^2 + \sigma_2^2 - 2\rho\sigma_1\sigma_2}$　(9.5)
標準化された平均値差／差得点平均 [5]	$\delta = \dfrac{\mu_1 - \mu_2}{\sigma_{内}}$　(7.2), (7.3) $\delta_1 = \dfrac{\mu_1 - \mu_2}{\sigma_1},\quad \delta_2 = \dfrac{\mu_1 - \mu_2}{\sigma_2}$	$\delta' = \dfrac{\mu_1 - \mu_2}{\sigma'}$ $= \dfrac{\mu_1 - \mu_2}{\sqrt{\sigma_1^2 + \sigma_2^2 - 2\rho\sigma_1\sigma_2}}$　(9.9)
非重複度 [6]	$U_1 = F(\mu_1\|\mu_2, \sigma_{内}) = 1 - U_2$ $U_2 = F(\mu_2\|\mu_1, \sigma_{内})$ (7.6), (7.7) $U_{1*} = F(\mu_1\|\mu_2, \sigma_2) \neq 1 - U_{2*}$ $U_{2*} = F(\mu_2\|\mu_1, \sigma_1)$ (7.9), (7.10)	定義されない
閾上率 [7]	直接比較する方法 (7.16) $\pi_c =$ $F\left(\dfrac{\mu_1 - \mu_2 - c}{\sqrt{\sigma_1^2 + \sigma_2^2}}\middle\| 0, 1\right)$ (7.24)	直接比較する方法 (9.12) $\pi'_c =$ $F\left(\dfrac{\mu_1 - \mu_2 - c}{\sqrt{\sigma_1^2 + \sigma_2^2 - 2\rho\sigma_1\sigma_2}}\middle\| 0, 1\right)$ (9.14)

異が明確には見出されないときに利用する両群の平均的な散らばりの指標. 2つの群の標準偏差の単純な平均ではなく, 分散の平均の平方根によって, 平均的な標準偏差の目安を定義している.

[4] 群間差 sd ／差得点 sd　　対応ある2群のデータでは, 常に, 群間差 sd と差得点 sd の両方を計算できる (独立した2群のデータでは群間差 sd しか計算できない).

対応ある2群のデータの相関係数が正のときは, 群間差 sd > 差得点 sd である. 相関係数が負のときは, 群間差 sd < 差得点 sd である. 無相関のときは, 群間差 sd = 差得点 sd である.

群間差 sd と差得点 sd は δ, δ' や π_c, π'_c の値に直接影響を与える. したがって対応ある2群のデータでは, 群間差と差得点の分析結果が大きく異なることがある.

[5] 標準化された平均値差／標準化された差得点の平均　　群間の分析をする

ときは，独立していても対応があっても，第 1 群の sd を用いた δ_1 と，第 2 群の sd を用いた δ_2 とでは，一般的に値が異なる．実質科学的に δ_1 と δ_2 の間に差がない場合には，δ で代表させ，縮約的に報告できる．

対応ある 2 群の差得点の分析をするときの指標は δ' の 1 種類のみである．

対応ある 2 群の分析をするときには，δ とそれ以外の δ', δ_1, δ_2 の値が大きく異なる場合があることに注意する．

[6] 非重複度　　群間の分析では，第 2 群の分布から見た μ_1 の累積確率的位置である非重複度 U_{1*} と，第 1 群の分布から見た μ_2 の累積確率的位置である非重複度 U_{2*} とでは，一般的に値が異なる．実質科学的に δ_1 と δ_2 の間に差がない場合には，$U_2 = 1 - U_1$ なので，U_1 で代表させ，縮約的に報告できる．

差得点の観点からは非重複度は定義されない．

[7] 閾上率　　直接比較する方法で閾上率を計算すると点推定値しか求まらない．post.sd，％点，確信区間，片側上限，片側下限の点など，事後分布を必要とする情報は評価できない．

独立した 2 群の分析では群間差の閾上率 π_c の 1 種類しか定義されない．

対応ある 2 群の分析では，群間差の閾上率 π_c と差得点の閾上率 π'_c の 2 種類が定義される．対応ある 2 群のデータの相関係数が正のときは，$\pi'_c > \pi_c$ である．相関係数が負のときは，$\pi'_c < \pi_c$ である．無相関のときは，$\pi'_c = \pi_c$ である．

閾上率・差得点の閾上率を利用する際には，可能な限り $c = 0$ を避ける．学術的進歩の必要条件を目指してはいけない．ドメイン知識を総動員して意味のある基準点 c を設定する．どうしても決まらないときは phc 曲線を用いる．

9.5　確 認 問 題

ダイエット法 A の効果を調べるために「対応ある 2 群の実験」を企画した．ダイエットプログラムに参加する「前の体重」と，参加した「後の体重」を測定し，次式で「減量」という変数を作った．

$$\text{「減量」} = \text{「前の体重」} - \text{「後の体重」}$$

以下の説明に相当する用語を答えなさい．
1）「減量」の標準偏差．

2) 前後の体重の平均値差は「減量」の標準偏差の何倍かという指標.

3)「減量」が c kg より大きい確率.

9.6 正 誤 問 題

以下の説明に関して，正しい場合は○，誤っている場合は × と回答しなさい.

1) 群間差は独立した 2 群のデータばかりでなく，対応ある 2 群のデータでも定義できる.

2) 差得点は，独立した 2 群では定義できず，対応ある 2 群に定義される.

3) 群間差と差得点は互いに異なった確率試行で得られる.

4) 平均値の群間差の期待値と差得点の期待値は一致し，$\mu_1 - \mu_2$ である.

5) 対応ある 2 群のデータを分析する際には，群間差と差得点のどちらに関心があるのかを明確に自覚する.

6) 群内標準偏差は群間でしか定義できない.

7) 対応ある 2 群のデータでは，常に，群間差 sd と差得点 sd の両方を計算できる.

8) 対応ある 2 群のデータの相関係数が正のときは，群間差 sd > 差得点 sd である.

9) 対応ある 2 群のデータでは，群間差と差得点の分析結果が大きく異なることがある.

10) 第 1 群の sd を用いた δ_1 と，第 2 群の sd を用いた δ_2 とでは，一般的に値が異なる.

11) 差得点の分析をするときには，1 種類しか δ' が計算されない.

12) 実質科学的に δ_1 と δ_2 の間に差がない場合には，δ で代表させ，縮約的に報告できる.

13) 対応ある 2 群の分析をするときには，δ とそれ以外の δ', δ_1, δ_2 の値が大きく異なる場合があることに注意する.

14) 群間の分析では，第 2 群の分布から見た μ_1 の累積確率的位置である非重複度 U_{1*} と，第 1 群の分布から見た μ_2 の累積確率的位置である非重複度 U_{2*} とでは，一般的に値が異なる.

15) 実質科学的に δ_1 と δ_2 の間に差がない場合には，$U_2 = 1 - U_1$ なので，U_1 で代表させ，縮約的に報告できる.

16) 差得点の分析では，非重複度が定義されない.

17) 直接比較する方法では，閾上率の点推定値を計算できるが，post.sd，％点，確信区間，片側上限，片側下限の点などは計算できない.

18) 独立した 2 群の分析では群間差の閾上率 π_c の 1 種類しか定義されない.

19) 対応ある 2 群の分析では，群間差の閾上率 π_c と差得点の閾上率 π'_c の 2 種類が定義される.

20) 対応ある 2 群のデータの相関係数が正のときは，$\pi'_c > \pi_c$ である．相関係数が

負のときは，$\pi'_c < \pi_c$ である．無相関のときは，$\pi'_c = \pi_c$ である．
21）閾上率・差得点の閾上率を利用する際には，可能な限り $c = 0$ を避ける．
正解はすべて○

9.7　実　習　課　題

第8章の実習課題で収集したあなた自身の「知覚された長さの実験」データに
関して，以下の **RQ.** を基準点も含めて自作し，分析し，考察しなさい．
RQ.7　差得点の標準偏差に関する考察．
RQ.8　標準化された差得点の平均値に関する考察．
RQ.9　差得点の閾上率 π'_c に関する考察．

付録：phc による差得点の閾上率の考察

「研究仮説 $U_{p(x^*_{1i} - x^*_{2i} > c) > c'}$：差得点の閾上率 π'_c は基準確率 c' より大きい」
が正しい確率 $p(p(x^*_{1i} - x^*_{2i} > c) > c')$ は，生成量

$$u^{(t)}_{p(x^*_{1i} - x^*_{2i} > c) > c'} = \begin{cases} 1 & \pi'^{(t)}_c > c' \\ 0 & \text{それ以外の場合} \end{cases} \tag{9.17}$$

の EAP で評価する（**RQ.11**）．

差得点の閾上率 π'_c が，別の基準確率 c' より大きい確率を求めることができ
る．たとえば「援助前の心の健康得点より，援助後のほうが10点高くなる確率は
60%より大きい」という主張が正しい確率である．確率の確率であるから，これ
はメタ確率である．

基準確率を $c = 10, c' = 0.6$ としたとき，差得点の閾上率が0.4より大きい確率
$(p(0.6 < \pi'_{10}))$ は 0.979 である．

10

■ ■ ■

　本章では実験計画法の入門的モデルである独立した1要因計画を学習する．実験は，理論や仮説が正しいか否かを確かめるために，多くの学問分野で共通して利用される強力な研究方法である．**実験計画法** (experimental design) は，研究目的に応じて，どのような実験を行えばよいかを研究する分野であり，R. A. フィッシャーによって創始された．

10.1　鏡映描写課題

　鏡映描写課題 (mirror drawing task) とは，鏡映像を手掛かりにして，図10.1左図のような凹凸の目立つ図形の外周に設けられたコースを鉛筆などでたどる課題である．

　頂点の矢印から左回りに溝の中をたどり，コースから逸脱したら，スタートに戻ることなく，その場で再出発する．図10.1右図に鉛筆による軌跡を示した．矢印の場所でコースを逸脱している．この場合，「逸脱数」は4である．

　鏡映像は遠近関係が実際とは逆であり，知覚と運動の対応がない状態は，ほとんどの人が未体験であるという意味で学習経験を統制することができる．また練習の効果が短時間で現れやすいので，心理学基礎実験の授業教材としてしばしば利用される．測定されるのは，コースを抜けるまでの「time」と，コースからの「逸脱数」であることが多い．

　実験の手続きは以下のとおりである．まず第1, 2試行は全員利き手で課題を行う．第2試行終了後，第2試行の「time」をもとに，被験者をできるだけ等質な3つの群 (休憩群，非利き手群，利き手群) に分ける．

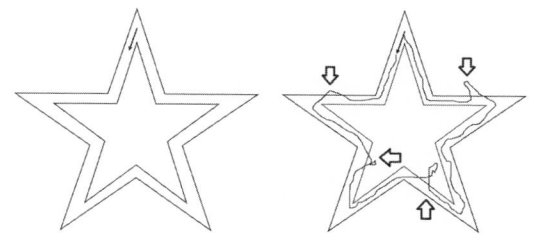

図 **10.1** 鏡映描写課題での星形の溝

10.1.1 実験条件

各群の実験条件は表 10.1 であり，第 3〜12 試行に課題の条件差の特徴がある．
第 1 群 (休憩群) は，第 3〜12 試行を何もせずに休憩している．第 2 群 (非利き手
群) は，第 3〜12 試行を非利き手で行う．第 3 群 (利き手群) は，第 3〜12 試行を
利き手で行う．第 13〜15 試行は，3 つの群とも，利き手で行う．

表 **10.1** 3 つの群の実験条件

	第 3〜12 試行	第 13〜15 試行
1. 休憩群	休憩	利き手
2. 非利き手群	非利き手	利き手
3. 利き手群	利き手	利き手

表 10.2 には各群 30 人分の鏡映描写課題の 15 試行目だけの「time」と「逸脱
数」を示した．ここでは 90 人の被験者による 3 つの異なった条件での「time」の
分析のみを行う．「逸脱数」の分析は第 II 巻で行う．

10.1.2 研究仮説

鏡映描写課題における学習・転移に関して，以下の 3 つの研究仮説を検証する．

- 仮説 A：鏡映描写課題で学習されるスキルが，左右の手の区別を超えた運動
  に関する共通原理を有するならば，非利き手で学習を行っても正の転移が生
  じるはず．
- 仮説 B：鏡映描写課題で学習されるスキルが，一方の手に特有な運動の原理
  を有するならば，非利き手で学習するより，利き手だけで学習したほうが正
  の転移は大きいはず．
- 仮説 C：鏡映描写課題で学習されるスキルが，左右の手の区別を超えた運動
  に関する共通原理と一方の手に特有な運動の原理から構成されるならば，休

表 **10.2** 鏡映描写実験の群ごとの 15 試行目のタイムと逸脱数

第 1 群				第 2 群				第 3 群			
time	逸脱	time	逸脱	time	逸脱	time	逸脱	time	逸脱	time	逸脱
10.2	0	21.2	3	26.8	1	14.4	1	11.9	0	16.6	2
8.3	0	15.6	0	15.1	2	25.7	1	16.6	1	18.1	0
22.8	0	21.3	2	22.8	2	14.0	0	19.7	1	21.9	0
79.1	1	13.6	0	11.7	1	11.0	0	12.4	0	35.2	1
25.5	0	26.6	0	20.1	1	16.8	0	18.7	0	5.8	0
56.0	2	27.4	1	26.2	0	15.5	1	11.6	0	15.3	0
10.4	0	41.9	1	44.6	2	17.7	0	16.7	0	10.2	1
41.4	0	21.9	4	9.5	0	19.6	0	14.7	0	17.3	1
34.1	0	24.7	5	22.7	0	20.2	0	8.9	0	50.0	1
8.6	1	65.9	1	13.1	0	13.0	1	13.6	0	13.8	0
9.6	0	55.0	2	17.4	0	32.9	1	15.5	2	20.3	0
36.6	1	35.6	0	34.0	3	20.5	0	12.6	0	15.9	0
21.3	0	35.3	2	52.1	0	23.1	0	11.7	0	36.3	0
19.0	2	15.3	1	34.8	1	21.9	1	10.8	1	22.6	0
43.3	2	6.4	1	8.9	0	21.9	0	27.1	0	42.6	0

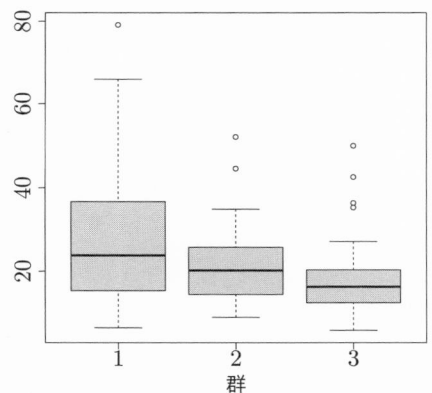

図 **10.2** ボックスプロットによる 3 つの群の分布の相違

憩群より非利き手群, 非利き手群より利き手群の成績がよくなるはず.

10.1.3 図的要約・数値要約

群ごとの「time」のボックスプロットを図 10.2 に示した. 要約統計量を表 10.3 に示した. 3 つの群を合わせたデータの平均タイムは 22.96 秒, 標準偏差は 13.64 秒であった. 3 つの群の平均タイムは, 第 1 群 28.46 秒, 第 2 群 21.60 秒, 第 3

表 10.3　平均・分散・標準偏差

$\bar{y}$	$\bar{y}_1$	$\bar{y}_2$	$\bar{y}_3$
22.96	28.46	21.60	18.81

s_y^2	s_1^2	s_2^2	s_3^2
186.10	313.42	96.79	98.75

s_y	s_1	s_2	s_3
13.64	17.70	9.84	9.94

群 18.81 秒であった．標準偏差は，第1群 17.70 秒，第2群 9.84 秒，第3群 9.94 秒であった．

10.2　独立した1要因計画

　測定値に影響を及ぼすと考えられる多くの原因のうち，その実験で取り上げ，調べられる質的な変数を**要因** (factor)，または因子という．

　ここでは条件の違いによる「time」への影響を調べているので，要因は「条件」である．このように1つだけの要因に着目した実験を**1要因実験** (one factorial experiment) という．要因をAで表現する．

　要因のとるさまざまな状態を**水準** (level) という．この実験の要因A「条件」の水準は，「対照」「非利き手」「利き手」である．水準の数を**水準数**という．要因Aの水準数は a と表記する．ここでは $a = 3$ である．

　「鏡映描写」は水準間のデータが独立に (互いに影響し合わずに) 測定されている．水準間のデータが独立に測定されている1要因実験を**独立した1要因計画** (independent one factorial design) と呼ぶ．

10.2.1　前章までのモデルとの関係

　上述の観点から分類するならば，第6章／第7章で論じたモデルは，水準数 $a = 2$ の独立した1要因計画のモデルである．逆に第6章／第7章の観点から分類するならば，本章のモデルは独立した a 群の群間差の分析モデルということになる．

　第8章／第9章で論じたモデルは，群間に対応 (相関) があるという意味で，本章で扱う独立モデルとは異なっている．対応ある a 群の群間差の分析は第II巻で扱う．

10.2.2 1 要因計画のモデル式

独立した 1 要因計画の一般的なモデル式は

$$y_{ij} = \mu_j + e_j, \quad e_j \sim N(0, \sigma_j), \quad i = 1, \cdots, n_j, \quad j = 1, \cdots, a \quad (10.1)$$

である.「独立した」とは,y_{ij} が水準内ばかりでなく,水準間でも,互いに無関係に測定されているという意味である.

左辺の y_{ij} は,要因 A の j 番目の水準における i 番目の測定値である.たとえば「鏡映描写」データの場合は,添え字 j が 1 から 3 まで動く.$j = 1$ の場合は「対照」であり,$j = 2$ の場合は「非利き手」であり,$j = 3$ の場合は「利き手」である.

添え字 i は 1 から n_j まで動く.「鏡映描写」データで $i = 1$ の場合は,水準内の「1 番目の被験者」であり,$i = 30$ の場合は,水準内の「30 番目の被験者」である.たとえば $y_{32} = 22.8$ であり,「非利き手」条件の 3 番目のデータを示す.

すべての水準のデータ数が等しい $(n_1 = n_2 = \cdots = n_a)$ データをバランスデータ (balanced data) という.水準間で 1 つでも n_j が等しくないデータをアンバランスデータ (unbalanced data) という.「鏡映描写課題」データは $n_1 = n_2 = n_3 = 30$ なので,バランスデータである

右辺第 1 項の μ_j は水準 j の母平均である.たとえば μ_1 は第 1 群 (休憩群) の母平均であり,μ_2 は第 2 群 (非利き手群) の母平均であり,μ_3 は第 3 群 (利き手群) の母平均である.

右辺第 2 項の e_j は,第 j 番目の水準内の散らばりを表現しており,実験計画の分野では誤差変数 (error variable) と呼ばれる.第 6 章／第 7 章の観点でいうところの第 j 番目の群内の散らばりである.

したがって母数ベクトルは,一般的に

$$\boldsymbol{\theta} = (\mu_1, \cdots, \mu_a, \sigma_1, \cdots, \sigma_a) \quad (10.2)$$

と表記でき,「鏡映描写」データの場合は $\boldsymbol{\theta} = (\mu_1, \mu_2, \mu_3, \sigma_1, \sigma_2, \sigma_3)$ となる.しかしこの一般モデルの具体的な分析は割愛し,以後,本章では扱わない.

10.2.3 等分散 (等標準偏差) の仮定

本章では,水準内のデータの散らばりは,a 個の水準ですべて等しい

$$y_{ij} = \mu_j + e, \quad e \sim N(0, \sigma_e), \quad i = 1, \cdots, n_j, \quad j = 1, \cdots, a \quad (10.3)$$

という誤差変数 e に添え字 j がついていないモデルを扱う. これを「等分散の仮定」という. 添え字 j がついていないということは, その変数に関して水準 (群) の違いを区別しないということである.「鏡映描写」データで例示するならば対照群と非利き手群と利き手群の群内の散らばりは同じと仮定し, これを σ_e と表記している. (10.2) 式に相当する母数ベクトルは

$$\boldsymbol{\theta} = (\mu_1, \cdots, \mu_a, \sigma_e) \tag{10.4}$$

と制約される.「鏡映描写」データの場合は $\boldsymbol{\theta} = (\mu_1, \mu_2, \mu_3, \sigma_e)$ となる. すべての群の (水準内の) 標準偏差を共通させている.

10.2.4 σ_e の仮定は post.sd を小さくする

等分散の仮定の含意は, 3 つの群の標準偏差の真の状態が等しいということではない. 現に, 標本標準偏差は, 第 1 群 17.7 秒, 第 2 群 9.8 秒, 第 3 群 9.9 秒である. 3 群とも等しいと仮定できるか否かは微妙である. 異なることは認識しつつ, それぞれの群の散らばりが決定的には異ならない場合に, 等しいと仮定することによって生じる利便を利用することが, この仮定の目的である.

利便の 1 つは母数の数が $a - 1$ 個減るために, 同じデータ数に対して post.sd が小さくなって, 結果が安定することである.

10.2.5 σ_e の仮定はどちらの群からの考察かを区別させない

もう 1 つの利便は, どちらの群から見た考察かを区別する必要がなくなることである. 第 6 章と第 7 章で学習したように, 標準化された平均値差や非重複度は, 群ごとに標準偏差が異なると, 着目する群によって値が変化した.

水準数が 3 の場合は 3 対, 水準数が 4 の場合は 6 対, 水準数が 5 の場合は 10 対というように, 組み合わせの勢いで群間比較の対は増加するから, 等標準偏差の仮定によるモデルの単純化は思考の経済として有用となる.

第 6 章と第 7 章では, 2 つの群の標準偏差 σ_1, σ_2 を別々に推定しつつ, 群内標準偏差 $\sigma_{内}$ を併用することにより, 群間の散らばりの相違を踏まえつつ, どちらの群から見た考察かの区別を回避することもできた. この併用は 1 つの絶妙な解決法である.

しかし本章では実験計画の最初歩のモデルを扱っている. 本章以降, 第 II 巻の内容も含めてモデルが複雑になると, 添え字が増える. そのとき添え字の組み合わせごとに標準偏差を推定したら煩雑になってしまう.

そこで実験計画法では，すべての群の標準偏差を同じ母数 σ_e として扱うことにより，どちらの群から見た考察かの区別を回避する．言い換えるならば，比較する群の対が多くなるために，より単純化を強めている．

ただしそれぞれの群の散らばりが決定的に異なる場合に，等標準偏差 σ_e を仮定すると，データの有する情報を見逃してしまう．a 個の群の散らばりが互いに異なる場合の分析は第 II 巻で扱う．

10.2.6 尤　　　度

(10.3) 式より，測定値の確率分布は，正規分布の密度関数を用い

$$f(y_{ij}|\mu_j, \sigma_e) \tag{10.5}$$

と表現される．互いに独立に測定されていることを仮定し，水準内の測定値 $\boldsymbol{y}_j = (y_{1j}, \cdots, y_{ij}, \cdots, y_{n_jj})$ の同時確率分布を

$$f(\boldsymbol{y}_j|\mu_j, \sigma_e) = f(y_{1j}|\mu_j, \sigma_e) \times f(y_{2j}|\mu_j, \sigma_e) \times \cdots \times f(y_{n_jj}|\mu_j, \sigma_e) \tag{10.6}$$

と表現する．ただし n_j は水準 j における観測値の数である．水準ごとにデータの数は異なっていてかまわない．ここではたまたま j によらず，$n_j = 30$ である．一般的に添え字 i は 1 から n_j まで動き，添え字 j は 1 から a まで動く．

データ全体を $\boldsymbol{y} = (\boldsymbol{y}_1, \cdots, \boldsymbol{y}_j, \cdots, \boldsymbol{y}_a)$ と表記し，水準ごとの平均をまとめて $\boldsymbol{\mu} = (\mu_1, \cdots, \mu_j, \cdots, \mu_a)$ と表記すると，(2.24) 式に相当する尤度は

$$\begin{aligned} f(\boldsymbol{y}|\boldsymbol{\theta}) &= f(\boldsymbol{y}|\boldsymbol{\mu}, \sigma_e) \\ &= f(\boldsymbol{y}_1|\mu_1, \sigma_e) \times \cdots \times f(\boldsymbol{y}_j|\mu_j, \sigma_e) \times \cdots \times f(\boldsymbol{y}_a|\mu_a, \sigma_e) \end{aligned} \tag{10.7}$$

となる．ここで $\boldsymbol{\theta} = (\boldsymbol{\mu}, \sigma_e)$ は母数の集まりである．

10.2.7 事前分布・事後分布

μ_j と σ_e の事前分布として，十分に広い範囲の一様分布を仮定した．(2.26) 式に相当する同時事前分布を，

$$f(\boldsymbol{\theta}) = f(\mu_1) \times \cdots \times f(\mu_j) \times \cdots \times f(\mu_a) \times f(\sigma_e) \tag{10.8}$$

とし，(2.27) 式に相当する事後分布を，

$$f(\boldsymbol{\theta}|\boldsymbol{y}) \propto f(\boldsymbol{y}|\boldsymbol{\theta})f(\boldsymbol{\theta}) \tag{10.9}$$

と導く．この式の右辺と MCMC 法を組み合わせることにより，母数の事後分布・

表 **10.4** 母数の推定結果

	EAP	post.sd	2.5%	5%	50%	95%	97.5%
μ_1 対照	28.5	2.5	23.6	24.4	28.5	32.5	33.3
μ_2 非利き手	21.6	2.5	16.7	17.5	21.6	25.7	26.5
μ_3 利き手	18.8	2.5	13.9	14.8	18.8	22.9	23.6
σ_e	13.4	1.0	11.6	11.9	13.4	15.3	15.7

生成量の事後分布・予測分布に従う乱数を生成することが可能となる．母数の推定結果を表 10.4 に示す．

「対照」は 28.5(2.5)[23.6, 33.3] であり，「非利き手」は 21.6(2.5)[16.7, 26.5] であり，「利き手」は 18.8(2.5)[13.9, 23.6] であった．また σ_e は 13.4(1.0)[11.6, 15.7] であった．

10.2.8 水準の平均と水準の効果

母数の関数として導かれる生成量を解説する．まず**全平均** (total mean)

$$\mu = \frac{1}{a}(\mu_1 + \cdots + \mu_a) \tag{10.10}$$

である．アンバランスデータであっても，各水準の平均の単純な平均として全平均を生成できる．

ただし性別・民族・年齢構成・職業分類など，母集団における構成比率が分かっている場合は，バランスデータであっても，それを用いた全平均 $\mu^{*1)}$ を生成量として計算してよい．

全平均の他に，主な生成量として**水準の効果** (effect of level)

$$a_j = \mu_j - \mu \tag{10.11}$$

がある．a_j は全平均からの μ_j の偏差であり，総和は 0 である

$$a_1 + \cdots + a_a = \mu_1 + \cdots + \mu_a - a\mu = 0 \tag{10.12}$$

という性質がある．

生成量を

$$\mu^{(t)} = \frac{1}{a}(\mu_1^{(t)} + \cdots + \mu_a^{(t)}), \quad a_j^{(t)} = \mu_j^{(t)} - \mu^{(t)} \tag{10.13}$$

---

*1) たとえば「産業」という要因に「第 1 次」「第 2 次」「第 3 次」の 3 水準があり，その地域での人口比率が 0.4, 0.3, 0.3 なら，$\mu = 0.4 \times \mu_{\text{第 1 次}} + 0.3 \times \mu_{\text{第 2 次}} + 0.3 \times \mu_{\text{第 3 次}}$ とする．この場合は水準のデータ数が，人口比に比例していなくても，人口比を反映させた重みを用いてよい．

表 **10.5** 全平均と水準の効果の推定結果

	EAP	post.sd	2.5%	5%	50%	95%	97.5%
μ	23.0	1.4	20.2	20.6	23.0	25.3	25.8
a_1 対照	5.5	2.0	1.5	2.2	5.5	8.8	9.5
a_2 非利き手	−1.4	2.0	−5.3	−4.7	−1.4	2.0	2.6
a_3 利き手	−4.2	2.0	−8.1	−7.5	−4.2	−0.9	−0.2

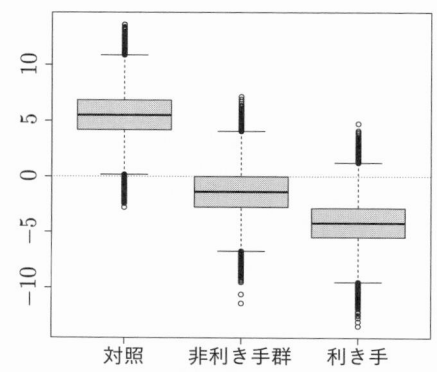

図 **10.3** 水準の効果の事後分布の箱ひげ図

のように求め，生成量の推定結果を示したのが表 10.5 である．表 10.5 の水準の効果の post.sd(2.0) が，表 10.4 の水準内の平均の post.sd(2.5) より小さいのは，(10.12) 式が結果として制約になっているためである．

水準の効果の事後分布の箱ひげ図を 10.3 に示した．縦軸が水準の効果 (全平均からの隔たり) であり，単位は測定値 (秒) である．

10.3 分 散 の 分 解

10.3.1 モデルにおける分散の分解

モデル (10.3) 式の右辺に独立性の仮定：水準の効果 a_j と誤差変数 e は，互いに独立である．という仮定を導入する．両辺の分散を計算すると

$$V[y_{ij}] = V[\mu_j + e] = E[(\mu_j + e - E[\mu_j + e])^2]$$

$$\left[\begin{array}{l}確率変数の分散は期待値で定義される． \\ 期待値を引き，その 2 乗の期待値が分散である．\end{array}\right.$$

$$=E[(\mu_j - \mu + e)^2]$$

$\qquad [\mu_j - \mu \ と \ e \ を塊と見て, \ (A+B)^2 = A^2 + B^2 + 2AB \ を適用する. \ ]$

$$=E[(\mu_j - \mu)^2 + e^2 + 2(\mu_j - \mu)e]$$

$\qquad [$和の期待値は期待の和だから, 期待値を分配する. $\qquad\qquad]$

$$=E[(\mu_j - \mu)^2] + E[e^2] + E[2(\mu_j - \mu)e]$$

$\qquad \left[\begin{array}{l} 第 1 項は \ (\mu_j - \mu)^2 \ の平均であり, \ 第 2 項は \ \sigma_e^2 \ となり, \\ 第 3 項は独立の仮定より \ 0 \ となる. \end{array}\right]$

$$=\frac{1}{a}\left\{(\mu_1 - \mu)^2 + \cdots + (\mu_a - \mu)^2\right\} + \sigma_e^2$$

$\qquad [$第 1 項は \ a_j \ の分散だから $\qquad\qquad\qquad\qquad]$

$$=\sigma_a^2 + \sigma_e^2 \qquad\qquad (10.14)$$

となる.

σ_a^2 を**要因分散** (factor variance) と呼ぶ. 要因分散は, **群間分散** (between–groups variance) とか, **級間分散** (between–class variance) と呼ばれることもある.

それに対して σ_e^2 を**誤差分散** (error variance) と呼ぶ. 誤差分散は, **群内分散** (within–groups variance) とか, **級内分散** (within–class variance, intra–class variance) と呼ばれることもある.

また観測変数全体の分散 σ_y^2 を**全分散** (total variance) と呼ぶこともある.

以上の考察から, 全分散は独立性の仮定のもとで

$$\sigma_y^2 = \sigma_a^2 + \sigma_e^2 \qquad\qquad (10.15)$$

のように要因分散 σ_a^2 と誤差分散 σ_e^2 の単純な和となる.

10.3.2 データにおける分散の分解

「鏡映描写課題」のようなバランスデータには, 以下のような (10.15) 式に似た数理的性質がある.

要因分散 (群間分散) は, 各群の平均 $\bar{y}_1$ と全平均 $\bar{y}$ との差の 2 乗の平均であり

$$s_a^2 = \frac{1}{a}\left((\bar{y}_1 - \bar{y})^2 + \cdots + (\bar{y}_a - \bar{y})^2\right) \qquad\qquad (10.16)$$

である. 「鏡映描写課題」のデータでは

$$s_a^2 = \frac{1}{3}\left((\bar{y}_1 - \bar{y})^2 + (\bar{y}_2 - \bar{y})^2 + (\bar{y}_3 - \bar{y})^2\right)$$
$$= \frac{1}{3}\left((28.46 - 22.96)^2 + (21.60 - 22.96)^2 + (18.81 - 22.96)^2\right) = 16.44$$

となった. これはモデルにおける σ_a^2 に相当する.

誤差分散 (群内分散) は, 各群の分散の平均

$$s_e^2 = \frac{1}{a}(s_1^2 + \cdots + s_a^2) \tag{10.17}$$

である. 「鏡映描写課題」のデータでは

$$s_e^2 = \frac{1}{3}(s_1^2 + s_2^2 + s_3^2)$$
$$= \frac{1}{3}(313.42 + 96.79 + 98.75) = 169.65 \tag{10.18}$$

となった. これはモデルにおける σ_e^2 に相当する.

データ全体の分散である全分散 s_y^2 の値は表 10.3 より, 186.10 だから

$$186.10 = 16.44 + 169.65 \tag{10.19}$$

が確認できる. (10.15) 式と同様にデータでも, 全分散 s_y^2 は要因分散 s_a^2 と誤差分散 s_e^2 の単純な和

$$s_y^2 = s_a^2 + s_e^2 \tag{10.20}$$

となった. この関係は (10.15) 式によって保証 (証明) されているのではない. バランスデータにおいて (10.20) 式が成立することの証明は紙面の関係で割愛する.

10.3.3 分散の分解におけるモデルとデータの関係

モデルにおける分散の分解 (10.15) 式と, データにおける分散の分解 (10.20) 式の関係を説明する. バランスデータでは (10.20) 式が成り立ち, アンバランスデータでも近似的には成り立つ. ただしアンバランスの程度に応じて近似は悪くなる. データに関するこの性質は, モデルにおける独立性の仮定とは無関係である. 仮に独立性の仮定がなくても成立する.

逆に独立性の仮定は, 確率変数に課したモデル上の制約であり, データ数 n_j とは無関係である. バランスデータにもアンバランスデータにも, 独立性を仮定したモデルが適用できる. したがってバランスデータかアンバランスデータかによって計算方法を変える必要はない. 両者は同様に分析できる.

10.4 要因と水準の考察

独立した 1 要因のモデルでは, 以下の流れで分析を行う.

1) 要因の効果の評価

    a) 効果の大きさ

    b) 分散説明率

2) 水準間の対比較

    a) どの対に差があるのか

    b) どの程度差があるのか

3) 連言命題が正しい確率

10.4.1　要因の効果の評価 (効果の大きさ)

1つ1つの水準の効果ではなく，水準をまとめた「条件」という要因 A の効果の大きさはどれほどであろうか．要因の効果を評価するためには，要因分散の平方根をとった要因標準偏差 σ_a を用いる．要因 A によって，水準の平均は平均的にどれほどばらけるかに関する指標が σ_a である．要因分散 σ_a^2 とは異なり，σ_a は測定単位で評価することができる．「鏡映描写課題」では時間 (秒) でイメージすることができる．

残念ながら，しばしば行われることではあるが，σ_a^2 や σ_a が 0 であることを否定しても，要因に効果があるための必要条件を示したことにしかならない．大切なことは，十分に大きいか否かの確認である．σ_a の生成量を

$$\sigma_a^{2(t)} = \frac{1}{a}\left\{(\mu_1^{(t)} - \mu^{(t)})^2 + \cdots + (\mu_a^{(t)} - \mu^{(t)})^2\right\} \tag{10.21}$$

によって計算し，数値要約と phc を表 10.6 に示す．また図 10.4 の上図に phc 曲線を示す．σ_a は $4.319(1.367)[1.684, 7.058]$ であり，EAP による点推定値では，要因 A は，3つの水準の平均を平均的に 4.3 秒ばらけさせている．$\mathrm{phc}(1 < \sigma_a) = 0.994$ であり，$\mathrm{phc}(1.5 < \sigma_a) = 0.982$ である．また σ_a は負の値をとらないので，ROPE に関しては，$\mathrm{phc}(c < \sigma_a) = 1 - \mathrm{phc}(|\sigma_a| < c)$ である．

表 10.6　群内標準偏差の事後分布の数値要約と phc テーブル

	EAP	post.sd	2.5%	5%	50%	95%	97.5%
σ_a	4.319	1.367	1.684	2.088	4.296	6.597	7.058
c	1	1.5	2	2.5	3	3.5	4
$\mathrm{phc}(c < \sigma_a)$	0.994	0.982	0.957	0.910	0.833	0.723	0.587
$\mathrm{phc}(|\sigma_a| < c)$	0.006	0.018	0.043	0.090	0.167	0.277	0.413

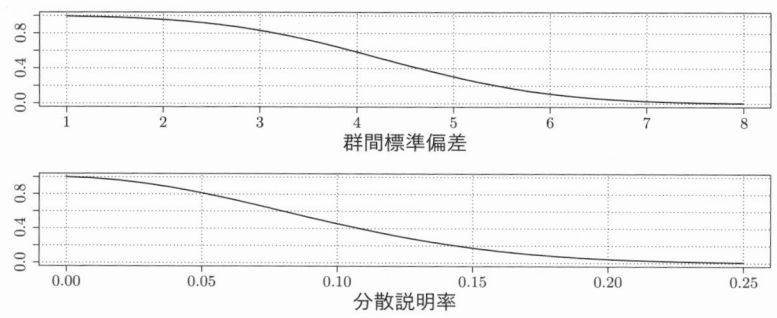

図 10.4　群間標準偏差と分散説明率の phc 曲線

10.4.2　要因の効果の評価 (分散説明率)

要因の効果の大きさを評価するために利用できる 1 つの指標としては，**分散説明率** (proportion of variance explained, あるいは**決定係数** (coefficient of determination))

$$\eta^2 = \frac{\sigma_a^2}{\sigma_y^2} = \frac{\sigma_a^2}{\sigma_a^2 + \sigma_e^2} \tag{10.22}$$

がある．(10.22) 式から明らかなように，説明率は測定値の分散に占める，要因の分散の比率である．説明率は 0 から 1 までの値をとる．説明率が 0 のときは，要因が観測変数をまったく説明していない状態を示し，説明率が 1 のときは，要因が観測変数を完全に説明している状態を示している．

分散説明率に関する生成量を

$$\eta^{2(t)} = \frac{\sigma_a^{2(t)}}{\sigma_a^{2(t)} + \sigma_e^{2(t)}} \tag{10.23}$$

によって計算し，事後分布の数値要約と phc テーブルを表 10.7 に示す．また図 10.4 の下図に phc 曲線を示す．η^2 も負の値をとらないので，ROPE に関しては，$\mathrm{phc}(c < \eta^2) = 1 - \mathrm{phc}(|\eta^2| < c)$ である．$\mathrm{phc}(0.01 < \eta^2) = 0.986$ であり，$\mathrm{phc}(0.02 < \eta^2) = 0.960$ である．

表 10.7　分散説明率の事後分布の数値要約と phc テーブル

	EAP	post.sd	2.5%	5%	50%	95%	97.5%
η^2	0.100	0.053	0.015	0.023	0.094	0.197	0.219
c	0	0.01	0.02	0.03	0.04	0.05	0.06
$\mathrm{phc}(c < \eta^2)$	1.000	0.986	0.960	0.923	0.874	0.815	0.748
$\mathrm{phc}(|\eta^2| < c)$	0.000	0.014	0.040	0.077	0.126	0.185	0.252

表 **10.8** 行 j の水準の平均が列 j' の水準の平均と比較して c より大きい確率

$c = 0.0$	μ_1	μ_2	μ_3	$c = 1.0$	μ_1	μ_2	μ_3
μ_1	0.000	0.975	0.997	μ_1	0.000	0.954	0.993
μ_2	0.025	0.000	0.791	μ_2	0.013	0.000	0.699
μ_3	0.003	0.209	0.000	μ_3	0.001	0.135	0.000

10.4.3 水準間の対比較 (どの対に差があるのか)

どの水準とどの水準の間に差があるだろうか. 水準の対の比較をするために「研究仮説 $U_{\mu_j - \mu_{j'} > c}$：μ_j と $\mu_{j'}$ の差は c より大きい」が正しい確率 $\mathrm{phc}(\mu_j - \mu_{j'} > c)$ を参照する. その確率は生成量

$$u^{(t)}_{\mu_j - \mu_{j'} > c} = \begin{cases} 1 & \mu_j^{(t)} - \mu_{j'}^{(t)} > c \\ 0 & \text{それ以外の場合} \end{cases} \tag{10.24}$$

の EAP で評価する. $c = 0$ 秒, 1 秒 として計算した確率を表 10.8 に示す.

同じ位置の phc は左表より右表のほうが小さい. それは「差が 1 秒以上」と条件が厳しくなっているからである. $\mathrm{phc}(\mu_1 - \mu_2 > 1) = 0.954$ であるから, 仮説 A は支持できなくはない. ただし $\mathrm{phc}(\mu_2 - \mu_3 > 1) = 0.699$ であるから, 仮説 B は仮説 A と比較して, 強くは支持できない. 仮説 A と仮説 B が同時に成立することを主張する仮説 C に関しては後述する.

10.4.4 水準間の比較 (どの程度差があるのか)

水準数 a が大きくなると, 組み合わせの勢いで比較対が多くなり, すべてを詳しく分析することは効率的でなくなる. 水準数 a が大きい場合は, 考察しなくてよい対をみつけることが大切である.

「実質科学的に意味のある差であるか否か」を考察する可能性を確認する. 可能性を残した少数の候補に絞るために, まず必要条件を確認するということである. この目的にとって有用なのが, 表 10.8 の左表のような $\mathrm{phc}(\mu_j - \mu_{j'} > 0)$ である. あくまでも必要条件の確認であるが, この値が低い対は詳細に分析する必要がなくなる. 残った対に関して以下のような詳細な分析を実施する. ここでは仮説 A と仮説 B に関連した対の分析を示す.

具体的には 2 群の差の分析をする. 平均の大きい水準を第 1 群に, 平均の小さい水準を第 2 群に指定すると解釈しやすい. 前節までに求めた $\mu_j^{(t)}$ と $\mu_{j'}^{(t)}$ と $\sigma_e^{(t)}$ とを利用する. 表 10.9 と表 10.10 に, 平均値差, 標準化された平均値差, 非重複度, 閾上率を示した. 標準偏差が σ_e の 1 つしかないから, 標準化された平均値

表 10.9　第 1 群と第 2 群の差 (仮説 A) に関する考察を与える分析

	EAP	post.sd	2.5%	5%	50%	95%	97.5%
$\mu_1 - \mu_2$	6.87	3.49	0.02	1.15	6.87	12.61	13.73
δ	0.51	0.26	0.00	0.08	0.51	0.94	1.03
U_3	0.69	0.09	0.50	0.53	0.70	0.83	0.85
$\pi_{0.0}$	0.64	0.07	0.50	0.52	0.64	0.75	0.77
$\pi_{0.5}$	0.63	0.07	0.49	0.51	0.63	0.74	0.76
$\pi_{1.0}$	0.62	0.07	0.48	0.50	0.62	0.73	0.75

表 10.10　第 2 群と第 3 群の差 (仮説 B) に関する考察を与える分析

	EAP	post.sd	2.5%	5%	50%	95%	97.5%
$\mu_2 - \mu_3$	2.79	3.48	−4.07	−2.94	2.79	8.51	9.64
δ	0.21	0.26	−0.30	−0.22	0.21	0.64	0.72
U_3	0.58	0.10	0.38	0.41	0.58	0.74	0.76
$\pi_{0.0}$	0.56	0.07	0.42	0.44	0.56	0.67	0.69
$\pi_{0.5}$	0.55	0.07	0.41	0.43	0.55	0.66	0.69
$\pi_{1.0}$	0.54	0.07	0.40	0.42	0.54	0.65	0.68

差, 非重複度は, どちらの群から見た知見なのかを区別する必要がなく, 指標は 1 つしか計算されない. 解釈の方法は既学習なので, 評価は読者にゆだねる.

10.4.5　連言命題が正しい確率

もし仮説 C が成り立つなら, 「$\mu_1 > \mu_2 > \mu_3$」となるはずである. この主張が成り立つ確率を考えよう. このように同時に成り立つ複数の命題 (この場合は研究仮説) の集まりを**連言命題** (conjunctive proposition) という. 「第 1 群の平均が第 2 群より c_1 秒以上長く, 同時に第 2 群の平均が第 3 群より c_2 秒以上長い」という主張が成立する phc は生成量

$$u^{(t)}_{\mu_1 - \mu_2 > c_1} \times u^{(t)}_{\mu_2 - \mu_3 > c_2} \tag{10.25}$$

の EAP で評価される. (10.25) 式は, 2 つの 0-1 変数の積であり, 両方 1 である

表 10.11　仮説 C に関する連言命題が正しい確率

$c_1 \backslash c_2$	0.0	0.5	1.0	1.5	2.0	2.5
0.0	0.767	0.723	0.675	0.622	0.567	0.510
0.5	0.758	0.714	0.666	0.614	0.559	0.502
1.0	0.747	0.703	0.655	0.602	0.548	0.492
1.5	0.732	0.689	0.641	0.589	0.535	0.479
2.0	0.713	0.670	0.623	0.572	0.518	0.463
2.5	0.691	0.648	0.602	0.551	0.498	0.444

場合のみ全体が 1 となる. c_1, c_2 を 0.0 から 2.5 まで 0.5 刻みで動かしたときの phc を表 10.11 に示す. 評価は読者にゆだねる.

10.5 確 認 問 題

以下の説明に相当する用語を答えなさい.
1) 研究目的に応じて, どのような実験を行えばよいかを研究する分野.
2) 測定値の変動に影響する原因となるかもしれない質的な変数.
3) 要因のとるさまざまな状態.
4) 水準内の標準偏差.
5) 各水準のデータ数が同じでないデータ.
6) 水準の平均値と全平均との差.
7) 定値の分散に占める, 要因の分散の比率.
8) 同時に成り立つ複数の命題の集まり.

10.6 実 習 課 題

第 1 章と第 6 章では,「対照」条件,「聴音」条件で「知覚時間」に関するデータを収集し, 分析を行った. 本章では, 以下の手続きに従って「知覚時間」に関する「音読」条件のデータを収集する. これまで収集したデータに「音読」条件のデータを合わせると, 実験結果は, たとえば表 10.12 のようにまとめられる.

> **心理学的知覚時間 (音読条件):** 「音読しながら私はどれほど正確に時間の長さを評価できるだろう」という実験をする.
> **用意するもの:** デジタルストップウォッチ, 記録用紙.
> **実験のやりかた** (15 分くらいかかる)
> - 深呼吸して気持ちを落ち着かせる. 時計を見て, 30 秒間が, どれほどの長さか体感する. (最初の 1 回だけ)
> - 『吾輩は猫である』(夏目漱石) を冒頭から順に音読する.
> - スタートし, ストップウォッチを見ずに, 30 秒間過ぎたと思った時点でストップする. 音読を停止し, 100 分の 1 秒まで記録する.
> - これを 20 回繰り返す.

あなた自身の「知覚時間」データに関して，以下の **RQ.** を基準点も含めて自作し，独立した 1 要因計画の分析をして，考察しなさい.

RQ.1 要因の効果の評価 (効果の大きさ)
RQ.2 要因の効果の評価 (分散説明率)
RQ.3 水準間の比較 (どの対に差があるのか)
RQ.4 水準間の比較 (どの程度差があるのか)
RQ.5 連言命題が正しい確率

表 10.12　心理学的知覚時間の 3 つの条件下での測定結果 (秒)

対照									
31.43	31.09	33.38	30.49	29.62	35.40	32.58	28.96	29.43	28.52
25.39	32.68	30.51	30.15	32.33	30.43	32.50	32.07	32.35	31.57
聴音									
32.30	34.24	28.10	33.40	37.71	31.62	31.37	35.85	32.33	34.04
34.96	31.43	35.28	30.19	35.09	33.38	31.49	28.44	32.12	31.81
音読									
31.62	37.04	33.76	30.01	34.18	33.08	28.77	33.90	28.06	37.54
33.89	32.23	35.95	36.68	33.57	30.87	32.20	29.98	33.08	35.12

10.7　実　践　問　題

表 10.13 は Fonken ら [2] による 3 条件下で飼育されたマウスの体重増加のアンバランスデータ [3] である. LD (light/dark) 群では通常の昼間は明るく夜は暗い照明が保たれ，LL (light/light) 群では昼夜を問わず照明は明るく保たれ，DM (dim light at night) 群では昼間は明るく夜は薄明るい照明が保たれ，4 週間飼育

表 10.13　マウスの体重増のデータ (g)

LD 群 ($j=1$)	05.02, 06.67, 08.17, 02.79, 08.13, 06.34, 06.32, 03.97
LL 群 ($j=2$)	09.89, 09.58, 11.20, 09.05, 12.33, 09.39, 10.88, 09.37, 17.40
DM 群 ($j=3$)	10.20, 07.29, 07.57, 03.42, 05.82, 10.92, 05.21, 13.47, 08.64, 06.05

[2]　L. K. Fonken *et al.* (2010) Light at night increases body mass by shifting the time of food intake. *Proceedings of the National Academy of Sciences of the United States of America*, **107**, 18664–18669.
[3]　R パッケージ Lock5Data に LightatNight として収録されている.

した後の体重増分を g の単位で測定した. $n_1 = 8, n_2 = 9, n_3 = 10$ である. 独立した 1 要因の分析を, 10.6 節の **RQ.1** から **RQ.5** に従って行いなさい.

11

2 要因実験の分析

■ ■ ■

11.1 独立した 2 要因計画

2 つの要因を扱う実験デザインとその分析法について学習する．分析の過程は，(1) 交互作用の分析，(2) 3 水準以上ある要因の主効果の分析，(3) 2 水準の要因の主効果の分析，の 3 つのケースに大別して解説する．

11.1.1 「知覚時間」データ

第 1 章と第 6 章と第 10 章では，それぞれ「対照」条件，「聴音」条件，「音読」条件で「知覚時間」に関するデータを収集した．第 10 章の実習課題では独立した 1 要因 3 水準の分析を実習した．本章では，以下の手続きに従って「知覚時間」に関する「運動」条件のデータを収集する．

心理学的知覚時間 (運動条件)： 「片足立ちをしながら私はどれほど正確に時間の長さを評価できるだろう」という実験をする．

用意するもの：デジタルストップウォッチ，記録用紙．

実験のやりかた (15 分くらいかかる)

- 深呼吸して気持ちを落ち着かせる．時計を見て，30 秒間が，どれほどの長さか体感する．(最初の 1 回だけ)
- 仮に倒れても安全な場所で，片足だけで立ち，バランスを取り続ける (奇数回目は右足で，偶数回目は左足で立つ．足をついたら，すぐに再トライする)．
- スタートし，ストップウォッチを見ずに，30 秒間過ぎたと思った時点でストップする．片足立ちを止めて，100 分の 1 秒まで記録する．
- これを 20 回繰り返す．

表 11.1　2 要因の「心理学的知覚実験」の S1 氏のデータ (単位：秒)

	平常時	起床直後
対照	28.10, 31.67, 33.60, 25.37, 32.03,	34.48, 28.44, 28.95, 30.33, 28.61,
	32.21, 29.62, 29.69, 29.65, 28.86	28.68, 28.34, 28.00, 29.74, 29.81
聴音	31.35, 30.10, 30.64, 32.65, 34.80,	28.17, 31.10, 29.84, 30.06, 32.11,
	32.24, 31.27, 30.31, 30.49, 38.30	33.85, 36.45, 30.64, 36.35, 29.72
音読	33.32, 31.82, 31.94, 34.10, 31.34,	29.58, 34.12, 27.92, 26.39, 27.98,
	29.52, 34.38, 30.54, 32.96, 30.75	32.27, 25.27, 31.28, 31.19, 28.81
運動	33.95, 30.16, 29.60, 30.10, 27.39,	31.92, 30.81, 31.02, 33.46, 36.87,
	28.50, 26.07, 28.08, 30.59, 30.18	31.53, 28.56, 30.16, 32.52, 31.14

　これまで収集したデータに「運動」条件のデータを合わせると，4 水準のデータになる．S1 氏が測定したデータが表 11.1 である．前章と同じように要因 A は測定の「条件」である．水準は「対照」「聴音」「音読」「運動」の $a = 4$ である．「条件」における 4 つの水準で，それぞれ 20 回ずつ測定されている．

11.1.2　独立した 2 要因のデータ

　ただし「条件」の 4 つの水準は 2 つの異なった「状態」に区分されている．一方は前章と変わらず「平常時」に 10 回測定されたものである．もう一方は「起床直後」に 10 回測定されたものである．

　1 要因の実験デザインは実験計画法の基礎であり，頻繁に利用される重要なモデルである．前章までは要因 A「条件」のみが測定値の高低に影響する要因であると考えた．

　しかし測定値の高低に影響する要因は，1 つ取り上げれば，それでいつでも十分というわけにはいかない．ときには同時に 2 つの要因が測定値の高低に影響する場合もある．たとえば「起きたばかりのときは，ぼーっとして，知覚される時間の長さが異なる」のではないだろうか？　と考えたらどうしたらいいのだろう．その場合は，2 つ目の要因 B として「状態」を導入するとよい．表 11.1 における要因 B「状態」の水準は「平常時」と「起床直後」であり，水準数は 2 (これを $b = 2$ と表記する) である．

11.1.3　セルの平均値のプロット

　要因 A と要因 B の水準の組み合わせによって表現される区分をセル (cell) という．

　ここには要因 A の 4 水準 × 要因 B の 2 水準で，合計して 8 つのセルがある．

表 11.2 S1 氏のデータの平均と標準偏差

	平常時				起床直後			
	対照	聴音	音読	運動	対照	聴音	音読	運動
平均	30.08	32.21	32.07	29.46	29.54	31.83	29.48	31.8
標準偏差	2.27	2.43	1.52	2.04	1.79	2.70	2.61	2.1

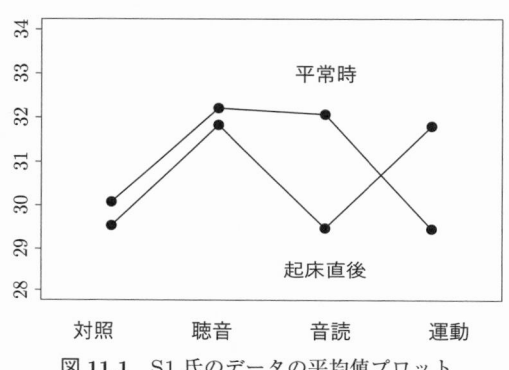

図 11.1 S1 氏のデータの平均値プロット

要因 A の j 番目の水準と要因 B の k 番目の水準で表現される区分をセル jk という.

表 11.2 に S1 氏のデータの平均と標準偏差を示し, 図 11.1 にはセルごとの平均値を打点した. 横軸に左から要因 A の水準「対照」「聴音」「音読」「運動」をとり, 要因 B の水準「平常時」「起床直後」ごとに実線で平均値を結んでいる.

11.1.4 モデル構成
独立した **2 要因計画** (independent two factorial design) のモデル式は

$$y_{ijk} = \mu + a_j + b_k + (ab)_{jk} + e, \quad e \sim N(0, \sigma_e) \tag{11.1}$$

である. 左辺の y_{ijk} はセル jk における i 番目の測定値である. たとえば $y_{321} = 30.64$ である. 要因 A の 2 番目の水準「聴音」の要因 B の 1 番目の水準「平常時」の 3 番目の測定値が y_{321} である. 右辺第 1 項の μ は要因の影響を受ける前の測定値の平均であり, **全平均** (total mean) である. 右辺第 2 項 a_j は要因 A の水準 j の効果である.

11.1.5 主 効 果
2 要因のモデルでは, a_j を要因 A の水準 j の**主効果** (main effect) と呼ぶ. 主効果 a_j の分だけ, 要因 B「状態」の水準によらず, 水準 j に関わるセルの値は変

化する.

　右辺第 3 項 b_k は要因 B の水準 k の主効果である. たとえば要因 B「状態」に,
もし主効果があるならば, 要因 A「条件」の水準によらず,「平常時」と「起床直
後」の測定値に一定の差があるということである. 2 要因のデータが主効果のみ
によって説明されることは珍しくはない.

11.1.6　交互作用

　しかし, ときには要因 A の水準の違いによって, 要因 B の水準の間の平均値が
逆転する場合もある. この現象は主効果だけでは説明がつかない. たとえば, 図
11.1 では,「音読」か「運動」の違いによって,「平常時」と「起床直後」の平均
値が逆転している. このような場合には「要因 A と要因 B には交互作用がある」
という.

　交互作用 (interaction) とは, 一方の要因の水準の違いによって, 他方の要因の
水準間の平均のパタンが異なる状態である. 右辺第 4 項 $(ab)_{jk}$ は要因 AB のセ
ル jk の交互作用効果である. 交互作用を表す括弧は, 掛け算でないことを表現
している. 右辺第 5 項の e は, セル内の散らばりを表現しており, 誤差変数であ
る. e はセルによらず平均 0, 標準偏差 σ_e の正規分布に従うことが仮定される.

11.1.7　主効果への制約

　(10.12) 式に準じて, 要因 A の水準の効果の和は 0 である. ただし a_a だけ残
して, a_1 から a_{a-1} は右辺に移項し, ここでは

$$a_a = (-1) \times (a_1 + \cdots + a_{a-1}) \tag{11.2}$$

と表現し直す. なぜこのように変形するかというと, 右辺の $a-1$ 個が自由に推
定できる母数であり, 左辺の a_a は生成量であることを明示するためである (もち
ろん a_a とは限らず, 何か 1 つを左辺に残せばよい).「知覚時間」では, a_1, a_2,
a_3 の 3 つが決まれば, a_4 は一意に定まる.

　要因 B の効果の和も 0 であり, 同様の表記で

$$b_b = (-1) \times (b_1 + \cdots + b_{b-1}) \tag{11.3}$$

とする. 要因 B の中で自由に推定できる母数の数は $b-1$ 個であり, 左辺の b_b は
生成量とする.「知覚時間」では, b_1 が決まれば b_2 は一意に定まる.

11.1.8　交互作用への制約

　交互作用は添え字 j と k の両方に関して和が 0 であるという制約を入れ

$$(ab)_{ak} = (-1) \times ((ab)_{1k} + (ab)_{2k} + \cdots + (ab)_{(a-1)k}),$$

$$(ab)_{jb} = (-1) \times ((ab)_{j1} + (ab)_{j2} + \cdots + (ab)_{j(b-1)}) \tag{11.4}$$

とする．したがって交互作用 AB の中で自由に推定できる母数の数は $(a-1)(b-1)$ 個である．「知覚時間」では，3 $(= (4-1) \times (2-1))$ 個である．たとえば3個の $(ab)_{11}, (ab)_{21}, (ab)_{31}$ が決まれば，それらだけを右辺に置き，残りは

$$(ab)_{12} = -(ab)_{11}, \quad (ab)_{22} = -(ab)_{21}, \quad (ab)_{32} = -(ab)_{31}$$

$$(ab)_{41} = (-1) \times ((ab)_{11} + (ab)_{21} + (ab)_{31})$$

$$(ab)_{42} = (ab)_{11} + (ab)_{21} + (ab)_{31}$$

と表現される．残りの5の母数は，3個の母数の関数で一意に定まる．

11.1.9 自由に推定する母数の数

μ と σ_e の2個も母数であるから，独立した2要因計画のモデルには，合計で

$$ab + 1 = (a-1) + (b-1) + (a-1)(b-1) + 2 \tag{11.5}$$

の自由に推定できる母数があることが分かる．

「知覚時間」における (11.1) 式中の推定すべき母数は，9個 $(= 4 \times 2 + 1)$

$$\boldsymbol{\theta} = (a_1, a_2, a_3, b_1, (ab)_{11}, (ab)_{21}, (ab)_{31}, \mu, \sigma_e) \tag{11.6}$$

である．「知覚時間」における (11.1) 式中の生成量は7個

$$(a_4, b_2, (ab)_{12}, (ab)_{22}, (ab)_{32}, (ab)_{42}, (ab)_{41}) \tag{11.7}$$

である．

11.1.10 モデルの再表現

モデル式 (11.1) 式を

$$\mu_{jk} = \mu + a_j + b_k + (ab)_{jk} \tag{11.8}$$

$$y_{ijk} = \mu_{jk} + e, \quad e \sim N(0, \sigma_e) \tag{11.9}$$

と書き直してみよう．(11.8) 式は，セル jk の平均を表現している．(11.9) 式を観察すると，セルの平均にセル内の誤差が加わって測定値が生成されていることが分かる．(11.9) の左式右辺第1項に ab 個の平均があり，右式に1個の標準偏差があることから，自由に推定できる母数の数は $ab+1$ 個であることが分かり，(11.5) 式を再確認できる．

11.1.11　尤　　　度

(11.9) 式より，測定値の確率分布は

$$f(y_{ijk}|\mu_{jk}, \sigma_e) \tag{11.10}$$

の正規分布である．セル jk 内で n_{jk} 個の測定が独立にされているならば，セル内の測定値 $\boldsymbol{y}_{jk} = (y_{1jk}, \cdots, y_{ijk}, \cdots, y_{n_{jk}jk})$ の同時確率分布は

$$f(\boldsymbol{y}_{jk}|\mu_{jk}, \sigma_e) = f(y_{1jk}|\mu_{jk}, \sigma_e) \times \cdots \times f(y_{ijk}|\mu_{jk}, \sigma_e)$$
$$\times \cdots \times f(y_{n_{jk}jk}|\mu_{jk}, \sigma_e) \tag{11.11}$$

である．セルごとに測定値の数は異なっていてかまわない．

　データ全体を $\boldsymbol{y} = (\boldsymbol{y}_{11}, \cdots, \boldsymbol{y}_{1b}, \boldsymbol{y}_{21}, \cdots, \boldsymbol{y}_{ab})$ と表記し，セルごとの平均をまとめて $\boldsymbol{\mu} = (\mu_{11}, \cdots, \mu_{1b}, \mu_{21}, \cdots, \mu_{ab})$ と表記すると，(2.24) 式に相当する尤度は

$$f(\boldsymbol{y}|\boldsymbol{\theta}) = f(\boldsymbol{y}|\boldsymbol{\mu}, \sigma_e) = f(\boldsymbol{y}_{11}|\mu_{11}, \sigma_e) \times \cdots \times f(\boldsymbol{y}_{ab}|\mu_{ab}, \sigma_e) \tag{11.12}$$

となる．ここで母数ベクトル $\boldsymbol{\theta}$ は $(\boldsymbol{\mu}, \sigma_e)$ でもよいのであるが，

$$\boldsymbol{\theta} = (\mu, \boldsymbol{a}, \boldsymbol{b}, (\boldsymbol{ab}), \sigma_e) \tag{11.13}$$

と表記したほうが，後の分析過程が明快になる．ただし $\boldsymbol{a} = (a_1, \cdots, a_{a-1})$，$\boldsymbol{b} = (b_1, \cdots, b_{b-1})$，$(\boldsymbol{ab}) = ((ab)_{11}, \cdots, (ab)_{1\ b-1}, (ab)_{21}, \cdots, (ab)_{a-1\ b-1})$ である．

11.1.12　事前分布・事後分布

　$\boldsymbol{\theta}$ の事前分布としては，十分に範囲の広い一様分布を仮定した．(2.26) 式に相当する同時事前分布を，

$$f(\boldsymbol{\theta}) = f(\mu) \times f(a_1) \times \cdots \times f(a_{a-1}) \times f(b_1) \times \cdots \times f(b_{b-1})$$
$$\times f((ab)_{11}) \times \cdots \times f((ab)_{1\ b-1}) \times \cdots \times f((ab)_{a-1\ b-1}) \times f(\sigma_e)$$

とし，(2.27) 式に相当する事後分布を，

$$f(\boldsymbol{\theta}|\boldsymbol{y}) \propto f(\boldsymbol{y}|\boldsymbol{\theta})f(\boldsymbol{\theta}) \tag{11.14}$$

と導く．MCMC 法により，事後分布・生成量・予測分布に従う乱数を生成することが可能である．

11.2　推測例 1 (交互作用の分析)

　本節における「推測例 1」と，それに続く「推測例 2」「推測例 3」では，それ
ぞれ異なったデータを用い，3 つの典型的な分析経過が解説される．それは，(1)
交互作用の分析，(2) 3 水準以上ある要因の主効果の分析，(3) 2 水準の要因の主
効果の分析，である．本節では，S1 氏のデータである表 11.1 を用いて，交互作
用の分析を紹介する．

11.2.1　母数の推定値

　モデルの推定結果を表 11.3 に示す．$b_2 = -b_1$，$(ab)_{j2} = -(ab)_{j1}$ であり，値
が自明なので，それらの生成量は表示を省略している．a_4 と $(ab)_{41}$ は，他の母
数の関数で表現される生成量であるが，すぐには値が自明ではないから，数値要
約を示した．

　仮に 95%の確信で判定するならば，a_1 は高々 -0.24 であるし，a_2 は少なくと
も 0.45 である．また，$(ab)_{31}$ は少なくとも 0.39 であり，$(ab)_{41}$ は高々 -0.55 で
ある．それ以外の項は，符号が決まらない．要因 A の一部の水準と，交互作用の
一部に効果が見出せた．

11.2.2　要因の効果の評価

　主効果全体と交互作用全体の効果の大きさはどれほどだろうか．(11.1) 式右辺
の第 1 項以外の 4 つの項が互いに独立であるとすると測定値の分散は，(10.14) 式
に準じて

表 11.3　母数の推定結果 (S1)

	EAP	post.sd	2.5%	5%	50%	95%	97.5%
μ	30.81	0.27	30.29	30.37	30.81	31.25	31.34
a_1	-1.00	0.46	-1.91	-1.76	-1.00	**-0.24**	-0.09
a_2	1.21	0.46	0.30	**0.45**	1.21	1.97	2.12
a_3	-0.03	0.46	-0.94	-0.80	-0.03	0.73	0.88
a_4	-0.18	0.46	-1.08	-0.93	-0.18	0.58	0.72
b_1	0.15	0.27	-0.38	-0.29	0.15	0.59	0.68
$(ab)_{11}$	0.12	0.46	-0.78	-0.64	0.12	0.88	1.04
$(ab)_{21}$	0.04	0.46	-0.86	-0.71	0.04	0.80	0.95
$(ab)_{31}$	1.15	0.46	0.24	**0.39**	1.15	1.90	2.05
$(ab)_{41}$	-1.31	0.46	-2.23	-2.08	-1.31	**-0.55**	-0.40

$$\sigma_y^2 = \sigma_a^2 + \sigma_b^2 + \sigma_{ab}^2 + \sigma_e^2 \tag{11.15}$$

のような単純な和となることが知られている. ここで

$$\sigma_a^2 = \frac{1}{a}(a_1^2 + \cdots + a_a^2), \quad \sigma_b^2 = \frac{1}{b}(b_1^2 + \cdots + b_b^2),$$

$$\sigma_{ab}^2 = \frac{1}{a \times b}((a \times b) \text{個の} (ab)_{jk}^2 \text{の総和})$$

である. セル内の測定値 n_{jk} がすべて等しい場合に限って, データから計算した標本分散は

$$s_y^2 = s_a^2 + s_b^2 + s_{ab}^2 + s_e^2 \tag{11.16}$$

という (11.15) 式に似た関係が成り立つことが知られている.

ただし (11.15) 式は, 独立性の仮定のもとに導かれる確率変数の性質であり, 水準ごとのデータ数が異なっても, それには影響されない. 要因の効果の大きさを解釈するために利用できる 1 つの指標としては, 説明率

$$\eta_a^2 = \frac{\sigma_a^2}{\sigma_y^2}, \quad \eta_b^2 = \frac{\sigma_b^2}{\sigma_y^2}, \quad \eta_{ab}^2 = \frac{\sigma_{ab}^2}{\sigma_y^2}, \quad \eta_t^2 = \frac{\sigma_a^2 + \sigma_b^2 + \sigma_{ab}^2}{\sigma_y^2}$$

がある. 説明率は測定値の分散に占める, 要因の分散の比だった. η_t^2 は 2 つの要因と交互作用の分散の和による説明率である.

効果の大きさに関する生成量の推定結果を表 11.4 に示す. 交互作用 AB の効果の標準偏差は 0.956(0.254)[0.469, 1.464] であり, およそ 0.96 秒である. 交互作用 AB の説明率は 0.127(0.057)[0.031, 0.250] であり, 約 1 割 3 分である.

11.2.3 セル平均の事後分布と対比較

交互作用に無視できない説明力があるデータの場合は, 主効果を単純に解釈す

表 11.4 効果の大きさに関する生成量の推定結果

	EAP	post.sd	2.5%	5%	50%	95%	97.5%
σ_a	0.881	0.251	0.399	0.474	0.876	1.301	1.385
σ_b	0.243	0.183	0.010	0.019	0.207	0.592	0.677
σ_{ab}	0.956	0.254	0.469	0.543	0.952	1.381	1.464
σ_e	2.38	0.203	2.02	2.07	2.36	2.73	2.81
η_a^2	0.109	0.053	0.022	0.031	0.103	0.205	0.226
η_b^2	0.012	0.016	0.000	0.000	0.006	0.045	0.058
η_{ab}^2	0.127	0.057	0.031	0.041	0.122	0.229	0.250
η_t^2	0.249	0.070	0.115	0.135	0.248	0.366	0.388

ることが難しい. 一方の要因の水準の違いによって, 他方の要因の水準間の平均
の高低パタンが異なるならば, 主効果の解釈がしにくいからである.

　同様に主効果に無視できない説明力があるデータの場合は, 交互作用を単純に
解釈することも難しい. この場合は, 主効果と交互作用効果が合算されたセルの
平均値の分析を行うことが有効である.

　セル平均の違いを分析するということは, $\hat{\eta}_t^{2EAP} = 0.249$ だから, 全体の変動
の 24.9%を分析することとなる.

　セルの平均値を分析するために (11.8) 式を利用して, セル jk 平均の生成量

$$\mu_{jk}^{(t)} = \mu^{(t)} + a_j^{(t)} + b_k^{(t)} + (ab)_{jk}^{(t)} \tag{11.17}$$

を計算し, 事後分布を近似する. 結果を表 11.5 に示す. EAP 推定値は, 表 11.2
の標本平均と実質的に同じである.

　セル間の比較は 28 対あるので, そのすべてを考察することは効率的ではない.
「実質科学的に意味のある差であるか否か」を考察する可能性を残した少数の候補
に絞るために, まず必要条件を確認する. 具体的には $phc(\mu_{jk} - \mu_{j'k'} > 0)$ が大
きいことで必要条件を確認できる. 十分に大きい確率の得られない対は, 必要条
件を満たさない対と判断し, 以後の考察の候補から外す. この方法によって, 大
量の対を考察の候補から外すことが可能になる.

　結果を表 11.6 に示す. μ_{21} と μ_{41} の間, μ_{21} と μ_{31} の間に差があることに, 最
も確信がもてることが示されている. ただしこれは実質科学的に意味のある差で
あるための必要条件にしか過ぎない. 0.000001 秒差でも phc は高くなることがあ
るから, $phc(\mu_{jk} - \mu_{j'k'} > 0)$ が高くても, それだけでは実質科学的に意味があ
るとは限らないからである.

表 11.5　セル平均の推定結果

	EAP	post.sd	2.5%	5%	50%	95%	97.5%
μ_{11}	30.08	0.75	28.60	28.84	30.08	31.32	31.56
μ_{21}	32.21	0.75	30.73	30.98	32.21	33.44	33.69
μ_{31}	32.07	0.75	30.58	30.83	32.07	33.30	33.55
μ_{41}	29.46	0.75	27.99	28.23	29.47	30.70	30.94
μ_{12}	29.54	0.76	28.05	28.30	29.54	30.78	31.03
μ_{22}	31.83	0.76	30.34	30.58	31.83	33.07	33.32
μ_{32}	29.48	0.76	27.98	28.23	29.48	30.72	30.96
μ_{42}	31.80	0.75	30.32	30.56	31.80	33.04	33.28

表 11.6 実質的に差があるための必要条件の確認. phc$(\mu_{jk} - \mu_{j'k'} > 0)$

	μ_{11}	μ_{21}	μ_{31}	μ_{41}	μ_{12}	μ_{22}	μ_{32}	μ_{42}
μ_{11}	0.000	0.023	0.030	0.721	0.697	0.051	0.714	0.053
μ_{21}	0.977	0.000	0.553	**0.995**	0.994	0.642	**0.995**	0.654
μ_{31}	0.970	0.447	0.000	0.992	0.990	0.590	0.992	0.600
μ_{41}	0.279	0.005	0.008	0.000	0.473	0.014	0.495	0.014
μ_{12}	0.303	0.006	0.010	0.527	0.000	0.017	0.522	0.017
μ_{22}	0.949	0.358	0.410	0.986	0.983	0.000	0.985	0.512
μ_{32}	0.286	0.005	0.008	0.505	0.478	0.015	0.000	0.015
μ_{42}	0.947	0.346	0.400	0.986	0.983	0.488	0.985	0.000

11.2.4 特に興味のある 2 セル間の比較

分析者が興味をもった特定の 2 セル間の差を詳しく分析することも可能である. ここでは平均値差, 標準化された平均値差, 非重複度, 閾上率を選んで例示する. 標準偏差には前節までに求めた $\sigma_e^{(t)}$ を利用する.

先の分析で, 差があることに一番強い確信のもてた対の 1 つである平常状態の聴音条件 (μ_{21}) と 平常状態の運動条件 (μ_{41}) の間の差の推測を行い, 結果を表 11.7 に示した. 閾上率の差には 1.0 秒を指定した.

表 11.7 「音読」における「平常時」－「起床直後」の差の推測結果

	EAP	post.sd	2.5%	5%	50%	95%	97.5%
$\mu_{21} - \mu_{42}$	2.746	1.060	0.661	1.006	2.742	4.492	4.844
δ	1.165	0.456	0.270	0.415	1.164	1.913	2.062
U_3	0.855	0.099	0.606	0.661	0.878	0.972	0.980
$\pi_{1.0}$	0.691	0.107	0.461	0.501	0.700	0.852	0.875

11.3 交互作用のみが意味をもつ場合

主効果と交互作用の両方に少なからず効果がある場合は, それぞれの独自の効果を解釈しにくいので, セルの平均 μ_{jk} の分析を行った.

もし主効果の説明率が低く, 交互作用のみに少なからず効果がある場合は, 交互作用項 $(ab)_{jk}$ またはセルの平均 μ_{jk} のどちらを分析してもよい. 両者の分析結果は互いに似通ったものになるからである. したがって, 交互作用に少なからず効果がある場合には, 主効果の説明力の高低によらずにセルの平均 μ_{jk} の分析をすると心得ておいてよい.

11.4 推測例 2 (3 水準以上の主効果の分析)

本節と次節では，主効果のみがある場合の分析例を示す．

前節とは別人の S2 氏が，自身で測定した「知覚時間」の実験データが表 11.8 である．図 11.2 に平均値プロットを示した．

表 11.9 に，母数の推定結果を示した．仮に 95％の確信で判定するならば，a_2 は少なくとも 0.23 であるし，a_3 は少なくとも 0.27 であるし，a_4 は高々 -1.06 である．それ以外の項は，符号が決まらない．要因 A のみの一部の水準に効果が見出せた．このため，以後，要因 B と交互作用の考察はしない．平均値プロットを観察すると，2 本の折れ線がよく似た形状で，同じ高低を示している．これが要因 A の主効果だけがある場合のグラフの特徴である．

S2 氏のデータを分析するときにも表 11.3 や表 11.4 に相当する表を作成する．

表 **11.8** 2 要因の「心理学的知覚実験」の S2 氏のデータ (単位：秒)

	平常時	起床直後
対照	33.00, 31.92, 27.85, 30.99, 31.61, 30.50, 31.06, 29.48, 33.08, 32.55	29.38, 29.80, 31.28, 31.54, 31.83, 30.50, 27.22, 30.06, 29.61, 35.33
聴音	34.89, 32.33, 31.98, 34.22, 35.48, 27.54, 35.53, 28.57, 29.57, 33.94	35.69, 35.02, 31.94, 33.98, 30.38, 26.21, 34.91, 33.36, 31.37, 33.49
音読	36.30, 30.51, 33.70, 28.77, 32.60, 35.11, 29.35, 31.99, 33.22, 33.04	30.00, 31.23, 30.09, 34.73, 35.43, 33.44, 34.65, 33.35, 30.41, 33.41
運動	27.34, 33.40, 24.63, 27.24, 28.27, 31.85, 25.05, 29.04, 31.29, 30.20	26.35, 28.61, 29.52, 27.63, 27.05, 33.32, 29.85, 34.44, 28.52, 32.40

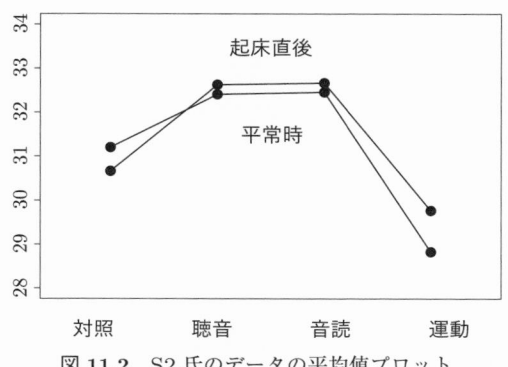

図 **11.2** S2 氏のデータの平均値プロット

表 **11.9** 母数の推定結果 (S2)

	EAP	post.sd	2.5%	5%	50%	95%	97.5%
μ	31.33	0.29	30.77	30.86	31.33	31.80	31.89
a_1	−0.40	0.49	−1.37	−1.21	−0.40	0.41	0.57
a_2	1.19	0.49	**0.23**	0.39	1.19	2.00	2.16
a_3	1.24	0.49	**0.27**	0.43	1.24	2.05	2.21
a_4	−2.03	0.49	−2.99	−2.83	−2.03	−1.22	**−1.06**
b_1	−0.10	0.28	−0.66	−0.57	−0.10	0.36	0.46
$(ab)_{11}$	0.38	0.49	−0.59	−0.43	0.38	1.19	1.35
$(ab)_{21}$	−0.01	0.50	−0.98	−0.83	−0.01	0.81	0.96
$(ab)_{31}$	0.00	0.49	−0.97	−0.81	−0.01	0.81	0.96
$(ab)_{41}$	−0.36	0.49	−1.33	−1.17	−0.36	0.44	0.60

表 **11.10** 効果の大きさに関する生成量の推定結果 (S2)

	EAP	post.sd	2.5%	5%	50%	95%	97.5%
η_a^2	0.227	0.071	0.092	0.111	0.225	0.347	0.369

しかしここでは表 11.4 における要因 A に相当する効果の大きさに関する指標を示す (表 11.10). 説明率は 0.227(0.071)[0.092, 0.369] である. 要因 A の主効果はデータの変動の 22.7%を説明している.

11.4.1 実質的に差があるための必要条件の確認：$\mathrm{phc}(a_j - a_{j'} > 0.0)$

基準点 $c = 1.0$ 秒としたときの phc を表 11.11 に示す. a_2 と a_4 の間, a_3 と a_4 の間に差があることに有効数字 4 桁で 100%確信がもてることが示されている.

ただしこれは実質科学的に意味のある差であるための必要条件にしか過ぎない. 0.000001 秒差でも phc は高くなることがあるから, $\mathrm{phc}(a_j - a_{j'} > 0)$ が高くても, それだけでは実質科学的に意味があるとは限らないからである.

11.4.2 2 水準間の分析

表 11.11 の太字の数字の対に関して詳細な分析を進めることが, 典型的な分析プロセスである. しかし, ここでは対照条件とその他の条件の間で, phc テーブルを表 11.12 に示し, 差の程度と確信の強さの関係を考察する.

$\mathrm{phc}(0.2 < \mu_2 - \mu_1) = 0.958$, $\mathrm{phc}(0.2 < \mu_3 - \mu_1) = 0.963$, $\mathrm{phc}(0.2 < \mu_1 - \mu_4) = 0.962$ なので, 対照条件とその他 3 つの条件との間には少なくとも 0.2 秒はありそうである.

表 11.11   phc($a_j - a_{j'} > 0.0$)

条件	対照 (a_1)	聴音 (a_2)	音読 (a_3)	運動 (a_4)
対照 (a_1)	0.000	0.025	0.021	**0.978**
聴音 (a_2)	**0.975**	0.000	0.476	**1.000**
音読 (a_3)	**0.979**	0.524	0.000	**1.000**
運動 (a_4)	0.022	0.000	0.000	0.000

表 11.12   対照条件とその他の条件との差に関する phc テーブル

c	0.0	0.2	0.4	0.6	0.8	1.0	1.2
phc($c < \mu_2 - \mu_1$)	0.975	0.958	0.931	0.892	0.839	0.770	0.686
phc($c < \mu_3 - \mu_1$)	0.979	0.963	0.938	0.901	0.852	0.788	0.709
phc($c < \mu_1 - \mu_4$)	0.978	0.962	0.938	0.901	0.851	0.786	0.707

11.5   推測例 3 (2 水準の主効果の分析)

　前節とは別人の S3 氏が，自身で測定した「知覚時間」の実験データが表 11.13 である．図 11.3 に平均値プロットを示し，表 11.14 に母数の事後分布の要約統計量を示した.

　仮に 95%の確信で判定するならば，a_1 は少なくとも 0.29 である．それ以外の項は，符号が決まらない．要因 B のみに効果が見出せた．このため，以後，要因 A と交互作用の考察はしない．平均値プロットを観察すると，「状態」の水準ごとの 2 本の折れ線が別の高さに描かれ，しかも 2 本とも大きな起伏がなく平坦である．これが要因 B の主効果だけがある場合のグラフの特徴である.

　表 11.15 に要因 B に相当する効果の大きさに関する指標と 2 つの水準の差に関

表 11.13   2 要因の「心理学的知覚実験」の S3 氏のデータ I (単位：秒)

	平常時	起床直後
対照	35.24, 31.29, 31.00, 32.23, 30.13, 26.27, 30.71, 29.88, 31.11, 26.99	27.88, 30.26, 29.96, 24.01, 29.48, 34.10, 30.69, 27.32, 26.67, 33.97
聴音	28.73, 31.34, 32.09, 33.68, 31.60, 32.17, 29.54, 28.75, 29.57, 26.70	27.20, 30.14, 31.62, 29.46, 29.19, 29.18, 31.26, 28.61, 26.66, 25.21
音読	29.59, 30.51, 32.05, 28.99, 28.10, 31.29, 28.48, 30.80, 33.88, 33.52	28.52, 29.13, 26.07, 30.27, 27.26, 26.49, 30.62, 29.11, 29.28, 30.80
運動	34.34, 29.29, 30.00, 33.31, 27.98, 29.23, 32.34, 30.54, 31.82, 31.85	32.03, 32.48, 28.64, 24.34, 29.19, 25.09, 35.23, 24.04, 30.39, 31.51

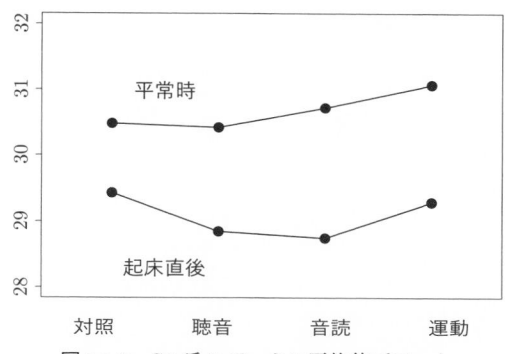

図 **11.3** S3 氏のデータの平均値プロット

表 **11.14** 母数の推定結果 (S3)

	EAP	post.sd	2.5%	5%	50%	95%	97.5%
μ	29.88	0.28	29.32	29.41	29.88	30.34	30.43
a_1	0.08	0.49	−0.89	−0.73	0.08	0.89	1.05
a_2	−0.24	0.49	−1.21	−1.05	−0.24	0.57	0.72
a_3	−0.14	0.49	−1.11	−0.95	−0.14	0.67	0.83
a_4	0.30	0.50	−0.68	−0.51	0.30	1.12	1.28
b_1	0.79	0.29	0.24	0.33	0.79	1.26	1.35
$(ab)_{11}$	−0.27	0.49	−1.25	−1.08	−0.27	0.55	0.70
$(ab)_{21}$	−0.01	0.50	−0.99	−0.82	−0.01	0.80	0.96
$(ab)_{31}$	0.19	0.50	−0.80	−0.63	0.19	1.00	1.16
$(ab)_{41}$	0.09	0.49	−0.88	−0.72	0.09	0.90	1.06

表 **11.15** 効果の大きさに関する生成量の推定結果 (S3)

	EAP	post.sd	2.5%	5%	50%	95%	97.5%
η_b^2	0.090	0.054	0.008	0.015	0.084	0.190	0.212

c	0.0	0.2	0.4	0.6	0.8	1.0	1.2
$\mathrm{phc}(c < b_1 - b_2)$	0.997	0.992	0.982	0.959	0.917	0.850	0.752

する phc テーブルを示す. 説明率は 0.090(0.054)[0.008, 0.212] である. 要因 B の主効果はデータの変動の 9.0%を説明している.

$\mathrm{phc}(0.4 < b_1 - b_2) = 0.982$, $\mathrm{phc}(0.6 < b_1 - b_2) = 0.959$ である. 起床直後か否かで, 少なくとも 0.6 秒以上は差がつくといってよいかもしれない.

11.6　確　認　問　題

以下の説明に相当する用語を答えなさい.
1) 要因の影響を受ける前の測定値の平均.
2) 要因 B の水準によらない要因 A の水準間の差は, 要因 A の何か.
3) 測定値に影響する原因の候補が 2 つの実験.
4) 要因 A と要因 B の水準の組み合わせによって表現される区分.
5) 一方の要因の水準の違いで他方の要因の水準間の平均が異なる効果.
6) 要因 A (3 水準) と要因 B (3 水準) の 2 要因実験の母数の数はいくつあるか (正解は $3 \times 3 + 1 = 10$).

11.7　実　習　課　題

　「知覚時間」に関するデータを, 以下の 2 つのうちのどちらかで収集しなさい.
　　1) あなた以外の友人から第 9 章の「知覚時間」のデータをとらせてもらう. セル内の測定値は 20 個で倍になる.「条件」と「被験者」という 2 要因で分析する. 要因「被験者」の水準は「私」「友人」である.
　　2) 自身で「起床直後」のデータをとり, 本章の解説と同じように分析する. データ収集に 4 日かかり, 少し大変である. また起き抜けで 20 回測定するのは困難なので「起床直後」のデータは各セル 10 個でよい. アンバランスなデータで分析をする. 分析方法は変わらない.

　収集したデータに 2 要因実験の分析をしなさい. まず, 収集したあなたのデータが, 本章に登場した S1, S2, S3 氏のどのデータに近いかを判定しなさい. 続いて, その判定に従って, 分析を進めなさい.

12

2項分布の推測

■ ■ ■

　ここまでは正規分布と一様分布という，たった2つの理論分布だけを用いて学習を進めてきた．本章ではベルヌイ分布・2項分布，次章では多項分布という理論分布が登場する．

　時間や長さなど，第11章までは，連続的な値をとるデータを分析してきた．量を測るという意味で，これを**計量データ**という．計量データが従う分布を**連続分布** (continuous distribution) といい，正規分布と一様分布は，その仲間である．

　本章と次章では，数を数えるデータを分析する．これを離散的な値をとる**カウントデータ** (count data) または**計数データ**という．計数データが従う分布を**離散分布** (discrete distribution) といい，ベルヌイ分布・2項分布・多項分布は，その仲間である．

12.1　場合の数

　場合の数の問題：
  1）5人の子供が並ぶとき，並び順は何通りあるか．
  2）赤い饅頭が3個，黒い饅頭が2個ある．順番に食べるとき，食べ方は何通りあるか．
  3）血液型がA型，B型，O型，AB型の人が，それぞれ4人，3人，2人，1人，合計で10人いる．血液型の並び順は何通りあるか．

---

　1) 1番目に並ぶ可能性のある子供は5人いる．2番目に並ぶ可能性のある子供は，1番目に並んだ子供を除く必要があるから4人となる．3番目に並ぶ可能性のある子供は，1番目と2番目に並んだ2人を除いて3人である．というふうに考えると 1) の正解は

$$5! = 5 \times 4 \times 3 \times 2 \times 1 = 120$$

通りとなる．ここで

$$n! = n \times (n-1) \times \cdots \times 1 \tag{12.1}$$

であり，順列の公式 (permutation formula) という．! は階 乗 (factorial) という．$n!$ は n 個の対象の並び順 (順列) の場合の数を表す．

2) 仮に饅頭に 1 から 5 の数字が振られているなら，食べる順番は順列の公式により，5! 通りである．しかしそのうち赤い饅頭の順列は問わない (区別しない) のだから 3! 回重複して数えている．同様に黒い饅頭の順列は問わないのだから 2! 回重複して数えている．したがって 2) の正解は

$$\frac{5!}{3! \times 2!} = 10 \tag{12.2}$$

通りである．n 個の饅頭があり，赤い饅頭が x 個，黒い饅頭が $y\,(=n-x)$ 個ある場合の食べ方は

$$\frac{n!}{x! \times y!} = \frac{n!}{x! \times (n-x)!} \tag{12.3}$$

通りあり，どちらの式でも計算できる．

3) 仮に 10 人の氏名を区別するなら，順列は 10! 通りである．しかしそのうち A 型の人の順列は問わないのだから 4! 回重複して数えている．B 型の人の順列も問わないのだから 3! 回重複して数えている．というふうに考えると 3) の正解は

$$\frac{10!}{4! \times 3! \times 2! \times 1!} = \frac{3628800}{24 \times 6 \times 2 \times 1} = 12600 \tag{12.4}$$

通りである．

以上を一般化する．k 種類のお菓子が混ざっていて合計 n 個ある．1 種類目のお菓子が x_1 個，2 種類目のお菓子が x_2 個，$\cdots$，k 種類目のお菓子が x_k 個ある．このときお菓子の並べ方は (12.3) 式左辺を拡張して

$$\frac{n!}{x_1! \times \cdots \times x_k!}, \quad \text{ただし } n = x_1 + \cdots + x_k \tag{12.5}$$

通りである．(12.3) 式，(12.5) 式を組み合わせの公式 (combination formula) という．本章では (12.3) 式を利用し，(12.5) 式は次章で利用する．

12.2　離 散 分 布

　本節では，離散的な理論分布としてベルヌイ分布・2 項分布を説明し，カテゴリカルなデータの分析に備える．これらの分布は事前分布としてではなく，データ生成分布 (尤度を構成する分布) として利用する．

12.2.1　ベルヌイ分布

　バスケットのフリースローを試み，成功 ($x = 1$) か，失敗 ($x = 0$) かを観察する．当該の選手のフリースローの成功確率を母比率 p とする．このように結果が2 値で，確率が一定である試行を，ベルヌイ試行 (Bernoulli trial) という．

　ベルヌイ試行の 1 回の結果は

$$f(x|p) = p^x(1-p)^{1-x}, \quad x = 0,1 \tag{12.6}$$

という確率分布で表現する．これをベルヌイ分布 (Bernoulli distribution) という．

　実数の 0 乗は 1 であるから，成功 ($x = 1$) と失敗 ($x = 0$) の場合で，

$$f(x = 1 \mid p) = p^1(1-p)^0 = p \tag{12.7}$$

$$f(x = 0 \mid p) = p^0(1-p)^1 = 1 - p \tag{12.8}$$

となる．この確率分布はベルヌイ試行の成功と失敗の確率を与えている．

12.2.2　2 項 分 布

　複数回のフリースローの成否は互いに影響しない (独立である) とすると，フリースローを 3 回試みて 2 回成功する確率はどの程度だろうか．たとえば (成功・失敗・成功) が，この順番に観察される確率は，それぞれの確率の積で

$$f(x = 1 \mid p) \times f(x = 0 \mid p) \times f(x = 1 \mid p) = p \times (1-p) \times p$$
$$= p^2(1-p)^{3-2} \tag{12.9}$$

である．しかし 2 回成功するケースはこれだけではない．(成功・失敗・成功) と(成功・成功・失敗) と (失敗・成功・成功) の合計で 3 ケースある．したがって 3回投げて 2 回成功する確率は，

$$p \times (1-p) \times p + p \times p \times (1-p) + (1-p) \times p \times p$$
$$= 3 \times p^2(1-p)^{3-2} \tag{12.10}$$

のように表現できる.

　成功を赤い饅頭, 失敗を黒い饅頭と考えれば, 成功と失敗の組み合わせが何通りあるかは, (12.3) 式右辺で計算できる. 先の例をこの式に従って書き下すと, (12.10) 式の係数は

$$\frac{n!}{x! \times (n-x)!} = \frac{3!}{2! \times 1!} = \frac{3 \times 2 \times 1}{(2 \times 1) \times 1} = 3 \tag{12.11}$$

となり, 一致することが確認できる.

　この性質を利用すると, 確率 p で成功する n 回のベルヌイ試行の成功数が x になる確率は

$$f(x|p) = \frac{n!}{x! \times (n-x)!} \, p^x (1-p)^{n-x}, \quad x = 0, 1, \cdots, n \tag{12.12}$$

と表現できる. この確率分布を **2 項分布** (binomial distribution) という. 2 項分布の平均と標準偏差は, それぞれ

$$n \times p \tag{12.13}$$

$$\sqrt{n \times p \times (1-p)} \tag{12.14}$$

であることが知られている.

12.3　比率の推測 (1 つの 2 項分布)

以下の問題 [*1)] を利用し, 2 項分布による比率の推測を行う.

　知事の支持率:　ある地域で当地の知事を支持するか否かを調べた. 500 人中 305 人が「支持する」と回答し, 195 人が「支持しない」と回答した. 支持する比率のほうが, しない比率より大きいといってよいか.

「支持するか否か」という問いへの回答をベルヌイ試行とすると, 調査対象者 n 人中の支持者の人数 x は 2 項分布 $f(x|p)$ に従う. したがって (2.24) 式に相当する尤度は (12.12) 式となる. 事前分布 $f(p)$ としては, 確率の定義域に対する一様

[*1)]　「特定の番組を視聴したか否か」とか「夫婦別姓に賛成するか否か」とか「最近よく眠れるか否か」などアンケート調査には比率の集計がとても多い.

表 **12.1**　比率の事後分布と予測分布の数値要約

	EAP	post.sd	2.5%	5%	50%	95%	97.5%
p	0.610	0.022	0.567	0.574	0.610	0.645	0.652
	EAP	sd	2.5%	5%	50%	95%	97.5%
x^*	305	15.4	274	279	305	330	335

分布

$$p \sim U(0,1) \tag{12.15}$$

を仮定する．(2.27) 式に相当する事後分布を，

$$f(p|x) \propto f(x|p)f(p) \tag{12.16}$$

と導く．MCMC 法を利用し，母数の事後分布・生成量の事後分布・予測分布に従う乱数を生成することが可能である．

　比率の事後分布と予測分布の数値要約を表 12.1 に示す．比率の推定値は 0.610(0.022)[0.567, 0.652] である．

　x^* の数値要約は 305(15.4)[274, 335] である．ただし事後予測分布であるから小括弧の中は標準偏差である．(12.13) 式に EAP 推定値を代入すると 305 ($= 500 \times 0.610$) となり，予測分布のそれと一致する．しかし (12.14) 式に EAP 推定値を代入すると 10.9 ($= \sqrt{500 \times 0.610 \times (1 - 0.610)}$) となるので，事後予測分布の標準偏差 15.4 よりだいぶ小さくなった．これは母数 p が分布しているためである．

12.3.1　オ ッ ズ

2 項分布の確率 p を解釈するときに，オッズ (odds)

$$odds = \frac{p}{1-p} \tag{12.17}$$

は重要である．オッズの範囲は $0 \leq odds \leq \infty$ であり，$0 \leq p \leq 1$ の範囲の比率と 1 対 1 に対応する．したがってオッズは確率の別表現である．

　オッズは，ギャンブルのブックメーカー (bookmaker, 欧米における賭け屋) が払い戻し金の目安として発表する指標である．たとえばバスケットチーム A と B の試合の賭けを考えてみよう．「チーム A が勝つ確率が 0.2 と予想されている」ときには，オッズは $1/4 = (0.2/(1 - 0.2))$ となる．

　これは，A が勝つと予想している人が B が勝つと予想している人の 1/4 だとい

表 12.2 「知事の支持率」のオッズの事後分布の数値要約

	EAP	post.sd	2.5%	5%	50%	95%	97.5%
odds	1.57	0.14	1.31	1.34	1.56	1.82	1.87

うことである．ブックメーカーの手数料を無視すると，もし A に 1000 円賭けて
A が勝ったときは，外れた人の賭け金をみんなもらい元金 ＋ 4000 円をもらえるこ
とになる．したがってオッズは賭けに勝った人の払い戻し倍率の逆数である．

オッズの事後分布は

$$odds^{(t)} = \frac{p^{(t)}}{1 - p^{(t)}} \tag{12.18}$$

で近似される．

「知事の支持率」のオッズの事後分布の数値要約を表 12.2 に示す．オッズの推
定値は 1.57(0.14)[1.31, 1.87] であり，支持者は非支持者の 1.57 倍いる．

12.3.2 phc 曲線／phc テーブル

「支持する比率のほうが，しない比率より大きいといってよいか」という問い
を，現実世界の理解において $0.5 < p$ と解釈してはいけない．0.500001 では大き
いとはいえないからだ．実質的な 0.5 からの乖離の程度を決めることは統計学の
役割ではない．同様に $1 < odds$ と解釈してもいけない．

母比率と *odds* に関して，どの程度大きいことに，どれだけ確信がもてるかを確
認することが大切である．phc 曲線 (図 12.1) と phc テーブル (表 12.3) に示す．

phc$(0.55 < p) = 0.997$, phc$(0.6 < p) = 0.676$ である．また「支持者は非支持
者の 1.3 倍以上いる」ことに 97.8%の確信をもてるし，「支持者は非支持者の 1.4
倍以上いる」ことに 88.6%の確信をもてる．

ただし示された phc の値が，果たして高いのか低いのかを決めることは，統計

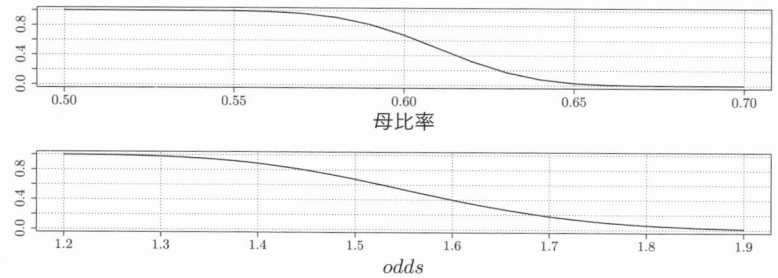

図 12.1 母比率と *odds* の phc 曲線

表 **12.3**　母比率と *odds* の phc テーブル

c	0.55	0.56	0.57	0.58	0.59	0.6	0.61
$\text{phc}(c < p)$	0.997	0.988	0.964	0.912	0.818	0.676	0.498
c	1.28	1.3	1.32	1.34	1.36	1.38	1.4
$\text{phc}(c < odds)$	0.986	0.978	0.968	0.954	0.936	0.914	0.886

学の役割ではない. もちろん「0.95 より小さいから低い」等の決まりはない. た
とえば目前に迫った選挙で一騎打ちとなる有力候補がいる場合といない場合とで
は, 要求される基準点 c の値や phc の高さはまったく異なるだろう.

12.4　2×2 のクロス表の推測 (2 つの 2 項分布の積)

2 つの独立した 2 項分布の積として尤度が表現される 2×2 のクロス表の分析
法を学ぶ. そのために以下の問題を利用する.

> **ブランド認知問題 1:**　あるアンケート調査で, ファッションブランド A
> を知っているか否か (認知, 非認知) を, 男女別に集計したところ, 結果は表
> 12.4 となった. 母比率 (認知率) の推測をしなさい.

表 **12.4**　ブランド認知率調査の結果 (人数)

	知っている	知らない	合計
女性	85	38	123
男性	31	90	121

女性の認知者数 x_1 は, $n_1 = 123$, 母比率 p_1 の 2 項分布に従い, 男性の認知者数
x_2 は, $n_2 = 121$, 母比率 p_2 の 2 項分布に従うとする. 女性の認知者数と男性の認知
者数は, 互いに影響し合わず独立に分布するから, データ $\boldsymbol{x} = (x_1, x_2) = (85, 31)$,
母数 $\boldsymbol{\theta} = (p_1, p_2)$ の尤度は, 2 つの 2 項分布の積

$$f(\boldsymbol{x}|\boldsymbol{\theta}) = f(x_1, x_2|p_1, p_2) = f(x_1|p_1) \times f(x_2|p_2) \tag{12.19}$$

である.

事前分布 $f(p_1), f(p_2)$ としては, 確率の定義域に対する区間 $[0, 1]$ の一様分布
を仮定し, 同時事前分布を

$$f(\boldsymbol{\theta}) = f(p_1) \times f(p_2) \tag{12.20}$$

とする．(2.27) 式に相当する事後分布を，

$$f(\boldsymbol{\theta}|\boldsymbol{x}) \propto f(\boldsymbol{x}|\boldsymbol{\theta})f(\boldsymbol{\theta}) \tag{12.21}$$

と導き，MCMC 法で母数や生成量の事後分布を近似する．

12.4.1　比 率 の 差

独立した 2 × 2 のクロス表を分析する際に有効な生成量を 3 つ挙げる．1 つは，2 つの集団の正反応の比率の差 [*2)]

$$p_1 - p_2 \tag{12.22}$$

である．先の例では，女性と男性の認知率の差である．差を考察することによって 2 つの集団の性質の違いを考察する．比率の差は直観的に分かりやすく，重要な指標である．

12.4.2　比 率 の 比

ただし比率の差だけでは，2 つの集団の性質の違いを考察するのには不十分である．たとえば $p_1 - p_2 = 0.5001 - 0.5000 = 0.0001$ であり，$p_1 - p_2 = 0.0002 - 0.0001 = 0.0001$ であるような場合を考えよう．両者は差という観点からは同じであるが，かなり状況は異なる．後者は病気や事故などのまれな事柄の発生率を想定されたい．前者はほとんど変わらない状況，後者はまったく違う状況である．このような不都合を解消するために，比率の比 [*3)]

$$p_1/p_2 \tag{12.23}$$

を併用する．$p_1/p_2 = 0.5001/0.5000 = 1.0002$ であり，$p_1/p_2 = 0.0002/0.0001 = 2.00$ であるから，両者の違いが鮮明である．

12.4.3　オ ッ ズ 比

同様にオッズの比であるオッズ比 (odds ratio)

$$\frac{p_1/(1-p_1)}{p_2/(1-p_2)} = p_1(1-p_2)/p_2(1-p_1) \tag{12.24}$$

を併用することも有用である．オッズ比は「正反応は他方の反応の何倍生じやすいかの比」である．

[*2)]　比率の差のことをリスク差 (risk difference) ということもある．
[*3)]　比率の比のことをリスク比 (risk ratio) ということもある．

12.4.4 「ブランド認知問題 1」の分析

表 12.5 の上部に「ブランド認知問題 1」の母数の事後分布の数値要約を示した.
女性の認知率は 0.688(0.041)[0.604, 0.766] であり,男性の認知率は 0.260(0.039)
[0.187, 0.341] である.

表 12.5 の下部に「ブランド認知問題 1」の生成量の事後分布を示した.比率の
差は 0.428(0.057)[0.313, 0.536] であり,女性は男性より 42.8 ポイント[*4] 高い.
比率の比は 2.707(0.458)[1.961, 3.748] であり,女性は男性の約 2.7 倍ブランド A
を認知している.オッズ比は 6.641(1.945)[3.687, 11.221] であり,「認知している
人が認知していない人の何倍いるか」の女性/男性の比は約 6.6 である.

表 12.6 に phc テーブルを示した.phc(0.3 < 比率の差) = 0.985, phc(2 < 比
率の比) = 0.965, phc(4 < $odds$) = 0.951 等が示されている.

表 12.5 「ブランド認知問題 1」の母数と生成量の事後分布の数値要約

	EAP	post.sd	2.5%	5%	50%	95%	97.5%
p_1	0.688	0.041	0.604	0.618	0.689	0.754	0.766
p_2	0.260	0.039	0.187	0.198	0.259	0.327	0.341
比率の差	0.428	0.057	0.313	0.332	0.429	0.520	0.536
比率の比	2.707	0.458	1.961	2.054	2.655	3.536	3.748
$odds_1$	2.263	0.447	1.528	1.620	2.215	3.068	3.271
$odds_2$	0.356	0.073	0.230	0.246	0.350	0.486	0.517
オッズ比	6.641	1.945	3.687	4.018	6.357	10.228	11.221

表 12.6 比率の差・比率の比・$odds$ の phc テーブル

c	0.28	0.3	0.32	0.34	0.36	0.38	0.4
phc(c < 比率の差)	0.993	0.985	0.968	0.934	0.880	0.799	0.693
c	1.8	1.9	2	2.1	2.2	2.3	2.4
phc(c < 比率の比)	0.994	0.985	0.965	0.933	0.882	0.816	0.736
c	3	3.25	3.5	3.75	4	4.25	4.5
phc(c < $odds$)	0.996	0.992	0.984	0.971	0.951	0.925	0.892

[*4] パーセントの差をポイントということがある.

12.5　$g \times 2$ のクロス表の推測 (g 個の 2 項分布の積)

以下の問題を利用し，$g \times 2$ のクロス表の推測を行う．

> **お年玉問題：**　あるアンケート調査で，今年のお正月にお年玉をもらった
> か否かを，高校生・大学生 (前，19 歳以下)・大学生 (後，20 歳以上)・社会人
> (25 歳以下) 別に集計したところ，結果は表 12.7 となった．母比率の推測・
> 比較をしなさい．

表 12.7　お年玉があったか否か (人数)

	あり	なし	計
高校生	42	9	51
大学生 (前)	31	18	49
大学生 (後)	29	21	50
社会人	20	28	48

　独立した g 群 (この場合は $g = 4$) の正反応数 x_i ($i = 1, \cdots, g$) が，試行数 n_i，母
比率 p_i の 2 項分布に従うとする．データ $\boldsymbol{x} = (x_1, \cdots, x_g)$，母数 $\boldsymbol{\theta} = (p_1, \cdots, p_g)$
の尤度は，g 個の 2 項分布の積

$$f(\boldsymbol{x}|\boldsymbol{\theta}) = f(x_1, \cdots, x_g|p_1, \cdots, p_g) = f(x_1|p_1) \times \cdots \times f(x_g|p_g) \qquad (12.25)$$

である．

　事前分布 $f(p_1), \cdots, f(p_g)$ としては，確率の定義域に対する区間 $[0, 1]$ の互い
に独立な一様分布を仮定し，同時事前分布を

$$f(\boldsymbol{\theta}) = f(p_1) \times \cdots \times f(p_g) \qquad (12.26)$$

とする．(2.27) 式に相当する事後分布を，

$$f(\boldsymbol{\theta}|\boldsymbol{x}) \propto f(\boldsymbol{x}|\boldsymbol{\theta})f(\boldsymbol{\theta}) \qquad (12.27)$$

と導き，MCMC 法で母数の事後分布を近似する．

表 **12.8**　「お年玉問題」の母数の事後分布の数値要約

	EAP	post.sd	2.5%	5%	50%	95%	97.5%
p_1 高校生	0.811	0.053	0.696	0.717	0.815	0.892	0.904
p_2 大学生 (前)	0.627	0.067	0.491	0.514	0.629	0.735	0.754
p_3 大学生 (後)	0.577	0.068	0.441	0.463	0.578	0.687	0.707
p_4 社会人	0.420	0.069	0.288	0.308	0.419	0.536	0.558

12.5.1　g 個の比率の事後分布

表 12.8 に「お年玉問題」の母数の事後分布を示した．高校生 p_1 は 0.811(0.053) [0.696, 0.904] であり，大学生 (前) p_2 は 0.627(0.067)[0.491, 0.754] であり，大学生 (後) p_3 は 0.577(0.068)[0.441, 0.707] であり，社会人 p_4 は 0.420(0.069)[0.288, 0.558] である．

12.6　比較する対が多い，基準点の数が多い場合の一般的対処

2 項分布モデルでは，グループ数 g が大きくなると，比較が必要な対が多くなる．第 10 章や第 11 章ですでに学んだように，要因実験のデータの分析では，水準数・セル数・基準点の数が多くなると，2 項分布モデルと同様に，比較が必要な対が多くなった．

たとえば，11.2.3 項では 8 個のセルの対比較を行ったので，平均値の差に関する 56 個 [5] の phc を計算している．仮にセルが 10 個あれば phc は 90 個，セルが 20 個あれば phc は 380 個にもなる．phc の数は順列の勢いで増加する．次章，第 13 章に登場する多項分布モデルでも同じ問題が生じる．

本項では，比較が多数必要になる場合の一般的な対処法を論じる．すでにいくつか登場しているように，たとえば対処法は以下の 3 つである．

(a)　phc($a - b > c$) の表を作成し，十分に大きい対に注目する．

(b)　c を動かし，phc($|a - b| < c$) の変化を観察する．

(c)　「実質科学的な差がある可能性」を有する少数の候補に絞るために，phc($a - b > 0$) の表を作成し，まず必要条件を確認する．しかる後，有望な少数の比較を丁寧に行う．

---

[5]　phc($\mu_{jk} - \mu_{j'k'} > 1.0$) は順番によって値が変わるので順列の 56 (= 8 × 7) 個の phc となる．もし ROPE の確率 phc($|\mu_{jk} - \mu_{j'k'}| > 1.0$) を計算するなら，順番によって値が変わらないから組み合わせ 28 (= 8 × 7/2) 個の phc となる．

12.6.1　(a) 実質科学的に意味のある基準点を決められるとき

　もし実質科学的に意味のある差を c として設定できるならば，(a) の方法で phc を計算し，考察を進めることができる．10.4.3 項では「測定単位である 1 秒以上の差が実質的な差である」という立場をとった．平均値間に 1 秒以上差がある phc をもとに，その確率が高い対間に実質科学的に意味があるという判断をして，その後の考察を進めている．

　基準点として 0 以外の値を定めることは重要である．仮に 0 秒以上の差を考察すると，実は 0.000001 秒差でも phc は高くなることがある．phc$(a - b > 0)$ が高くても，それだけでは実質科学的に十分に意味があるとは限らない．

12.6.2　(b) 基準点は決められないが，比較対がそれほど多くはないとき

　もし実質科学的に意味のある基準点 c を 1 点に絞りきれない，あるいは用心深くあえて絞らないときにはどうしたらよいだろう．この場合は，比較対がそれほど多くはないか，多いかによって，それぞれ (b) か (c) かの対処をする．10.4.5 項では，基準点の数が 2 つある場合に (b) の方法で対処している．具体的には基準点 c_1 と c_2 とを，0.0 から 2.5 まで 0.5 秒刻みで動かし，phc の変化を観察している．また前述した 10.4.3 項でも，c を 0.0 と 1.0 にして phc$(\mu_j - \mu_{j'} > c)$ の変化を観察している．

12.6.3　(c) 基準点は決められないし，比較対も多いとき

　では，実質科学的に意味のある基準点 c を 1 点に絞れず，なおかつ比較すべき対が多くて c を変化させながら phc を考察することが大変な場合にはどうしたらよいのだろうか．この場合は分析を 2 段階に分ける．第 1 段階では，「実質科学的な差がある可能性」を有する少数の候補に絞る．まず必要条件を確認するということである．具体的には (c) のように $c = 0$ で phc を計算する．十分に大きい確率の得られない対は，必要条件を満たさない対と判断して，以後の考察の候補から外すことができる．大量の対が第 1 段階で，考察の候補から外れる．

　第 2 段階では，第 1 段階で必要条件を満たした少数の候補に対して詳しい分析を行う．この方法は 11.2.3 項と 11.4.1 項で，すでに例示されている．11.2.3 項では，8 個のセル平均の対比較を行っている．第 1 段階で phc$(\mu_{jk} - \mu_{j'k'} > 0)$ の表 11.6 を作成し，値の大きな μ_{21} と μ_{41} の差を見出している．ただしこれは実質科学的に意味のある差であるための必要条件にしか過ぎないので，第 2 段階として δ・非重複度・閾上率 (表 11.7) を計算し，考察を進めている．表 11.7 の

ような分析を 28 対すべてに対して実行することは非効率である.

12.6.4 (c) と (b) の組み合わせ

11.4.1 項では 4 個の水準の対比較を行っている. 第 1 段階で $\mathrm{phc}(a_j - a_{j'} > 0)$ の表 11.11 を作成し，値の大きな phc を調べている. 第 2 段階では，第 1 段階の考察を踏まえ，実質科学的観点から「対照」条件とその他 3 つの条件の比較について，基準点 c を動かしながら考察している. これは (c) の第 1 段階で候補を絞り，第 2 段階で (b) を行った分析経過である.

12.6.5 比率の対比較

表 12.9 の i 行 j 列に，$\mathrm{phc}(p_i - p_j > 0)$ を示す. 高校生 (前) は大学生 (後) より 99.6%の確信で母比率が大きいことが示され，表の中では最大である. $\mathrm{phc}(p_1 - p_2 > 0) = 0.983$, $\mathrm{phc}(p_2 - p_4 > 0) = 0.983$ もそれに次いで大きい.

ただし表 12.9 の値の高さは，必要条件の確認であるから，それだけでは，実質科学的に意味のある差とは判定できない.

表 **12.9** 行 i のカテゴリが列 j のカテゴリより比率が大きい確率

	p_1	p_2	p_3	p_4
p_1 高校生	0.000	0.983	0.996	1.000
p_2 大学生 (前)	0.017	0.000	0.701	0.983
p_3 大学生 (後)	0.004	0.299	0.000	0.945
p_4 社会人	0.000	0.017	0.055	0.000

12.6.6 生成量とその phc 曲線

詳細な分析の例として，表 12.9 の値の最も高かった高校生 (前) と大学生 (後) の比較の分析を例示する. 表 12.10 には，比率の差・比率の比・オッズ比の事後分布の要約統計量を示した. 図 12.2 には，それらの phc 曲線を示した.

表 **12.10** 高校生と大学生 (後) の比較

	EAP	post.sd	2.5%	5%	50%	95%	97.5%
比率の差	0.235	0.086	0.062	0.091	0.236	0.375	0.401
比率の比	1.427	0.201	1.092	1.136	1.407	1.787	1.880
オッズ比	0.629	0.140	0.360	0.400	0.629	0.858	0.902

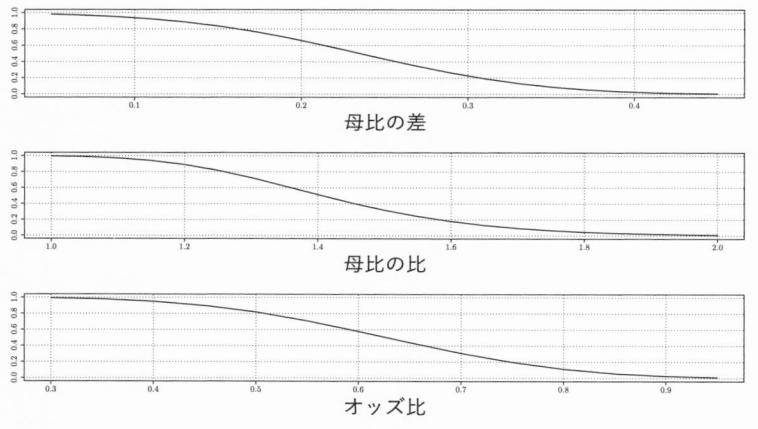

図 **12.2**　母比率とオッズ比の phc 曲線

12.7　確　認　問　題

以下の説明に相当する用語を答えなさい.

1）計量データが従う分布.
2）計数データが従う分布.
3）数を数えるデータと量を測るデータ.
4）$n \times (n-1) \times \cdots \times 1$ は，n の何か.
5）結果が 2 値で，確率が一定である試行.
6）ベルヌイ試行の成功確率.
7）n 回のベルヌイ試行の成功数 x が従う分布.
8）賭けに勝った人の払い戻し倍率の逆数.
9）比率の差の別名と比率の比の別名.
10）正反応は他方の反応の何倍生じやすいかの比.
11）ワクチン接種によって，接種せずに発症したはずの何%が発症せずに済むか.

12.8　実　習　課　題

おはじきの当てやすさの実験

● 百円硬貨を 2 枚，一円，十円，五百円硬貨を各 1 枚用意する.

- 百円 1 枚は的(まと)に使用する．平らな大きめのテーブル，床などを実験場に選ぶ．
- 回りにガラス製品など壊れやすいものがないこと，小さな子供などがいないことを確認する．コインの飛ぶ方向には布団など置くとよい．
- 的を置く場所にセロテープ．付箋などで印をつけ，そこから 50 cm 離れた場所 (はじき場) にもセロテープ，付箋などで印をつける．
- はじき場に百円，一円，十円，五百円を置き，順番に的の百円をねらって 1 回ずつ打つ．的中したか否かを記録する．
- これを 24 回繰り返す．硬貨の種類ごとに的中した回数を表 12.11 にまとめる．

表 **12.11** おはじき的中回数データ

	一円	十円	百円	五百円
的中数				
試技数	24	24	24	24

1) 4 種類の硬貨の中から 1 つを選び，的中の比率・オッズの推測・解釈をしなさい．研究仮説を自作し，それが正しい確率を求めよ．
2) 4 種類の硬貨の中から 2 つを選び，的中の比率の差・比率の比・オッズ・オッズ比の推測・解釈をしなさい．
3) 表 12.11 から 4 × 2 のクロス表の推測をしなさい．的中率に差がある確率を求めよ．連言命題を自作し，それが正しい確率を求めよ．

12.9 実 践 問 題

新型コロナウイルス (COVID–19) に対する，ファイザー社のワクチンの有効性について，以下のような臨床試験が実施され，表 12.12[6] の結果を得た．どちらの群の被検者も新型コロナウイルスの感染歴がない (厚生労働省, `https://www.mhlw.go.jp/stf/seisakunitsuite/bunya/vaccine_pfizer.html`, 2021/08/10 現在).

---

[6] 表中の人年 (person–years) とは，観察した人数とその観察年数の積である．1 人を 1 年間観察すれば 1 人年となる．2 人を 5 年間観察し，5 人を 2 年間観察すれば，合計 20 人年となる．がんをはじめとする主要な疾患の発症率は，10 万人年あたりの発症数で示されることが多い．

　海外6カ国 (米国，ドイツ，トルコ，ブラジル，アルゼンチン，南アフリカ) において実施されました．ワクチンを接種する人とプラセボ (生理食塩水) を接種する人に分け，約3週間の間隔で2回接種したとき，新型コロナウイルス感染症の発症がどの程度抑制されるか比較されました．なお，発症の確認に当たっては，発熱や咳，息切れ等，感染が疑われる症状が1つ以上あり，PCR等の核酸増幅検査で陽性となった人が，新型コロナウイルス感染症が発症した人と定義されました．(中略) 2回目の接種後7日以降の発症の有無が比較されました．

表 12.12　臨床試験の概要

	発症者数	追跡人数 (人年)
実験群	8	2214
対照群	162	2222

1) ワクチンを打った群と打たない群の母比率の事後分布と，phc を計算して考察せよ.
2) ワクチンを打つことによってリスクは，どの程度軽減するか，リスク比の事後分布，phc を計算して考察せよ.
3) ワクチンの効果を表す指標としては，入門的な統計学の教科書では解説されない医学的指標である**有効率** (= 1 − リスク比) が用いられることが多い．有効率は「ワクチン接種によって，接種せずに発症したはずの何%が発症せずに済むか」を示した指標である．有効率を生成量として構成し，事後分布と，phc を計算して考察せよ.

13

多項分布の推測

■　■　■

13.1　多　項　分　布

　無作為に選んだ 1 人の血液型が A 型，B 型，O 型，AB 型である確率が，それ
ぞれ p_1, p_2, p_3, p_4 であるとする．A 型が 1 人観察される確率は (12.7) 式を拡張
して

$$f(\text{A 型} \mid p_1, p_2, p_3, p_4) = p_1^1 \, p_2^0 \, p_3^0 \, p_4^0 = p_1 \tag{13.1}$$

と表現できる．独立に抽出した 10 人を継時的に観察し，その結果が

$$(\text{A 型, B 型, A 型, O 型, B 型, A 型, AB 型, B 型, A 型, O 型}) \tag{13.2}$$

の順に並ぶ確率は (12.9) 式からのアナロジーで

$$p_1 \times p_2 \times p_1 \times p_3 \times p_2 \times p_1 \times p_4 \times p_2 \times p_1 \times p_3 = p_1^4 \, p_2^3 \, p_3^2 \, p_4^1$$

である．

　A 型，B 型，O 型，AB 型の人が，それぞれ 4 人，3 人，2 人，1 人抽出されたと
き，血液型だけに着目した並び方は (12.4) 式により 12600 通りもあった．(13.2)
式はその中のたった 1 つに過ぎない．ならばカウントされた人数 $\boldsymbol{x} = (4 \text{ 人, } 3$
人, 2 人, 1 人) が観察される確率は

$$f(\boldsymbol{x} \mid p_1, p_2, p_3, p_4) = \frac{10!}{4! \times 3! \times 2! \times 1!} \, p_1^4 \, p_2^3 \, p_3^2 \, p_4^1 \tag{13.3}$$

である．

　以上のことを一般化しよう．各試行の結果が k 種類の値をとり，それぞれが観
察される確率が $\boldsymbol{p} = (p_1, \cdots, p_k)$ であるとする．n 回の独立した試行が行われた
とき，k 種類の値が出現した数 $\boldsymbol{x} = (x_1, \cdots, x_k)$ が観察される確率は，並び順の
場合の数である (12.5) 式を利用して

$$f(\boldsymbol{x}|\boldsymbol{p}) = \frac{n!}{x_1! \times \cdots \times x_k!} \; p_1^{x_1} \times \cdots \times p_k^{x_k} \tag{13.4}$$

$$n = x_1 + \cdots + x_k \tag{13.5}$$

$$1 = p_1 + \cdots + p_k \tag{13.6}$$

と導かれる. この確率分布を**多項分布** (multinomial distribution) という.

13.2 比率の推測 (1 つの多項分布)

以下の問題を利用し,多項分布による比率の推測を行う.

> ペット問題: ある調査で,初めて飼ったペットの種類が質問された. 結果は表 13.1 となった. 母比率を推測しなさい.

表 13.1 初めて飼ったペット (人数)

カテゴリ	犬	猫	魚	鳥	その他	計
人数	32	29	18	15	10	104

(2.24) 式に相当する尤度としては多項分布 (13.4) 式を利用する. 事前分布としては,確率の定義域に対する一様分布を利用する. ただし (13.6) 式の制約を反映させる必要がある. まず i 番目のカテゴリの仮の確率の事前分布を

$$\ddot{p}_i \sim U(0,1) \tag{13.7}$$

とし ($\ddot{\boldsymbol{p}} = (\ddot{p}_1, \cdots, \ddot{p}_k)$),

$$p_i = \frac{\ddot{p}_i}{\ddot{p}_1 + \cdots + \ddot{p}_k} \tag{13.8}$$

のように和が 1 となる母数 $\boldsymbol{p} = (p_1, \cdots, p_k)$ を構成する. 一様分布は定数だから

$$f(\boldsymbol{p}) = f(\ddot{\boldsymbol{p}}) = f(\ddot{p}_1) \times \cdots \times f(\ddot{p}_k) \tag{13.9}$$

であり,(2.27) 式に相当する事後分布を,

$$f(\boldsymbol{p}|\boldsymbol{x}) \propto f(\boldsymbol{x}|\boldsymbol{p}) f(\boldsymbol{p}) \tag{13.10}$$

と導く. MCMC 法を利用して,事後分布・生成量・予測分布に従う乱数を生成

表 **13.2** 「ペット問題」の比率の事後分布

	EAP	post.sd	2.5%	5%	50%	95%	97.5%
p_1	0.303	0.044	0.220	0.233	0.302	0.377	0.392
p_2	0.275	0.043	0.196	0.207	0.274	0.348	0.363
p_3	0.174	0.036	0.109	0.118	0.172	0.237	0.251
p_4	0.147	0.034	0.087	0.095	0.145	0.206	0.219
p_5	0.101	0.029	0.052	0.058	0.098	0.152	0.164

することが可能となる.

「ペット問題」の比率の事後分布を表 13.2 に示す. たとえば「犬」の比率は
0.303(0.044)[0.220, 0.392] であり, EAP 推定値は標本比率 0.308 (= 32/104) よ
り若干小さい. 「その他」の比率は 0.101(0.029)[0.052, 0.164] であり, EAP 推定
値は標本比率 0.096 (= 10/104) より若干大きい.

13.2.1 カテゴリ間の比較

どのカテゴリとどのカテゴリの間に意味のある差があるだろうか. 12.6 節で
は, 比較する対が多い場合の対処法を学んだ. ここでは, 12.6.3 項の「(c) 基準
点は決められないし, 比較対も多いとき」の対処を例示する.

(c) の場合は分析を 2 段階に分けた. 第 1 段階では, 差が 0 以上であるという
phc を計算し, 「実質科学的な差がある可能性」を有する少数の候補に絞った.

「研究仮説 $U_{p_j < p_i} : p_i$ は p_j よりも大きい」が成立する確率 $\mathrm{phc}(p_i > p_j)$ は,

$$
u_{p_i > p_j}^{(t)} = \begin{cases} 1 & p_i^{(t)} > p_j^{(t)} \\ 0 & \text{それ以外の場合} \end{cases} \tag{13.11}
$$

の EAP で評価する. その結果を表 13.3 に示す.

たとえば $\mathrm{phc}(p_1 > p_2) = 0.648$ であり, 「猫」よりも「犬」の比率のほうが大
きいことに 64.8%の確信をもてる. また $\mathrm{phc}(p_1 > p_3) = 0.975$ であり, 「魚」よ
りも「犬」の比率のほうが大きいことに 97.5%の確信をもてる等のことが示され

表 **13.3** 行 i のカテゴリの比率が列 j のカテゴリの比率より大きい確率

	p_1	p_2	p_3	p_4	p_5
p_1(犬)	0.000	0.648	0.975	0.993	1.000
p_2(猫)	0.352	0.000	0.944	0.982	0.999
p_3(魚)	0.025	0.056	0.000	0.696	0.931
p_4(鳥)	0.007	0.018	0.304	0.000	0.835
p_5(その他)	0.000	0.001	0.069	0.165	0.000

ている.

ただし差が 0 以上であるという phc の値が，どれだけ高くても (たとえば phc($p_1 > p_5$) = 1.000 でも)，それだけでは実質科学的に有意味な差であるための必要条件を満たしただけに過ぎない.

実質的な差が 0.00001 であっても差が 0 以上であるという phc の値は高くなることがある．表 13.3 は，あくまでも実質科学的な差がある可能性を有する候補を絞るために利用する．第 1 段階で必要条件を満たした候補に対して詳しい分析を行う第 2 段階の分析が重要である.

13.2.2　興味のある 2 対の比較 (phc テーブル)

カテゴリ 5 は「その他」であり，回答先に困らないように設定されている選択肢である．ここでは「その他」との対以外で，最も値の高かった「犬」と「鳥」の対 (phc($p_1 > p_4$) = 0.993) に着目し，第 2 段階の分析を例示する.

指標としては，比率の差の phc($c < p_1 - p_4$) と，比率の比の phc($p_4/p_1 < c$) を利用し，phc 曲線を図 13.1 に，phc テーブルを表 13.4 に示す．もちろん目的によっては，オッズ比や有効率の phc を用いてもよい.

phc($0.05 < p_1 - p_4$) = 0.955, phc($0.06 < p_1 - p_4$) = 0.938, phc($p_4/p_1 <$

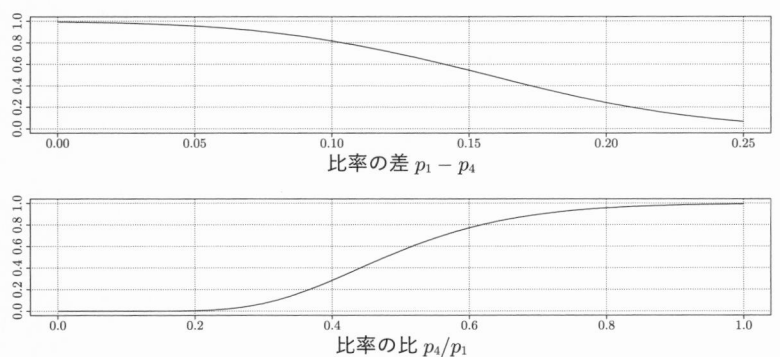

図 13.1　比率の差と比率の比の phc 曲線 (犬と鳥の比較)

表 13.4　比率の差と比率の比の phc テーブル (犬と鳥の比較)

c	0.02	0.03	0.04	0.05	0.06	0.07	0.08
phc($c < p_1 - p_4$)	0.984	0.977	0.967	0.955	0.938	0.916	0.888
c	0.70	0.75	0.80	0.85	0.90	0.95	1.00
phc($p_4/p_1 < c$)	0.895	0.932	0.956	0.972	0.982	0.989	0.993

$0.8) = 0.956$, $\mathrm{phc}(p_4/p_1 < 0.7) = 0.895$ であることなどが示されている.

13.3　対応ある 2 × 2 のクロス表の推測

　ここでは 1 つの観測対象から 2 種の質的な測定が行われたカウントデータを分析するための多項分布モデルを学ぶ.

　以下の問題を利用し, 対応ある 2 × 2 のクロス表の推測を行う. このクロス表はサイズが 2 × 2 ということで, 一見すると表 12.4 に似ている. しかし表 12.4 が男女別に集計されているのに対して, 表 13.5 は, 男女込みにした $n = 200$ 人のデータを集計している. この場合は 1 人の回答者に 2 つの質問をしているから賛否に対するデータは互いに独立ではなく, 第 7 章, 第 8 章に登場した対応あるデータとなる.

> 　ブランド認知問題 2:　あるアンケート調査で, ブランド A を知っているか否か (認知, 非認知) と, ブランド B を知っているか否かという 2 つの質問に対する回答を集計したところ, 結果は表 13.5 となった. 2 つの回答における認知の関係を分析しなさい.

表 13.5　2 つのブランドの認知のクロス表 (人数)

	B 認知	B 非認知	計
A 認知	70	30	100
A 非認知	28	72	100
計	98	102	200

　表 13.6 に, 対応がある 2 × 2 のクロス表のデータの形式を示した. x_{ij} は, 変数 A のカテゴリが i で, かつ変数 B のカテゴリが j の観測度数である. **同時度数** (joint frequency) ともいう. たとえば, 先の例では $x_{12} = 30$ であり, ブランド A を知っていて, ブランド B を知らない人数である.

　$x_{.j}$ は変数 B のカテゴリが j の観測度数である. たとえば $x_{.2} = 102$ であり, ブランド B を知らない人数である. $x_{i.}$ は変数 A のカテゴリが i の観測度数である. たとえば $x_{1.} = 100$ であり, ブランド A を知っている人数である. $x_{i.}$ や $x_{.j}$ を**周辺度数** (marginal frequency) という.

表 **13.6**   対応ある 2 × 2 のクロス表

	B_1	B_2	計
A_1	x_{11}	x_{12}	$x_{1.}$
A_2	x_{21}	x_{22}	$x_{2.}$
計	$x_{.1}$	$x_{.2}$	n

表 **13.7**   出現確率の母比率

	B_1	B_2	計
A_1	p_{11}	p_{12}	$p_{1.}$
A_2	p_{21}	p_{22}	$p_{2.}$
計	$p_{.1}$	$p_{.2}$	1.0

表 **13.8**   2 つのブランドの認知の標本比率

	B 認知	B 非認知	計
A 認知	0.35	0.15	0.50
A 非認知	0.14	0.36	0.50
計	0.49	0.51	1.00

同時度数と周辺度数には

$$x_{.j} = x_{1j} + x_{2j}, \quad x_{i.} = x_{i1} + x_{i2}, \tag{13.12}$$

$$n = x_{1.} + x_{2.} = x_{.1} + x_{.2} = x_{11} + x_{21} + x_{12} + x_{22} \tag{13.13}$$

などの性質がある.

表 13.7 に, 対応がある 2 × 2 のクロス表の母比率の形式を示した. また表 13.8 に, データから計算した標本比率を示した. **標本比率**は, セル度数をデータ数で割って計算する.

p_{ij} は, 変数 A のカテゴリが i で, かつ変数 B のカテゴリが j の母比率である. **同時確率** (joint probability) という. たとえば先のデータで p_{12} は, ブランド A を知っていると回答し, ブランド B を知らないと回答する母比率である. これに対する標本比率は 0.15 (= 30/200) である.

$p_{.j}$ は, 変数 B のカテゴリが j である母比率である. たとえば $p_{.2}$ はブランド B を知らないと回答する母比率である. これに対する標本比率は 0.51 (= 102/200) である.

$p_{i.}$ は, 変数 A のカテゴリが i の母比率である. たとえば $p_{1.}$ はブランド A を知っていると回答する母比率である. これに対する標本比率は 0.50 (= 100/200) である. $p_{i.}$ や $p_{.j}$ を**周辺確率** (marginal probability) という.

同時確率と周辺確率には

$$p_{.j} = p_{1j} + p_{2j}, \quad p_{i.} = p_{i1} + p_{i2}, \tag{13.14}$$

$$1.0 = p_{1.} + p_{2.} = p_{.1} + p_{.2} = p_{11} + p_{21} + p_{12} + p_{22} \tag{13.15}$$

などの性質がある.

表 **13.9** 「ブランド認知問題 2」の母数の事後分布

	EAP	post.sd	2.5%	5%	50%	95%	97.5%
p_{11}	0.348	0.033	0.284	0.294	0.348	0.404	0.415
p_{12}	0.152	0.025	0.106	0.113	0.151	0.195	0.204
p_{21}	0.142	0.024	0.098	0.104	0.141	0.184	0.193
p_{22}	0.358	0.034	0.294	0.303	0.357	0.414	0.425

データ $\boldsymbol{x} = (x_{11}, x_{12}, x_{21}, x_{22})$，母数 $\boldsymbol{p} = (p_{11}, p_{12}, p_{21}, p_{22})$ の尤度は，多項分布

$$f(\boldsymbol{x}|\boldsymbol{p}) = f(x_{11}, x_{12}, x_{21}, x_{22} \mid p_{11}, p_{12}, p_{21}, p_{22}) \tag{13.16}$$

で表現できる．事前分布としては，確率の定義域に対する一様分布を利用する．ただし (13.6) 式の制約 (直接的には (13.15) 式の最左辺と最右辺の制約) を反映させる必要がある．まず p_{ij} の仮の母数 $\ddot{p}_{ij}$ の事前分布を

$$\ddot{p}_{ij} \sim U(0, 1) \tag{13.17}$$

とし，

$$p_{ij} = \frac{\ddot{p}_{ij}}{\ddot{p}_{11} + \ddot{p}_{12} + \ddot{p}_{21} + \ddot{p}_{22}} \tag{13.18}$$

のように和が 1 となる母数 $\boldsymbol{p} = (p_{11}, p_{12}, p_{21}, p_{22})$ を構成する．一様分布は定数だから

$$f(\boldsymbol{p}) = f(\ddot{p}_{11}, \ddot{p}_{12}, \ddot{p}_{21}, \ddot{p}_{22}) = f(\ddot{p}_{11}) \times f(\ddot{p}_{12}) \times f(\ddot{p}_{21}) \times f(\ddot{p}_{22}) \tag{13.19}$$

であり，(2.27) 式に相当する事後分布を，

$$f(\boldsymbol{p}|\boldsymbol{x}) \propto f(\boldsymbol{x}|\boldsymbol{p})f(\boldsymbol{p}) \tag{13.20}$$

と導き，母数の事後分布と予測分布を MCMC 法で近似する．表 13.9 に推定結果を示す．

13.3.1 独立と連関

ここでは，クロス表を構成する 2 つの変数の関係を把握するための別の有用な概念である独立 (independence) と連関 (association) を紹介し，その分析方法を学ぶ．

変数 A のカテゴリ A_i と変数 B のカテゴリ B_j が独立である状態を

$$f(B_j) = f(B_j|A_i) \qquad (13.21)$$

と定義する．この定義の意味は，A_i によって条件づけられても (A_i が観測されても)，B_j の分布は変わらないということである．条件付き確率は $f(B_j|A_i) = f(B_j, A_i)/f(A_i)$ であるから，(13.21) 式は

$$f(A_i, B_j) = f(A_i)f(B_j) \qquad (13.22)$$

であり [*1)]，これを本章の表記に直すと

$$p_{ij} = p_{i.}p_{.j} \qquad (13.24)$$

となる．A_i と B_j が独立ならば「同時確率が周辺確率の積で表現される」と言い換えることができる．それに対して

$$p_{ij} \neq p_{i.}p_{.j} \qquad (13.25)$$

であるとき，A_i と B_j は連関しているという．

すべての i, j の組に関して (13.24) 式が成り立っているとき 2 つの変数は独立であるという．少なくとも 1 つの i, j の組に関して (13.25) 式が成り立っているとき 2 つの変数は連関しているという．

表 13.8 を観察すると，ブランド B を知っている人は 49%であり，ほぼ半分である．しかしブランド A を知っている人に限定すると，ブランド B の (認知：非認知) は (0.35 : 0.15) である．70%もの人がブランド B を知っている．つまりブランド A を知っている人は，ブランド B も知っている傾向があると解釈できる．

独立なクロス表の例を表 13.10 に示す．このクロス表は，ジョーカーを除いた 52 枚の 1 組のトランプを札の「種類」と「色」という 2 つの変数で分類している．たとえば「赤札」(ハート・ダイヤ) の「数札」は 20 枚あり，「黒札」(クラブ・ス

表 13.10 トランプのクロス表

	赤札	黒札	計
数札	20	20	40
絵札	6	6	12
計	26	26	52

表 13.11 トランプのクロス表の確率

	赤札	黒札	計
数札	0.385	0.385	0.770
絵札	0.115	0.115	0.230
計	0.500	0.500	1.000

[*1)] (13.22) 式は次式に変形できるから，(13.21) 式が成り立てば (13.23) 式も成り立つ．

$$f(A_i) = f(A_i|B_j) \qquad (13.23)$$

ペード) の「絵札」は 6 枚あることが示されている.

　1 枚のカードをでたらめに引いて隠し, それが「赤札」であると宣言しても (条件づけても)「種類」を当てるためのヒントにならない. またそれが「絵札」であると宣言しても (条件づけても)「色」を当てるためのヒントにならない. (13.21) 式と (13.23) 式は明らかであり, 表 13.10 は独立なクロス表であることが実感できる.

　表 13.10 の同時確率と周辺確率を示したのが表 13.11 である.

$$0.385 = 0.770 \times 0.500 \tag{13.26}$$
$$0.115 = 0.230 \times 0.500 \tag{13.27}$$

だから, (13.24) 式が確認できる.

13.3.2　クラメルの連関係数

クロス表全体での連関の程度 (非独立の程度) を示す指標としてはクラメルの連関係数 (Cramer's association coefficient)

$$V = \sqrt{e_{11}^2 + e_{12}^2 + e_{21}^2 + e_{22}^2} \tag{13.28}$$

がある. V は 0 から 1 までの値をとり, 値が小さいほど独立 (非連関) の程度が高く, 値が大きいほど連関 (非独立) の程度が高いと解釈する.

　ここで式中の e_{ij} は

$$e_{ij} = \frac{p_{ij} - p_{i.}p_{.j}}{\sqrt{p_{i.}p_{.j}}} \tag{13.29}$$

である. 分子から明らかなように, e_{ij} は A_i と B_j が独立のときに 0 となる. e_{ij} が正のセルは独立な場合より高い比率で観察され, 負のセルは独立な場合より低い比率で観察される. また絶対値が大きくなるとその傾向が強くなる. このため e_{ij} は, カテゴリ A_i とカテゴリ B_j が連関している (非独立である) 状態の程度の指標として利用できる.

　表 13.12 に e_{ij} とクラメルの連関係数の事後分布の様子を示す. 上段は「ブランド認知問題 2」表 13.5 から, 下段は「トランプ」表 13.10 から計算している.

　上段の e_{ij} はすべて 0 から離れて分布している. e_{11} と e_{22} は正の領域で分布している. ブランド A を知っている人はブランド B も知っている確率が高く, ブランド A を知らない人はブランド B も知らない確率が高い [*2)] ということであ

---

*2)　ブランド A と B は類似したコンセプトを有しているのかもしれない.

表 **13.12**　$e_{ij}\cdot V$ の事後分布の要約統計量 (上段は表 13.5・下段は表 13.10)

	EAP	post.sd	2.5%	5%	50%	95%	97.5%
e_{11}	0.208	0.034	0.141	0.151	0.208	0.264	0.275
e_{12}	−0.204	0.032	−0.266	−0.256	−0.204	−0.150	−0.139
e_{21}	−0.208	0.033	−0.271	−0.261	−0.208	−0.152	−0.142
e_{22}	0.204	0.034	0.138	0.148	0.204	0.260	0.270
V	0.412	0.064	0.284	0.305	0.413	0.514	0.532
e_{11}	0.000	0.047	−0.092	−0.077	0.000	0.076	0.092
e_{12}	0.000	0.047	−0.092	−0.076	0.000	0.077	0.092
e_{21}	0.000	0.079	−0.153	−0.129	0.000	0.130	0.153
e_{22}	0.001	0.079	−0.153	−0.130	0.000	0.130	0.154
V	0.104	0.077	0.004	0.008	0.089	0.251	0.285

る. 表 13.5 のクラメルの連関係数は 0.412(0.064)[0.284, 0.532] である.

それに対して, 下段の e_{ij} の EAP は, ほぼ 0 である. 表 13.10 のクラメルの連関係数は 0.056(0.042)[0.002, 0.155] である. 独立だからといってクラメルの連関係数は 0 になるわけではない.

13.3.3　同時確率と周辺確率の積との比

e_{ij} よりもさらに解釈のしやすい指標には, 同時確率と周辺確率の積との比

$$L_{ij} = p_{ij}/p_{i.}p_{.j} \tag{13.30}$$

がある. (13.30) 式の値が, たとえば 2.0 の場合は,「セル ij は, 独立と仮定した場合と比較して, 2 倍の確率でデータが観察される (観察されやすい)」と解釈する. たとえば 0.5 の場合は,「セル ij は, 独立と仮定した場合と比較して, 半分の確率でデータが観察される (観察されにくい)」と解釈する.

表 13.13 に p_{ij} と $p_i p_j$ の比である L_{ij} の事後分布の要約統計量を示す. 上段は

表 **13.13**　同時確率と周辺確率の積との比 L_{ij} の事後分布の要約統計量

	EAP	post.sd	2.5%	5%	50%	95%	97.5%
L_{11}	1.423	0.083	1.272	1.294	1.419	1.566	1.597
L_{12}	0.595	0.070	0.459	0.480	0.595	0.709	0.731
L_{21}	0.579	0.072	0.439	0.461	0.579	0.698	0.721
L_{22}	1.406	0.080	1.261	1.282	1.402	1.543	1.574
L_{11}	1.000	0.079	0.842	0.871	1.000	1.129	1.158
L_{12}	1.000	0.079	0.844	0.872	1.000	1.129	1.159
L_{21}	0.999	0.231	0.553	0.622	0.999	1.380	1.458
L_{22}	1.002	0.231	0.555	0.622	1.001	1.382	1.458

「ブランド認知問題2」表 13.5 から，下段は「トランプ」表 13.10 から計算した．

上段の L_{ij} は，すべて 1 から離れて分布している．L_{11} と L_{22} の EAP によれば，独立と仮定した場合と比較して，セルにおけるデータの出現確率は，それぞれ 1.423 倍，1.406 倍である．ブランド A を知っている人は，ブランド B も知っている確率が，独立と仮定した場合より高い．

L_{12} と L_{21} の EAP によれば，独立と仮定した場合と比較して，セルにおけるデータの出現確率は，それぞれ 0.595 倍，0.579 倍である．ブランド A を知っている人は，ブランド B を知らない確率が，独立と仮定した場合より低い．

それに対して，下段の L_{ij} の EAP は，ほぼ 1 である．独立と仮定した場合と，セルにおけるデータの出現確率は同じと解釈する．

13.3.4　phc テーブル

表 13.14 に L_{11} と L_{12} の phc テーブルを示す．$\mathrm{phc}(1.24 < L_{11}) = 0.993$, $\mathrm{phc}(1.30 < L_{11}) = 0.941$, $\mathrm{phc}(L_{12} < 0.75) = 0.987$, $\mathrm{phc}(L_{12} < 0.70) = 0.934$ であること等が示されている．

表 13.14 L_{11} と L_{12} の phc テーブル

c	1.24	1.25	1.26	1.27	1.28	1.29	1.30
$\mathrm{phc}(c < L_{11})$	0.993	0.989	0.984	0.977	0.968	0.956	0.941
c	0.69	0.70	0.71	0.72	0.73	0.74	0.75
$\mathrm{phc}(L_{12} < c)$	0.913	0.934	0.951	0.964	0.974	0.981	0.987

13.4　対応ある $a \times b$ のクロス表の推測

以下の問題を利用し，$a \times b$ のクロス表の推測を行う．

> パスタ問題：　あるレストランで「パスタ」に対して，どんな「トッピング」を選んだのかを集計した．結果は表 13.15 となった．「パスタ」と「トッピング」の連関を分析しなさい．

表 13.16 に，対応ある $a \times b$ のクロス表の一般的表記を示した．「パスタ問題」では $a = 3$, $b = 3$ となる．表 13.17 に，$a \times b$ のクロス表の母比率の一般的表記

表 **13.15**　パスタに選ばれたトッピング

	バジル	トリュフ	なし	計
トマトの冷製	19	9	6	34
カルボナーラ	10	19	5	34
ペペロンチーノ	15	14	18	47
計	44	42	29	115

表 **13.16**　対応ある $a \times b$ のクロス表

	B_1	$\cdots$	B_j	$\cdots$	B_b	計
A_1	x_{11}	$\cdots$	x_{1j}	$\cdots$	x_{1b}	$x_{1.}$
$\vdots$	$\vdots$	$\vdots$	$\vdots$	$\vdots$	$\vdots$	$\vdots$
A_i	x_{i1}	$\cdots$	x_{ij}	$\cdots$	x_{ib}	$x_{i.}$
$\vdots$	$\vdots$	$\vdots$	$\vdots$	$\vdots$	$\vdots$	$\vdots$
A_a	x_{a1}	$\cdots$	x_{aj}	$\cdots$	x_{ab}	$x_{a.}$
計	$x_{.1}$	$\cdots$	$x_{.j}$	$\cdots$	$x_{.b}$	n

表 **13.17**　$a \times b$ のクロス表の母比率

	B_1	$\cdots$	B_j	$\cdots$	B_b	計
A_1	p_{11}	$\cdots$	p_{1j}	$\cdots$	p_{1b}	$p_{1.}$
$\vdots$	$\vdots$	$\vdots$	$\vdots$	$\vdots$	$\vdots$	$\vdots$
A_i	p_{i1}	$\cdots$	p_{ij}	$\cdots$	p_{ib}	$p_{i.}$
$\vdots$	$\vdots$	$\vdots$	$\vdots$	$\vdots$	$\vdots$	$\vdots$
A_a	p_{a1}	$\cdots$	p_{aj}	$\cdots$	p_{ab}	$p_{a.}$
計	$p_{.1}$	$\cdots$	$p_{.j}$	$\cdots$	$p_{.b}$	1.0

を示した.

同時度数と周辺度数には

$$x_{.j} = x_{1j} + \cdots + x_{aj}, \quad x_{i.} = x_{i1} + \cdots + x_{ib}, \tag{13.31}$$

$$n = x_{1.} + \cdots + x_{a.} = x_{.1} + \cdots + x_{.b} \tag{13.32}$$

などの性質がある. また同時確率と周辺確率には

$$p_{.j} = p_{1j} + \cdots + p_{aj}, \quad p_{i.} = p_{i1} + \cdots + p_{ib}, \tag{13.33}$$

$$1.0 = p_{1.} + \cdots + p_{a.} = p_{.1} + \cdots + p_{.b} \tag{13.34}$$

などの性質がある.

表 13.16 と表 13.17 の 2 つ添え字のついた x_{ij} と p_{ij} をすべて拾い出し，データと母数を，それぞれ

$$\boldsymbol{x} = (x_{11} \cdots x_{1j} \cdots x_{1b} \cdots x_{i1} \cdots x_{ij} \cdots x_{ib} \cdots x_{a1} \cdots x_{aj} \cdots x_{ab}) \tag{13.35}$$

$$\boldsymbol{p} = (p_{11} \cdots p_{1j} \cdots p_{1b} \cdots p_{i1} \cdots p_{ij} \cdots p_{ib} \cdots p_{a1} \cdots p_{aj} \cdots p_{ab}) \tag{13.36}$$

と表記したとき，母数の尤度は多項分布

$$f(\boldsymbol{x}|\boldsymbol{p}) \tag{13.37}$$

で表現される.

　事前分布としては，確率の定義域に対する一様分布を利用するのであるが，$\boldsymbol{p}$ の要素の総和を 1 に制約する必要がある．まず p_{ij} の仮の母数 $\ddot{p}_{ij}$ の事前分布を区間 $[0, 1]$ の一様分布とし，

$$p_{ij} = \frac{\ddot{p}_{ij}}{\ddot{p}_{11} + \cdots + \ddot{p}_{1j} + \cdots + \ddot{p}_{ij} + \cdots + \ddot{p}_{aj} + \cdots + \ddot{p}_{ab}} \tag{13.38}$$

のように和が 1 となる母数 $\boldsymbol{p}$ を構成する．一様分布は定数だから，同時事前分布 $f(\boldsymbol{p})$ は，$a \times b$ 個の一様分布 $f(\ddot{p}_{ij})$ の総積であり，(2.27) 式に相当する事後分布は，

$$f(\boldsymbol{p}|\boldsymbol{x}) \propto f(\boldsymbol{x}|\boldsymbol{p})f(\boldsymbol{p}) \tag{13.39}$$

と導かれる．

　表 13.18 に「パスタ問題」の母数の事後分布を示す．また表 13.19 にクラメルの連関係数と周辺確率の事後分布を示す．ただし $a \times b$ のクロス表のクラメルの連関係数は

$$V = \sqrt{\frac{e_{11}^2 + \cdots + e_{1j}^2 + \cdots + e_{1b}^2 + \cdots + e_{a1}^2 + \cdots + e_{aj}^2 + \cdots + e_{ab}^2}{min(a,b) - 1}} \tag{13.40}$$

表 13.18 「パスタ問題」のセルの同時確率 (母数) の事後分布の数値要約

	EAP	post.sd	2.5%	5%	50%	95%	97.5%
p_{11}	0.161	0.033	0.102	0.110	0.159	0.218	0.231
p_{12}	0.081	0.025	0.040	0.045	0.078	0.124	0.135
p_{13}	0.056	0.021	0.023	0.027	0.054	0.094	0.103
p_{21}	0.089	0.025	0.046	0.051	0.087	0.134	0.144
p_{22}	0.161	0.033	0.102	0.110	0.159	0.219	0.231
p_{23}	0.048	0.019	0.018	0.021	0.046	0.084	0.092
p_{31}	0.129	0.030	0.076	0.084	0.127	0.182	0.193
p_{32}	0.121	0.029	0.070	0.076	0.119	0.172	0.184
p_{33}	0.153	0.032	0.095	0.103	0.151	0.210	0.222

表 13.19 「パスタ問題」のクラメルの連関係数と周辺確率の事後分布の数値要約

	EAP	post.sd	2.5%	5%	50%	95%	97.5%
V	0.253	0.060	0.137	0.155	0.252	0.352	0.371
$p_{1.}$	0.298	0.041	0.221	0.233	0.297	0.368	0.382
$p_{2.}$	0.298	0.041	0.221	0.232	0.297	0.368	0.381
$p_{3.}$	0.403	0.044	0.318	0.332	0.403	0.477	0.491
$p_{.1}$	0.379	0.044	0.296	0.309	0.378	0.452	0.467
$p_{.2}$	0.363	0.043	0.281	0.293	0.362	0.436	0.450
$p_{.3}$	0.258	0.039	0.185	0.196	0.256	0.325	0.339

で計算する.

　分子はすべての e_{ij}^2 の和であり,分母は a か b の小さいほうから,1 を減じた値である.この場合は $a = b = 3$ であるから 2 で割る.クラメルの連関係数が 0 と 1 の間に収まり,サイズの異なるクロス表の連関の程度が比較できるようにするための工夫が分母の $min(a, b) - 1$ である.先述した 2×2 のクロス表の場合は 1 で割るので省略した.クラメルの連関係数は $0.253(0.060)[0.137, 0.371]$ であった.

　「トッピング」の周辺確率は,「バジル」が $0.379(0.044)[0.296, 0.467]$,「トリュフ」が $0.363(0.043)[0.281, 0.450]$,「なし」が $0.258(0.039)[0.185, 0.339]$ であり,「バジル」「トリュフ」「なし」の順に選ばれている.周辺確率から「ペペロンチーノ」が最も注文されていることが分かる.

13.4.1　どのセルが独立から実質的に隔たっているのか (必要条件の確認)

　表 13.18 で示された同時確率は,実質科学的に意味をもって,どのセルが独立な状態から隔たっているのだろうか.12.6 節では,比較する対が多い場合の対処法を学んだ.ここで多いのは対ではなくセルであるが,同様に対処できる.12.6.3 項の「(c) 基準点は決められないし,比較対も多いとき」の対処を例示する.

　(c) の場合は分析を 2 段階に分けた.第 1 段階では,差が 0 以上であるという phc を計算し,「実質科学的な差がある可能性」を有する少数の候補に絞った.

　表 13.20 の上表に phc$(0 < p_{ij} - p_{i.}p_{.j})$ を,下表に phc$(p_{ij} - p_{i.}p_{.j} < 0)$ を示す.「トマトの冷製」の客は「バジル」を選び「トリュフ」は避けること,「カルボナーラ」の客は「トリュフ」を選び「なし」は避けること,「ペペロンチーノ」の客はトッピングを選ばない等は必要条件を満たしていると考える.

13.4.2　phc テーブル

　前項の考察によって残った $L_{11}, L_{12}, L_{22}, L_{23}, L_{33}$, の事後分布の数値要約を表

表 13.20　phc$(0 < p_{ij} - p_{i.}p_{.j})$(上),phc$(p_{ij} - p_{i.}p_{.j} < 0)$(下)

$0 <$ phc	バジル	トリュフ	なし
トマトの冷製	**0.992**	0.073	0.112
カルボナーラ	0.105	**0.996**	0.044
ペペロンチーノ	0.129	0.112	**0.995**
phc < 0	バジル	トリュフ	なし
トマトの冷製	0.008	**0.927**	0.888
カルボナーラ	0.895	0.004	**0.956**
ペペロンチーノ	0.871	0.888	0.005

13.21 の上表に示す. さらに, 独立な状態からの乖離の最も大きい L_{22}, L_{23} (「カルボナーラ」の客は「トリュフ」を選び, ペペロンチーノの客は「なし」を選ぶ) の phc テーブルを表 13.21 の下表に示す. phc($1.1 < L_{22}$) =0.983, phc($1.1 < L_{33}$) =0.978 等が示されている.

表 **13.21** L_{ij} の事後分布の要約統計量

	EAP	post.sd	2.5%	5%	50%	95%	97.5%
L_{11}	1.431	0.187	1.080	1.134	1.426	1.746	1.813
L_{12}	0.744	0.172	0.424	0.470	0.739	1.037	1.096
L_{22}	1.495	0.197	1.128	1.184	1.489	1.829	1.900
L_{23}	0.627	0.206	0.267	0.313	0.613	0.987	1.062
L_{33}	1.479	0.197	1.109	1.167	1.473	1.810	1.884
c	1.1	1.15	1.2	1.25	1.3	1.35	1.4
phc($c < L_{22}$)	0.983	0.967	0.940	0.900	0.843	0.769	0.680
c	1.1	1.15	1.2	1.25	1.3	1.35	1.4
phc($c < L_{33}$)	0.978	0.959	0.928	0.882	0.820	0.742	0.648

13.5　確　認　問　題

以下の説明に相当する用語を答えなさい.
1) n 回の試行の結果, k 種類の値の観測数が従う分布.
2) 変数 A のカテゴリが i で, かつ変数 B のカテゴリが j の観測度数.
3) 変数 A のカテゴリを問わず, 変数 B のカテゴリが j の観測度数.
4) セル度数をデータ数で割った値.
5) 変数 A のカテゴリが i で, かつ変数 B のカテゴリが j の母比率.
6) クロス表で同時確率が周辺確率の積で表現されない状態.
7) クロス表が全体として連関している程度を表す指標.

13.6　実　習　課　題

芸能人の好みの実験
- web 等で写真の確認が容易な異性の芸能人を 50 人リストアップする.
- 変数 A を「好み」とし, カテゴリを「好き」「どちらでもない」「嫌い」

として芸能人を分類する.

- 変数 B を「特徴」とする. たとえば「長髪」「普通」「短髪」や,「ソース顔」「普通」「しょうゆ顔」や,「ふくよか」「普通」「やせ形」などとして芸能人を再分類する. 変数 B のカテゴリはあなたにまかせる.
- 変数 A と変数 B を用いてクロス表を作成する.

1) クラメルの連関係数の事後分布を求め, 解釈しなさい.
2) どのセルが独立から実質的に隔たっているのか, 必要条件の確認をしなさい.
3) 必要条件を満たしたと考えたセルに関して, 独立な状態からの乖離を考察しなさい.

あ と が き
スミレはただスミレらしく咲いているだけでいい
■ ■ ■

　「よく人から数学をやって何になるのかと聞かれるが，私は春の野に咲くスミレ
はただスミレらしく咲いているだけでいいと思っている．咲くことがどんなによ
いことであろうとなかろうと，それはスミレのあずかり知らないことだ」．多変数
複素関数論の分野で世界的な業績を有する数学者・岡潔先生の言葉です．小学 4
年生時分，書物 [*3] で，それを読んだ著者は岡先生に魅了されました．思い余っ
て，中学 3 年時の修学旅行の奈良・若草山での 2 時間の自由時間中に，厚かまし
くもご自宅を訪問しようと試みました．当時は個人情報の管理が緩く，岡先生の
住所は簡単に調べられ，著者は知っていました．ご自宅が近づくにつれて胸が早
鐘のように高鳴りました．でもご自宅まで数ブロックの地点で足を止め，踵を返
し，著者は修学旅行の列に戻りました．もしあのとき訪問していたら，会ってい
ただけたかもしれない，いただけなかったかもしれない，お留守だったかもしれ
ない．今となっては，もうそれは分かりません．なぜ踵を返したのかも，自分の
ことなのに分かりません．でも 1 つだけはっきりしていることがあります．会わ
なかったことによって，岡先生は私にとって永遠の理想となり，この経験が間違
いなく著者の人生の重要な一部を決めたということです．

　本書の副読本 [*4] に対して心から尊敬する 3 人の大先輩からコメントをいただ
きました．松原望先生 (統計学者・東京大学名誉教授) からは出版直後に私信をい
ただきました．コメントは 2 つでした．1 つは PHC による分析は，柔軟でとて
も興味深いというご評価でした．嬉しさのあまり，手紙を握りしめ，椅子に座っ
て窓の外を眺めながら，半日ほどぼーっとしていました．もう 1 つは有意性検定
の批判に賛成しないというコメントでした．有意性検定は理論的に正しい．創始
者である R. A. フィッシャー自身が，帰無仮説を棄却する・しないだけで判断し
てはいけないと，すでに言っているのだから，その問題は解決済みである．誤用
するのは，誤用する人間が不勉強なのだ，というご主旨のコメントでした．

　お二人目は岩崎学先生 (統計学者・元日本統計学会会長) です．「統計的有意性
を，帰無仮説を棄却する・しないの二元論的に解釈することに対する批判が高まっ

[*3]　岡　潔 (1969) 6 章 発見の鋭い喜び．『春宵十話』，角川文庫．
[*4]　豊田秀樹 (2020)『瀕死の統計学を救え！―有意性検定から「仮説が正しい確率」へ―』，朝倉書店．

ている (著者副読本を引用). これは決して統計的仮説検定の方法論が誤りという
わけではなく，その解釈が誤りなのである」というコメント *5) をいただきました.

　松原先生の後半のコメントと，岩崎先生のコメントを拝読し，著者は冒頭の岡
先生の言葉を思い出しました. 孤高のお二人らしいと思いました. おそれ多いこ
とですがご返答させていただきます. 有意性検定を批判する学者は誰一人数学的
な観点から理論的な誤りがあるとは言いません. 「統計的に有意差あり」という
判定システムは「学問発展の必要条件を確認すればいい」「研究の有効性の有無は
統計学が自動的に決めてくれる」という，誤った行動を強烈にアフォードします.
道具として致命的なアフォーダンスを有しているから使用を中止しようと主張し
ているのです. 有意性検定は，普通に使っていると手を切ってしまうカッターに
たとえられます. 統計学は純粋数学ではありません. 統計学者は文化的な意味ま
で踏み込んで関わるべきです. スミレのようにただ咲いていてはいけません.

　副読本の執筆中に南風原朝和先生 (心理統計学者・東京大学名誉教授) から，PHC
に対して「『ベイズ統計では仮説が真である確率が分かる』という趣旨の表現を目
にすることがある. 確かに『仮説が真である確率』を扱うのではあるが，それは，
『事前確率をこのように設定したら，事後確率がこのように計算される』という以
上のものではない」というコメント *6) をいただきました.

　「A は B 以上のものではない」という表現は，A は自明だ，当たり前だという
ニュアンスを表現するときに使われ，一般的には A を低く評価する際に用いられ
るレトリックです. しかし，当時，暗い夜道を一人で歩いているような心細い心
境であった著者にとって，南風原先生からの「A は自明」という主旨の評価は大変
心強いコメントでした. 天才的な洞察力を有する南風原先生にとっては正しいこ
とは自明なのでしょう. 南風原先生ならきっと「ROPE である確率も事後確率以
上のものではない」とおっしゃるはずです. しかし PHC を丁寧に利用し，データ
から柔軟に知見を引き出す初等統計学教育教程は，著者の知る限り国内外にまっ
たく存在しません. 自明でも独自です. 南風原先生のコメントは一見，PHC を
こき下ろしているようにも読めるのですが，正しさを確認でき，お陰で私は自信
をもって副読本を公刊することができました.

　松原先生・岩崎先生・南風原先生に，心から感謝を申し上げます.

*5)　岩崎　学 (2020) 統計的検定の結果の解釈の仕方が分からない. 数学セミナー，**59**(6), 29–35.
*6)　南風原朝和 (2018) 心理統計の新しい展開と今後の統計教育. *Japanese Psychological Review*, **61**(1), 142–146.

索　引

■　■　■

著者略歴

<ruby>豊<rt>とよ</rt></ruby> <ruby>田<rt>だ</rt></ruby> <ruby>秀<rt>ひで</rt></ruby> <ruby>樹<rt>き</rt></ruby>

1961 年　東京都に生まれる
1989 年　東京大学大学院教育学研究科博士課程修了（教育学博士）
現　　在　早稲田大学文学学術院教授

〈主な著書〉

『項目反応理論［入門編］（第 2 版）』（朝倉書店）
『項目反応理論［事例編］―新しい心理テストの構成法―』（編著）（朝倉書店）
『項目反応理論［理論編］―テストの数理―』（編著）（朝倉書店）
『項目反応理論［中級編］』（編著）（朝倉書店）
『共分散構造分析［入門編］―構造方程式モデリング―』（朝倉書店）
『共分散構造分析［応用編］―構造方程式モデリング―』（朝倉書店）
『共分散構造分析［理論編］―構造方程式モデリング―』（朝倉書店）
『共分散構造分析［数理編］―構造方程式モデリング―』（編著）（朝倉書店）
『調査法講義』（朝倉書店）
『原因を探る統計学―共分散構造分析入門―』（共著）（講談社ブルーバックス）
『違いを見ぬく統計学―実験計画と分散分析入門―』（講談社ブルーバックス）
『マルコフ連鎖モンテカルロ法』（編著）（朝倉書店）
『基礎からのベイズ統計学―ハミルトニアンモンテカルロ法による実践的入門―』
　（編著）（朝倉書店）
『はじめての統計データ分析―ベイズ的〈ポスト p 値時代〉の統計学―』
　（朝倉書店）
『実践ベイズモデリング―解析技法と認知モデル―』（編著）（朝倉書店）
『たのしいベイズモデリング―事例で拓く研究のフロンティア―』（編著）
　（北大路書房）
『瀕死の統計学を救え！―有意性検定から「仮説が正しい確率」へ―』（朝倉書
　店）

統計学入門 I
　―生成量による実感に即したデータ分析―　　　定価はカバーに表示

2022 年 4 月 5 日　初版第 1 刷

著　者　豊　田　秀　樹
発行者　朝　倉　誠　造
発行所　株式会社　朝　倉　書　店

東京都新宿区新小川町 6-29
郵 便 番 号　162-8707
電　話　03（3260）0141
F A X　03（3260）0180
https://www.asakura.co.jp

〈検印省略〉

中央印刷・渡辺製本

ISBN 978-4-254-12266-4　C 3041　　　Printed in Japan

明大 国友直人著 統計解析スタンダード **応用をめざす 数 理 統 計 学** 12851-2 C3341　　　　　A5判 232頁 本体3500円	数理統計学の基礎を体系的に解説。理論と応用の橋渡しをめざす。「確率空間と確率分布」「数理統計の基礎」「数理統計の展開」の三部構成のもと，確率論，統計理論，応用局面での理論的・手法的トピックを丁寧に講じる。演習問題付。
筑波大 佐藤忠彦著 統計解析スタンダード **マーケティングの統計モデル** 12853-6 C3341　　　　　A5判 192頁 本体3200円	効果的なマーケティングのための統計的モデリングとその活用法を解説。理論と実践をつなぐ書。分析例はRスクリプトで実行可能。〔内容〕統計モデルの基本／消費者の市場反応／消費者の選択行動／新商品の生存期間／消費者態度の形成／他
東京理科大 村上秀俊著 統計解析スタンダード **ノンパラメトリック法** 12852-9 C3341　　　　　A5判 192頁 本体3400円	ウィルコクソンの順位和検定をはじめとする種々の基礎的手法を，例示を交えつつ，ポイントを押さえて体系的に解説する。〔内容〕順序統計量の基礎／適合度検定／1標本検定／2標本問題／多標本検定問題／漸近相対効率／2変量検定／付表
農研機構 三輪哲久著 統計解析スタンダード **実 験 計 画 法 と 分 散 分 析** 12854-3 C3341　　　　　A5判 228頁 本体3600円	有効な研究開発に必須の手法である実験計画法を体系的に解説。現実的な例題，理論的な解説，解析の実行から構成。学習・実務の両面に役立つ決定版。〔内容〕実験計画法／実験の配置／一元(二元)配置実験／分割法実験／直交表実験／他
関学大 古澄英男著 統計解析スタンダード **ベ イ ズ 計 算 統 計 学** 12856-7 C3341　　　　　A5判 208頁 本体3400円	マルコフ連鎖モンテカルロ法の解説を中心にベイズ統計の基礎から応用まで標準的内容を丁寧に解説。〔内容〕ベイズ統計学基礎／モンテカルロ法／MCMC／ベイズモデルへの応用(線形回帰，プロビット，分位点回帰，一般化線形ほか)／他
横市大 岩崎 学著 統計解析スタンダード **統 計 的 因 果 推 論** 12857-4 C3341　　　　　A5判 216頁 本体3600円	医学，工学をはじめあらゆる科学研究や意思決定の基盤となる因果推論の基礎を解説。〔内容〕統計的因果推論／群間比較の統計数理／統計的因果推論の枠組み／傾向スコア／マッチング／層別／操作変数法／ケースコントロール研究／他
横市大 阿部貴行著 統計解析スタンダード **欠 測 デ ー タ の 統 計 解 析** 12859-8 C3341　　　　　A5判 200頁 本体3400円	あらゆる分野の統計解析で直面する欠測データへの対処法を欠測のメカニズムも含めて基礎から解説。〔内容〕欠測データと解析の枠組み／CC解析とAC解析／尤度に基づく統計解析／多重補完法／反復測定データの統計解析／MNARの統計手法
横市大 汪 金芳著 統計解析スタンダード **一 般 化 線 形 モ デ ル** 12860-4 C3341　　　　　A5判 224頁 本体3600円	標準的理論からベイズの拡張，応用までコンパクトに解説する入門的テキスト。多様な実データのRによる詳しい解析例を示す実践志向の書。〔内容〕概要／線形回帰／ロジスティック回帰モデル／対数線形モデル／ベイズの拡張／事例／他
坂巻顕太郎・寒水孝司・濱﨑俊光著 統計解析スタンダード **多 重 比 較 法** 12862-8 C3341　　　　　A5判 168頁 本体2900円	医学・薬学の臨床試験への適用を念頭に，群や評価項目，時点における多重性の比較分析手法を実行コードを交えて解説。〔内容〕多重性の問題／多重比較の概念／多重比較の方法／仮説構造を考慮する多重比較手順／複数の主要評価項目の解析。
滋賀大 杉本知之著 統計解析スタンダード **生 存 時 間 解 析** 12861-1 C3341　　　　　A5判 240頁 本体3800円	データの特徴や解析の考え方，標準的な手法，RやSASによる事例解析と実行結果の読み方まで，順を追って平易に解説する実践的テキスト。〔内容〕生存時間データ／生存分布の推定と検定／Cox回帰／Cox回帰解析の適用例／応用と発展

早大 豊田秀樹著

瀕 死 の 統 計 学 を 救 え ！
―有意性検定から「仮説が正しい確率」へ―

12255-8 C3041　　　　　　A 5 判 160頁 本体1800円

米国統計学会をはじめ科学界で有意性検定の放棄が謳われるいま、統計的結論はいかに語られるべきか？初学者歓迎の軽妙な議論を通じて有意性検定の考え方とp値の問題点を解説,「仮説が正しい確率」に基づく明快な結論の示し方を提示。

早大 豊田秀樹編著

基 礎 か ら の ベ イ ズ 統 計 学
ハミルトニアンモンテカルロ法による実践的入門

12212-1 C3041　　　　　　A 5 判 248頁 本体3200円

高次積分にハミルトニアンモンテカルロ法(HMC)を利用した画期的初級向けテキスト。ギブズサンプリング等を用いる従来の方法より非専門家に扱いやすく、かつ従来は求められなかった確率計算も可能とする方法論による実践的入門。

早大 豊田秀樹著

はじめての 統 計 デ ー タ 分 析
―ベイズ的〈ポストp値時代〉の統計学―

12214-5 C3041　　　　　　A 5 判 212頁 本体2600円

統計学への入門の最初からベイズ流で講義する画期的な初級テキスト。有意性検定によらない統計的推測法を高校文系程度の数学で理解。〔内容〕データの記述/MCMCと正規分布/2群の差(独立・対応あり)/実験計画/比率とクロス表/他

早大 豊田秀樹編著

実 践 ベ イ ズ モ デ リ ン グ
―解析技法と認知モデル―

12220-6 C3014　　　　　　A 5 判 224頁 本体3200円

姉妹書『基礎からのベイズ統計学』からの展開。正規分布以外の確率分布やリンク関数等の解析手法を紹介、モデルを簡明に視覚化するプレート表現を導入し、より実践的なベイズモデリングへ。分析例多数。特に心理統計への応用が充実。

前首都大 朝野熙彦著

ビジネスマンがはじめて学ぶ ベ イ ズ 統 計 学
―ExcelからRへステップアップ―

12221-3 C3041　　　　　　A 5 判 228頁 本体3200円

ビジネス的な題材、初学者視点の解説、ExcelからR(Rstan)への自然な展開を特長とする待望の実践的入門書。〔内容〕確率分布早わかり/ベイズの定理/ナイーブベイズ/事前分布/ノームの更新/MCMC/階層ベイズ/空間統計モデル/他

前首都大 朝野熙彦編著

ビジネスマンが一歩先をめざす ベ イ ズ 統 計 学
―ExcelからRStanへステップアップ―

12232-9 C3041　　　　　　A 5 判 176頁 本体2800円

文系出身ビジネスマンに贈る好評書第二弾。丁寧な解説とビジネス素材の分析例で着実にステップアップ。〔内容〕基礎/MCMCをExcelで/階層ベイズ/ベイズ流仮説検証/予測分布と不確実性の計算/状態空間モデル/Rによる行列計算/他

前都立大 朝野熙彦編著

ビジネスマンがきちんと学ぶ ディープラーニング with Python

12260-2 C3041　　　　　　A 5 判 184頁 本体2800円

機械が学習する原理を、数式表現の確認、手計算、Pythonによる実装、データへの適用・改善と順を追って解説。仕組みを理解して自分のビジネスデータへの応用を目指す実務家のための実践テキスト。基礎数学から広告効果測定事例まで。

東北大 浜田　宏・関学大 石田　淳・関学大 清水裕士著
統計ライブラリー

社会科学のための ベ イ ズ 統 計 モ デ リ ン グ

12842-0 C3341　　　　　　A 5 判 240頁 本体3500円

統計モデリングの考え方と使い方を初学者に向けて解説した入門書。〔内容〕確率分布/最尤法/統計推測/MCMC 推定/エントロピーとKL情報量/遅延価値割引モデル/所得分布の生成モデル/単純比較モデル/教育達成の不平等/他

筑波大 手塚太郎著

しくみがわかるベイズ統計と機械学習

12239-8 C3004　　　　　　A 5 判 220頁 本体3200円

ベイズ統計と機械学習の基礎理論を丁寧に解説。〔内容〕統計学と機械学習/確率入門/ベイズ推定入門/二項分布とその仲間たち/共役事前分布/EMアルゴリズム/変分ベイズ/マルコフ連鎖モンテカルロ法/変分オートエンコーダ

東大 Kazumitsu NAWATA著

Introduction to Statistics Using Excel

12262-6 C3041　　　　　　A 5 判 184頁 本体3000円

1996年の刊行より版を重ねる学部初級向け統計学テキスト『Excelによる統計入門』第4版をもとに完全英文化。Excel操作の初歩から、記述統計、検定・推定、回帰分析など統計学の基礎へ展開。留学生教育、講義の英語化に待望の書。

上記価格（税別）は 2022 年 3 月現在

口絵 1　現在のノリ養殖．（上）有明海におけるノリ養殖の様子と（下）東京湾におけるノリ養殖（図1.12 左図，44 頁，写真提供：千葉県水産総合研究センター東京湾漁業研究所）．上の写真の四角に見える 1 つ 1 つの区画が，下の写真のノリ網操業区に相当する．

口絵 2　ノリの採集の様子．一勇斎国芳（歌川国芳）作「東都名所　大森」

口絵 3　北海道におけるコンブ漁の様子（厚岸にて）．

口絵 4　海辺の小型定置網で漁獲された海の幸．

口絵5 潮干狩りの様子. 重宣(二代目歌川広重)作「江戸名所 品川沖 汐干狩之図」.

口絵6 横浜市海の公園における潮干狩りの様子.
(93頁)

口絵7 海辺での人の営みと密接に関わってきたアマモ(*Zostera marina*).

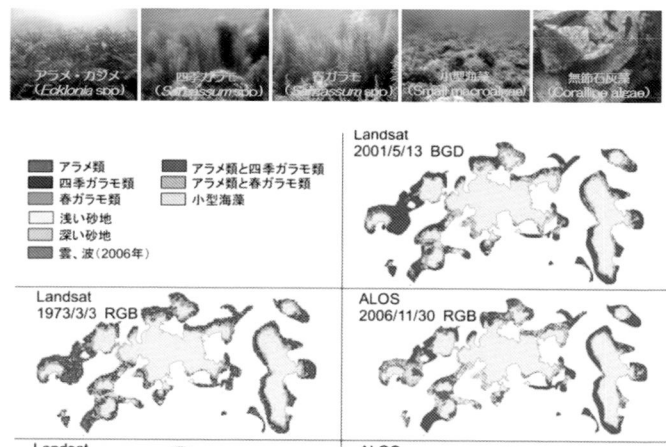

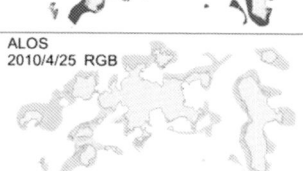

口絵8 長崎県五島列島・小値賀島における藻場分布の変遷(図3.12, 113頁, 農林水産省農林水産技術会議事務局(2020b)).

宮下 直・西廣 淳 編集

人と生態系の ダイナミクス

❹海の 歴史と未来

堀 正和・山北剛久 ［著］

朝倉書店

シリーズ〈人と生態系のダイナミクス〉編者

宮下 直 （みやした ただし） 東京大学 大学院農学生命科学研究科 教授

西廣 淳 （にし ひろ じゅん） 国立環境研究所 気候変動適応センター 主任研究員

第 4 巻著者

堀 正和 （ほり まさかず） 水産研究・教育機構 水産資源研究所 グループ長

山北 剛久 （やまきた たけひさ） 海洋研究開発機構 副主任研究員

まえがき

　人類は生物種として出現して以来，自然環境（＝生態系）からさまざまな恵みを引き出し，その利用を通して社会を発展させてきた．同時に，その営みが自然環境を顕著に改変してきたのは論をまたない．とくに，20世紀以降の人口増加と科学技術の目覚ましい進歩は，大規模な土地改変や自然資源の過剰利用をもたらしてきた．これは自国だけでなく，貿易を通して他国への負荷も増大させている．資源の枯渇，処理しきれない廃棄物の発生，地形や土壌の不可逆な改変といった地球規模の環境問題は，人間社会の持続可能性を間違いなく低下させている．最近の地球規模での温暖化や極端気象，それらがもたらす災害は，そうした危機にさらに拍車をかけている．

　こうしたなか，生態系には多様な機能があり，それが社会の持続性にとって重要であるという認識が，徐々に社会に浸透しはじめている．たとえば生態系の保全や持続利用に対して，国や自治体が支援する仕組みが整いつつある．また生態系の価値を市場メカニズムに組み込む試みや，生態系の保全と地域活性化を連動させる試み，さらに自然が潜在的にもつ能力を防災・減災に積極的に活用する試みも散見される．これらは，人と自然の関係を再構築し，新たなフェイズに向かわせる動きととらえることができる．

　だが，その動きはいまだ限定的であり先行きが不透明である．最近のマスコミ報道でも明らかなように，国や企業は，ICT（情報通信技術）やAI（人工知能）が招く新たな価値創造を目指した社会づくりを進めつつある．国際競争力を高めるためのスマート農業はその典型だろう．だが，生産性や効率のみを追い求めた過去が，予期せぬ環境問題や社会問題を引き起こしてきたことを忘れてはならない．逆説的かもしれないが，いまこそ過去の歴史に学び，これからの時代に合った「価値の復権」を探ることが必要ではないだろうか．これは，現代文明を捨てて社会を昔の状態に戻そうという主張ではない．人間とその環境の関係を加害者と被害者のように単純化するのではなく，人間と環境がダイ

ナミックに作用しあってきた歴史の文脈で「環境問題」をとらえ，未来を創造
的に議論しようという意味である．そもそも私たちは，日本の自然や社会のルー
ツとその変遷をどれほど知っているだろうか．自分自身の生活や社会の歴史
を知ることは，文化も含めた価値の再認識につながるはずだ．先行きが不透明
な時代を迎えた今，経済至上主義や短期的な利便性の追求といった価値観を超
え，日本人が長年培ってきた共生思想や「もったいない」思想を生かす技術革
新や制度設計，そして教育改革が明るい未来を拓くことにつながるに違いない．

　編者らが本シリーズ（全5巻）を企画した背景は上記のとおりである．本シ
リーズでは，人との長年のかかわりあいのなかで形成されてきた5つの代表的
な生態系―農地と草地，森林，河川，海，都市―をとりあげ，①その成り立ち
と変遷，②現状の課題，③課題解決のための取り組みと展望，を論じていく．
編者や著者らの力量不足で，新たな価値の復権にはいたっていないかもしれな
いが，少なくともそのための材料提供になっているだろう．また国連が定めた
SDGs（持続可能な開発目標）の達成が大きな社会目標となっている現在，人と
自然の歴史的なかかわりから学ぶことは多いはずである．その意味からも，本
書は示唆に富む内容を含んでいるに違いない．

　本書は純粋な自然科学でも社会科学でもない，真に分野を横断した読み物と
して手にとっていただくとよい．著者らは，基本的に生態学や計画学の専門家
であるが，今回の執筆にあたっては，専門外の内容をふんだんに盛り込み，類
書がないものに仕上げたつもりである．生態学や環境学にかかわる研究者，学
生はもとより，農林水産業，土木，都市計画にかかわる研究者や行政，企業，
そして生物多様性の保全に関心のあるナチュラリストなど，広範な読者を想定
している．単なる総説に留まらない，かなり挑戦的な内容も含んでいるため，
未熟な論考もあるかもしれないが，その点については忌憚のないご意見をいた
だければ幸いである．

　さて，シリーズ4巻となる本書では海洋生態系を対象としている．海洋も人
の営みとともに変遷を遂げてきた生態系である．人にとって陸上は衣食住のす
べてをまかなう場所であり，利用できる面積は限られているため，「土地」とい
う概念が存在する．土地の概念があれば，個人であれ共同であれ，人がかかわ

りをもつ場としての認識が生まれる．もちろん，海洋でもごく浅い海岸線沿いの「海辺」は，潮干狩りなど身近に海の恵みを利用できる場所として地域で管理され，人の営みに重要な役割を果たしてきた．この点から「海辺」はある意味，「土地」と同じ役割を果たしてきたといえる．

　その一方で，海洋は船という特殊な乗り物と漁具を使い，遠く沖合や大洋に赴き，栄養価が高い多量の食料を得るための公共の場所でもある．この利用では「土地」の概念は存在しない．土地でもあり，公共の場でもあるという海洋の二面性は，現在の水産業では一見あいまいに見えるが，実は色濃く残っている．これら双方の海の恵みがともに貴重な動物たんぱく源となり，古来より日本人の営みに深く関与してきたことに異論はないであろう．

　人の営みは近世以降大きく変化し，工業化・都市化による経済発展とともに自然資源を過剰利用するようになった．このような「オーバーユース」は，沖合では資源の減少をもたらし，海辺では資源の減少や環境悪化，さらには海辺という場そのものを減少させてきた．これは，自然資本がもつ潜在的な（供給可能な）生態系の恵みを縮小させている．

　加えて，近年の社会経済構造の変化，特に地域経済から大都市中心経済への移行や，小規模小売から大型量販店等の規格統一による大量販売へのシフトは，水産業にも大きな影響をもたらした．地域の漁業者が「海辺」で水揚げし，地元の魚屋へ卸してきた「雑魚」と呼ばれる多種多様な小型魚介類は，食卓にのぼらなくなった．大型量販店では，大量に獲れる沖合の回遊魚や切り身で販売できる大型魚，あるいはいつでも入手可能な養殖魚が中心に販売され，消費者のニーズが偏るようになった．海の恵みに対する需要の変化により，市場価値が下がり売れない「海辺」の主要魚介類は水揚げされなくなり，そのすみ場所である「海辺」への関心も薄れていった．これは生態系の「アンダーユース」であり，海辺とのかかわり方を大きく変える要因となっている．

　本書は日々の営みの場所であった海辺，すなわちごく浅い沿岸生態系に関する内容を中心に構成している．沖合や遠洋の生態系を完全に除外するわけではないが，内容に偏りが生じることはご容赦いただきたい．まず第1章では，人と海洋生態系とのかかわりが人類史とともにどのように変遷してきたか，その数千年の歴史を紐といていく．次に第2章では，人の営みと生態系とのかかわ

りを整理するために必要な海洋生態系の特徴を生態学的視点から説明する．第3章では海洋生態系と人の営みとのかかわりにおいて，現在，問題視されている課題やその具体的事例に触れる．最後に，第4章では課題解決に向けて有効な取り組みや概念を紹介し，著者らが考える「人の営みと生態系とのかかわり」の将来像について議論する．なお，全章にわたり堀と山北が共作し，写真・図も引用を記したもの以外は，自前で用意した．

　また，本書の内容を吟味していく過程において，多くの方にお世話になった．はじめに，本書を執筆する機会を作って下さった，本シリーズの企画・編集者の宮下直氏・西廣淳氏に御礼申し上げる．宮下氏には原稿執筆中から多岐にわたりご助言をいただいた．また，環境省環境研究総合推進費 S15（JPMEERF 16S11513）の助成を受け，このプロジェクトの研究内容を多く引用した．加えて，メンバーにも議論に付き合ってもらい，特に牧野光琢氏には有益なコメントを多数いただいた．ここに記して御礼を述べる．加えて，水産分野に関しては黒木洋明氏にもご助言をいただくことができた．ここにお名前を記して御礼を述べたい．最後に朝倉書店編集部の皆さんには，原稿の入稿が大幅に遅れたにもかかわらず，辛抱強く待っていただき，刊行までご尽力下さった．多大なご迷惑をおかけしたことをお詫びするとともに，この場を借りて厚く御礼を申し上げる．

　2021 年 3 月

堀　正和・山北剛久

目　　次

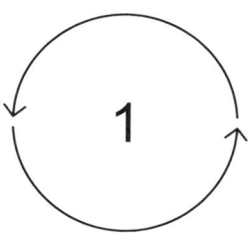

日本の海の利用と変遷

　海辺は古くから人類に多様な恩恵を与えてきた一方で，気候変動の影響をはじめとして，変化の激しい場所である．人と海との長いかかわりの歴史を紐とくことで，自然の恵みの潜在性の活用の仕方，その持続可能な利用法，そして搾取と破壊の連鎖を断ち切るためのヒントが得られるに違いない．しかし，歴史的に海をどのように利用してきたのかについて，生態系と人とのかかわりの視点からまとめた資料は稀である．本章では，海の生物多様性の利用とその様式がどのように広まったのか，そして資源の管理や持続性はどのようにして担保されてきたのか（あるいはされていなかったのか）について，日本の温帯域を中心とした人類史の観点からまとめる．

　ここで著者は，沿岸の利用の変遷を俯瞰するにあたり，多様な生物種の利用，業としての漁業の誕生，流通網の発達による利用圧の増加，そして規制を中心とした制度に焦点を当てる．こうした着眼点は，需要と供給そしてインフラにあたり，いわば経済を駆動するシステムそのものである．しかし，歴史的な利用は，単一種の利用を最大化することに特化した近代の産業とはさまざまな見地から異なっていた．まず，そもそも利用対象が多様であり，技術的な課題から沖合の海の利用は少なく，一部を除いてごく岸近くの利用がほとんどであった．また，単なる漁獲だけではない文化的な利用も重要な要素である．本章ではこの点を強調したうえで，次章以降の自然環境自体の仕組みと人間活動とのつながりについて考えていく．また，需要・供給・流通の関係を変化させる駆

動因には，やはり人口増加による食料需要の増加や，肥料など他の産業での需要，市街地の拡大による生息環境の破壊や，漁獲の効率化による自然環境の変化がある．この点についても定性的ではあるが近代の状況について言及し，第3章以降につなげたい．

　事例を中心に記載していくと，時代が前後する部分や個別の各論が多くなる．そこで読者が迷子にならないように，全体を俯瞰する図を提示しておく（図1.1）．寒冷な旧石器時代には海の資源はほとんど利用されなかったが，温暖な縄文時代には貝塚などからわかるように豊富な海の資源が貴重なたんぱく源として利用された．その後，農耕により人口が増加すると米が主食となった．都市が発達すると徴税を含めて，都市から地方に対する食料需要が起こり，中世の荘園の発達とともに領地の目の前の地先の海を利用した生産の専門化が進み，地方

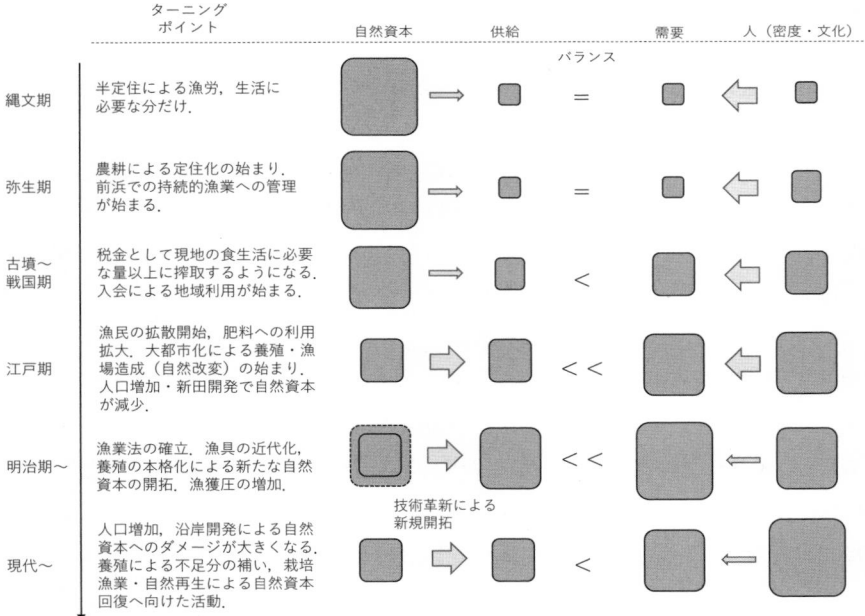

図1.1　過去から現代までの海辺利用の概念図．
　　　自然資本（生態系内の資源のたくわえ）に対する供給の割合が小さく，人口からの需要が同程度の状況が持続的利用の理想形といえるが，需要と供給のバランスが崩れ，需要過多になると自然資本そのものが小さくなる．

から都市への海産物の国内輸入が拡大した．この流通は室町時代の市の自由化とともに増大した．その後，都市は拡大を続け，江戸時代には，航路の発達と綿花の肥料としての膨大な需要，陸域の改変，中規模の漁業技術をもった人たちの移住が進んだ．明治期以降にはさらに漁獲技術の発達と機械化が進行し，漁獲できる範囲が広がったものの，いよいよ沿岸では需要が満たせなくなり，沖合や海外へと拡大したほか，養殖も発達した．また，マリンレジャーなど多様な利用のあり方が提案され，現代には自然再生や資源管理が広まるようになった．こうした流れを，現状の海の管理のあり方の理解と，現在の資源の劣化の要因として反面教師のように考えることができるほかに，個別の事例では，生態系とのよいかかわり方の参考になる物も少なくない．

では，具体的にどのようにこうした利用の変遷が起こってきたのだろうか．生態系と人とのかかわりや，海が文化的な慣習とどのように結びついているのかについて，日本に人類が渡来したと考えられている最終氷期とそのあとに続く縄文時代から，時代に沿って見ていきたい．

1.1 最終氷期から縄文期

(1) 日本の海の利用の源流

2018 年，東京国立博物館で特別展「縄文―1 万年の美の鼓動」が開催され，多くの人が縄文に沸いた．奇抜な土偶や装飾性の高い土器とともに「縄文は日本の絶頂期である」「人類史最強のミステリーである」といった宣伝文句が街を彩った．高度な土器装飾の文化をもっていただけでなく，貝塚をはじめとする海の利用も発達していた．現在の日本人には縄文時代の人よりも弥生時代の人の遺伝的痕跡の方がより高い割合で残るとされるが，現在の日本人を構成している一要素である事実は変わらない．また，縄文時代の文化の独自性は現代芸術の旗手であった岡本太郎の芸術作品に取り入れられるなど後世の人々を魅了している．これらも含めて，縄文は日本の文化の 1 つの源流となっている．ここでは温暖な縄文時代と，その前の寒冷な旧石器時代との 2 つの狩猟採集中心で定住性の低かった時代をひとまとめにして，人と自然とのかかわりの原点に

ついて説明する.

(2)　旧石器時代：日本列島の人々の成り立ちと海を渡る人々

　日本列島にいつどのように人が来たのだろうか. 最新の研究ではヒト（ホモ・サピエンス）の起源は 20 万年以上前にさかのぼり, およそ 5 万年前には西アジアにも広がったとされる. 日本列島では少なくとも 3 万 5000 年前頃に旧石器時代が始まっている（稲田・佐藤 2010a）. それ以降, 1 万 5000 年前に温暖な時期になり縄文時代草創期を迎えるまで, 日本列島における人類の歴史の半分以上は最終氷期と呼ばれる寒冷な時期であった.

　旧石器時代の遺跡から出土するものは主に石器であるが, 気候については地層中の有孔虫という微生物の化石などの酸素同位体や花粉の化石などから推定することができる. この頃は今の気温と比べて −5℃ から −10℃ と寒冷で, 現在のシベリアのような気候であり, かつ年による気温変動が大きく, 異常気象が多かった. 当時の日本列島の人々と, 続く縄文時代や現代との文化的, 遺伝的なつながりは十分にはわからないが, 気候から推定すると, イヌイットのように定住せずに獲物を追って暮らしていたと考えられている. 例えば, 陸ではナウマンゾウやオオツノジカなどの大型哺乳類や木の実の利用の痕跡がある. 小型動物を利用した痕跡はほとんどないが, 琉球列島以外は酸性土壌で骨は劣化しやすい. 人骨の出土もほとんどないため, 同位体などを用いてその食料起源を定量的に知ることはほとんどできていない.

　旧石器時代に, 果たして日本列島に住む人々は海域を利用していたのだろうか. 少なくとも九州以北では, 旧石器時代に海の恵みを利用した痕跡は未発見である. これは以下の理由があげられる. そもそも発見された遺跡は平地を利用するものが多く, 多くは平地の狩りに適した生活をしていたと考えられ, 山地や海辺の利用が少なかった（稲田・佐藤 2010b）. また, 日本列島の沿岸が寒冷であったため, 海域の利用には現在のイヌイットのような特殊な技術が必要であっただろう. 地理的には, 最終氷期の期間中で最も寒かったおよそ 2〜3 万年前には日本列島とユーラシア大陸とが樺太および対馬周辺を通じた陸続きになっており, 日本海が広大な汽水湖となっていた. さらに, 現在のような海流がなく, 海域や淡水域の生産性が低かった可能性が考えられている.

　当時は海面が現在よりも低かったため，海岸付近で局所的に海を利用している人々がいたとしても，遺跡は現在では海底下にある．また貝殻等は骨よりも劣化が進みやすいため，仮に旧石器時代の海底遺跡があったとしても発見は困難であろう．

　ただし，琉球列島では旧石器時代後期に相当する時期の貝塚や釣り具と思われるものが見つかっている．また，台湾でも八仙洞をはじめとする長浜文化の遺跡で，釣り針と魚の骨など漁労の痕跡が知られており，日本列島の最南部から以南の地域では，海の恵みを利用する文化が広がりつつあった．

　海の生物を利用した証拠がほとんどない一方で，船による海の移動はあった．その証拠の1つは琉球列島における遺跡と人骨の分布である．旧石器時代の最も寒冷な時期でも琉球列島は陸続きではなかったため，海を渡る以外に移住手段は考えられない．さらに，関東地方でも海を渡る人がいた証拠がある．それは，鋭利な石器をつくるために重宝された黒曜石の分布である．黒曜石の原産地は限られているが，黒曜石を用いた石器の分布は原産地から100km以上離れた地域にも及んでおり，旧石器時代でもかなり遠方との交易があったと考えられている（堤 2009）．そのうちの1つに伊豆諸島，神津島産の黒曜石があり，伊豆半島などから出土している．船の出土自体は縄文時代の丸木船が最古のものだが，黒曜石を用いた石器の分布からすると，旧石器時代にも海を移動する手段をもった人々もいたはずだ．

　ここまでをまとめると，旧石器時代の日本列島周辺にいた人々は，主に陸上の獲物を追って移動する生活であり，人口も少なく，厳しい環境に耐えつつ，食料を得ることに多くの労力がかかっていた．このような暮らしは2万年以上続いたことから，遺伝的な連続性の強さが定かではないとはいえ，後世に技術をもった漁民が獲物を追って日本中に移動・拡散することをはじめとして，現代人を含むヒトの本質的な性質について少なからず示唆する部分があるだろう．また，黒曜石の流通に代表されるように，海を移動することができる人々が存在した，または，海を利用できる程度に温暖な気候の時代も一時的に存在していた．特に南方のより温暖な地域では海を利用する技術が発達しつつあった可能性がある．こうした技術は，温暖な縄文時代に活躍することとなる．

(3)　縄文時代：貝塚から見た海産物の利用

　縄文時代になると，温暖な気候とともに徐々に遺跡の数は増加し，海の利用は明らかに多くなり，利用する生物も多様になった．特に縄文中期以降には定住性が高い地域も見られ，クリなどを栽培した痕跡が見られる．一方で，海産物の利用については，沖合や深場で大量に漁獲する技術はなかった．そのため，人口が増加したとはいえ，積極的に管理をせずとも資源は枯渇せず，自然の恵みで十分暮らせていたと考えられている．ただし，長い縄文時代全体では，海水準や気候の変化も見られている（自然環境については2.1節(2)参照）．また，貝の加工場の痕跡もあるなど一定の定住性も示している．そのため，環境の変化や資源の変動に対応する必要に迫られることもあっただろう．これらについて，貝塚の分布と産物を中心に説明しよう．

a.　貝塚とその分布

　およそ1万5000年前の温暖期が始まると，縄文時代と呼ばれる時代になった．この時代を特徴づける出土品として，土器，土偶とともに貝塚があげられる．貝塚は，当時の人々がゴミとしての「食べがら」を捨てて溜まった場所である．貝殻や食物の骨とともに，土器や石器が同時に出土することもあれば，飼い犬や人間も一緒に葬られていることさえある．今でいう「ゴミ」の概念はなく，単なるゴミ捨て場ではなかったのかもしれない．貝殻はアルカリ性が高いことから，酸性の土壌が多くを占める日本列島において，遺跡の劣化を防ぐタイムカプセルとして機能した点からも特別な場所である．この貝塚を起点に，古代の人々が海の生物多様性をどのように利用していたか紐といてみたい．

　縄文時代の貝塚の分布を図1.2に示した．太平洋側の内海や湾を中心に，特に東日本の海岸を覆いつくすように発見されている．貝塚の全国スケールでの分布数は，おおむね人口の分布に対応しており，当時の本州全体での人口分布は，遺跡の分布の偏りなどから東日本に多かったと推定されている（宮下・西廣 2019）．

　次に本州全体における貝塚の分布と地形の関係に目を向けたい．貝塚などの発掘調査は，開発工事などによって遺跡が見つかってから，文化財保護法に基づいて行われることが多い．そのため，分布は都市部に偏りやすいが，それを差し引いて考えても，東京湾と仙台湾から三陸南部，小川原湖（古小川原湾）

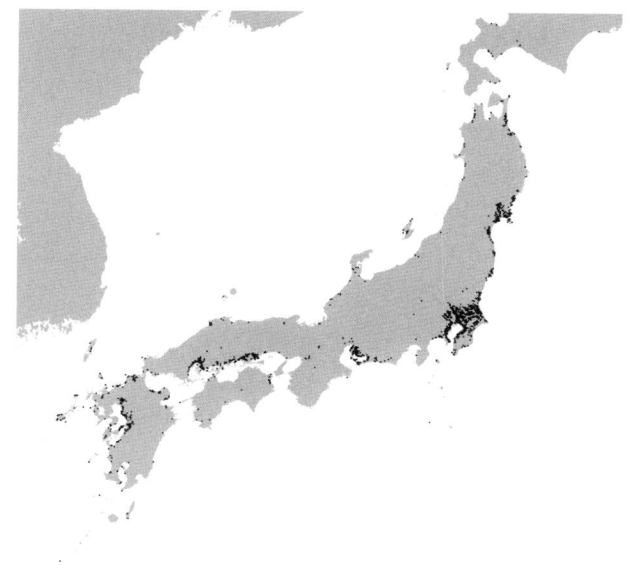

図 1.2 発見されている縄文時代の貝塚の分布地点.
奈良文化財研究所（2017）より作成.

などの東日本の湾で圧倒的に多い．そのほかに，中部から西日本にかけては，三河湾，瀬戸内海中部の岡山市から福山市周辺，有明海・八代海の特に熊本県側にも比較的多く見られ，内湾のかなりの部分に広がっている．縄文時代においても，現在と同様に貝類を中心とする沿岸の海の利用は内湾で多かったことがわかる．湾の中でも，特に東京湾などの湾内における分布を見ると，ずいぶん内陸に立地している．これは当時の温暖化に伴い，縄文海進と呼ばれる海面上昇が日本近辺で局所的に起きていたためである（図 1.3；コラム 4（p.58））．

　人口が相対的に少なかった西日本では瀬戸内海や内湾以外にも貝塚が複数集まる場所が見られ，特に九州北部の海岸に多い．九州北部は後述する防衛や沖ノ島の信仰，専業漁師の起源などにも関係する場所なので，海を利用する人々の集落がすでに集中していた可能性もある．また，江戸時代には海上交通の要衝となるにもかかわらず，干満の差が小さい日本海側には少ないことから，潮汐の大きさによる潮間帯の広さの重要性も示している．

　なお，琉球については，本州の縄文時代に相当する 6600 年前には九州・奄美

図 1.3　関東地方における縄文時代の貝塚の分布地点と
地形.
等高線は現在の 10 m ごとの標高.
奈良文化財研究所 (2017), JTOPO30 より作成.

　から縄文文化をもつ人が渡来し, 貝塚がつくられ, 縄文式土器と似た特徴をも
った土器を用いた生活が始まっており, 「貝塚時代」と呼ばれている. ただし,
宗教的意味合いがあったとされる土偶は出土しない一方で, 貝かざりやジュゴ
ンの骨が出土している. そのため本州をはじめとする地域の影響は受けている
ものの独自の文化圏であったとされる. その後, 稲作や鉄器・青銅器を用いた
弥生時代に移行しないまま, 貝塚を伴った集落をつくる生活が平安時代に相当
する 10 世紀頃まで続いていた. また, 船による交易も行っており, 弥生時代か
ら平安時代に相当する貝塚時代後期は交易を中心とした暮らしになった.

b. 食料の多様性

　次に, 実際に利用していた海産物がどの程度多様で, 海の恵みを多く受けて
いたのかについて, 貝塚で出土した海産物の種類と頻度を地域別に比較したい.
ここでは酒詰 (1961) に基づき, 貝塚で出土した貝類と魚類の地域ごとの出現
割合を一覧にした (表 1.1). 現在の日本人が食べている魚介類が高い割合を占
めていること, 地域による差があることがわかる. これは, 分布そのものの地
域的な偏りと, 地域による好みの双方が影響している. 例えばハマグリやマダ

表 1.1 縄文貝塚の主な産出品種とその地方別の出現率.
酒詰(1961)より引用.

貝類	ハマグリ	カキ	アカニシ	アサリ	サルボウ	オキシジミ	シオフキ	ハイガイ	ツメタガイ	オオノガイ	貝塚遺跡総数
出現遺跡数	657	562	471	423	419	410	390	381	308	300	836
東北	0.5	0.5	0.2	0.4	0.2	0.2	0.1	0.1	0.2	0.1	120
関東	0.9	0.7	0.6	0.5	0.6	0.6	0.6	0.5	0.4	0.5	573
中部	0.9	0.7	0.6	0.5	0.5	0.4	0.3	0.5	0.4	0.2	50
近畿	0.6	0.6	0.4	0.1	0.4	0.3	0.1	0.5	0.1	0.4	11
中国	0.6	0.7	0.7	0.4	0.4	0.4	0.1	0.6	0.3	0.0	37
四国	1.0	1.0	0.8	0.8	0.6	0.6	0.8	0.8	1.0	0.0	5
九州	0.7	0.8	0.3	0.4	0.3	0.4	0.2	0.4	0.3	0.1	40

魚類・海生哺乳類	マダイ	スズキ	クジラ類	クロダイ	ボラ	エイ類	イルカ	マフグ	マグロ	サメ	コチ	アカエイ類
出現遺跡数	141	98	73	71	62	61	47	43	42	40	19	15
東北	0.15	0.13	0.13	0.06	0.03	0.05	0.08	0.08	0.11	0.06	0.01	0.04
関東	0.19	0.13	0.08	0.10	0.09	0.08	0.06	0.05	0.04	0.04	0.03	0.01
中部	0.10	0.08	0.12	0.12	0.08	0.06	0.04	0.08	0.04	0.10	0.02	0.04
近畿	0.00	0.09	0.00	0.09	0.00	0.00	0.09	0.09	0.09	0.00	0.00	0.00
中国	0.11	0.03	0.03	0.03	0.03	0.16	0.00	0.03	0.03	0.03	0.03	0.00
四国	0.40	0.20	0.00	0.00	0.20	0.00	0.00	0.00	0.20	0.00	0.00	0.00
九州	0.08	0.00	0.13	0.00	0.03	0.00	0.00	0.00	0.00	0.13	0.00	0.00

イは全国的に人気が高く,ハイガイは東北では分布そのものが少なかったことが読み取れる.

　また,その種類についても多様であり,貝類で354種,魚類で71種が出現している.この表からは読み取れないが,関東では小型の巻貝であるキサゴ類が特異的に消費され,特に東京湾の一部の貝塚でイボキサゴが多く出土している.魚では,道東や福島沿岸でキュウリウオの仲間(ワカサギ・シシャモ),福岡県の糸島でトビウオ・ベラ,有明海や鹿児島湾でキビナゴなど地域で特徴的なものも見られている(泉・今村 2013).

　特に興味深い点は,外洋に面した地域では,遠洋性の魚であるマグロやクジラ,イルカまで出土しており,地域によってはそうしたものが多くを占めていることである.当時の遺跡からは,釣り針や網に使用するおもりを石や動物の骨や角を用いてつくったものが出土している.当時の丸木船も全国で多数発見

されている（出口 2001, 和船建造技術を後世に伝える会 2016）. このことから, ある程度専業の漁労（ごく地域的な生業を本書ではこう呼ぶ）が成立し, 日帰りできる程度の沖合での操業がこの時期にはあったと考えられる. また, 当時入れ墨とともに成人で一般的であった抜歯の風習の研究から, 抜歯される歯の位置と分業とが対応していると考えられている集落もある（泉・今村 2013）.

　当時の活動は規模的には漁労と呼ぶにふさわしい, 主に地域内で消費される小規模なものがほとんどだったと考えられるが, 縄文中期には水産物の交易も行われた可能性が高い. 東京都北区の中里貝塚で, 土器など他の日用品を伴わずに同じような大型のハマグリやカキの殻が大量に見つかっている. そのため, ここは貝の加工場であったと考えられていることが, その根拠の1つである（西本・新美 2010）. また茨城県などで製塩に特化した集落も見つかっており, それ以前から見られる装飾品として用いられた貝輪などの交易も含め, 交易品の対象は拡大していったらしい（泉・今村 2013）. 世界的にはこの時期に, 物品貨幣が出現している. バビロニアの穀物, オセアニアの石類などとともに中国古代の王朝である殷ではタカラガイを貨幣として用いたことは有名である. ただし, 日本での証拠からは商業的な取引は弥生時代の後期以降に活発化したと考えられ, 平安期にはアワビやワカメなどをはじめとした海産物の物流の活発化も明らかになっている.

　上記のように, 縄文時代には沖合へのアクセスの手段は限られていたにもかかわらず, すでに多様な海産物が食料などとして利用されており, その利用方法は地域の特性や嗜好によっても異なっていたといえる.

c. 縄文時代における海の利用の持続可能性

　こうした海の利用は持続可能な利用だったのだろうか. また, 利用に際し, 何らかの環境への配慮があっただろうか. この時代の利用量を定量的に知ることは容易ではない. しかし, 同じ貝の種類でも小型の物を漁獲していなければ, 乱獲が少ないか, 生育のための管理をしており, 持続的であったとする仮説が考えられる. 出土した貝殻の大きさから, どのように貝を利用していたのかについて検討した例に, 例えば長期に定住して集落が形成されていた同じ遺跡について, 異なる時代ごとに貝のサイズ組成を検討した例がある.

　西野（1999）は, 縄文時代の中期から後期の千葉県有吉北貝塚において, ハ

マグリ，アサリ，シオフキ，オキシジミ，ヤマトシジミ，イボキサゴのサイズ組成について時代を追って比較している．その結果，個体数で大半を占めるイボキサゴと，あまり好まれなかったと考えられるオキシジミを除く4種類については，出現する貝殻のサイズの小型化が進んだ．途中で消失したヤマトシジミを除き，その後の時代で再びサイズが大型化してきたこと，および1年目のサイズのハマグリをほとんど採集していないことから，一定の管理もしくは乱獲にいたらない規模への集落の縮小があった可能性を指摘している．

貝以外では，魚についても繁殖齢に達しない若い個体をとらなかった可能性が，古くから指摘されている（小宮・鈴木 1977）．ただし，資源管理を行った結果か，単に大きなものだけを採集していたのか，サンプリングの際のふるいの目の粗さや，遺跡の劣化によって見逃しているのか，といったさまざまな要因が考えられ，見極めは容易ではない．実際に，これまで小宮・鈴木（1977）の研究で5つの貝塚を比較し，いずれも25cm以下のクロダイを捕獲していないとされていたものが，のちに採集方法による誤差の可能性を否定できないと指摘されている（河井 2001）．

このように当時何らかの自然への配慮や管理があった可能性は検討されているものの，海では明らかになっていない．人口が最大でも26万人程度（鬼頭 2007）と今よりはるかに少なく，初期には定住性が低かったとされるので，特に管理や配慮をしなくても困らなかったかもしれない．しかし，縄文時代後期に発達し東日本に栄えた縄文文化の象徴ともいわれる三内丸山遺跡（青森県）では，明確な定住性が見られ，クリなどの樹木を栽培していたことが明らかになっている．同様に海では，カキ（貝類）の初歩的な養殖を行っていた可能性を指摘する説もある（泉・今村 2013）．そのため，長い縄文時代の中でも定住性や時期による差があるにせよ「小さな貝をとりつくさないほうが，また来年大きくなってとれる」という，当たり前の法則は理解していたはずである．稚貝をとらない程度のことは行っていたかもしれないが，一定のルールになるほど社会や環境に対する意識が発達していたかは不明である．

1.2 弥生時代から江戸末期

弥生時代以降，都や幕府を中心とした社会制度の導入が進む．この期間の初期の海の利用の大きな変化として，防衛上や流通上の重要性が増すことで，海にかかわる職業（海人部）ができた．そして私有地である荘園の広がりにより，領地に接する地先の海の利用が進んだ．同時期に流通のための船の利用や漁民などの専業化が徐々に進むものの，制度上明確な地位が与えられたものはわずかで，海賊なども生まれた．多くの海辺の人にとっては沿岸の主な利用方法は主食ではなく，おかずの採集であったと考えられるが，局所的な乱獲が各地で起こり，主に都市部や河川などで禁漁などの漁獲規制が行われた．

都市部では，平安時代頃から現在の食材や調理法と近い食生活を行うようになり，それにともなって流通網も整備された．室町時代から江戸時代にかけては，人口も1000万人以上に増加し，大量消費と大量漁獲とそれらの輸送が始まった．この時代の自然への負荷の程度を定量的に測ることは難しいが，漁業の権利をめぐる争いが起きた記録があるほかに，漁民の全国各地への移動や，干鰯や鰊などの肥料への利用による需要が高まり，岸近くの漁獲圧はかなり高まっていった．一方で，沖合生態系はまだ人の手の及ばない地域がほとんどであったし，アワビの採捕ではまだ水中眼鏡すら用いられないなど，沿岸でも漁法によっては技術的制約があった．陸域では，魚付き林を設置し，好漁場の周辺の森林を伐採せずに保全しようとするなど，自然に対する意識の変化も見え始める．

(1) 古墳時代から飛鳥時代の海人部と，漁業者の組織化

「諸国の海人，きわめて命に従わず，すなわち，阿曇連の祖 大浜宿禰をつかわして，これをつかわして，これを平げしめ，その功を奏す，よって，海人の宰となしたり（『日本書紀』巻十）」

この小節では狩猟採集から律令制度を経て職業としての海とのかかわりができるまでをまずまとめよう．

弥生時代以降，教科書に掲載されるような日本史の本流では，ほとんど狩猟

採集民の話は出てこない．これは，記録が少ないこともあるが，稲作の普及と支配階級ができたことで，狩猟採集民が歴史研究の対象として主流ではなくなったことも大きいだろう．飛鳥時代に律令制度が取り入れられて，租・庸・調および雑徭として知られる税を納めるようになった時代には，農民がその苦痛を訴える万葉歌である「貧窮問答歌」などを残している（羽原 2002）．一方で，地方にも市場ができ，交易の場が官民ともに広がった．朝廷や豪族の支配が強くなるにしたがって，それを支える農民とその文化が全国的に広がった．もともとの狩猟採集民は，生業を農民に転換したうえで，一部の「おかずとり」のみを行うようになったか，遠方に追いやられて，ほとんどは朝廷や権力者から離れた存在であったと考えられる．そのため，生業としての沿岸漁業は広く沿岸に生活する農民が，いわば半農半漁スタイルで行っていたと推察される．しかし，職業としての漁獲は朝廷や豪族の税としての産物の記録もある．

　産物を中央に納める職業部門である品部（しなべ）の1つとして海人部（あまべ）が，西暦234年に設置されたと，『日本書紀』に伝説的に書かれている（実際には対応する元号は4世紀後半と推定されている）．海人部を管掌していたのは海神である綿津見命（わたつみのみこと）を祖先とし，筑前国糟屋郡阿曇郷（現在の福岡市東部）を発祥とする阿曇氏（あずみうじ）と伝えられている．年代のずれが大きいことから当時の海人部の存在自体を疑う説もあるが，その成り立ちはともかく，漁業集団は西日本を中心に複数存在しており，『日本書紀』が編纂された7世紀後半より早い時期には，少なくともその一部は当時の政治体制の中に組み込まれていた．

　海人部の設置は朝鮮半島へ進出する大和政権の海軍的な意味合いもあった．実際，391年に倭（当時の日本）が百済と新羅を破り臣民としたことが記載されており（広開土王碑文），4世紀後半になると大和政権は百済との軍事協力を活発化した．また，663年に朝鮮半島で起きた白村江の戦いでは，北九州に本営を置いた日本「水軍」と百済復興軍との連合軍が，唐・新羅連合軍に敗れて，百済滅亡が決定的となっている．

　阿曇氏のほかの海に関する有力豪族に，日本から大陸および古代朝鮮半島への海上交通の平安を守護する「道」の最高神，宗像三神に由来すると伝えられる宗像氏や，海人部を分割して設置された犬養部の海犬養氏（あまのいぬかいうじ）や，住吉神社に由来し港を守る津守氏などがおり，いずれも北九州から福岡周辺の軍事的な役割

図 1.4　「海部・及び安満・天草（✪）」「海（●）」の入った地名の分布.
小さいグレーの点は既知の郷の地点を示す. 千年村プロジェクト（http://mille-vill.org/），中谷ほか（2014）および，奈良文化財研究所資料より作成.

を伴って勢力を伸ばしたものである. 彼らは，瀬戸内海・日本海をはじめとして，政権のある畿内周辺の海へも広がっていた. その広がりは，当時の地名を記した『倭名類聚鈔』（わみょうるいじゅしょう）（930 年頃）から「海部」という地名の分布を見ることでわかる（図 1.4；羽原 2002，沖浦 1998）.

　こうした豪族との関係は定かではないものの，九州北西部の海人（あま）が支配者層と異なる言語を使用しており，入れ墨を行っていたことが『魏志倭人伝』や『肥前国風土記』に記録されている. また，鹿児島を中心とする九州南部に，隼人と呼ばれる海を中心として生活する人々がおり，異なる風習や言葉をもってい

た．この隼人は『古事記』（712年）の「海幸・山幸」で，負かされた漁師のモデルであるという説がある．

彼らが行っていたとされる入れ墨は，『魏志倭人伝』の記録や土偶の模様に見られるように，縄文時代には呪術やファッションとしてほとんどの人が行っていた．しかし，大和政権以降，江戸時代に刑罰の一種とされるまで，入れ墨は都市部で一般的ではなかった．縄文人とのつながりは定かではないが，狩猟採集民や，馬や鳥の飼育を行う動物職で入れることが多かった入れ墨は，都に住む中央の人からは異質に見られていたようである．例えば神武天皇の御后が求婚された際に，使者の入れ墨に驚いたという『古事記』の伝説もあり，すでに狩猟採集民は政治の中心とは少し異なる層であったことは確かである．

こうした人たちは，海をどのように支配していただろうか．飛鳥時代・奈良時代の法律である大宝律令（701年）では山川藪沢は公共のものとして独占利用しないよう求められた．しかし，『日本書紀』（720年）には当時の地方組織である国や縣（あがた）が山海林野池田を割って，自分の財産として争ったという記述がある．その後の，墾田永年私財法（743年）で私有地化の現状を追認して以降，豪族を中心とした農地開拓と私有地である荘園が広がるようになる．そして荘園を中心として，地主と小作の関係が固定化し，武士が登場する．これは沿岸でも同様である．特に瀬戸内海においては，塩の生産のための荘園がいくつかあることが知られている（図1.5）．例えば後白河上皇の荘園から後に京都東寺の荘園となった愛媛県弓削島荘が有名である．ほかに海の利用に関しての記録は少ないが，瀬戸内海をはじめとして沿岸域に寺社や豪族の荘園は存在した．例えば，後に海賊，忽那氏（くつなうじ）を生んだ忽那島は奈良時代には法隆寺の荘園となり，その後，藤原道長の家系の荘園として馬牛の放牧などを行っていた（愛媛県史編さん委員会 1984，浜田 1985）．

同時期に一部の伝統的な漁村では海産物を都へ（特に神饌として）送るために，御厨（みくり）が創設され専業的な漁業が行われていたが，徐々に都への貢進は二次的になり，私設の御厨が増大したことが指摘されている．そして，専業とする漁民以外も地域的規模ながら乱獲を行っていたことが『続日本後紀』などに記録されている．800年頃には，池の水を全部抜いて魚をとる「かいぼり」の禁止や植物の毒を使った河川での漁業を禁止した記録がある（羽原 1949，2002）．

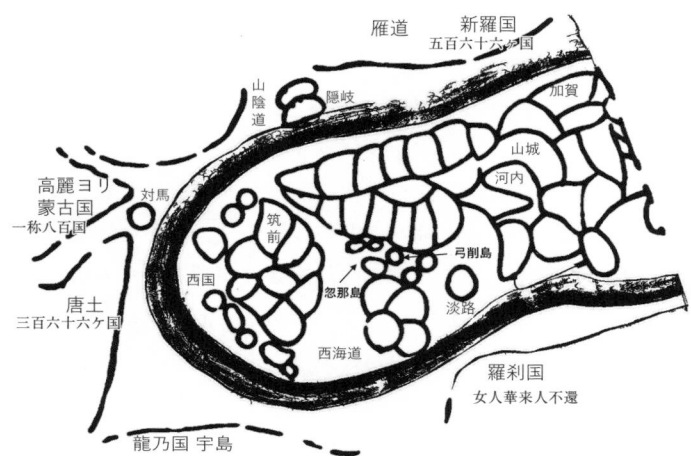

図 1.5 最古とされる当時（奈良時代）の日本地図「行基図」の写本に本文の荘園
の位置を示したもの．
海あるいは外国には鬼や異形の物が住むとされ，羅刹国や雁道と書かれ
ており，当時の海の外に関する世界感が読みとれる．金沢文庫蔵「鎌倉時
代日本図写」を改変．

その実効性は低く，パフォーマンスにすぎなかったとされるが，675 年に宗教
的な理由も含めて殺生禁断令が出されて以降，1126 年には都で漁具の焼き討ち
や鵜を捨てさせた記録があるなど，すでに乱獲への対応に苦慮していた．一方
で，狩猟採集民としての漁民の多くは，稲作中心となった社会の律令制度の枠
には組み込まれず，百姓に準じた身分をもつか枠外の身分のないもので，数も
少なく，農民に比べてマイノリティーな存在となった（沖浦 1998）．さらに，8
世紀から 12 世紀にかけて，温暖化による平安海進（ロットネスト海進）と呼ば
れる海水準の上昇が全国で平均 0.5 m ほど起こっている．東京の低地や博多な
どで水没した地域も見られる．これらの背景から，田畑だけでなく沿岸でも争
いがあったと考えられ，実際に 844 年には淡路へ他国の漁民が 3000 人あまり
も押し寄せて島民を苦しめた記録があるなど海賊が出没していた（宮本 2015）．
このように沿岸でも荘園と関係した権力や武力の集中があり，航海手段をもっ
た人たちと土地をもった人たちとの隔絶があったと考えられる．
　後の時代にこうした漁業や航海技術をもった人たちの一部は，漁業の網元，

海軍，海路での運搬や貿易を担ったと考えられているが，武士が台頭する時代には多くが村上水軍のような海賊となるなど，その後の社会制度の枠の外側で，場合によっては忌避されながら生活していたようである．特に瀬戸内海や九州南西部には，家船などと呼ばれ，陸にはほとんど上がらずに，今でいう漁業権区域の外の沖合で主に生活する漂海民が第二次世界大戦前（以降，戦前）までいたことがわかっている．その中には，抜歯や入れ墨などの，縄文時代の狩猟採集民を思わせる独自の風習があったことが知られる（羽原 2002，瀬川 2016）．

　ここまで，海部や沿岸の荘園のどの程度が狩猟採集民としての漁民を兼ねた半農半漁だったのか，あるいは専業に近かったのかなど，時間的な連続性がやや不明な部分はあるものの，律令制度が整うにつれ，海人部をはじめとする漁労を専門とする集団や，流通の仕組み，防衛などを含め海を利用する仕組みが形成されてきた．一方で，地方の狩猟採集民は中央の都市生活とは文化的な隔絶があり，特に一部の漁業にいたっては，社会の制度の枠が十分に及ばない，あるいは外れたかたちで行われ，局所的に乱獲状態になり，規制が始まっていた部分もあり，慣習的なルールが中小規模の争いを含めて成立し始めていた．

コラム1　海の神々と船を操る人たち

　海の文化的な利用という点で，特に神社は海とのかかわりが古く，海人族の成立にもかかわる．ここで海にまつわる信仰を紹介しておきたい．『日本書紀』に「神道」についての記載が，『古事記』に「社」について記載があることから，現在と同じような建造物かは不明であるが，当時から神社の社殿があった．奈良時代には律令政治の下で，明確に国家祭祀がなされた一方で，仏教も盛り上がり神仏習合が進み，その後，鎌倉時代の寺社奉行，鶴岡八幡宮に代表されるように幕府と神社の結びつきが強まって以降，一時的な衰退もあるものの，庶民の信仰は厚かった．江戸時代には成田山（新勝寺）が一大レジャー施設のように人気であったことも，それを物語っている．

　こうした中で，海の神として代表的なものに沖ノ島を擁する福岡県の宗像大社や広島県の厳島神社の祭神として代表される「宗像三女神」があげられる（戸部1997，沖浦 1998）．これは天照大神から道中の安全を守るよう命じられた三女神の総称で，海上や交通の安全の神として信仰される．三女神の1つ「市杵島姫

神」は，のちに神仏習合の考えから，ヒンドゥー教に由来する七福神の「弁財天」と同一視されて崇められ，航海安全以外にも多岐にわたるご利益があるとされ，各地の神社において本尊として祀られていることが多い．これを含めて宗像三女神関連神社は 8000 以上にのぼり，全国に広まっている．

　また，伊邪那岐命が海で禊をした際に生まれた海神「住吉三神」を祀る神社も，航海や漁業，軍に関係した神として，漁業の基地となる地域の見晴らしのいい場所に多い．実在したか不明であるが，記紀の伝説によると，第 14 代天皇・仲哀天皇の皇后である神功皇后が住吉三神によって神がかり，新羅征討の神託を受け，皇子（応神天皇）を身ごもりながら，三韓征伐を果たしたとされる．この神功皇后にはほかにも「浮鯛」など海にまつわる伝説が多く，自身も住吉大神の 1 つとして，また応神天皇とともに八幡三神の 1 つとして信仰されている．宗像・住吉ともに，海部・海人族として活躍した地方の有力氏族の力が，大和政権の中でも神の力として強く，軍事力とも関係が深かったことを示している．

　ほかに，全国 680 以上の神社に祀られ，船乗りや漁業者に圧倒的な信仰を集めている神に「金毘羅神」があげられる．インドの神に由来し仏教にも登場する守護神で，ガンジス川の鰐に由来する海神・龍神で，神の乗りものでもあることや，日本での本拠地である瀬戸内海をはじめとして灯台のような目印になっており，船に祀ってあることも多い．「こんぴらさん」として親しまれ，江戸時代に，その本拠地である四国の金刀比羅宮へのこんぴら参りは，伊勢神宮へのお伊勢参りに並ぶ人気を誇るほど人々とのつながりが深い．

　これらのほかに海とかかわりがある神に，漁民，船大工などが船霊を祀った船玉さまや，日本武尊が東征のため横須賀の走水海岸から船で房総半島へ向かう際

図　広島県の宮島，厳島神社の鳥居の前で潮干狩りをする人々．
平清盛が平安時代に社殿を整えた際には，歴史書に登場しない伊都岐島大明神が主祭神として祀られていたが，戦国時代までには宗像三女神が主祭神となっている．

の大嵐を身を捧げて鎮めた，妃の弟 橘 媛 (オトタチバナヒメ) など，場所や利用者を限ったものが見られる．そもそも日本の島々をつくった伊邪那岐命 (イザナギ)，伊邪那美命 (イザナミ) が凪と波に由来し，静と動がもたらす海の陰陽を象徴しているという説もあり，信仰と海とのかかわりは深い．

こうした海と関係する神社の分布や，海を利用した祭事の分布を調べると，東京湾よりも大阪湾でその海との文化的なかかわりが強いことが示されている（秋山ほか 2017）．これは，西日本に，上記の有力な祭神が起源を有することとも一致している．一方で近年は，海辺にあった神社で，埋め立てや環境の悪化とともに，神事や祭礼に必要な海産物や水質ではなくなるなどして，神社を通じた人々と海とのかかわりが失われつつあることも指摘されている．

(2) 正倉院文書と木簡から見る古墳，飛鳥，奈良，平安時代の食と流通

この小節では，主に都において利用された食材から，食材の多様性と，都市形成に伴う流通網の発達について，古墳時代から平安時代を中心に例をあげながら紹介する．

有力豪族らが競合していた大和政権は，聖徳太子・蘇我氏らによる中国式の官僚制度と憲法の導入（冠位十二階，十七条憲法），天智天皇・藤原氏らによる 645 年の大化の改新や 701 年の大宝律令などの導入を通じてしだいに中央集権的になった．大化の改新の終盤には君主の下に土地と人民がある律令国家の体系を確立し，徴税制度である租庸調制が施行された．養老律令に残る記録では，海産物として魚 7 品目，貝 8 品目，海藻 8 品目，ウニ 2 品目，イカ，ナマコと塩の計 28 品目とその量が指定され，アワビやカツオ，ノリなどが含まれ，その量は少なくなかった（宮下 1974, 2003）．その結果，物流の都への集約が加速された．都以外の地方の食についての情報は少ないが，都に関しては，正倉院の文書や，徴税の品目，当時取引や荷札に用いていた木簡が出土したものや，保存されていた文書から，かなり詳しい食材と産地の情報が入手できる．

例えば，正倉院文書のうち奈良時代の平城京の時期である 762～771 年の資料（原田 2010），奈良文化財研究所（2019）木簡庫・木簡データベース（以下，木簡 DB），および『万葉集』（宮下 2003）から，タイ，カツオ，スズキ，マグロ，アジ，フグ，アユ，マス，アワビ，ハマグリ，カキ，ホヤ，イガイ（貝のなれ鮨），クラゲ，ウニ，イカ，シタダミ，ソノメ，ニシ，クジラ，シラウオ，アカ

ウオ，ボラ，タチウオ，クロダイ，ナマコ，ワカメ（ニギメ，メカブ，ワカメ），アラメ，カジメ，ミル（干しミル），アオノリ，フノリ，ムラサキノリ（アサクサノリ），ナノリソ（ホンダワラ類），テングサ，イギス，ツノマタ，ヒジキ，モズク，オゴノリ，つしも（不明な海藻）など，現在の一般的な食材と遜色ない多種多様な食材が記載されている．一方で，利用した貝類で300種を超えた縄文時代と比べると，時間の長さに差があるとはいえ，種類数自体は少なく，都が内陸にあったこともあり，縄文時代ほど多様でマイナー食材を記録に残るかたちで利用していたわけではないことも読み取れる．

　利用の頻度について，平城京跡を中心として全国5万点以上の木簡の情報を集約した木簡DBでの出現数を比較してみると，魚では，カツオが圧倒的に多くアラガツオ，煮堅魚，鰹などの記載をあわせてデータベースで魚と記載のある434件のうち175件を占める．ほかに，サメ（10件）やアユ（35件），タイ，アジ（5件）も少なくない．海藻については，木簡DBではワカメが圧倒的であり，正倉院文書と現存する4地域の風土記でのニギメの記述頻度の多さと一致する．また，ノリが風土記では多く見られる一方で，アラメが正倉院文書のみで多く見られ，ところてんとして用いるテングサや，フノリ，カジメも正倉院文書で多く見られており，時代や場所による違いもある（宮下2003）．そのほかの水産物ではアワビが13件と多いほかに，イガイのなれ鮨やクラゲも複数見られる．今でも贈答品とされるアワビだけではなく，クラゲも天皇に献上された高級珍味の1つと考えられており，一度に9斗5升（約68L）も貢進したと読み取れる木簡もある．なお，量については，先の養老律令においても，乾燥したものか生か不明であるが，アワビ10kg，カツオ21kg，ムラサキノリ21kg，ワカメ78kgなどのいずれかを税として納めるよう記載がある．

　これら産物の産地をみると，ワカメについては中国・四国地方はもちろんのこと，佐渡や茨城，房総半島からも都へと運ばれた．堅魚煎汁（煮鰹の出汁を煮込んだ貴重な調味料）についても伊豆からも納められているなど，比較的遠方である関東地方からも，すでにこの時期に食品が集まっており，徴税や流通網が形成されていた（図1.6）．輸送のため乾燥させているものが多く，一部の魚類は魚肉を細く割いて乾かした楚割として送られていた．また，海藻やアワビからは特定地域の特産品があったこともわかる．アワビは当時から高級食材

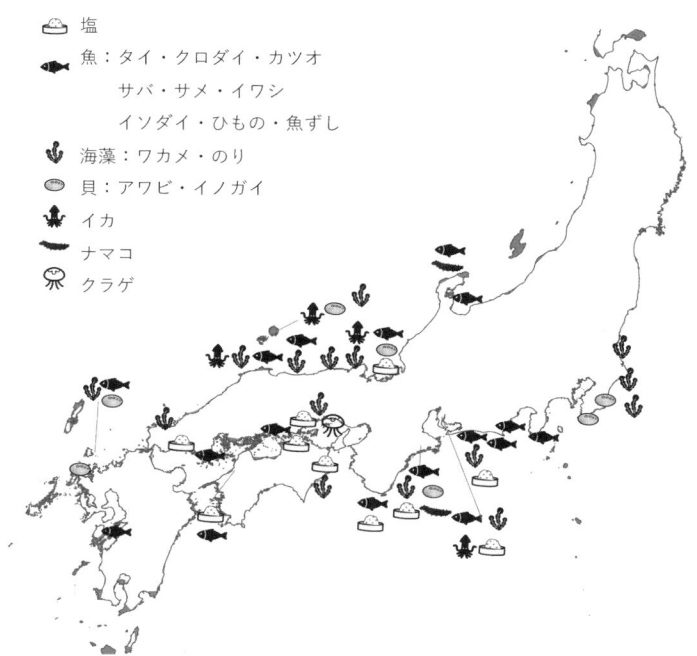

図 1.6 主に木簡に基づく奈良時代の産物の分布.
佐藤 (1994) より引用.

であり，租税として，短冊条に切って干した「熨斗アワビ」を納めた記録があり，各地に海士がいたことが記録されている（コラム 2）．また，海藻については，隠岐や志摩が重要な産地で，特に志摩はほかでは見られないミルやホンダワラ類を送っており，現在も新嘗祭にミルを用いることから，当時から伊勢神宮のあった地域の産物を神事に用いたことも推察されている（富塚・宮田 2011）．

　現在と大きく異なる部分もある．現在，広く料理の出汁などに用いられている昆布（コンブ）については，明確に文書に認められるものは，797 年の『続日本紀』である（宮下 1974）．この時の産地は蝦夷であった．カジメ類も「昆布」として流通していたものがあったとされ，実際のコンブの消費量は明確ではないが，蝦夷からの流通の発達が不十分であったためか，今ほど多用されなかったようだ．同様にサケやニシンなど北方の魚はほとんど見られない．

　まとめると，平安時代前後は地域がほぼ統一されて比較的平穏な時代だった

こともあり，都では，その食料資源の多くを九州から関東地方くらいまでの広い域外からの輸入に頼っており，現在の都市とあまり変わらない様子がうかがえる．内陸に都があることから海産物で特にその傾向が強く，都から最も近い海を利用するとしても若狭湾から陸路を運搬する必要があった．

　都以外の地方における商品の取引については，当時の詳しい資料はほとんど残っていない．しかし，道はすでにある程度整備されており，地方都市ごとに小規模な市場はあったと考えられる．なお，本格的な地方の市場は，室町時代から戦国時代に確立する．楽市楽座といった取引の自由化により，市場経済化によって，生産も活発化し，海産物を含め地方の特産品が増加し各地に広まったと考えられる．また，少し後の鎌倉時代以降のものではあるが，外国との取引の情報はまとまった検証が行われている．当時の政権の支配下に置かれていなかった沖縄や北海道においても，商品の流通自体は広がっており，都以外にも中国などへの贈り物や取引があったことがわかっている（吉成 2011，瀬川2016）．

　このような状況から，人口や輸送技術の差はあるものの，現在の日本の食文化や流通網のもとになる要素は，この時代におおむね出そろっていたといえる．都市における多様な食材の利用と特定の食材の大量の利用，地方ごとの産物の独自性と地方から都市への産物の流れ，外国との取引，北海道の生産性の高さなどは，現在にも通じるものがある．

コラム2　アワビとその採集の歴史

　身近な海辺の生態系を利用する漁業，すなわち沿岸漁業の歴史において，私たち日本人の文化や伝統に根深くかかわってきた漁獲生物としては，第一にアワビがあげられるであろう．アワビ類はミミガイ科に分類される巻貝の総称で，世界中に70種程度が分布している．その生殖方法は体外受精であり，オスとメスが卵と精子を海水中に放出して行われる．うまく受精した受精卵は約1日でふ化して浮遊幼生となり，数日から約1週間で海底の岩場に着底する．アワビ幼生は口をもっておらず，浮遊幼生の期間は親から得た卵黄のみで成長・変態する．着底後は着底した岩場を生息場所として底生生活を行うため，以後第2章で示す，離

散的な空間構造を有する局所個体群からなる集団を形成する．また，成熟して産卵ができる体のサイズは種によって異なるが，日本で漁獲される主要3種のクロアワビ・メガイアワビ・マダカアワビでは少なくとも殻長10cm以上といわれており，成熟サイズに成長するまで3年以上かかる（山崎ほか 2018）．

第1章では，木簡から海産物の都における利用や流通がわかることを本文に記載した．中でも潜水漁業者であるアマによる，アワビをはじめとした海産物の漁獲については，田辺らの一連の研究が詳しい（田辺 1998）．そこでは中世から近代までの歴史がひとつらなりのものとしてまとめられているので，本文で主に時代別に記載した海の利用とは独立して，コラムとして近代までを含めた歴史を取り上げたい．

アワビは古くから縁起物とされており，現在でも伊勢神宮などで，神事に用いられるために奉納されている．先史時代から特産とする場所があったと考えられ，例えば当時の政治の中心であった近畿地方から離れた，千葉県勝浦市のこうもり穴洞穴遺跡で3世紀頃の地層から占いに使われた動物の骨とアワビの殻が多数出土している（大場 2004, 館山市立博物館 2010）．また，中華食材としても古くから高級珍味として珍重されている．加工しやすく，乾燥して保存食品としても使うことができ，重量が軽く運搬に便利であったことなどもあって商品や贈答品としての価値が高かった．

奈良時代初期に編纂された『肥前国風土記』には，当時すでにアワビを薄くスライスした「のしアワビ」として神饌に用いられていたことが記載されている．現在も贈答品に水引とともに熨斗をつけるが，これはのしアワビを贈り物につけたことに由来し，文化的にも現代につながっている．

当時の荷札に使われた木簡からは，8世紀初頭に大和朝廷に対して，各地域から天皇への献上品としてアワビを含めた海産物があり，前述の千葉県の館山市周辺（安房）や，東海地方から送られていたことがわかっている（図1.6）．特に10世紀の初めには租庸調の一部として魚介類のほかにアワビなどを提供している国が各地に見られており，主要な磯がある地域にアワビの利用が広がっていた（図1.6）．

このことから，『魏志倭人伝』などに記載があった九州北部だけではなく，関東地方まで，早い時期からアマが活躍していたと考えられる．一方，東北地方には少なくとも平安時代には，まだ朝廷もしくはアマを行う漁業者らの勢力はあまり及んでいなかったようである．実際に潜水をしてアワビをとった記録は鎌倉幕府の正式な記録である『吾妻鏡』にある．この資料から，当時は裸体潜水が主だったと考えられている．一方で，船から棒を使って採集する方法の起源は定かでない．また，1500年頃には神奈川県三浦半島三崎の城主であった北条氏が大阪に行くための贈答品として急いでアワビを加工するため，真鶴から20人ほどの熟

練者が集まったという記載もあり，人数的には各海岸に数十人以上がかかわって潜っていたと考えられる．こうしたアワビの潜水漁業は，江戸時代になると（図），俵物（たわらもの）とよばれる清（中国）向けの輸出が盛んになり，ナマコやフカヒレとともに，日本から大量に輸出された．南房総では伊豆国加茂郡（静岡県）からアマを雇ったという記録もある．これらについては後の 3.3 節の中で取り上げる．

明治時代以降には，潜水技術が大きく変化した．眼鏡は江戸時代中期にはあったようだが，水中眼鏡が 1884 年頃に沖縄糸満の漁師によって作製され始めた．また開国後にガラス板が輸入され，流通した．それらを活用して，素潜りをするアマは水中眼鏡をつけて海産物を採取するようになり，船の上からの棒を使った採集には箱眼鏡を使うようになった．1872 年頃にはヘルメット式の潜水器の導入が国内で始まった．1898 年に岩手県に，貨物船引き上げのために千葉県の潜水士らが，ヘルメット付きの潜水服を着て空気を船から送る技術を導入すると，その技術により同年，「北限の海女」とともに有名な「南部もぐり」が誕生している．また，1960 年代に耐寒性と機動性に優れたウエットスーツが普及を始めて以降，現在では多くのアマがウエットスーツを着用している．

水中眼鏡が出現するまでは，水面にクジラや魚のワタ，米糠などから出る油を撒いて，水中を少しでもよく見えるようにして船から棒でつくなどして採集するか，裸眼で目を腫らしながら冷たい海水中を素潜りしていた．また潜水服やウエットスーツを活用する以前は腰巻と手ぬぐいのみで南の地域でも寒さで長時間潜れなかった．そのため，効率が悪く，とりこぼしも多く，潜水できる時間も限られていた．一方で新たな技術の導入により，とれすぎてしまうことから，こう

図　歌川国貞作「勢州鰒取ノ図」．
歴史の情報蔵（三重県環境生活部文化振興課県史編さん班）ウェブサイト（https://www.bunka.pref.mie.lg.jp/rekishi/kenshi/asp/arekore_index.asp（2020 年 11 月 25 日確認））より引用．

した漁法を制限する地域も現れている.

　明治期以降には漁獲能力自体が上がったほかに,よい漁場を見つける能力も上がった.青森県津軽郡,深浦町の沖合およそ 37 km の久六島がその典型例として取り上げられる(田辺 2014).この島は江戸時代から明治の初期までは北前船が入港する際の目印にしかなっていなかったが,明治 15 年頃にアワビやサザエのよい漁場であることがわかり,その後帰属をめぐって隣村どうしが争っている.

　漁業が近代化された現在であっても,大きな設備や機械を使用せずに,小型の船や潜水によってアワビは採集される.今でも小規模な経営体や家族単位での職業で漁労の範疇といえるかもしれない.その程度の産業であっても,少しの技術革新が資源へ大きな影響を与えうるということが,近年の状況からいえる.三浦半島周辺を例にとってみると,近年のアワビの資源動態と遺伝的な解析の結果,100%に近い割合で,天然のアワビではなく種苗放流されたアワビによってアワビ資源が成り立っていたことが発表された.漁獲圧だけではなく,海流や磯の状態による定着量やアワビ自体の幼生の生産量なども関係するが,都に献上した古くからの歴史をもつ天然のアワビを,このまま絶やして養殖場のようにしてしまっていいのだろうか.

(3)　海の文化的サービス,潮干狩り,磯遊び

　多様な食料自体についての文化的な価値は枚挙にいとまがないが,ほかにも,海の利用自体について,少なくとも平安時代から高い文化的な価値が見出されていた.本節では,近代の余暇活動,すなわちレジャーとなる以前の潮干狩りと,1.3 節,3.2 節でとりあげる近代のダイビングや海水浴と比べて,宗教感,伝統文化,自然環境,生活との結びつきが強いことがわかる.

　潮干狩り,磯遊びについて,文書で明確に潮干狩りが認められるのは,雛祭りの原型に由来する.平安時代に,中国の上巳節に由来する上巳の祓いが,宮中儀式として行われ,川辺や海辺で流し雛や穢れを落とす儀式が行われた.この様子は『源氏物語』にも描かれているが,物忌みの日として労働を禁止し,各地で,農漁業が始まる前のこの時期に,山や海へ出かけて「山遊び」「磯遊び」をして,ご馳走を食する地域の風習があった(『日本大百科全書』小学館).

　江戸時代には特に大阪,住吉の潮干狩り(図 1.7)が有名で,3 月 3 日に人々がお囃子を乗せた船で海へ下る様子が記録されている.現在でも,沖縄では潮

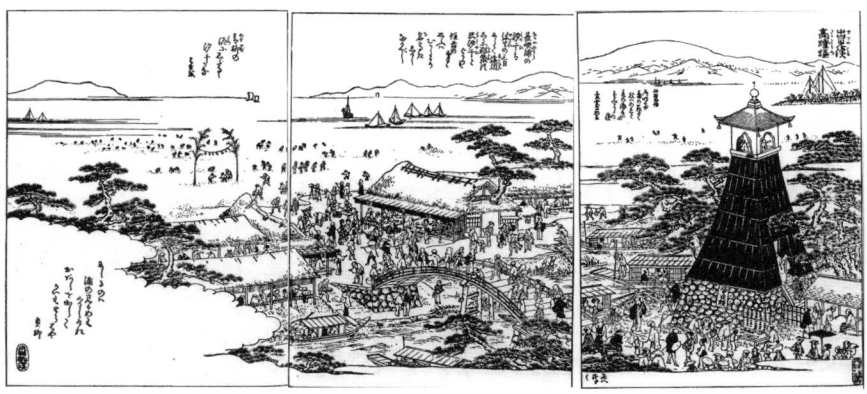

図1.7　『摂津名所図会』に描かれた住吉潮干狩りの様子.

水で穢れを落とす女の子の節句の行事「浜下り（はまうい）」として受け継がれており，ほかにも九州西部をはじめ類似の行事が行われている地域は少なくない.

　現在の潮干狩りの課題については後述するが（1.3節(4)），潮干狩りの主な対象であったハマグリは，貝塚や日本書紀にも古くから登場し，雛祭りや神饌としての利用，貝合わせや碁石などの遊び道具，貝灰による漆喰など多岐にわたり伝統的に使われた.近代になっても，1960年代頃の高度経済成長の時期以前まで潮干狩りで一般的な対象であった.しかし，その後急速に減少し，現在では絶滅危惧に指定されている県も少なくないことを指摘しておきたい.

(4)　流通の拡大と北前船によるコンブ・ニシン粕運搬

　室町時代から戦国時代にかけて大名らによる地方分権が進み，本格的な地方の市場が形成され，市場経済の導入によって生産・流通が活発化し，人口も増加した.江戸時代には，幕府によって比較的安全な航路が整備され，多数の荷物が船で運ばれるようになった.江戸（東京）と上方（大阪）の間を結ぶ輸送船として，菱垣廻船と，後発で酒を主に運んだ樽廻船とが有名である.江戸時代の中期には，蝦夷と荷物をやりとりする北前船が現れ，北方の水産物の流通に重要な役割を果たした.また，琉球を通じた中国への流通など外国との取引も見られた（吉田・高村 1992, 塩 1993）.

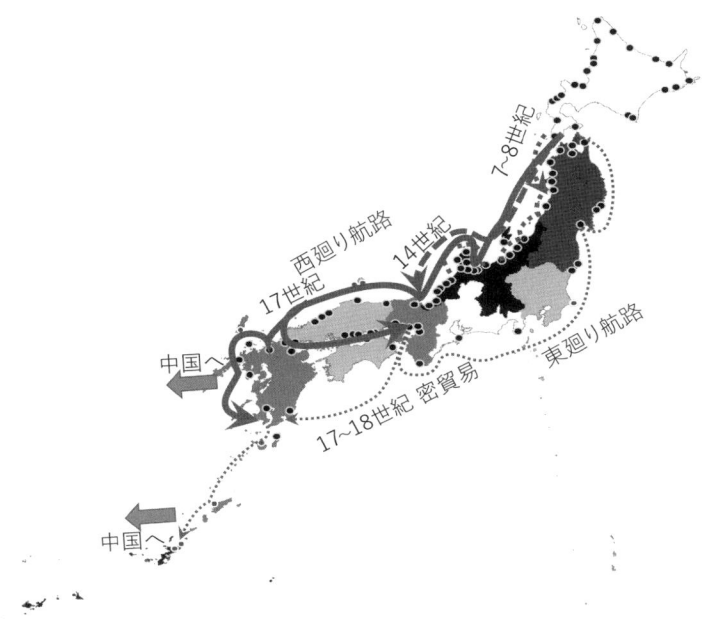

図 1.8 コンブの地域別の消費量（1987 年）と歴史的な物流の変化．
線のタイプは時期を表す．点は主な寄港地．塗りつぶした色が濃い地域ほ
ど消費量が多い．塩（1993）より作成．

　ここで特に重要であったコンブやニシンについて，蝦夷からのまとまった量
の輸入は，鎌倉時代中期頃から始まっている．特にコンブについては平安時代
にはすでに陸奥から京に納められてはいたものの，当時の出汁はカツオが主流
で，主に納められていた海藻はワカメであった．鎌倉時代には仏教の広まりと
ともに精進料理が広まり，コンブ出汁が一般的になっている．ほかに茶道の広
まりとともに茶菓子でも用いられている．南北朝時代の僧・儒学者である玄恵
（1269 頃-1350）作と考えられている狂言「昆布売」は，若狭の小浜の召し（献
上）の昆布を売り歩く男が登場する話だが，この時期に蝦夷からのコンブの大
規模な流通が始まり，若狭湾の小浜で船から降ろされたコンブが加工され，若
狭昆布として陸路と琵琶湖の水運で都まで運ばれていた．このコンブの流通は
室町時代を経て江戸時代の前半まで続き，コンブの利用が百姓や商人などの庶
民まで広がった（図 1.8 の破線）．

　江戸時代になると，大阪は「天下の台所」といわれ，大消費地となった江戸への中継地であることも相まって物資が集積した．江戸初期には函館から東廻り航路や松前から日本海側と瀬戸内海を通って大阪へ行く西廻り航路が開かれ，主に米などが輸送された（図1.8の実線）.

　こうした物流の発展は室町時代，南北朝時代に瀬戸内海で多く見られた海賊に由来する部分もあるとされる．村上水軍に代表される有力な海賊は，豊臣秀吉が1588年に海賊禁止令を出して以降解体され，航海技術をもった人材が多方面で活躍してきたと考えられている.

　江戸時代の中期以降から明治にかけては，物流が変化する．若狭湾の小浜で陸揚げせずに，西廻り航路を通って蝦夷（北海道）から大阪まで，北方の産物を運ぶことが盛んになった．この日本海側の海運の中心となったものが，「北前船」と呼ばれる主に北陸・山陰地方の複数の民間船主らによる輸送船（廻船）である．小浜で降ろすより輸送に時間はかかるが，効率あるいはコスト面でよかったのだろう．西廻り航路を使って蝦夷から日本海，下関，瀬戸内海，大阪を年に2往復の頻度で結んだ.

　北前船の当時の積み荷情報が残っている．蝦夷へは，敷物（莚），縄，米，酒，日用品，薬などを売り，蝦夷からはコンブ，身欠きニシン，肥料として，胴ニシン（身欠きニシンの残り），エラ，ニシン粕，タラ粕，カニ粕などを買って，主に食用部分は東北日本海側沿岸へ，肥料は大阪周辺へ運んでいた.

　こうした海運網の発達はさらに外国との取引にまで発展している．1609年に薩摩藩が琉球侵攻して以降，中国（清）へは，本土由来の干しアワビや銀（石見銀山産など）とともに，コンブの輸出が盛んに行われていた．1821年以降の中国・琉球間貿易の統計によると，その8割以上がコンブであった．一方，清からは，生糸や薬などを輸入していた（塩1993）．この薩摩藩のコンブ貿易の運搬には，富山の薬売りの薩摩地域の担当がその流通にかかわっているなど物流の仕組みとしても興味深い．沖縄経由のコンブの流通は，1870年代の琉球処分およびその直前の日清修好条規の締結によって，中国の商人が直接函館に昆布の買い付けに行けるようになったことによって収束した．しかし，今でも産地から遠く離れた沖縄では保存が効く伝統食材として，ソーキ汁の出汁やクーブイリチー（切昆布の炒め物）など郷土料理にコンブ類が根強く残っている（図

1.8 の背景色). なお, 国外への輸出についてはここで詳しく取り上げないが, 江戸時代には金銀の流出を抑える政策もあり, コラムに記載したアワビをはじめ, 俵物三品としてナマコやフカヒレが多く輸出された. そのほかに, 寒天, コンブ, 鰹節, スルメなど現在でも欠かせない保存食も輸出されていた.

蝦夷と本州の間は物資だけではなく, 人も移動していた. 江戸時代には定住政策が進められ, それまでの時代と比べ移動が比較的制限されていたとされるが, 漁業者の出稼ぎや移動は見られた. 特に遠方では, 1854 年には幕府が蝦夷地を再直轄化しており, 漁獲量を増大させるために漁民の出稼ぎを推奨した. この結果, それまで黒潮の潮流よって沖に流される危険があることや, 帰りの荷物が少ないためにあまり発達しなかった東回り航路の利用が増大した. しかし, 航路が遅れて発達したことは, 地域の食文化の違いを簡単には埋められなかったようである. 現在でも関西ではコンブを使った料理が多い一方で, 関東では相対的に少なくなっている.

こうして, 北海道や沖縄を含めた国内沿岸の海産物の流通網が構築された. また, 大阪や京都以外の広い範囲に, 北海道のコンブなどが広まり, 現在にいたっている. そのため, 今でもコンブに対しては日本全国からの需要による負荷がかかっている状況である. そうした海産物は, 現在では全く珍しくないが, コンブに関しては早い時期から全国や国外からの需要の負荷を受けていた. 中国で 1960 年代から養殖が盛んになったとはいえ, その日本中の需要の負荷をもってしても, 現在にいたるまで持続的に供給されていることは, ほかの多くの海産物では成しえておらず特筆に値する. ただし気候変動に伴い, コンブの自然状態での生息域の北上が懸念される中, 将来どのようにコンブを輸入もしくは養殖するべきかの検討が必要になるだろう.

(5) 肥料源としての海産物利用

次に北前船でも重要な輸送品であった肥料について, ニシン流通以外のよりローカルな視点から, イワシとキサゴ(砂地に生息する巻貝の仲間)などの底生生物も含めて地域の海とのかかわりの例として取り上げる.

江戸時代には海産物を肥料として利用することが盛んに行われた. 今でこそ, 化学肥料の登場により川や海の富栄養化が問題になっているが, 当時は肥料が

慢性的に不足していた．世界的に珍しい例としては江戸では人糞が肥料として
回収され，し尿処理システムとして機能していた（根崎 2008）．

　肥料としての効果が高く，高値で取引されたものに魚肥があげられる．特に，
当時は稲よりも高値であった綿の栽培が中部地方や近畿地方を中心に増加し
て，需要が高まった．室町時代から戦国時代にかけて，ともに尾張（現 愛知
県）出身の織田信長とその後をついだ豊臣秀吉が天下を統一したが，その期間
のうち，1500 年代前半には愛知（三河地方）で綿織物業が盛んになり，那古野
城の完成頃には「三河木綿」と呼ばれる特産品にもなった．1500 年代後半には
近畿平野でも綿の栽培が始まり，江戸時代には新田開発により農地が拡大した．
そのほかに，二毛作が行われる地域も増加した．そのため，いっそう，多くの
肥料が必要になった．なお，この時代に綿花産業を牽引した企業の 1 つ尼崎紡
績（現 ユニチカ）の初代社長は，NHK 連続テレビ小説「あさが来た」のヒロ
インのモデルとなった広岡浅子の夫でもある．

　漁獲が容易で，肥料として適したものに，大量にとれるイワシがあった．イ
ワシは大阪湾や千葉県の九十九里浜などで主に地引き網によって漁獲され，乾
燥・発酵させ，干鰯として取引された．江戸の初期には九十九里浜で，300 軒
ほどの網元があり，1 つの網の漁獲に 50 人以上の人がかかわっていた（山口
2007）．江戸中期以降になると，さらに各地へと魚肥を求めて漁民が進出した．
例えば鹿島灘沿岸，松島海岸，下北半島などに房総からの漁民が進出し，大阪
の泉佐野の漁民がはるか対馬まで進出している．

　江戸時代の中期以降は，関東地方で，イワシがしだいにとれなくなった．
九十九里浜の記録でも明治元年には網元はおよそ半数になっている．乱獲によ
るものか，海洋環境の変化によるものか，その両方であるかは不明だが，漁獲
技術がかなり発達していたことがわかっている．当初は地びき網が主な漁法で
あったが，技術をもった漁民の移住により，それ以外の漁獲方法も主流になっ
てきた．例えば，浮敷網の一種で大型の網「八手網」が紀州（紀伊半島）の漁
業者らによって開発された（コラム 3 の図 2（p.39））．彼らは 2〜3 艘の船を用い
て 30〜100 人の大人数で，やや沖合でイワシを漁獲した．彼らは全国に出稼ぎ
（旅網，浦借り）や移住して漁法を広めた．もともとの九十九里浜での地びき網
によるイワシ漁も，その技術と一部の人は紀伊の漁師らに由来する．ほかにも，

紀伊の漁師らはこれまで沿岸ではあまり漁獲を行っていなかった薩摩地方など全国各地へ移住した．このようにして沿岸直近だけではなく，船舶技術を要するやや沖合での漁獲も主流となっていった．瀬戸内海など従来から漁業者の多かった地域でも，巻網による漁法が普及し魚肥の生産が進んでいた．

　しかし，イワシの減少もあって漁法の改善だけでは肥料は足りなかった．そのため蝦夷のニシンも大量に漁獲されるようになり，松前に早くから進出していた東北地方の漁民のほかに大阪湾岸の漁民も出かけていた記録がある（中西 1998）．ニシンに対しては，地びき網だけではなく，定置網も使用されるなどの技術革新もあったが，ニシンを乾燥させるために大量の木材が切り出され，それが森林破壊を招いたことも知られている（湯本ほか 2011）．こうした漁業者が移動して漁業をする際に一時的にいた小屋を番屋と呼んでおり，北海道をはじめとする各地にその足跡が残っている．

　魚肥のほかにも特に内湾域において，海藻や海草，貝などを肥料として用いたことが，各地で記録されている．例えば，東京湾では，堆肥，緑肥，干鯛，キサゴなどが肥料となったことが記録されている．海藻やアマモ類（海草）については，日本だけではなく，世界各地で古くから肥料として用いられ，例えばローマ時代の記録が残されている．江戸時代にはテングサを寒天の材料として用いるために，伊豆で肥料としていたテングサ採集を（幕府が）禁止した例が知られている．海産物が肥料として一般的に使われていたことを示すとともに，この時代には海産物についてトップダウンで資源管理されるものがあった例を示している（なお，当時の主要輸出品の干しナマコの生産や蝦夷などの特定地域が幕府の直轄管理となっている例は少なくない）．また，貝類の管理に関しては，1730 年代前半に現在の千葉県市原市内の村の間でキサゴ漁をめぐって紛争が起こるなどの，資源をめぐる紛争もこの時代には少なくなかった．それほど，海産の肥料が重要であった（西野 2009）．

　こうした海からの肥料の農地への施肥は，陸から海へ流れ出した栄養塩を回収し，定性的には海をきれいにする効果もあったと考えられる（海と陸のつながりについては，2.2 節 (1)）．この風習は，少なくとも第二次世界大戦後（以降，戦後）の昭和中期までは残っていた．しかし，1839 年の「過リン酸石灰（過石）」の誕生をはじめとする化学肥料の発明や鉱物の輸入による無機肥料は，明治時

代の初頭には日本へも伝わり，1887年（明治20年）に渋沢栄一らが東京人造肥料会社（現　日産化学）を創立，以降普及に努めていった．特に戦後は，水に溶けやすい化学肥料の効果の持続性の低さを改善した緩効性の肥料が登場し，化学肥料がいっそう利用されるようになる．また，以前ほど海産物がとれなくなり，食品としての価値が上がっていることも相まって，現在では魚介類は貝灰や魚のあらを用いた一部のものを除き，海由来の有機肥料としては以前ほど利用されなくなっている．

　まとめとして，江戸時代の都市の人口集中と消費拡大に伴う海の生物由来の肥料の需要の高騰は，内湾のような汚染が進みやすい沿岸における栄養塩を陸に回収するという効果をもたらした．その海側における効果はあまり定量的な研究はされていないが，60万とも200万ともいわれる人口を擁する江戸の海をきれいにする一要素になった可能性はある．少なくとも，陸側には実際に肥料として大きな効果をもたらし，畑地の生産の安定性には寄与していた．

　一方，大型の網による大量の漁獲手法とその技術をもった人材が全国へ広がることによって，沿岸部ではすでに乱獲の状態であった可能性がある．もっとも，イワシの減少については，30年周期ともいわれ，主要な魚種交代を伴う海洋生態系の大変化「レジームシフト」や，海流の位置による豊凶の可能性も指摘されていることから，安易に当時から全国的に乱獲で減少していたとは結論づけられない．

　いずれにしても，このイワシが減少する状況に対して，輸送技術の発達と生産余剰の活用（低利用の資源であるニシン）によって一時的に対処することができた．ニシンは肥料だけではなく，おばんざいの定番や各地の郷土料理にもなり，産地にはニシン御殿が建つほどの漁獲があったが，今ではほとんどとれなくなりすっかり高級魚になっている．江戸の当時はともかく，近年のイワシ，ニシンの減少の原因の1つとして，江戸時代から続く大型の網による大量漁獲と大規模な産業利用（肥料），そして都市での安価な食品としての過大な需要がもたらした過剰な漁獲の継続が関与していたのは疑いようがない．

　ここまで例にあげたように，弥生時代以降の日本は，国の組織化が急速に進み，政治体制の変化はあったが，基本的には地方から都市への多様な産物の流れと，陸上の産業を中心とした海の利用は拡大し，そのインフラとしての海上

産業が栄えた．地先と沖合の利用の調整や上流階級に対する肉食の規制はあったが，それでも魚に一辺倒にならず（魚も仏教では肉食に含まれる），穀物を中心とした食によって海の利用の節度は保たれてきた．

　江戸時代の人口の急増と安定した都市の発達の中で，専業漁業者の漁法の改善と全国への移動が行われ，イワシが減少するなど部分的には利用の急増による生態系崩壊の片りんを見せ始めた．一方で，稲作文化が発達せずに，国の支配に完全には組み込まれなかった北海道へと生産の場が拡大し，ニシンやコンブなどが大規模に輸入されるようになった．また，都市周辺の沿岸域の埋め立てや干潟の干拓も，江戸時代の前後に始まっている．この時代に，全国的に自然の回復力を超えた利用を進める技術と体制をいよいよ人類が身につけたといえるだろう．

1.3　　近代から現代へ：漁法の発達と漁獲の拡大

　日本は世界に類を見ない漁業大国であり，その礎は日本人が古来より独自に発展させてきた伝統・文化に密接に関連している．室町・江戸時代から近代にかけては，食料を得るための伝統的な生業漁業主体から，経済的な専門漁業主体への転換期に相当する．そしてこの経済的な専門漁業がさらなる漁法・漁獲の拡大を促し，現在の漁業大国をつくっていった．それにより，人と海辺の生態系とのかかわりは大きく変化することになる．本節では前節までの漁民の分布や，肥料としての需要と流通事情を踏まえたうえで，漁業者や漁業の制度の動向からその過程を紐といていく．なお，縄文時代の貝塚の出土物について1.1節で述べたように，多くの地域で古くから沖合で多く見られる魚も利用している証拠があるほかに，河川を遡上するウナギやサケのような「通し回遊魚」も利用されてきた．近代になると，こうした特別な証拠をもち出すまでもなく沖合での漁業は普通になり，さらに遠洋漁業も発達し，底びき網や一部の地域では深海漁も盛んに行われている．こうした近現代漁業の展開を記した書籍は多数あるので，本書では若干の例示にとどめておく．

(1)　近代漁業へ発展するまでの歴史的背景

　古代から近世までは，各地域の農家が自家消費用に地先の海辺で小規模な漁労を実施する，いわゆる「おかずとり」が中心の半農半漁スタイルが多かった．これは縄文時代から続く原始的な「生業漁業」とみなすことができる．その一方，税として海産物を国家に納めるため，専業的な漁業を行う「海部」などの専門漁業はむしろ少なかった．日本に領地や国家が形成された後，その経済の基盤はあくまで農業・米であったため，漁業は付録的な食料生産としての役割でしかなかったことが主な原因であろう．そうした流れの中でも，農業とかかわりながら独自の漁労文化を形成していた大阪南部から和歌山県周辺の紀州漁民集団や，渡来人や朝鮮半島とのかかわりから生まれた北九州周辺の家船（宗像漁民）集団が，その後の漁法発達と漁労の各地への分散をつくり出していった．

　中世以降の経済の中心地だった近畿圏では，経済と人口の増加に伴い農産物への需要が高まり，近畿圏近郊での農業生産向上のために肥料が必要となった．その需要を満たすため，近畿圏への肥料供給源として機能できる紀州漁民がイワシ類を中心に浮魚をとり，漁獲量を増やすために漁網などの漁労技術を向上させてきた．その後，鎌倉・室町時代から江戸時代初期には，地方領主の興隆とともに経済網が地方へ伸長し，地方圏においても肥料が必要となった．特に江戸時代に幕藩体制が確立されると，地方経済圏とそれらをつなぐ流通網が確立し，日本各地で肥料の需要が増加した．このような社会の動きにあわせて，十分な漁労技術を発展させてきた紀州漁民が各地へ分散し，移動先で漁場開拓を行った．有名な事例としては，紀州⇒瀬戸内海⇒日本海へ，紀州・阪南⇒東京湾などがあり，東京湾各地には勝浦や白浜など，紀州漁民の出身地の地名が多い（杉浦 2007；図1.9）．彼らは漁場が形成された場所で網元となって定住しつつ，次の漁場開拓のために移動することを繰り返し，時には蝦夷地と呼ばれた北海道にまで遠征し，各地に専門漁業従事者の集落を形成していった．

　もう一方の漁民集団である，1.2節で述べた北九州を起源とする家船集団の分散も，専門漁業の拡散の一端を担っている．家船の起源である北九州では東シナ海の豊富で多種多様な魚介類資源が利用できたため，紀州漁民のような大型の網の利用ではなく，個々の船で潜水や小型の網，釣りなどの手法で魚介海藻

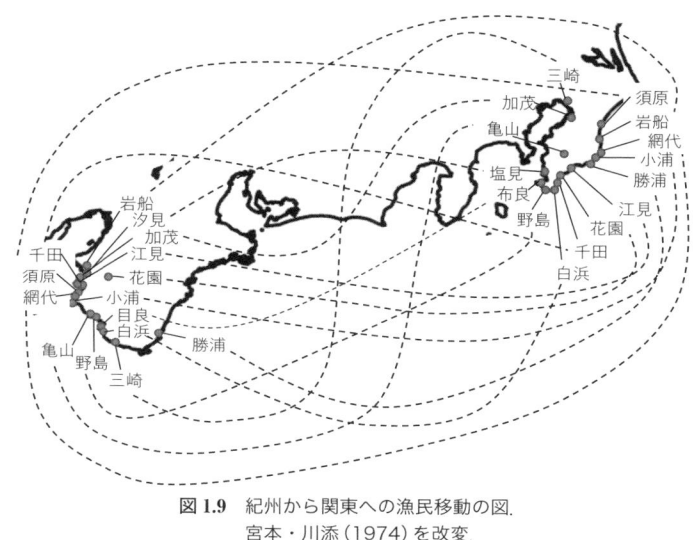

図 1.9 紀州から関東への漁民移動の図.
宮本・川添 (1974) を改変.

類を採取する漁法を得意とした．また朝鮮半島や中国に近いという土地柄もあ
り，大陸への輸出品，あるいは大和政権下での租税として重要視された乾物と
なる磯根（海底が岩礁からなる海辺のこと）の水産物を漁獲することも多かっ
たようである．ナマコ，アワビ，海藻類はその最たるものとして有名である．
中世以降，これら租税としての水産物の確保が地方でも必要となり，地方経済
の発展とともに彼らも全国へ分散することで，各地の漁業の礎となった．これ
ら専門漁業者の各地への分散が地方での漁獲の拡大に貢献し，近代以降の漁業
の基盤を形成していったのである．

　十分な漁獲を得るための技術をもった専門漁業者集団が各地へ散らばったこ
とにより，近世以降は地方でも組織的な漁労が可能となり，地方領主が水産物
を税として搾取する仕組みが構築された．このことが，近世以降の人と海のか
かわりにとって大きな変換点となった．その例として，海辺の利用が「原則自
由（あるいはステークホルダー（詳しくは 4.2 節 (1) 参照）による自主的な管理）」
の状態から，法によって管理されるようになったことがあげられよう．古代に
おいては，701 年に制定された大宝律令に「山川藪沢之利は公私之を共にす」と

あり（牧野 2012），自然の恵みはすべての人が自由に使用することができ，一部の人によって占有されるものではないとの原則であった．これが長年踏襲され続け，利用する人々が自主的に管理する，いわゆるコモンズ的な利用が行われてきた．

　ところが上述のように漁業のみを専門とする集団が生まれたことにより，地方領主が税の確保のために特定の海面を漁場と指定し，専門漁業の人々が占有する権利を認めるようになった．江戸時代には，専門的に漁業を実施する漁民の集落を「浦」，半農半漁で自家消費用の採捕しか行わない生業漁業の集落を「磯付村」と呼んだ．例えば東京湾には 84 の浦と 18 の磯付村があったようである（水産庁 2010）．幕府は「磯は地付根付次第，沖は入会」という原則を示し，前浜[1]はその集落が共同で占有管理し，沖合の漁場は自由に利用してもよいという海辺の利用・管理手法をつくり出した．集落では前浜で漁を行う入漁者数，漁具漁法や漁労日数など，主に漁獲努力を制限することで資源管理を実施していた．また，魚を自分たちが管理する前浜に集めるために漁礁などを設置することもあったようだ（浦安市郷土博物館 2017）．これが近代以降の漁業権制度の基礎となっていく．

(2)　近代漁業と漁業法の確立

　江戸時代も後半に差しかかると，新規の漁法開発や漁業者人口の増加によって漁獲努力の増加が顕著になった．それにより，入会漁場であった沖合でさえも管理が必要になり，入会海域を利用する漁村部落が集まって漁労の自主規制などによる資源管理を行うようになった．そうした動きの中，明治に入ると漁業法が制定され，海面の占有が法的に進むとともに，漁業権による沿岸管理が本格化することになった．また，浦と磯付村を区別していた自家消費に限るという制約がなくなり，専門漁業者だけでなく生業漁業者たちも経済活動に参加していくことで，飛躍的に漁獲が拡大した．ここでは，まず現在の海辺利用・沿岸管理の原則となった漁業法が確立される過程を見ていこう（牧野 2012）．

---

1)　前浜とは，厳密には地先の海岸のうち低潮線と高潮線に囲まれた部分を指すが，単純に集落の地先にある浅い海域を指すこともある．ここでは後者の意味で用いる．

　明治政府が樹立した後，1874年に交付された太政官布告では，海面すべてを官有とし，借区制が実施された．税収面でまだ不安定な状況にあった政府が，海面使用料を税として徴収することを目論んだわけである．しかしながら，この制度によって漁場争奪の紛争が頻発したようで，翌年1875年に太政官達が出され，漁業取締・漁場管理はなるべく従来の慣習に従うこととし，代わりに漁業者自体に府県税を賦課する方法に変更された．この時点では，江戸時代から続く地域での自主管理方式を継投している．

　明治政府が安定してきた頃，1885年に漁業組合準則が制定された．地域の漁民集団を組合として組織化して組合規則の中で漁場区域と操業規律を法的に定め，漁業調整する試みが始まった．そして，1900年に制定された漁業法，その改訂版である1910年施行の改正漁業法によって，漁業が初めて法に基づく国家統制下に置かれることになった．

　しかし，その内容は従来の慣習を基盤として漁業権制度，漁業許可制度，漁業取締制度を策定していたため，近世から続く「集落が地先の海辺を占有」の原則が法的に守られることとなった．また，漁業権は20年間の免許更新制，新規免許は申請者の早い者勝ちで決められていたため，事実上は権利が半永久化することになった．このことは陸域の農家のように土地の認識が生まれるきっかけとなり，自身に割り当てられた地先の漁場管理を行うモチベーションになるといったメリットもあったように思われる．その反面，海面の占有化によって一般の海辺への立ち入りが制限されてしまい，地域全体や国全体での海域利用計画や管理などが実施しにくくなるデメリットもあった．

　明治時代の漁業法によって生業漁業と専門漁業の垣根がなくなり，すべての漁業者は経済活動をベースとした漁業を実施するようになった．それにより，漁獲量は格段に増加していった（コラム3）．また，漁業法によって海面が占有化されることで，漁業従事者は持続的に漁業を実施していくうえで海辺管理の重要性を認識し始め，その認識が現在まで続いている．その反面，一般市民にとっては漁業者の占有によって利用できる身近な海辺が減り，利用する機会が減ったことで海辺の生態系への関心が薄れ，海離れの原因となっていった．こうした漁業従事者と一般市民の意識の乖離が，漁業者による過剰漁獲，という負のイメージが先行する世論を形成し，時にはそれが正論となり，時には誤認

識となって海辺利用の文化が衰退する下地をつくっていったと考えられる.

コラム3　江戸・明治から昭和初期にかけての漁業・漁法の発展

　江戸時代になると，経済活動としての専門漁業が普及するにつれ，水産物を専門に扱う市場が形成されるようになった．仲買人など流通をつかさどる職業が生まれたのもこの時代になる．それによって生産と流通の分業化が進むと同時に，地びき網，建網，定置網などの現在の漁業技術の基礎が形成されている（水産庁2017a）．江戸時代から明治初期の時点で，釣り漁業（一本釣り，延縄釣り，図1）のほかにも，すでに図2のようなさまざまな漁法が普及していた.

　その後，明治から昭和初期にかけて漁船の動力化や製網技術の機械化とともに，漁業技術が飛躍的に発展していく．沖合・遠洋漁業では漁船が大型化し，母船式の船団を組んで母船に缶詰製造や冷凍保存する技術を取り入れることも多くなった．ディーゼル機関の装備とともに，電気の利用も可能となり，電気式集魚灯や無線などが普及していく沿岸漁業でも，小型漁船の動力化が進み，漁獲量がますます増加していくことになる.

図1　江戸時代のカツオ釣り漁船.
　　　大人数が乗り込み，各人が延べ竿で一本釣りする様子は，
　　　現代のカツオ漁の原型を彷彿とさせる．『三重県水産図
　　　解』収録．歴史の情報蔵（三重県環境生活部文化振興課
　　　県史編さん班）ウェブサイト（https://www.bunka.pref.
　　　mie.lg.jp/rekishi/kenshi/asp/bussan/detail_image.
　　　asp?record=522&image=0024（2020年11月26日
　　　確認））より引用.

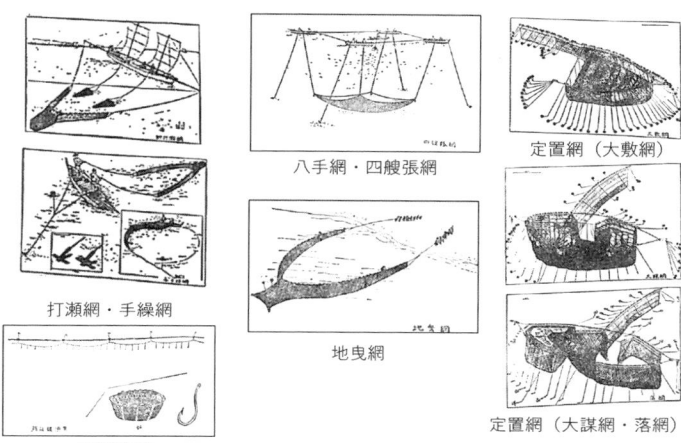

八手網・四艘張網

定置網（大敷網）

打瀬網・手繰網

地曳網

定置網（大謀網・落網）

延縄漁業

図2　江戸時代から明治初期にかけての漁業技術.
　　　この時代に，すでに現代の漁法の原型が成立している．多くは麻縄を用い
　　　てつくられていたらしい．宮本・川添（1974）より引用.

(3)　養殖業の出現

　海辺から水産物を得る方法として，漁業のほかに養殖業があげられる．一定
の区画を利用して行う養殖は農業と類似点が多い（養殖業者は日本では漁師に
含まれるが，欧米では明確に漁業者と区別し，Farmer と呼ぶ）．養殖業の歴史
は古く，中国では 3000 年前からすでに内水面でコイ科魚類の養殖が行われてい
たようであるし，古代ローマでは海辺の汽水湖でカキ養殖を営んでいたことが
知られている．日本では，カキ養殖やノリ養殖などが古くから行われてきた養
殖業であり，江戸時代から明治時代に端を発している．その他の日本の主要な
海面養殖としては，コンブ・ワカメなどのノリ以外の海藻養殖，真珠養殖，魚
類養殖などがあり，その多くが戦後の食料難から高度経済成長期にかけて開始
された．真珠養殖はその役目を終えつつあるが，その他の養殖においては近年
の健康食品ブームやご当地ブームのニーズに応えるべく，さまざまな海藻類お
よび魚介類を独自の手法で養殖する経営体が増加し，さらなる多様化と生産量
増大が進んでいる．最近では，社会的に注目されている養殖としてクロマグロ
養殖があげられよう.

　これらの養殖のうち，カキ養殖や海藻養殖はその場の植物プランクトンや栄養塩を利用して養殖を行う無給餌養殖と呼ばれる．無給餌養殖はその場の自然資本を利用する生態系サービスそのものである．一方，給餌を伴う魚類養殖は，海面とその物理環境を利用するというだけである．給餌した餌の残りや魚類の排泄物はそのまま海辺の生態系に流れ出し，海底などに堆積する．その一部はその場で生物生産に取り込まれたり，分解されたりするため，海辺の生態系の浄化機能を利用しているとみなせるかもしれないが，本来の自然資本を利用した手法とはほど遠い．

a. カキ養殖

　日本では，広島で始まったマガキ（以下，カキといえばマガキを指す）養殖が，海辺を使った最も古い養殖業のようである（広島市郷土資料館 2013）．古文書などの記録から，少なくとも室町時代後期にあたる 1550 年頃までには，現在の広島市草津周辺で粗放的なカキ養殖業が始まっていたと推定されている．当時は石を干潟に並べてカキを付着させる「石蒔（いしまき）法」，竹などを干潟に立ててカキを付着させる「ひび立て法」などで稚貝を収集し，それを天然の干潟に直接まいて成育させる「地まき式養殖」が主流であった．これらは本来の生息場所と同じ生態系をうまく利用しながら行う養殖方法といえる．

　その後，地域経済圏が成立した江戸時代に入ると，松島湾など他の海域でも養殖が開始され，地まき方式が近世のカキ養殖の主流となった．ただし，天然の生態系を利用するため生産量も限られており，収量の変動も大きかったようである．明治に時代が移り産業化が進むにつれ，生産量を向上させるためにさまざまな養殖方法が各地で考案されていった．潮汐のある干潟での地まき方式（潮が満ちている時だけカキは採餌できる）から，浅海に筏で吊り下げて常時海水中に沈める（常に採餌できる）垂下式養殖へと発展し，短期間でかつ大量生産を行う養殖手法が確立されていった．その過程を経て，戦後は多くの産地で浅海の垂下式養殖が採用されるようになった．本来の生息場所である干潟の生態系を利用する方式から，異なる生態系を利用する方式に変えることで生産量を向上させたといえる．

　ただ，この背景には生産性向上だけでなく，本来のカキの生息場所である浅場が失われてきたことも関係する．江戸時代から戦後の高度経済成長期の約

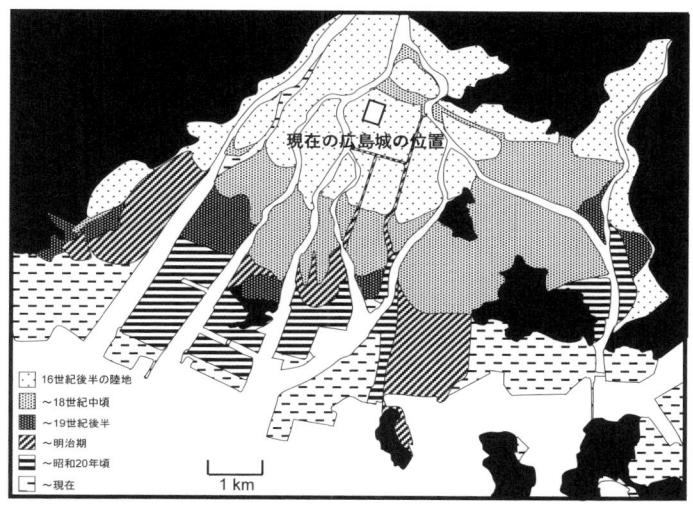

図 1.10　広島湾の埋め立て図.
黒色部分が自然の陸地・島嶼であった場所を, 白色部分が河川・海を示す.
広島市郷土資料館 (2005) を参考に作成した松田・堀 (2010) より引用.

500 年の間に, 広島湾内だけでもおよそ 8000 ha の浅場が干拓・埋め立てなどで
喪失した (図1.10；松田・堀 2010). その喪失は, 江戸時代の新田開発のための
大規模干拓に端を発している. 農業用肥料のために漁業が影響を受けてきたよ
うに, 養殖手法も農業の発展の影響で改良せざるをえなくなっていたことにな
る. 近代までの海辺の利用は良くも悪くも, 農業と密接に関連していたことが
うかがえる. その後, 現代になると農地は埋め立てられて都市や工業用地に代
わり, 海辺もさらなる土地開発のために埋め立てられていった. これは図1.10
で示した広島湾だけに限ったことではなく, 岡山県児島湾など瀬戸内海各地の
浅い海辺, さらには東京湾など日本各地の浅い海辺で生じた変遷である. この
ような歴史を経て本来の生態系から切り離された広島のカキ養殖は, 現在でも
全国有数のカキ養殖生産を維持している (図1.11). 広島県のみで日本全国の年
間カキ養殖生産量のおよそ 60%, 瀬戸内海全体では全国の 80% を占めている.

b. ノリ養殖

　カキ養殖に加えて, 古くから実施されてきた養殖にノリ養殖があげられる.
ノリ養殖の発祥の地が東京湾であり, 江戸時代中期頃より養殖が開始されてい

図 1.11　広島の種ガキの養殖施設（丈夫な幼貝を選別育成する
抑制棚）の様子.
ホタテガイの貝殻を付着盤としてカキ幼生を付着さ
せた後，余分な弱い個体を間引く作業.

るが，天然のノリの利用にはさらに古い歴史がある（海苔 JAPAN 2020）．古来
よりノリは魚介類と同様に人類にとって貴重な食品であり，その利用の公式記
録としては，6〜7世紀の各地の風土記や大宝律令にさかのぼるとされている
（全国海苔貝類漁業協同組合連合会 2020，森 2006）．701年に制定された大宝律令
の賦役令には大和朝廷に支払う税金「調」の中で，約30種類の海産物があげら
れており，その中に「紫菜（＝ノリ）[2]」が他の海藻類とともに含まれている．当
時は天然のノリを収穫していたため収穫量も多くなく，主に貴族や僧侶，武士
などの上流階級の食品であったといわれている．

　江戸時代に入ると現在のように庶民の食生活に浸透し始め，東京湾ではその
産地にちなんで浅草海苔，品川海苔，葛西海苔などと呼ばれ始めた．そして江
戸中期頃，品川や大森の漁師たちが鮮魚を畜養するために設置した生け簀の竹
支柱にノリが着底することを発見し，この経験則をもとに原始的な養殖が開始
された．漁師たちは浅瀬に木や竹の枝を束ねたひびを立てて，そこに加入して
くるノリを収穫したようである．天然の加入であることから，その多くは標準
和名でアサクサノリであったといわれている．アサクサノリは汽水域を生息地
とし，現在のノリ養殖の主要種として利用されている標準和名でスサビノリと

2）「紫菜」はノリを意味する中国語であり，現在も海苔とともに常用されている呼び名である.

は異なる．しかしながら，ノリの生活史を理解して実施していたわけではなく，また天然であるために加入量に年変化が大きいことから，収穫量の年変動が大きかった．豊凶によって生産高が大きく変わることから，ノリは相場商品として「運草」と市場では呼ばれていたようである．これがノリ養殖の始まりとされている．生産された品川・大森あたりのノリは江戸幕府によって保護され，現在のノリの主要な出荷形態である簀で抄いた四角い板海苔が登場し，江戸の重要な特産品となった．原始的な手法ではあるが，養殖によって収穫量が大幅に増えたことにより，この頃になってやっと庶民にまでノリが流通するようになった．

その後，明治から大正，昭和へと時代を経るにつれて，大量に収穫できる網ひび法に代わるなど技術の進歩とともに養殖規模が拡大し続けたが，相変わらず天然加入に頼る養殖生産であったため，生産高の不安定さは解消されなかった．第二次世界大戦後，イギリスの研究者が初めてアマノリ属 *Porphyra umbilicas* の生活史を解明し（Drew 1949），私たちがノリとして認識している葉状体（配偶体）と，肉眼では不可視の糸状体（胞子体）からなる異形世代交代があることが判明した．この発見により，糸状体から放出される殻胞子を安定的かつ大量に養殖網に付着させることが可能となり，人工採苗技術として実用化されるようになった（森 2006）．あわせて同時期に，浮流し養殖法と呼ばれる，海面にノリの養殖網を浮かせて養殖する手法が開発された．これによって，ひびを用いた手法を行う浅瀬だけでなく，海面に浮かせて沖合でも養殖することが可能になった．こうしてノリの生産量が激増し，また生産体制の安定化も確保されるようになり，現在にいたっている（図1.12）．浅場・潮間帯という本来の生態系から切り離されることで収量の増加・安定化を得た点は，前述の広島湾におけるカキ養殖と同じである．

その後，他の海域でもノリは盛んに養殖されるようになる．瀬戸内海でもカキと同様に広島湾でノリ養殖が始まり，明治には生産量が全国1位になるまでに成長した．戦後にも再開されて主要産地としての役割を果たしていたが，昭和40年代からノリ養殖に必要な浅瀬の埋め立てや海岸開発が加速したこと，また主要生産地が九州へ移行し始めたこともあり，昭和50年代に消滅している．ただし，瀬戸内海の他の海域では浮流し養殖法による養殖が続けられており，

図 1.12　東京湾における現在のノリ養殖風景.
ノリ網の設置状況をドローン撮影したもの（左, 口絵 1 参照）, および収穫前のノリ網（右）.
格子状の網にノリが成育している様子がわかる. 写真提供：千葉県水産総合研究センター東京
湾漁業研究所.

2010 年時点において瀬戸内海全域でノリの全国生産量の 35％程度を占めてい
る（多田ほか 2010）.

c. ウナギ養殖

　ウナギは海辺から河川まで人の営みに身近な生態系を利用する, 私たちにと
ってなじみの深い魚類であり, 土用の丑に代表されるように私たち日本人の食
文化にも深くかかわってきた魚である. ウナギ類は世界に 19 種類が知られてい
るが, 現在では世界規模で天然資源が激減し, 食材としての流通のほとんどが
養殖魚となっている. しかし, 養殖に用いるウナギ稚魚もシラスウナギと呼ば
れる天然稚魚を用いるため, 2010 年以降続くシラスウナギの不漁によって養殖
業も存亡の危機に瀕している. 国立研究開発法人の水産研究・教育機構ではニ
ホンウナギの完全養殖に成功しているが, 養殖用にシラスウナギを安定供給で
きる状態までにはいたっていない. 現在は, 完全養殖にかかわった水産研究・
教育機構の研究者が近畿大学へ異動し, 近畿大学でもウナギ完全養殖の研究が
開始されている.

　ニホンウナギ（以下, ウナギと略記）の多くは河川で漁獲され, またウナギ
養殖は完全陸上養殖で行われている. そのため, 人の営みと海辺の生態系の関
係を紐とく本書の趣旨とは若干ずれるかもしれない. しかし, ウナギには河川
に上らず汽水域や海水域など沿岸域に生息する個体が多いことはあまり知られ
ていない. 水産研究・教育機構のウナギ研究チームの公開資料によると（水産

総合研究センター 2012)．ウナギは小笠原諸島のさらに南に位置する，マリアナ諸島の西側など熱帯の外洋域で産卵し，ふ化した後，レプトセファルスと呼ばれる体長数 cm 程度の仔魚が黒潮に乗って北上しながら変態を続け，ふ化後 4〜5 か月には親と同じ形状のシラスウナギとなり，日本沿岸に到着する．来遊したシラスウナギは，河川に定着する個体（川ウナギ）のほかに，遡上しても再び海に戻って定着する個体（汽水ウナギ），遡上せずに穏やかな湾内や河口に定着する個体（海ウナギ）などがいるらしい．各地のウナギ個体群のうち，河川を上らない，海辺で暮らすウナギの割合が比較的多いと報告している研究もある．例えば三河湾の定置網で採集されたウナギでは，川ウナギが 17%，汽水ウナギが 43%，海ウナギが 40% の割合だったと報告されている（水産総合研究センター 2012)．また，外洋域の産卵場で捕獲された親ウナギ 13 個体のうち，川ウナギが 2 個体，汽水ウナギが 5 個体，海ウナギが 6 個体であったと報告されている．したがって，近年はウナギの繁殖・資源の再生産には海辺に生息する個体の生息場所や生態が重要になると考えられている．今後の研究が待たれるところである．

　さて，ウナギ養殖の歴史は明治にまでさかのぼる．日本養鰻漁業協同組合連合会の資料によれば，1879 年に東京の深川につくられた養殖池でウナギの養殖を試みたのが最初とされている．1891 年に静岡県浜名湖周辺でウナギとコイの養殖が始まり，以降は静岡県・愛知県を中心にウナギ養殖が広まっていった．第二次世界大戦によって一時的に衰退するも，戦後は東海地方を中心に再びウナギ養殖が盛んとなり，その後は全国へ拡大していった．前述した通り，養殖に用いるシラスウナギは天然稚魚のため，近年は国産シラスウナギの減少とともにヨーロッパや中国・台湾からシラスウナギを輸入することで必要数を補う処置がとられていた．しかしながら，2007 年よりヨーロッパウナギの取引がワシントン条約の規制対象となったこと，2013 年にはニホンウナギが絶滅危惧種として環境省のレッドリストに掲載されたことから，現在は稚魚不足がさらに深刻化している．そのため，ウナギ養殖業界では前述した海ウナギの生態解明や完全養殖の実用化へのニーズが相変わらず高い状態にある．

d. マグロ養殖

　マグロの仲間はウナギと同様に日本の食文化に深く根差した魚類であり，魚

離れが進む近年においても依然として人気の高い魚であることは言うまでもない．中でも本マグロと呼ばれるクロマグロは刺身や寿司ネタとしての需要が高く，世界各地の海から日本へ持ち込まれている．その消費量は世界全体のおよそ7割に達している．しかし，クロマグロの資源量は乱獲のために年々減少し，現在は国際的な漁獲規制によって厳格に管理されている．そのため，需要に見合った供給量を補うために，近年は養殖が盛んに行われるようになってきた．2017年時点で約5万tある国内需要のうち，養殖魚が1.6万tを占めるようになっている（水産研究・教育機構 2020）．

　クロマグロ養殖といえば近畿大学が32年の歳月をかけて完全養殖を成功させたことが有名であるが，完全養殖は養殖技術の完成を意味しているわけではない．現在でも約1万粒の卵から出荷できる魚が1〜10尾しか育てられず（水産研究・教育機構 2020），特に人工種苗生産や仔稚魚飼育にいまだ多くの技術発展を必要としている．そのため，クロマグロ養殖の多くは天然稚魚を「畜養」する方式がいまだに主流である．水産庁の公開資料によれば，2017年で全国のマグロ養殖場は177か所，約1600台の生け簀があり，そのほとんどが西日本沿岸に分布している．2011年には養殖に用いた稚魚75万3000尾のうち天然稚魚が53万9000尾，それが2017年には86万8000尾のうち天然稚魚が37万3000尾となっており，人工種苗の割合が年々増加している（水産庁 2019）．しかし，出荷量に占める割合を見てみると，2012年の出荷量9639tのうち人工種苗は244t，2017年の出荷量1万5858tのうち人工種苗は1118tとわずか4.5%の増加にとどまっている．つまり，天然種苗のほうが養殖環境に対して頑強であることを示している．養殖によるクロマグロ安定供給は，人工種苗生産とその生残率向上が今後の課題となっている．また，クロマグロのように大型の魚類を育てるには大量の給餌が必要である．そのため，他の魚類養殖と同様に周辺海域の富栄養化や底質悪化などを引き起こすことが考えられる．このような沿岸域への環境負荷を緩和する技術を同時に開発していくことも重要である．

(4)　レジャーの出現

　海をレジャーで活用しようという歴史は浅い．そもそもレジャーを端的に表す日本語がないように，明確に余暇の時間があり，それを遊んで過ごすという

文化自体が新しい．前述したように，潮干狩りや磯採集といった「おかずとり」は昔から主に地先の人々が中心となって行われていた．そのほかに，温泉に湯治へ行くのと同じように，長期間旅行先に滞在して保養のために海に入る潮湯治が行われたことについて，愛知県の常滑市の大野海岸で平安時代から継続的な記録がある．江戸時代には将軍家もお世話になっており，湯治場の1つとして賑わった（國木 2014）．継続的なものではないが，ほかにも各地で，潮浴み，塩湯浴み，などさまざまな名称での単発的な記録があり，茨城県大洗町の磯の浜，大阪府堺市，広島県の鞆でも，潮湯があった可能性が指摘されている（小口 1986）．ほかにも，江戸時代には生類憐みの令が出されていた時期である1723年に，最古の釣り案内本である『何羨録（かせんろく）』が出版されている．当時，浦安などの江戸湾の干潟で高下駄をはいてアオギス釣りをすることが，当初は大名に，後に庶民にも流行っていた．

　江戸時代にはこうした娯楽が増えてくるものの，これらごく限られた種類の例を除けば，海が余暇の楽しみのために入ったり泳いだりする場であるという認識は，日本では明治時代までは明確ではなかった．世界的に見ても初期のマリンレジャーである海水浴が誕生したのは比較的新しい．日本の江戸時代にあたる1740〜1750年頃に，イギリスのロンドンから数時間の海岸であるスカーブラやブライトンで，海水浴場に相当するものが誕生した．この時代，傷病者が遠隔地の自然豊かな環境での保養・療養することの効用が指摘され，特に「サナトリウム」という主に結核のための療養施設が併設され医療目的で広まった．ここでは，日本の海辺におけるいくつかのレジャーの登場とともに，環境変化に伴うその変遷について紹介する．

　日本においては，1860年代後半の明治初期に，横浜に駐在する外国人の間で富岡海岸（現 横浜市金沢区，富岡八幡公園）が保養地として有名になり，慶珊寺に宿泊して海水浴を楽しんだ記録が残っている．また，「日本近代医学の父」と呼ばれるドイツ人医師エルウィン・フォン・ベルツが温泉療法などとともに，海水浴場の建設を勧めたことや，岩倉使節団に参加した長与専斎らがイギリスで保養施設を見学して，日本にもつくろうと設置を進めた．その結果，1882年に三重県伊勢市二見浦に，1883年に神奈川県鎌倉市由比ガ浜に，1885年に神奈川県大磯町に海水浴場が設置されたことが始まりである．

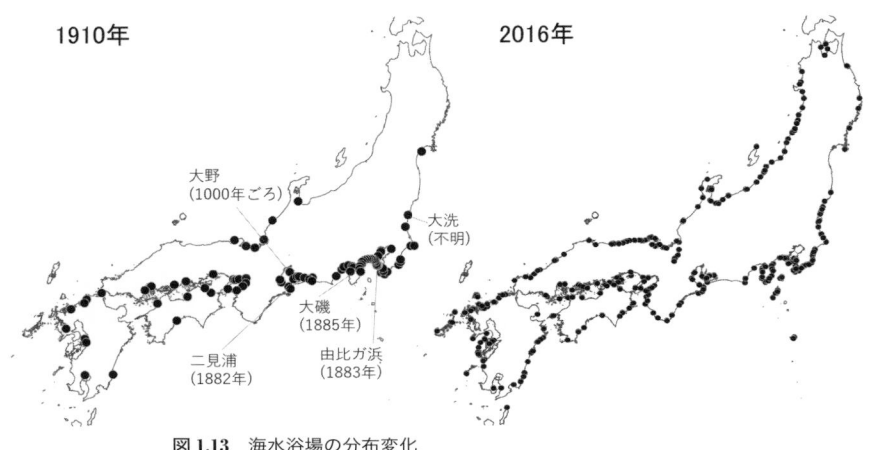

図 1.13 海水浴場の分布変化.
小口 (1985), 長尾 (1910), るるぶ (2016) より作成.

　その後, 海水浴場は全国に広まり, 1910 年には本州から九州の太平洋側の都道府県ごとに数か所ほど見られるようになった (図 1.13). 発祥の地の 1 つである鎌倉や, 昔から湯治が行われていた愛知でその地点数は増加した. 1930 年代の来場者の推計では, 京都の観光客数が 1000 万といわれていた時代に, 湘南だけで同じ 1000 万人が来場しており, 鉄道の開通と相まって観光地としての海水浴場の人気は相当高かった.

　一方で, 砂浜海岸の量や水質などの自然環境悪化の側面からの利用の制約が, 近代には見られ始めた. 海水浴場は, 2016 年には日本海側も含めて本州全域, 東北などにも広がり, 北海道でも増えているが, その一方で東京湾や大阪湾では減少している. こうした湾奥の多くで減少していることは, 水質の劣化や埋め立てによる環境そのものの喪失が原因である. 海水浴のような生態系を利用した活動の拡大には単に人間側の流行 (つまり需要) だけではなく, 自然環境の状況 (自然資本) と, そこから自然の価値を取り出すためのインフラなど利用環境の整備 (人工資本) とがあわさった供給が関係する. ここにきて魚介類のように利用すると減ることが明らかなタイプの資源だけではなく, 一見砂浜があればどこにでも設置できそうな海水浴場ですら, 自然環境を無尽蔵に利用できるわけではないことが暗に示されている.

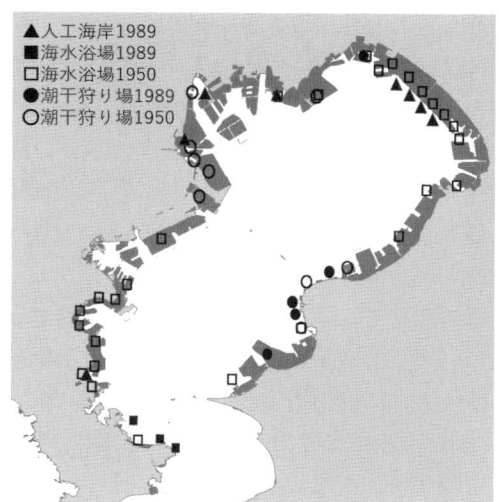

図 1.14 東京湾の 1950 年代の利用可能な海岸と 1989 年ごろの利用状況.
背景色が濃い部分は現在は埋立地で，かつては自然海岸だったところ．小倉（1993）を改変．

図 1.15 1970 年代から続くダイビング雑誌の表紙.
「マリンダイビング」1975 年 30 号（2 月号）．創刊時には探検目的のダイビングの様子が表紙であったが，数年たってからはスノーケリングする女性など大衆向けの表紙への変化がみられる．

　東京湾を拡大すると，1950 年代には潮干狩り場も海水浴場も全面的に分布していたものが，1965 年になるとまず東京側で潮干狩りができなくなる（図 1.14）．1970 年になると，全面で埋め立てが一気に行われ，潮干狩りも海水浴もできなくなった場所が多い．1989 年になると人工ビーチが一部でつくられ，一部の潮干狩り場が復活するが，水質の悪化や環境の悪化に伴って，最盛期と比べて利用は減少している．近年若干の水質の改善が見られる地域もあるが，以前から続く海岸浸食のほかに，気候変動予測による海面上昇などを考慮すると長期的にも砂浜が減少する可能性が指摘される（Kubo et al. 2020）．

　海水浴よりもさらに新しく近年に広まったマリンレジャーとして，ダイビングがあげられる（図 1.15）．漁労としての潜水は古くからあり，また水中眼鏡の登場で海中が飛躍的に見えるようになり採集効率が上がったことはすでに述べた．漁労と切り離した潜水には，海底における構造物の建築や海底深部の探査といった需要があった．世界に目を向けると，機器を用いたダイビングは，15

世紀にレオナルド・ダ・ヴィンチが設計した鐘状の容器に入った潜水方法が始まりと考えられている．その後19世紀に潜水艇ノーチラス号や，送気式潜水服などの開発がなされ，1930〜1940年代に現在レジャーで用いられるような水中呼吸装置（スキューバ）が生まれた．その後にダイビング指導団体も設立され，従来の送気式潜水服による海中作業ではなく，レジャーとして潜水する道が開かれた．レジャーダイビングは，世界各地に広がり，現在では流氷の下からサンゴ礁まで，さまざまなダイビングのメニューが展開されている．

　中でもサンゴ礁でのダイビングは特別な人気がある．生態系の経済評価では，（サンゴ礁地域への年間観光客数）×（サンゴ礁と関連の深い観光への参加率）×（旅行費用（交通費＋現地消費額））による計算方法で，2399億円/年という試算が出ている（内訳：沖縄2324億円，奄美70億円，小笠原5億円）．方法が異なるので単純な比較には注意が必要だが，これは漁獲統計に基づく水産資源の価値である107億円/年の20倍以上になる（環境省2010）．

　ダイビング自体は近年に誕生したこと，また壊れやすいサンゴ礁目当てのダイビングが多いこともあり，マナーとして生き物の採集やサンゴの破壊をしないような指導がされており，他のレジャーと比べると，相対的に環境負荷が小さいと考えられる．それでも，中国からの旅行者をはじめとする初心者の観光客が急増したフィリピンなどでは，近年，団体客によるダイビングの増加によって急速にレジャーによるサンゴ礁の破壊が進んだ．そのため，島全体でのダイビングの禁止措置をとるなどの厳しい対応をしている．日本でもかつて類似の事例が地域的にあり，ダイビング関係者や漁業関係者がマナーの普及に努めてきた．しかしおおむね利用者の環境意識は高い．例えば，ハワイでは，日焼け止め用品の成分にサンゴに有害な物質を含むという研究結果を受けて，一部の日焼け止めクリームの使用の禁止がとりざたされている．日本ではサンゴの移植やサンゴを捕食するオニヒトデの駆除がダイビングショップなどを中心に積極的に行われている．

1.4　　第1章のまとめ

　最後にあらためて図1.1を見ながら1章をまとめたい．温暖な縄文時代は，東日本の湾を中心に「豊かな自然と少ない人口で海の恵みを高度に利用した時代」であった．弥生時代に入ると「農業を主軸とする自然に根差した海の利用」となり，稲作の普及とともに特に西日本で人口が増大し，各地域の農民が自家消費用に小規模な漁労を実施する半農半漁スタイルの「生業漁業」が始まった．古墳時代から室町時代頃までには，税として海産物を都に納めるための専業的な漁業を行う「海人部」などの「専門漁業」が出現し，文化としての海産物の利用は多様化した．河川などで地域的な乱獲とその管理も始まった時代であるが，税の主体が農業であり，さほど専門漁業者の数も多くなかったために，海辺では破壊的利用にまではいたらなかったのであろう．室町時代から江戸時代に入ると，「漁業の専門化が進み生産を拡大する時代」になった．肥料など食料以外の需要も増大し，「専門漁業」としての漁業が本格化していった過程となる．技術革新が進み，沿岸だけでなく沖合でも網を使って大量の漁獲ができるようになり，乱獲が問題化するに伴い漁業管理が生まれた．

　そして明治以降は，「海辺の専門的な利用と管理が発展した時代」であった．漁業生産が沿岸だけではなく世界中の海にまで拡大し，沿岸では農業と漁業の分離が進んだ．沿岸漁業は地先に漁業権をもち，養殖も本格化し，排他的な利用と資源管理が始まった．近年はそうした伝統的な沿岸利用とともに，「漁業以外の利用も拡大した時代」といえる．人工資本を投入することで自然の一部の要素のみを利用する海水浴，あるいはダイビングなど比較的インパクトの少ない利用方法も普及した．しかし，現状は海辺への関心，人口やレジャーの変化とともにそうした利用者すら減少している．このように海辺での人の営みの変化，すなわち生態系サービスを利用する側（需要面）の変遷を理解することは，現在から将来に向かって，これからの人の営みと海辺の生態系とのかかわり方を考えていくための「出発点」を理解することと同義である．次章では，生態系サービスを供給する側である自然資本の歴史的変遷とその特徴について考えていく．

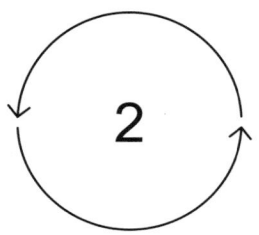

生物多様性の特徴

　生態系サービスの観点から見れば，陸上では土地を食料生産の場として利用する際，森林や草地，湿地などの自然生態系と，食料生産の場である農地の二者択一とすることが多い．水田や畑をつくるため，森林や草地を野焼きし，湿地を灌漑して農地という新しい生態系をつくり出してきた．江戸時代以降は海辺すら大規模に干拓し，食料生産のために水田に変えてきた．

　その一方で海洋生態系では，漁業は原則として自然生態系からの搾取によって成り立つ食料生産であり，藻場や干潟，あるいは植物プランクトンを基盤とする生態系から海藻や魚介類などの恵みを得てきた．陸上にたとえると，森林で山菜や果実，昆虫などを採取し，シカやイノシシなどを狩猟するのと同様であるが，日本で水田稲作が開始された後は，天然の森林生態系から食料として採取する生物量は限られており，海洋生態系から得ている海藻・魚介類の生物量には遠く及ばない．

　このような事情から，食料生産という生態系サービスを海洋生態系から持続的に得ていくためには，生態系に対する人の需要，すなわち第1章で述べた過去から現在にいたる海洋生態系の利用様式だけでなく，生態系そのものの理解が極めて重要となる．海辺の生態系の変容を理解するには，生物多様性と生態系機能の形成・維持機構はもとより，それらと物理化学環境との関係や，自然資本から生まれる潜在的な生態系サービスの価値を紐とくことが必要である．そこで第2章では，人に対する恩恵を生み出してきた海辺の生物多様性とその

歴史的変遷について説明をしていく．特に，広い景観スケールや生態学的な課題を扱う最近の話題についても触れたい．ただし，「人の営みと生態系とのかかわり」に主軸を置く本書では，あくまで人と生態系とのかかわりの歴史に関する事例のみを選抜し，できるかぎり専門用語を使わず，平易な記述を心がけた．その歴史の主軸は生態系サービスの利用であり，利用によってその元本となる自然資本に及ぼす影響を社会的に整理することが重要である．そのため，その背景にある生態学的な専門理論の詳細な説明や，科学的検証等の解説は他書にゆずることにする．

2.1 海における原生的自然観とは

　私たち人類が利用している海辺の生態系や生物多様性の理解を深めるためには，少なくともその多様性が形成されてきた歴史と，歴史とともに形成された日本周辺海域の生物多様性に影響を及ぼしてきた気候（海象）変化を整理する必要がある．まず，この2つの側面について見ていこう．

(1) 海辺の生態系が成立する歴史的背景

　現在，私たちが目にする海辺の生態系・生物多様性の形成過程を理解するには，少なくとも2億年前までさかのぼる必要がある．2億年前といえば，陸上はいわずと知れた爬虫類全盛の時代であり，海洋でも多くの爬虫類が隆盛したことが知られている．そしてこれらの爬虫類を筆頭に，当時の生物多様性を構成していた多くの種は大量絶滅してしまっている．それにもかかわらず，なぜこの時代から考察する必要があるのだろうか．それは，海洋生物の分布を決める海流の流れが，この時代を境に大きく変化し，現在の地球上の海洋生物の分布に深くかかわってきたからである．

　約2億5000万年前，地球の大陸はパンゲアという1つの超大陸を形成していた．当時は，北部のローラシア地方（大陸）と南部のゴンドワナ地方（大陸）に囲まれた古テチス海と呼ばれる巨大な内海があった．この内海は赤道を挟んで南北の温帯域にまたがる温暖かつ穏やかな浅海域であったため，海洋生物の

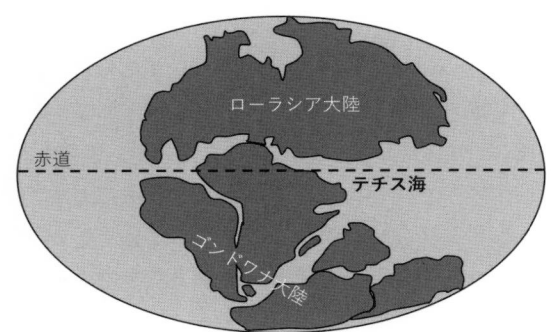

図 2.1　約2億年前のテチス海の図.
ローラシア大陸とゴンドワナ大陸に分かれ始めた頃の
様子.

大繁殖や多様化が起きたらしい (Yoshida and Hamano 2015, Orth et al. 2006). ま
た，古テチス海が形成される直前に，パンゲア大陸形成時の火山活動の活発化
などで古生代の海洋生物の95％以上が絶滅していた. この大量絶滅によって別
の種が占めていた生態的ニッチ（生息場所や生態的地位など）に空きが多くで
きたことも，古テチス海の大繁殖をさらに助長したと考えられる. この頃，古
テチス海からテチス海に続く時代に，温暖な気候により大量発生した植物プラ
ンクトンの遺骸が，中東に埋蔵されている石油の起源となったといわれている
(西本 2006).

　その後，約1億 8000 万年前頃から，パンゲア大陸は北部のローラシア大陸と
南部のゴンドワナ大陸に分裂し始め（図 2.1），赤道を中心に現在のユーラシア
大陸東部から北アメリカ西部まで一直線でつなぐテチス海が形成され，赤道下
には東から西へ流れる赤道海流が形成された（図 2.2）. 古テチス海で生まれた
多くの海洋生物はこの流れに乗り，地球上に分散していったと考えられている.
その後，南アメリカ大陸が北アメリカ大陸と接合し，そしてインド大陸とアフ
リカ大陸がユーラシア大陸と接合してテチス海が消滅するまで，海洋生物の分
散は続いた. その時期に各地に定着した生物が，現在の海辺の多様性の起源と
なっている.

　例として，沿岸域の海洋被子植物である海草類（うみくさ）（Seagrass）の分布拡大が典
型的である (Orth et al. 2006). 海草類は約1億年前に陸上から海洋へ回帰した

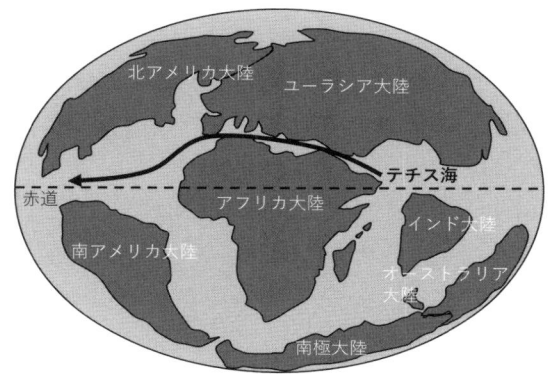

図 2.2　約 1 億年前のテチス海の図.
大陸分裂が起こり，西赤道海流ができた頃の様子.

植物であり，3 科で約 60 種近く存在している．陸上の種子植物の約 25 万種，海洋の海藻類約 1 万種と比較して，その種数ははるかに少ない．だが種数が少ない一方で，海草類は地球上の熱帯域から亜寒帯域まで広域に分布する海洋植物として知られている（堀 2017）．これまでの研究により，3 科の海草類はそれぞれ同時並行的に陸域から海洋へ進出し，その起源は現在の東南アジアから東アジアにかけての海域であったと考えられている．その後，テチス海に沿って西へ分散し，当時は海峡であったユーラシア大陸とインド大陸の間を抜け，数千万年かけてヨーロッパ沿岸まで広がり，ついには北米西海岸まで到達している．

　海草類の一種であるアマモ（*Zostera marina*）はその代表例で，北半球一円の温帯域から亜寒帯域に分布し，地球上で最も分布域の広い海洋植物である．アマモはテチス海を西進し，東アジアから地球をほぼ一周して北米西海岸に到達している（図 2.3）．太平洋では，西側は日本の九州からロシア沿海州にかけて，東側は北米西海岸のカリフォルニアからアラスカまで分布している．そのため，北太平洋ではベーリング海を境に東西にかなり近接した分布域となっているが，両者の形成の歴史には数千万年以上の開きがあると考えられている．

(2)　日本列島周辺での気候変化の概要

　テチス海を介在した生物多様性の出現と拡散の後，各地に定着した生物は気

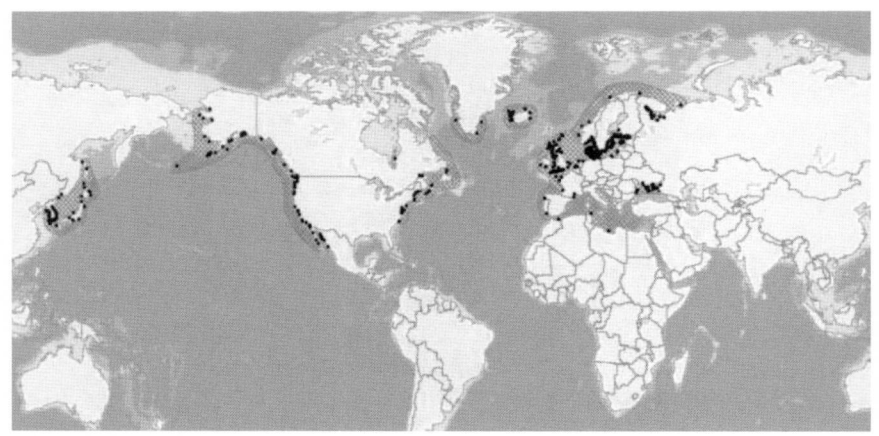

図 2.3　アマモ（*Zostera marina*）の分布図.
北半球の温帯域から北極圏付近まで分布している．●がアマモの分布が確認された調査
地を示す．Green and Short（2003）より引用．

候変動に伴い分布域を少しずつ変化させながら，そこに住む人類に自然の恵み
を与えてきた．地球上に人類（ヒト属）が出現した数百万年前，第四紀氷河時
代の更新世（約 258 万年前～1 万年前）の頃は，概して寒冷な気候ではあった
が，氷期と間氷期の繰り返しによって寒暖の変動が大きく，それに伴う海水面
の変動も激しかった．日本周辺でも氷期に海水準が低下した時期は，浅い海辺
の多くが陸地化し，大陸と日本列島が南北で地続きとなって日本海が淡水化す
るなど，海辺の生物相は海面変化に大きな影響を受けた．最終氷期の頃の日本
沿岸では海洋生物の分布は寒流系の勢力が強く，貝類化石などから，北海道に
現在生息する種が千葉県や東京湾近辺まで分布を広げていたことが推測されて
いる．

　その後，約 1 万年前に最終氷期が終わり，温暖化が始まった完新世に入ると，
日本列島は縄文時代を迎えた．人類が海辺から採集した生物の記録は貝塚など
に残されている．気候の温暖化により日本周辺では海水面が大きく上昇し，約
6000 年前まで続く縄文海進の時代には海水準が最終氷期の頃より 100 m 以上も
上昇した．現在の海水面は縄文海進の最大海水準より約 5 m 低下したといわれ
ているが，当時はこの海進により海辺が内陸奥部まで進入し，内湾・内海面積

が大きく増加した（コラム4）．このような内湾・内海は水深が100 m以浅と浅く，大気や陸域からの影響を受けやすい．例えば，集水域からの淡水の流入により，塩分・海水温ともに外海より低くなり，海水中の栄養塩類の濃度は高くなった．また，冬期は気温の影響で海水温が外海より低く保たれた．このような特徴から，氷河期に南下していた魚類などの海洋生物は内湾域に取り残されることがあった．その典型である瀬戸内海などの太平洋岸の内海・内湾域では，イカナゴやクロソイ，アイナメやカレイ類など，隣接する外海には生息できない北方系の魚類も残存している．その一方で，当時の外海域では千葉県房総半島までサンゴ礁が北上していたらしい．

　しばらく温暖な気候が続いた後，縄文時代後期（紀元前1000年頃）から再び寒冷化が始まり，以降は現在まで，氷河期と比較すれば微々たる変化ではあるが，数百年スケールで寒冷化と温暖化を交互に繰り返すようになった（図2.4）．微々たる変化とはいえ，海水面は1 mほど変化したことが近年明らかになって

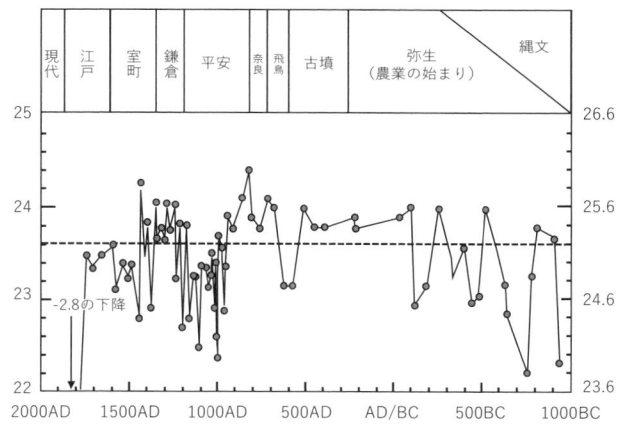

図2.4　西日本過去3000年の気候変化．
　　　アルケノン表層海水温（左軸）および気温（右軸）を示す．破線より上部に折線がある時代は温暖化，下部にある場合は寒冷化していることを示す．アルケノンとは円石藻が合成する不飽和長鎖ケトンのことで，アルケノンの不飽和度は成育温度によって変化することが知られているため，古代の海水温を推定する指標として用いられる．Kawahata et al. (2017) を改変．詳細は原著を参照されたい．

きた（Kawahata et al. 2017）．1 m の海面変化があれば，海辺の漁民集落などは
影響を受けたはずである．温暖化の傾向が強かった戦国時代後期から江戸時代
初期（1650 年前後）に見られる集落の消失や港の移動などの記録は，海水面の
上昇と関係している可能性が高い．例えば，瀬戸内海の芦田川（現在の広島県
福山市）河口に存在した草戸千軒という港町は 1600 年前後に消失している．こ
の消失については，従来の洪水説ではなく，近年は海面変動の影響が議論され
るようになっている（広島県立歴史博物館ウェブサイト）．

　気候の寒冷化と温暖化の繰り返しは，食料生産にも影響を及ぼしてきた．江
戸時代の東日本では，寒冷化により米が不作となり，ヒエやアワなどの救荒作
物でしのぐか，さもなくば大飢饉となった．その一方で暖流と寒流の境界に位
置する日本周辺の海辺では，寒冷化すると海藻や魚介類を多く漁獲できる場合
もあった．江戸時代で最も深刻な飢饉であったとされる天明の大飢饉（1700 年
代後半）の際，船の乗り子が飢饉で死亡し，船が出せないために漁船を売った
などの記録がある一方で，海藻や貝類を食べて飢饉を乗り切ったとの記録もあ
る（溝口 2006）．また，船での輸送を担う専門漁業者が他地域から救援物資を搬
入したり，漁でニシンやイワシを大量に漁獲し，それを農民救済に利用したと
の報告もある．このような気候変化に伴う陸域の恵みと海域の恵みの増減を利
用し，人の営みをつなぐといった古来の知恵は，日本人が長い年月をかけて培
ってきた伝統知の 1 つといえよう．この点については以降の節で詳しく述べる．

コラム 4　気候変動と海進

　縄文時代が温暖であったことはすでに述べたが，地球は太陽との位置関係によ
って氷期と温暖な間氷期とをおよそ 2 万 3000 年，4 万 1000 年，10 万年周期
で繰り返すミランコビッチ・サイクルがあることはよく知られている．おおまか
には，温暖な縄文時代，寒冷な弥生時代，温暖な平安時代，寒冷な江戸時代，温
暖になりつつある現代と続く．本シリーズでもこうした大きな気候変動が日本の
自然環境に影響し，さらに都市化や水田化，戦乱・動乱など社会にも影響を与え
た可能性が何度か指摘されているが，ここでは，主に海の生物の記録が残ってい
る縄文時代を中心に概説したい．

　まず，縄文時代とひとまとめにされがちであるが，その後の時代と比べると大変長く，1万1000年前から3000年前までの8000年ほどの期間に及ぶ．最終氷期の氷河が最も発達した1万9000年前から極域の氷河が融け始め，氷河から遠く，その重さがなくなることで地面が隆起しない地域で，年1～2cmに相当する100m以上も海水準が上昇した．その結果，縄文時代中期の約7万年前から5万年前に海水面が最も高くなった．海水の重さによる地面の沈降も各地で起こり，その後の地震などによる地殻変動もあることから，地域によってその高さは異なるが，関東地方で大きく，その後沈降した現在の海面と比べても，4m以上高い．海岸段丘や現在の田んぼなどの低湿地はこの時期に形成されている場所が少なくない．

　年間1cmというと少ないようだが，沿岸への影響は大きかったはずである．例えば東京湾はわずか1.8mの潮汐でおよそ8000ha以上もの干潟があったことから，当時広大な面積の干潟が水没して失われ，また同時に陸が干潟になっていたのである．その広さは関東地方の地形図と貝塚の分布を重ねると一目瞭然である（図1.3（p.8））．

　こうした場所の生物が局所的にどのように変化したのかについての記録は多くないが，東日本大震災で実際に1m弱の地盤沈下があった地域を著者が観察した際には，塩水で枯れた草地にアサリが定着を始める様子が見られていた．浮遊幼生期をもつ生物は潜在的な増加率が高いものが多く，適切な生息地があれば増加は早い．

　縄文時代中期には，海水準だけではなく，気温も現在より2℃以上高く，海水温の上昇と黒潮団水塊の北方での形成によって，現在関東地方では見られないハイガイが仙台湾ほどの北にも出現していたことが貝塚から示されている（図；松島2012，泉・今村2013）．魚では，ブリ類，カレイ類，サメ類，サバ類などが青森県の三内丸山遺跡で多く見られる．現代でもブリについては，2015年から専用の加工場がない北海道で大量にとれ，逆に名産地であった富山で不漁となったことが大きな問題になっているが，この状況が少なくとも100年分の貝塚層で続き，反対にサケなどの北方の魚の割合は少なかった（河合2001）．気候変動の影響は，貝類にしても魚類にしても量の変化は相当なものがあったが，ハイガイやブリなど一部の分布が大きく変わった種を除くと，出現する種類としての構成生物が短期間に劇的に変わっているわけではなさそうだ．そのため，もともと定住性が低かったとされる縄文人にとって，地球環境の変化を通じて起きた海の生物の変化の影響は，特産品と地域の経済が結びついている現代から想像されるほどには大きくなかったかもしれない．

　こうした気候の温暖化による海水準変化と海の変化もしくはその逆の寒冷化は，より短い間隔で小規模なものがほかにも起こっている．8世紀から12世紀

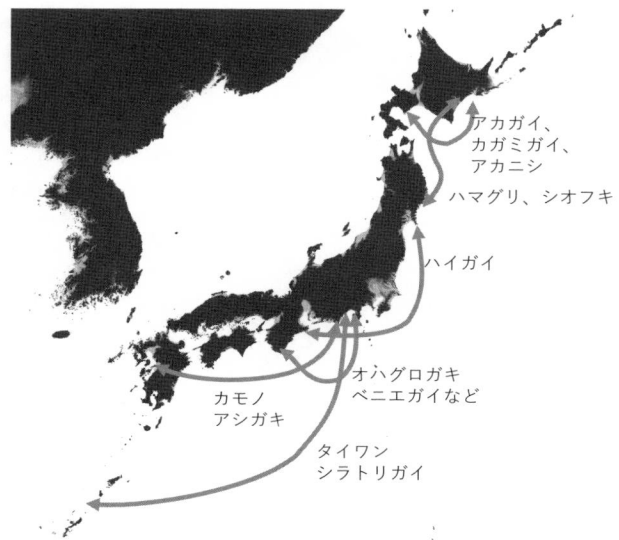

図　縄文時代の貝類の分布北限とその後の変化.
背景図は10mの等高線を示す. 松島 (1984, 2012) より作図.

にかけて「平安海進」，世界的には「ロットネスト海進」ともよばれる海面上昇
が起こり，世界的には現在より1mほど低かった海面が50cmほど高い位置ま
で上昇した.

　また，14世紀から19世紀半ばは「小氷期」と呼ばれ，江戸時代は寒い時代
が続き，特に寒かった江戸時代中期には飢饉が何度も起きている. ただし陸の稲
作や農業の打撃のほうが深刻で記録が残っており，海の変化の記録はあまり多く
ない. 船を売った記録などもあるが，むしろ「救荒食物」として海藻類が飢饉の
際の非常食になったことや，必ずしも陸の飢饉と同調せずに場所によっては魚が
とれたことなどの記載が見られる (溝口 2006).

　このような生物の分布の自然な変化は，護岸のようなものがなく，自然に海岸
が陸側に後退あるいは海側に前進して新たな潮間帯や浅海が陸側に形成される
ことが前提である. 現在の護岸化された国土で同様な海水準変化に耐えうるのだ
ろうか.

2.2　　海-陸間での人や生物の相互作用

　本書に先立ち，本シリーズ「人と生態系のダイナミクス」では陸域の生態系について刊行されているが，海の生物多様性を論じるうえでは，陸域以上に広い空間スケールでの生態系どうしのつながりを考える必要がある．ここでは，河川から海への流出物も含めて，森・里・川と沿岸生態系とのかかわり合いを紹介する．中でも，生物の移動や生物どうしの関係性を中心に概説し，それらと人とのかかわりについて論じていく．

　海と陸の距離が近い島嶼国である日本では，海と陸双方の生態系の恵みを利用することができる．第 1 章で述べた縄文時代から続く狩猟・採集生活はその典型であり，島嶼部や沿岸域で見られる半農半漁の生活はその名残であろう．自然界の生物でも，海と陸双方の生態系をうまく利用して成長する例は数多い．アユやサケ，ウナギなどの魚類は，生活史のステージによって海の生産性と陸（ないしは河川）の生産性を使い分けて成長する．産卵のために川を遡上し，産卵後に死亡した個体は，河畔林の陸上生物にとって重要な栄養源となっていることは，現在ではよく知られている．クロダイやスズキの仲間は，潮汐の干満にあわせて河川と海域を往来し，双方の餌生物を摂食して成長する．また，海辺や河畔林を生息場所とする鳥類では，河畔林の生産性が高くなる季節と，海域や河川の生産性が高くなる季節との違いを利用し，それぞれの生産性が高い季節の餌生物を摂餌して生活環を回し，生き延びている（中野 2003）．海と陸の双方の生産性をうまく利用することは，生物を仲立ちとした海と陸の間の物質の循環がつくられることを意味する．このような物質循環は，生物の行動や分布が制限要因となり，局所的な生物間相互作用をつくり出し，その場の生物多様性の形成に大きく貢献している（Polis and Winemiller 1996）．

　それとは別に，生物を仲立ちとしない海と陸の間で生じる物質循環も存在する．これは主に集水域から海辺への陸水流入（河川・地下湧水など）を介した物質循環である．海洋から出た水蒸気が雲となり，その雲が陸域で雨となって集水域に降り注ぐ．降り注いだ雨は集水域のさまざまな生態系の土壌中を流れる間に，有機物や無機栄養塩類を回収し，河川や地下水となって海辺の生態系

へ流入する．その栄養塩類を利用して植物プランクトンや海藻草類が成長し，あるいは流入した有機物を動物が直接摂食して成長することで，海辺の生態系に取り込まれていく．海辺の生物生産に対する陸域からの栄養塩類の寄与は大きい．例えば瀬戸内海では，海域の栄養塩類の3〜4割が陸域由来の栄養塩類であり，瀬戸内海東部海域に限ると5割が陸域起源と推定されている（水産研究・教育機構 2019）．

　この節では，まず陸域の土地利用が海へ及ぼす効果について，両者をつなぐ河川（と湧水）に注目して紹介する．次に，生き物の多様性を仲立ちとした陸と海の相互作用について紹介する．それは2つのパターンに大別される．1つ目は，海から川や森へと遡上してくる生き物の例である．2つ目は，マングローブ林を含めて，河口域の水路，林やヨシ原など他の生態系と入り混じる川や汽水域との移行帯の生物群集の例である．最後に以上の視点を踏まえ，流域の管理についての事例をいくつかあげ，後の章の議論へとつなげたい．

(1)　陸域の土地利用と川・海とのつながり

a.　土砂の流出と保安林

　陸域からの流出物は，川や地下水・表層水を通じて，海へと流れていく．古くから陸域が海へと影響を及ぼす例は経験的には知られていた．例えば上流にある林である「魚付き林」は，水辺近くに日陰があり，流域の林を破壊せずに維持することで魚が集まるとされ，森林が荒廃していた江戸中期にはそうした思想が記録されている．1897（明治30）年制定の森林法では，保安林のタイプとして魚附林が設定された（若菜 2004）．保安林と同様の森林管理自体はすでに奈良時代には始まっており，現在の奈良県で森林の伐採が天皇の勅令として禁止されるなどしていた．しかし，江戸時代には，人口と消費の増加によって薪炭林としての森林利用がより広い地域で活発化した．江戸初期の1666年の諸国山川掟令では，山での焼き畑の禁止と，土砂流出箇所への植樹の義務などが記載されている．ただし，実際には，十分な植生の回復は困難で土砂流出が激しくなり，砂防ダムなどがつくられた場所も少なくない．

　森林が土砂流出を防止する機能について，現在では，沖縄の赤土流出の事例が有名である．沖縄のような石灰岩質の熱帯地域では，土壌の表層が薄く，森

林がなくなると途端に土壌が流出する．沖縄では戦後にサトウキビ畑や米軍基地の開発が進められた．これにともなって表土が露出するために，大雨の度に土砂流出が進んだ．濁った水と土砂は，貧栄養で澄んだ海に生息するサンゴに対して，日光をさえぎったり土砂を付着させたり埋没させることで悪影響を及ぼしている．火山の多い日本では，本土でも森林が消失すると表層の土壌が失われやすい地域は少なくない．西日本の火山灰性の土壌が覆う地域は典型例である．2014 年と 2018 年に，広島県を中心に大きな被害が出た豪雨による土砂災害は記憶に新しい．ただし，この場合は異常な雨量が記録され，たとえ森林があってもより深い層から崩壊する場所もあった．いずれにしても，森林がなくなることは，別の土地利用になっていることを意味している．その多くは農地化である．農地は表土が露出していることが多いため，特別な対策を施さなければ，土砂の流出は多くなる．

　一方で，河川からの適切な土砂の流出は，沿岸の砂浜海岸や干潟の形成に寄与している．東京湾奥部の干潟は，しばしば氾濫により周辺に大きな被害をもたらしていた利根川からの土砂流出によって形成されたものである．利根川は，江戸時代に治水のために太平洋に流路を付け替える大工事が行われたため，現在は東京湾に注いでおらず，湾奥部に広大な干潟を形成するための土砂を運搬することはない．東京湾に注いでいた旧利根川の流路は，より流量が調整しやすい江戸川として残っており，水とともに土砂も堰によって遮られている．

　従来，こうした水や土砂の管理は，各地で防災や産業利用を考慮して進められてきた．しかし，そうした災害対策や発電のために設置されたダム，沿岸域の護岸，漁港などによって，陸と海や沿岸どうしの砂の流れによる移出入が均衡している状態すなわち「漂砂系」の分断が進んでおり，海岸浸食が各地で問題になっている（宇野木 2010）．

　このように陸から沿岸の砂の挙動は，森林による流出抑制と，伐採と農地化による流出促進，発生土砂の河川と沿岸双方の輸送プロセスの間で，砂の増減のバランスが保たれて干潟の形成や海岸の維持に寄与していた．近代では，災害管理との関係から多くの土砂の流入と流出が管理されているが，自然状態に近い動的な管理を行うことは，コスト面からも技術面からも容易ではない．

b. 水の流量の調整と移行帯や地下水の形成

　陸域の土地利用は，土砂の移動量だけではなく，水の流量調整にも強く影響している．例えば森林は，「緑のダム」として根や土壌への水の滞留を通じて水の供給を調整する機能があることが知られている．水田にも同様のダム機能があり，さらに洪水時の貯水効果も認められる．これらは特に降水後の最大流量を減少させ，流下時間を遅らせることで，災害や生物の生息環境の急激な変化を防いでいる．また，沿岸域に堰や護岸が少なく，地下水のくみ上げも少なかった時代は，各地で地下水や湧水が豊富にあり，人々はそれらを上水として利用していた．このような連続的で緩やかな陸から海までの水の流れは，河口部に海水と淡水が入り混じった移行帯である汽水域を形成した．一言に汽水域といっても，塩分濃度の勾配により多様な環境が成立する．例えばシジミが生息できる塩分濃度は 0.15〜2.2% のほぼ淡水から海水まで，江戸時代に養殖されたアサクサノリは 1.2〜1.8% のやや淡水の混じる海水，現在食べているスサビノリは 1.8〜2.2% で内湾の海水でも生息可能である（下茂ほか 2004）．

　汽水域は環境が変化しやすい厳しい環境であるため，ある特定の塩分帯での生物の種数は決して多くはない（α 多様性）．しかし，このような環境勾配がもたらす塩分環境の多様性は，塩分環境ごとに異なる生物種の組み合わせをもたらす（β 多様性）．それが結果的に，河口全体としての種多様性の増大（γ 多様性）や種の固有性の向上に貢献している（後述する 2.4 節 (2) 景観の相加効果にも通ずる）．現在，こうした河口周辺の移行帯に生息する生物の多くが，絶滅危惧種になっている．例えば，かつて瀬戸内海や九州北部一帯に広く分布していたカブトガニや，全国に分布して，西日本の一部では食用にされる巻貝のウミニナ，ヨシ原の縁の潮間帯で紫色の可憐な花を咲かせるウラギクなどである．沿岸の多くの場所で護岸による汽水域を含む環境の移行帯が喪失しているだけではなく，特に河口域では，河口堰や利水，河川の直線化により河川水が減少し，護岸などで直接的に破壊されなかった移行帯の部分も減少している．さらに，水量や水利用の調整のための人工的な水の放流などにより，急激な環境変化が起こり，生物の生息をいっそう困難にしている．

c. 陸域から河川を通じて流出する有機物

　ここでは，陸域から河川を通じて海へと流れ出るもののうち，特に高度経済

成長期以降問題になっている有機物，栄養塩類について考えよう．陸域起源の栄養塩は，沿岸の植物プランクトンにとって主要な栄養の1つである．その結果，沿岸域の生産性は沖合よりもはるかに高い．例えば，岩手県大槌川と大槌湾を比較した調査では，硝酸イオンとなっている窒素量で，それぞれ 24 µg atom/L と 0.2 µg atom/L と大きな差があり（水産庁ほか 2004，栗原 1988），陸域からのこうした栄養塩類の流入は海域に欠かせない．

　しかし，高度経済成長期には，大量の有機物や栄養塩が一度に放出され，魚が死滅するなどの事件が相次いだ．特に，大都市を抱える閉鎖性の内湾や内海である東京湾や瀬戸内海では深刻であった．そのため，過剰な有機物による酸欠や腐敗の指標となる生物化学的酸素要求量（COD）や化学的酸素要求量（BOD）といった水の汚れの指標についての調査が行われ，生物の生息環境の評価に使われている．こうした指標をもとに目標値を定め，排水の基準がつくられ，下水処理技術の導入が進んだ（環境省 1979）．その結果，1990 年代になると，汚れの指標という観点から見ると水質は大幅に改善された．

　一方で，植物プランクトンの直接の栄養となるリンや窒素といった栄養塩類は，当初の時点では規制はされず，あまり減少しなかった．そのため，プランクトンが大発生し赤潮が観察される日数は増え続けていた．赤潮は酸欠を引き起こすことがあるほかに，大量のプランクトンによる魚のエラの損傷や，有毒な種類のプランクトンが大増殖する場合もあるなどして，養殖をはじめとして漁業被害をもたらすことが知られている．例えばシャトネラ属のプランクトンによる赤潮によって，1970 年代に瀬戸内海でブリ養殖に 70 億円を超える被害をもたらしている（村上・山口 1989）．

　赤潮が頻繁になると青潮も発生しやすくなる．赤潮や生物の斃死によって海底に降り積もった有機物は，底泥に棲む微生物により分解される．微生物は分解中に酸素を大量に消費して，水の交換の悪い水路などで無酸素水を生成する．すると酸素がないことで有機物中の硫黄分が還元され，有毒な硫化水素が発生し，この有毒で無酸素な水が航路や深場に滞留する．これが，表層に巻き上げられると硫黄の粒となって酸素と反応してエメラルドグリーンに輝く青潮となる．この無酸素水は生物を直接的に死に追いやるため，特に問題となっている．

　近年は，栄養塩類を含めた水質全般の規制の効果もあり，瀬戸内海・大阪湾

や，東京湾でも下水道の整備と栄養塩もある程度除去できる高度処理設備の導入が進展した．その結果，排出される有機物だけでなく，栄養塩についても総量が減った．2000 年代後半から栄養塩は減少傾向を示す調査地点が見られ始め，2018 年現在は海水の栄養塩濃度が低下する地域が見られてきた（山本・花里 2015）．そのため，これまでとは逆に貧栄養化が海の生産性を下げているという指摘が瀬戸内海などでなされるようになってきた．都市近郊の農地の減少や海水温上昇による海水の混合層の減少など，ほかにも近年の貧栄養化に関与しうる要因はあるが，徐々に水がきれいになっていることは間違いない．そのため，これからの時代は単なる総量の排出規制ではなく，評価対象とする生態系に合った栄養塩のバランスと時間変動の管理が必要になっている．どの生物にある程度低いほうがよく，どの生物で高いほうがよいのか，目標をどこに定めるべきかも含めた検討が必要になっている．

d. 陸域から海への影響の検出例

　陸域が沿岸に与える影響を全国スケールで評価することは容易ではない．だが，個々の流域については，地図のデータを用いた土地利用との関係の解析や現地のサンプルの安定同位体比を用いて，陸域と沿岸生態系との関係性を評価することが可能である．安定同位体分析とは，自然界にある元素のうち，同じ性質だが質量が異なるものの比率を調べることで，物質の動きを調べる方法である．窒素の安定同位体のうち $\delta^{15}N$ の比率は，陸域より海域のほうが高く，このことを利用して陸域の影響を調べることができる．例えば，福井県小浜湾に堆積する有機物の陸上起源率を検討した例では，河口から 1〜2 km の範囲で 9割，6 km 離れた湾口で 2 割であり，湾内の海域の底生生物への陸域の貢献は大きかった．ただし魚類にまで取り込まれる量は限られており，魚には沖合由来の栄養塩の貢献が大きいようだ（富永・高井 2008）．

　地図のデータを用いてシミュレーションを行った研究は多数あるが，小流域を例にしたものがわかりやすい．例えば，宮城県の志津川湾において，現在および将来想定される土地利用に基づいて流域からの負荷を計算し，カキをはじめとする養殖の適正な水準を検討した研究があげられる（山本ほか 2018）．その結果，土地利用に起因する面源負荷が 7 割以上であり，現在 2 割を占める生活系の負荷が将来若干軽減されることや，陸からの流入量は窒素相当で全体の流

入量の約1割に相当することが明らかになっている.

(2) 海から陸への自然な循環

物質とエネルギーの流れは,陸から海への一方向ではない.水辺と陸域との生態系の連続性が維持されていれば,相互に行き来する生き物が出現し,海から陸への物質や生物の流入が起こる.それにより,単なる海と陸の生態系の足し算だけではなく,海と陸の相互作用によって維持された「移行帯」という別のタイプの生息地が生じる(詳しくは後述の2.4節(モザイク環境の効果の節)を見てほしい).

海から陸へ移動する生物には,回遊魚として河川に回帰するサケやマスなどが有名である.自然の河川では,サケが川一面を赤く染めて遡上する様子を見ることができ,日本においても遡上したサケの死骸が河川生態系の生産性を高め,その効果は他の淡水魚にも及ぶことが示されている(河内 2014).北米では古代の集落形成にサケが重要であったという研究例があり,縄文時代に東日本が栄えた一因としてサケの遡上があったとする説も提案されている(山内 1964).

海から陸へと物質やエネルギーを運ぶ鳥については,林中につくられるサギ類のコロニーにより海から陸に運ばれる栄養について検討した例がある.1か所のコロニー,約230巣でフンや死骸が12tほど排出されたと推定され,コロニー近くではハエやオサムシ科など腐肉食性の昆虫が増加し,直下の下層植生が減ったが,コロニー直下ではない植生には栄養塩が供給されており,植生が豊かになると考えられた.そのため,正の効果と負の効果の双方が見られた(Ueno et al. 2006).

海からのエネルギーという視点では影響は小さいが,海と陸を行き来することで種多様性が高まるという例もある.ウナギやアカテガニ・ベンケイガニなどのように海で産卵し,陸や湿地に帰ってきて陸の栄養分に依存して成長する生物も少なくない.特にウナギは,マリアナ海溝沖の大洋と陸域とをつなぐという意味で特徴的な種である.かつては田んぼなどで普通に見られた地域も少なくない.これらの資源の持続性という観点からも,海と陸との連続性は重要である.持続可能な社会の構築には,こうした物質や生き物の循環だけではな

く，食文化なども含めて，流域ごとに自然の循環に応じた人間活動のつながり
をつくり，海域への配慮を促していくことも大切であり，こうした取り組みは
4.2 節で集水域の管理の例を取り上げる．

2.3　　撹乱と海洋生物

　海洋生物の一般的な特徴として，重力の影響の少ない海水中を移動するため
か，すべての生活史のステージ（卵，幼生，成体など）を完結する空間スケー
ル（分布域や個体の行動範囲）は，概して陸上生物より広大である．だが，一
方で時間スケール（生活史そのもの）は短いことがあげられよう．生態系の基
礎をなす一次生産者（基盤種ともいう）の植物を比較すると，海辺は微細な植
物プランクトンか，あるいは大型の海藻・海草類が多く，一方で陸域では森林・
草地を形成する木本・草本類となる．この両者を比較すると前者が成立する時
間スケールは数年から数十年，後者の木本類は数百年から数千年となる．海辺
の海藻群集では，生活史の時間スケールの短さゆえに，遷移の過程で生じる撹
乱の頻度が低いと，植生が速やかに極相に達することが多い．そのため，一部
の海藻種が優占する単調な海辺になってしまう（谷口 1996）．したがって，海辺
では生物多様性の形成や維持機構に果たす撹乱の効果は極めて重要である（図
2.5）．このような考え方をベースに，以下では海辺に生息する生物多様性の特

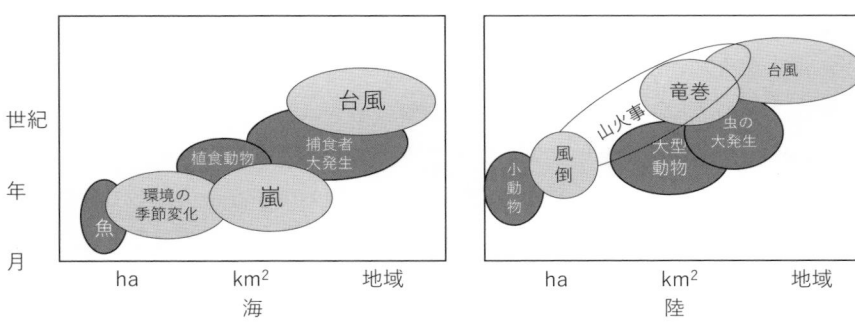

図 2.5　海と陸で起こる生物・非生物撹乱の時間・空間スケールの例．
Bengtsson et al. 2003 を改変．

徴と，人の営みに起因する攪乱との関係について議論していく．

(1)　種の共存機構としての攪乱と遷移

　上述の海藻群集のように，攪乱による生物多様性の変化は，生物間の相互作用が深くかかわっており，それは多様な生物が共存できるメカニズムの1つである（宮下・野田 2003）．

　「中規模攪乱仮説」は，攪乱と生物多様性の関係を示す古典的で基礎的な理論として有名である（宮下・野田 2003）．ある生息場所に攪乱によって空きスペースができた場合，真っ先にその場所へ侵入する種もいれば，それらの種を徐々に排除しながら優占していく種もいる．その場にいち早く侵入する形質と，侵入した後に他の生物を排除してスペースを優占する形質の間には，一般的にトレードオフが存在する．前者の形質をもった生物は，移動・分散能力が高く，空いたスペースに侵入して場所を占拠するが，時間とともに後者の形質をもった生物が侵入してスペースを確保し，やがてそれらが優占することになる．これが遷移の過程の原則である．攪乱が生じなければ，他者を排除する形質をもった種のみがその場所に出現するが，適度に攪乱があると，他種との場所をめぐる競争能力に劣る種も残ることができる．したがって中程度の攪乱がある場合に，最も多くの種がその場所に生息できるという意味で，中規模攪乱仮説と名づけられた理論である．

　この理論は，もともと海辺の岩礁潮間帯に生息する海洋生物群集を対象に提唱された．しかし，海だけでなく陸域も含めたすべての生態系に適用される仮説として生態学全般に浸透した．生息場所など，限りある資源をめぐる競争関係が種間で生じる場合は，この理論があまねく適用できるからである．

　種の共存機構において，中規模攪乱説と対をなす重要な理論に「キーストーン捕食仮説」がある．捕食者が競争能力に優れた優占種を選択的に捕食することで種間競争が弱まり，結果的に競争に弱い種も含め多くの種がその場所に生息できるという理論である．これらの基礎理論は1990年代を中心にさまざまな理論へと発展した．例えば中程度の攪乱で栄養段階数（食物連鎖長）も最大になるなど（Power et al. 1996），遷移と攪乱，捕食−被食関係を統合し，生物群集全体の成立や維持機構へと拡張されていった．人の海辺へのかかわり方は，生

物多様性の搾取とその生息場所改変という撹乱が主となる．そのため，人の営みと生態系との関係を論じるうえで，これら生態学の基礎理論はその理解を深める有効なツールとなるのである．

(2)　海洋生物の空間スケールと人為的撹乱の関係

　撹乱と海洋生物との関係を論じるうえで，撹乱と生物遷移（つまり時間推移）の関係に加えて，撹乱と海洋生物の空間スケール（空間的広がり）の関係も考慮する必要がある．だが，空間スケールの本題に入る前に，陸域と海域との違いを明確にしておきたい．その違いの認識により，空間スケールを考えることの意義がわかりやすくなるからである．

　海域は地球の表面の 7 割を占めるが，陸域は 3 割にすぎない．また陸域の平均標高は 840 m（0〜8848 m の範囲）であるが，海域の平均水深は 3729 m（0〜1 万 920 m）である．さらに，陸域は地形が複雑で表面がさまざまな有機物で覆われているが，海域では均質な環境が広がり，底質は無機物が多い．つまり，海域は陸域よりも空間スケールが大きく，均質な範囲が広いといえる．また海域の媒体である海水は，空気と比べて物理特性が大きく異なっている．例えば，比熱が高く温度変化が生じにくい，密度が高く粘性が大きいため拡散しにくい，比重が高く物が浮かびやすい，吸光度が高く光が遠方まで届かない，などである．こうした性質のため，海域は物理的環境の成層や勾配が生じており，陸域よりも広い範囲で環境の異質性が生じている．

　このような環境に応じた生物の特性として，沿岸域の海産無脊椎動物の多くは卵からふ化した後，浮遊幼生と呼ばれるプランクトン生活を行う生活史ステージを有している．その割合は，浅い海辺の底生生物では 80 ％ともいわれる（五嶋 2003）．この期間，浮遊幼生は海水の流れに乗って，極めて広範囲に分散することができる．また，魚類などは成長に伴い遊泳力が増し，特に回遊魚などは陸域の鳥類のように極めて広範囲に移動することが可能になる．これらの能力によって，海辺の生物は数十 km から数百 km を超える行動範囲をもち，回遊魚などは数千 km を超えるスケールで移動することがある．その一方で，海産無脊椎動物には広範囲に分散できる浮遊幼生を経た後，植物と同様に岩などの基質に固着して定住生活に移行するものも多い．フジツボ類やカキなどの

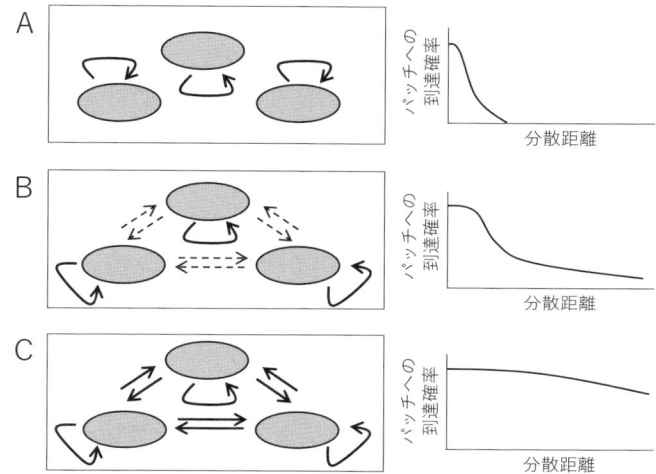

図 2.6　海洋生物の幼生分散と空間スケールの概要図.
局所個体群・群集構造をパッチ空間（灰色）として表し，パッチ間を
浮遊幼生が移動するイメージを示している．A：閉鎖的な局所個体
群・群集の集合，B：メタ個体群・群集（点線はパッチ間での移動頻
度が低いことを示す），C：パッチ個体群・群集（生息場所が空間的
に離散しているが，パッチ間での移動分散が頻繁に起こっているた
めに 1 つの大きい集合になっている）．堀（2012）を改変.

　二枚貝類はその典型である．このような海洋動物は，海洋植物とあわせて固着
生物と呼ばれる．したがって固着生物の生活史全体を考えれば，まず浮遊幼生
として広範囲を分散した後，適した生息環境の場所に定着して局所的な集団を
形成するようなイメージになる．魚類や甲殻類など，成魚で遊泳できるものの
場合はその逆で，卵から幼稚仔魚にかけては局所的な場所にとどまり，その後
の成長に伴って広範囲を移動する．いずれの場合でも，広域な移動・分散範囲
の中に複数の局所的な生息場所が散在する空間で暮らしていることになる（図
2.6；堀 2012）.

　「複数の局所的な生息場所が移動分散でつながる空間構造」は，海洋生物の移
動分散能力によって 3 つのパターンに区別することができる（Kritzer and Sale
2006）．まず移動分散能力が小さく，ほぼ他の場所へ移動することができない場
合は，閉鎖的な局所個体群構造を構成する．上述のような広域な移動分散範囲

はなく，離散的な局所個体群が散らばっているイメージである．次に移動分散能力がほどほどにあり，その時の環境条件などの状況に応じて局所的な生息場所の間を行き来できる場合がある．これはメタ個体群構造に相当する（詳しくは本シリーズ第1巻を参照）．3つ目は，移動分散能力が高く，局所的な生息場所間を自由に移動分散する場合で，これはパッチ個体群構造と呼ばれる．対象とする生物がこの3つのパターンのどの空間構造に相当するかによって，撹乱の影響は異なってくる．

　人は海の生物や生態系に対してさまざまな撹乱を与えている．食料として魚介類を採集する行為や，沿岸開発等によって生息場所を改変する行為が主たる撹乱である．撹乱は文字通り，対象とする生物や生息場所に負の影響を与えることは間違いない．だが，物理環境を変えることで，生態系や生物群集の多様性や安定性，あるいは遷移の進行に対して，正負さまざまな影響を与えていることを認識する必要がある．

　撹乱が生じる空間スケールは状況によってさまざまである．ある海岸でアサリやハマグリなどの二枚貝類を乱獲してしまうようなケースは1つの局所集団への撹乱になる．その一方で，地球温暖化のように人類によって海水温が広範囲で上昇・変化し，生息不可能な環境に改変されたことでアサリやハマグリの分布域そのものが変化してしまうような場合は，分散でつながる局所集団すべてに対する大規模な撹乱になる．次節では，人の営みの歴史的変遷と，それに伴う撹乱の空間規模の変化が，海辺の生態系へ及ぼす影響について紹介する．

(3)　海洋生物への撹乱の効果と漁獲圧の歴史的変遷

　撹乱は，生物を減少させ環境を劣化させる負の効果のみを有しているわけではない．撹乱が生物多様性や生態系サービスの向上に貢献しうることは，すでに生態学の定説となっている．海辺の海藻類を例に考えてみよう．波浪や漁獲などの撹乱によって基質から海藻が除去されれば，その場の海藻の現存量が一時的に減少することになる．だが，裸地となった基質（生息場所）がつくられることによって，他の海藻類や新しい同種の若い個体が加入することができる．これは多様性の増加や世代更新を促すことになり，結果として生産量が増加することもある（図2.7）．遷移過程を考えた場合，極相状態にある海藻林が撹乱

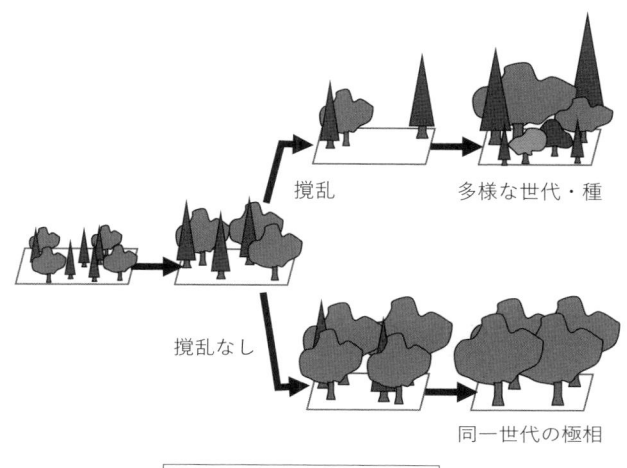

図 2.7 遷移更新の図.
海の植物も陸の植物と同様の遷移プロセスを有している. 例えば, 撹乱なしの経路で針葉樹がコンブ類, 広葉樹が極相に出現するヤハズグサ類などの海藻に相当する.

によって部分的に裸地になり, その場所では加入初期種を起点として新たな遷移が始まる. これは陸域の植生更新と全く同じ遷移過程である. 私たちが食料として利用するコンブ類は, 遷移中期に出現することが多い. 撹乱による遷移更新が生じなければ, コンブ林は人類が利用できない他の海藻林に置き換わってしまう. つまり, 漁獲行為自体が新たなコンブ林を生み出すことで, 生態系サービスの持続性を高めることができる. これはすでに漁業者によって実践されており, 雑海藻とよばれる, いわゆる人が利用できない海藻を除去する「磯掃除」という活動がその典型である (水産庁 2006).

　その反面, 撹乱の規模が大きければ, 当然ながら多くの生物が一度に減少し, 繁殖にもマイナスになる. 海洋生物では, 局所集団のサイズ (個体数) が減少し, かつ繁殖力が低下することで, 幼生による移動分散頻度も低下する. 図 2.6 に例えるなら, C タイプから B タイプ, さらに A タイプへと空間構造が変化することになる. では, 撹乱としての漁獲圧は, 時代の変遷に伴い海洋生物にどのような影響を与えてきたのだろうか (図 1.1 (p.2)).

　縄文時代の狩猟生活では，人による海辺の利用は集落単位での食料確保が主
であり，集落がある海岸の周辺のみ，すなわち前浜利用が原則であった．収穫
できる生物がいなくなれば，人々は獲物を求めて集落ごと別の場所へ移動する
か，季節的な採集旅行を実施していたようである．第1章で示したように，こ
の時代は人口が少なかったことに加え，前浜の獲物をとりつくせば別の場所へ
移動していたため，それぞれの局所集団を単位とし，漁獲による撹乱が影響す
ることになる．その痕跡は過去の海岸線に沿って散らばる貝塚に見られる．図
2.6のAタイプに相当する種であれば，過度の漁獲を行えば局所集団の数が減
少し，回復が見込めない．その一方，BやCタイプのように移動分散でつなが
る局所集団が多数あれば，漁獲によって減少した局所集団にも他の集団からの
加入が生じる．それによって，人が手を加えずとも漁獲対象種の資源回復は自
律的に生じる可能性がある．当時の人類は原始的な漁具や丸木船しか有してお
らず，利用できる空間範囲はせいぜい局所集団くらいだったと思われる．また，
貝塚に残された海洋生物のほとんどは，浮遊幼生による分散を行う種が多く，
移動分散でつながった局所集団全体をカバーするような空間範囲で，すべてを
採集しつくすことはなかったはずである．

　弥生時代に入り稲作が始まると人々は定住し，常に特定の前浜，すなわち同
一の局所集団を利用するようになった．前浜の局所集団に新規個体の加入が十
分ある場合は，漁獲によって局所集団の個体数が一時的に減少したとしても，
繁殖できる局所集団がほかにあれば，移動分散により資源量は回復できたはず
である．この状況は縄文時代と大きくは変わっていない．だが，移動分散が十
分でない場合は状況が異なる．図2.6のCのパターンよりBやAのパターンに
近いとすれば，漁獲によって局所集団が消失し，食料という海辺の恵みが得ら
れなくなるかもしれない．メタ個体群動態では，人類が関与しない自然撹乱で
あっても，局所集団が消滅することは起こりうる．したがって，局所集団の消
滅を避けるための漁獲調整，すなわち資源管理の必要性が出てくる．第1章で
述べたように，貝類採集でも小さな貝はとらないなどの漁獲圧調整（資源管理）
が生まれたのも，この時代からと推察される．

　古墳時代から中世になると税として海産物を納めるようになり，自給自足的
な漁獲に加えて経済的な漁獲が生まれた．需要が増加したため，前浜での消費

量を超える漁獲を行うことに加え，漁獲対象種がいる別の場所を次々と見つけていく漁場開拓という行為により，漁獲を行う対象種の局所集団の数も増えていくことになる．この頃の漁業に関する情報は少ないが，アワビや海藻など，二枚貝や魚類よりも移動分散力が低い海洋生物では，複数の局所集団で一斉に漁獲することで，その漁獲量が局所集団間での移動分散による加入量を上回り，資源量が減少するといった状況も起こっていた可能性もある（コラム2）．とはいえ，税で納められる水産物は高価な食材として貴族階級が食していたにすぎないため，後の近世ほどの乱獲は生じていなかったかもしれない．

　近世に入ると，地方経済圏が成立して農業用肥料の需要が高まり，日本各地で漁獲が盛んに行われるようになった．特にイワシなどの浮魚を中心に局所集団への漁獲圧が増加し，また漁獲の対象となる局所集団の数もますます増加したと考えられる．江戸時代は人口が爆発的に増加し，また漁具漁法の開発も進んだため，一般庶民の食料としてさまざまな魚介類が採取されるようになった．それにより，漁業は特定の魚種への撹乱から，漁獲できる（食べることのできる）海洋生物すべてに及び，生態系全体への撹乱としての役割に変化していったことが推測される．江戸時代は，さまざまな法的制限が本格化した時代である．経済的漁業の制限，漁場紛争の頻発，前浜での漁獲制限に加えての漁場管理の実施，沖の入会地での漁獲制限による資源管理など，さまざまな社会的な動きが発生した．これらは，大規模な漁獲が生態系レベルで影響を及ぼし始め，数々の漁業管理政策が必要になったことを暗示している．

　近代に入ると産業革命の波に乗り，漁具・漁法の発達が加速化する．局所集団への漁獲圧が激増するとともに，動力船の導入によって漁労活動の空間範囲（距離）が飛躍的に伸び，多くの海洋生物が移動分散する範囲内を網羅的に漁獲できるようになった．漁業権管理によって何とか局所集団の消滅は免れたとしても，すべての局所集団の資源量が激減することで全体をあわせた集団サイズが小さくなり，繁殖力の低下により局所集団間での移動分散頻度も低下したと思われる（図2.6のCからB，BからAになっていく）．このような過程を経て，乱獲による資源の枯渇が顕在化するようになったと推察できる．つまり，人の営みの空間スケールが海洋生物の移動分散スケールを超えることによってオーバーユースとなり，撹乱の負の部分が強調されるようになったのである．

このように撹乱の空間スケールの概念は，海洋生物の多様性や持続性を考える
うえで極めて重要となる．

(4)　海域での撹乱としての人のかかわり：現代のオーバーユースとアンダー
ユース

　生態系が発揮する生態系機能のうちで人が利用する部分，すなわち生態系サー
ビスは，人からの需要的側面と，生態系そのものが発揮できる潜在的な生態
系サービス（供給的側面）のバランスで成り立っている（TEEB 2010）．開発や
集約的利用による過剰漁獲など，需要量が供給量を超える場合はオーバーユー
ス（過大利用），逆に供給量が多く需要が少ない場合はアンダーユース（過少利
用）とみなすことができる．

　撹乱としての海辺の利用や漁労を考えるうえで，前節では縄文から現代まで
続く歴史の中で，人が利用する空間スケールの拡大と海辺のオーバーユースの
増加との関係について推論した．では，アンダーユースについてはどうだろう
か．縄文時代以降，生業漁業が漁業の中心であった近世までは，海辺で利用で
きるものはほとんど有効利用していた．食せるものは食料となり，食せないも
のでも肥料となり，資材となり，営みの糧としてきた歴史があった．その一方，
専門漁業が隆盛した近代以降は経済活動が主体となり，食料として利用できる
種であっても経済価値の低い魚種は漁獲対象外となり，漁業という経営体を成
立させるための経済価値の高い種を優先的に漁獲する傾向へシフトしてきた．
特定の種に対する過度の漁獲が生じた場合，人類がキーストーン捕食のような
効果を生み出し，生態系に多大な撹乱を与えてきたことは，以下のような過去
の事例が物語っている（Estes et al. 2016, Grubbs et al. 2016）．

　経済価値の高い種は，概して大型であり，繁殖までの年数が長く，さらに他
種や生態系への影響が強いことが多い．例えば，高級な中華食材として世界中
で乱獲され続けているアワビ類や，寿司ネタとして価値の高いウニ類は，その
密度の多寡によって磯の海藻植生と多様性を激変させる影響があることが古く
から知られてきた（Steneck et al. 2002）．同じく高級な中華食材となるフカヒレ
を得るために漁獲されるサメ類は，高次捕食者としてキーストーン捕食者的な
役割を担っており，その乱獲による生態系の変化の影響を緩和するために国際

的に保護されるようになっている（水産庁 2016）．サメが多く出現する海域では人類の漁業活動ですら制限され，アワビの漁獲圧を低く抑えている例もある（Ferretti et al. 2015）．また，毛皮のために人類に乱獲されたラッコは，その多寡で食物網の構造を激変させることもある（Estes et al. 2016）．ラッコが乱獲された場所では，その餌となるウニ類が増えて大型海藻が激減し，大型海藻を基盤種とする岩礁の生物多様性が減少した．しかし，近年になりラッコが保護されて個体数が回復すると，ウニ類が減少して海藻類が回復し始めた．この例は，生態学の教科書でよく取り上げられている．

　その反面，経済価値の低い種を利用しなくなり，肥料や資材として海藻・海草類を利用しなくなったこと，すなわち人為的撹乱が生じなくなったことが，アンダーユースとしての問題を生じさせるかもしれない．現代では，海面養殖されたブリやマダイ，海外から輸入されてくるサーモンの需要が増し，地先で漁獲された小型魚類が店頭に並ばなくなった．このような生態系サービスのアンダーユースにより，その自然資本である海辺の生態系管理が弱体化したり，撹乱の減少による生物相の極相化などの生物群集の構造の変化が起きているかもしれない．また，日本では食用海藻として利用されるワカメなどの海藻が，利用する文化のない海外の生態系へ外来生物として移入し，現地の在来種を駆逐して生態系の構造を激変させた．このような移入種問題も，アンダーユースによる生態系の変化を想像させる（Hewitt et al. 2005）．こうしたオーバーユースとアンダーユースにかかわる諸問題については第 3 章で詳しく述べる．

2.4　　景観のモザイク性と生物多様性

　陸域は，都市，森林，畑地，高山，果ては砂漠などさまざまな生態系があり，それらをひとまとめに語ることは難しい．同様に，海域と一口にいっても，その言葉が指す範囲は広い．沿岸域の構成要素は，干潟・アマモ場，磯・藻場，後背湿地・ヨシ原，砂浜・海浜植物群落，サンゴ礁，海岸林・マングローブ林，河口・汽水域，潮下帯浅海の岩場，砂場，泥場，漁礁，護岸，航路などがある．干潟の中にも複数の要素が入り混じる様子などは海洋生物の垂直分布や河口域

図 2.8　東京湾の最奥部の干潟「三番瀬」の再生計画の際に考えられた再生すべき干潟周辺の生態系要素の例.
　　　　三番瀬再生計画検討会議 2004 より引用.

　の移行帯の重要性とともに，しばしば取り上げられる（図 2.8）．ここでは，その空間的な特性と生態系との関係を見ていきたい.

　沿岸域に生息する海洋生物の多くは，幼生時期を含めて陸上の生物よりも多くの種類が長距離輸送される．幼生は一般に多産多死が多く，種子のように長期に残らないため，個体数の時空間変動が非常に大きい．また，雑食性の生物が多く，結果として口の大きな魚がより小さな生物を食べるという体サイズ依存性の高い食物網が構築されやすい．生物群集の構成種の多様性は陸上では昆虫をはじめとした近い分類群の中の種の分化が進み，種数の多様性が高いが，海域の生物群集は種よりも，棘皮動物（ヒトデ）と原索動物（ホヤ）と軟体動物が入り混じるなど高次の分類群の多様性が高い．海域の中で見ると，特に沿岸域で種数の多様性が高く，魚類では沖合海域の 10 倍の種数が記録されている（Angel 1993, Gray 1997, Franklin 1993）．このような陸と海との環境や生物相の違いから，陸上よりも広い時間，空間，分類群のスケールで，景観と生物多様性

との関係をとらえることが必要である．

(1)　景観という概念と里山

　地域の生物多様性の成立とその持続性を考えるうえで，近年，広い空間スケールの生態系どうしの相互作用を考えることが重要視されている．「里山」というキーワードはその代表例である．里山は，適度な人為的撹乱によって異なる遷移段階の生態系が入り混じり，生物多様性と生産性の双方が高まることが知られている．従来の欧米的な自然と人間の対立軸ではなく，自然の循環の一部に人間が組み込まれているという自然観を生み出した背景にもなっている．いまや「里山」は，生態系の保全のあり方を論じるうえでのシンボリックな存在ともいえる．生物多様性国家戦略や，国際的な保全のためのイニシアチブにも近年取り上げられるようになったのはその表れである（海域における「里海」についてはコラム 5 参照）．

　こうした人と自然とが相互に作用し，個別の生態系よりも広い範囲で生物の多様性の維持に貢献するという考えは，以前から「景観」と呼ばれる用語に包含されていた（沼田 1996）．概念としての「景観」には，暗に人がかかわるというニュアンスが含まれることも多い．この点をより明確にするため，過去には「景相」という用語が提案されたこともあったが，今では「里山」という用語がその役割を担っている．

　生態学的な階層性の概念を中心に据えた「景観」は，遺伝子，種，生態系より広い階層であり，景観は複数の生態系から構成される．例えば里山景観の要素には，水田の生態系，農地の生態系，小川の生態系，二次林の生態系などがある．沿岸の景観であれば，砂干潟とアマモ場をあわせたものを「アマモ場景観」ということもあれば，サンゴ礁と藻場とマングローブ林を組み合わせて「沿岸景観」ということもある．海では，そもそも畑や植林のような地形改変自体が稀であり，里山のような複合的な生態系の景観を形成し維持するための人間活動はほとんど見られない．そのため，ここでは主に人為とは直接関係のない生態系の複合体，すなわち沿岸景観のモザイク性が，生物の多様性や生物の生活史に与える影響について紹介する．

コラム5　里海の創成

　「里山」とセットで「里海」という標語がしばしば用いられている．「里海」とは，里山にならって，1998年に九州大学の柳が「人手が加わることにより，生産性と生物多様性が高くなった沿岸海域」（柳 2010）と定義したものである．里山では，伝統的利用と自然状態でも撹乱地や景観のモザイク性に依存した生物群集が存在していたことによって，これを実現している（自然な撹乱で維持されていた湿地の代わりが，生産の場の湿地である田んぼになっている）．これに対し，海では従来，人から海への正の働きかけは小さく，肥料のための藻狩りや，沖縄の海垣（インカチ）などいくつか事例はあるものの，漁業による搾取が圧倒的である．そのため「里海」は，里山のように伝統的な利用を生かして失われる環境を維持するために実現するものではなく，海と新しい関係を創造していく要素が大きいと著者らは理解している．

　もちろん，陸の林畑の伝統的な管理と海との連携という視点からは，「里海」は「山に発し海にいたる流域全体の環境管理の一体的な実施」として，従来から指摘されている流域の統合的管理のコンセプトを，より人とのつながりを意識して推進するための標語として用いられており，その評価は高い．実際に，流域の管理では陸域の影響を考慮した生態系のモデルなどの成果が上がっており，沿岸域でも養殖の適正な管理など産業にも応用されつつある（山本ほか 2018, 柳 2019, 2020）．

　ただし，伝統的利用とそれに伴って維持されている絶滅危惧種の存在がなく，生物多様性と人とのかかわりの明確な目標（歯止め）がない点で，単一の評価軸

図　海辺の地域の活動の例．
東京湾三番瀬の浦安市におけるクリーンアップや観察会．浦安自然まるごと探検隊（2014）より引用．

で計画された工学的な解決策に，この用語が悪用されないかという懸念もある．例えば，沖合に設置するコンクリート製の漁礁であっても，ここで定義された「里海」の要素を果たすことができ，伝統的でなく，生物多様性よりは主に生産性に配慮した，海と人との関係について，どこまでを健全な里海とするのか，難しいところである（幸い事例として取り上げられるもののほとんどは，地域の活動に根差したものが今のところ多く，杞憂かもしれないが）．

　そのため，本書の特に後半部分で，広域的な施策を扱うが，「里海」は流域を含めて健全な海と人との関係をつくり，海辺の賑わいをつくる標語としてとらえ，施策として「里海」という場や手法は取り上げず，個別の施策の用語を用いることとしている．

(2) 景観のモザイク性の生物多様性への効果の概念

　一般に，複数の生態系が入り混じることで，景観内の生物多様性は高まる．その仕組みとしては，複数の生態系の足し算による効果（相加効果）と，生態系間の相互作用により発生する新たな効果（相乗効果）に大別される（宮下ほか 2012）．相加効果は単純な合計であるので理解しやすいが，相乗効果については以下に例をあげる．

　景観異質性がもたらす相乗効果は，移動性の高い生物でより表れやすい．例えば里山の代表的な捕食者であるタカの仲間のサシバは，アカマツやスギなど針葉樹に巣をかけることが多いが，餌は田んぼや湿地に棲むカエルなどである．そのため，サシバにとっては，少なくともこの2つの生態系が存在する景観が生息地として必要である．ほかにも，2つの生態系の双方の生物を季節に応じて食べ分ける例や，食物網を通じて3つ以上の生態系が必要な捕食者の事例も知られている．

　景観のモザイク性や複雑性は，景観内にある要素の数だけではなく，個々の要素の形状などとも関係している．特に異なる生態系が接する境界（エッジ）は，生物間の相互作用が働きやすい場であり，移行帯も形成するため，その長さや幅が重要な指標になることが多い．境界部を好適な餌場として利用する生物や，逆に境界部で高い捕食圧に曝される生物は少なくない．そのため，ある生態系の面積と周長の比率や，面積当たりのエッジの密度などの指標が，景観レベルでの生物の生息地の指標として用いられることもある．

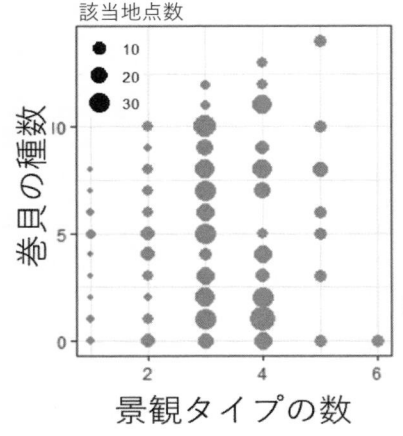

図 2.9　景観タイプと巻貝の種類数
　　　の比較による相加効果の例.
　　　種数の最大値は景観タイプ
　　　の数が多いほど大きい. 山
　　　北 (2016) より引用.

(3)　景観のモザイク性の海洋ベントスへの効果

　里山などの陸域で見られる景観のモザイク性の効果は，実際の海ではどのよ
うに見られるだろうか. まず，海底にいる貝やゴカイ, カニなどの生物（ベン
トス）の種数への相加効果について考えたい. 環境省が実施した重要湿地調査
におけるベントスの出現記録のデータから，対象調査地で見られる生態系（景
観要素）の数（礫, 石, 砂, 泥, シルト, ピート, 植生（ヨシ原））と調査で記
録された生物の種数を著者が比較したところ，当然ではあるが, 調査地に多様
な要素があるほど生物の種数は多くなった（図2.9）. 逆にこうした景観の検討
においては生態系のカテゴリーが実際の生物の特性と対応していることは重要
であり, 現実の生態系は連続的で移行帯を形成していることも, 特に海と陸の
境界部分では少なくない.

　このように, 景観の相加的な効果は明らかであるが, 複数の景観が相乗的に
働きベントスの多様性に影響するかどうかを調べた研究は少ない. 景観の組成
と多様性の関係ではなく, 空間配置が個体群の生産性や個体密度に有効に働く
例がいくつかある. 例えば, 植生と砂のモザイクで構成されるアマモ場では,
アマモ場の断片化とカニの密度との関係を調べた結果, アマモの植生のパッチ
の縁でカニの密度が低く, アマモ場が避難場所として機能していることを示し
た例がある（Hovel and Regan 2008）. ほかにもパッチの縁に二枚貝の定着が多

いことを示した例も見られる（Bologna and Heck 2000, Heck and Valentine 2006）.

　成体の移動性が低く，幼生が広く分散し，環境による変動が激しい地域に生息する埋在性や付着性のベントスでの相乗効果の検討はより広い範囲での検討のほうが適切かもしれない．例えば，東京湾くらいのスケールのメタ個体群レベルで，周辺の景観のモザイクではないが，広域の生態系の連結性が個体群へ影響する可能性が指摘されている．実際アサリの幼生の放出から定着までの数日間で，ソースとなる干潟から湾内の潮流によって集められる場所までの動きが大量のサンプリング調査によって示されている（国土技術政策総合研究所沿岸海洋研究部 2011）.　近年の沿岸生物の絶滅や減少の一因に，埋め立てや航路浚渫と貧酸素水塊による干潟の連結性の減少もあるとする説もある.

（4） 景観のモザイク性の魚類への効果

　より移動性の高い魚類に関しては，景観のモザイク性の影響を調べた研究は少なくない．熱帯域では事例が多く，その詳細は他書を参照いただきたい（Yamakita and Miyashita 2014, 山北 2016）.　ここでは，これまであまり知られてこなかった温帯域の魚類について概説する.

　まず，東京湾で 36 魚種を対象とした研究では，生活史の中で干潟を利用する魚種が多いことや，複数の景観を利用しない魚種のほうが絶滅に瀕していることが指摘されている（秋山ほか 2015）.　特に，メバルは，藻場で見られる魚類の中でも，複数の景観を利用することがよく知られた生き物である．メバルは胎性で，親から生まれたばかりの仔魚は 2～4 月の間沖合で浮遊生活を送り，3～5 月には成長して遊泳能力がつき，湾内のアマモ場に加入する．さらに大型になると，プランクトン食から底生生活へと移行し，東京湾の場合は 6 月にはホンダワラ類で構成される藻場である，ガラモ場へ移動し，成熟期の 12 月には湾外の岩陰へ移動する．瀬戸内海ではガラモが少なくなる夏季に深場に移動する．複数の景観要素を利用することで，景観多様性が生活史の維持に働いている好例である.

　魚類については，生活史よりもさらに短い時間スケールでも複数の景観を利用している．熱帯では，肉食性の魚が，藻場を夜間に，マングローブなどを日中に利用する例が知られている（Luo et al. 2009）.　温帯域においても，夜間に魚

食性の捕食者が藻場に侵入して餌場にしていることが指摘されている（小路 2009）．このように移動性が高い魚類には，景観要素（生態系）間の結びつきが生活史や潮汐や日周などの異なる時間スケールで影響している（Nakamura and Sano 2004）．

(5)　今後の課題としての景観のモザイク性と人間との関係

　人間の利用との関係についても述べておきたい．陸域の里山のように景観のモザイク性という視点で語られることは少ないものの，先に述べたように沿岸の生物の垂直分布や移行帯における生物相の変化は古くから認識されており（和田 2003），海域の生物多様性にとって，歴史的要因や，陸の影響，その他の撹乱の時空間的な異質性を含めて，人がある程度かかわることでこうした異質な空間を維持することは重要である．画一的な護岸化や後背湿地の埋め立て，河川・湧水とのつながりの喪失，航路の浚渫と深場への無酸素水塊の蓄積などが，景観のつながりを破壊していることは第 3 章で少し触れたい．また，モザイク性を創出するような人為的な環境管理もわずかながら知られている．小規模な例ではあるが，沖縄で見られる海垣（インカチ）による伝統的な漁法がそれに該当する．浅瀬に魚が入りやすく出にくいように石を並べて石垣をつくり，潮の干満にあわせて集まった魚をとる漁法で，小規模ではあるがその石垣の内側が魚の生息地になる効果がある．また，近年の多自然型の河川敷の整備や森林整備などの陸域の景観の海への効果，さらに人工的なものも含めれば，漁礁の設置なども該当するが，調査にコストがかかる海では，こうした事業の後のモニタリングによる効果測定や海の生態系に効果が本当に及んでいるのか，負への影響はないのか，といったメカニズムの解明は十分ではない．今後，景観のモザイク性を適切に高めることによる効果を実証していく必要がある．

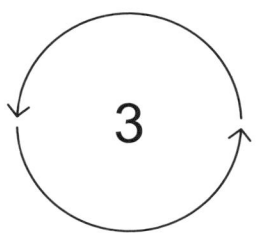

現 状 の 課 題

　生態系サービスとは，簡単に言えば人が自然から得る恵みのことである．その最たるものとして，人が海辺の幸を得る営みである漁業は，人の営みの歴史，特に農業とのかかわりを中心に盛衰してきた．近代以降，その漁業と農業との関係性が断ち切られ，経済・産業としての漁業が主流化すると，古代からの伝統であった日々の食料を得る生業漁業も経済的漁業へと変換し，日々の食料として必要な量以上に漁労がなされるようになった．また，日本人は近代化以降，陸上の経済活動を優先させるあまり，新田開発や工業用地開発のために浅い海の干拓・埋め立てを盛んに行い，海辺そのものを喪失させてきた．加えて，現代に入ると公害などによる海辺の汚染や，汚染に伴う海辺の幸の安全に対する不信感が生じ，海辺をますます利用しなくなった．前章で説明したように，人が自然から得る恵みである生態系サービスは，需要と供給のバランスで成り立っている．経済活動を優先した過剰漁獲や生態系の消失は，生態系サービスの潜在的な供給量の減少につながり，オーバーユース問題を顕在化させている．また，海辺の喪失や海辺の幸の利用低下など「海辺離れ」に起因する需要の減少は，海辺のアンダーユースにつながり，関心を失うことによる管理不足など，さまざまな問題を顕在化させている．本章では，こうした海辺の利用が抱える課題について，具体例を交えながら整理していく．

3.1　　陸域・人間活動の発展の光と影

(1)　農業と水産業との乖離

　漁業の発展と隆盛には，農業という陸域での人の営みが密接にかかわってきたことは第 1 章で述べた通りである．農業の肥料として，あるいは人の食料として海辺からとりあげられた海洋生物が陸域で利用され，その一部が農地や集落から陸水を介して海辺の生産性に重要な栄養塩類として供給されてきた（第 2 章）．いわば，海と陸の間で大きな栄養循環の輪が形成されてきたのである．

　しかしながら江戸時代の中期以降，海辺が干拓されて新田へと改変され，生産性の高い藻場や干潟などの浅い海辺の面積自体が減少してきた．この頃から，農業と水産業の間に溝ができ始めたといえる．明治には，農業用肥料として採草税がかかるほど大量に採集されてきた海藻・海草が近代化とともに徐々に使われなくなり，人口増加・経済発展による家畜堆肥や下肥に入れ替わっていった．戦後は，化学合成された肥料や農薬が使用されるようになった．それにより，栄養塩類は海辺で消費できる以上の量が流れ込み，使用が盛んになった農薬の流入によって，海辺の生物が駆逐される例が多数報告されている．環境配慮型の社会を目指す現在でさえ，さまざまな種類の農薬による海洋汚染が問題となっている．陸域ではネオニコチノイド系の農薬使用による生物多様性への被害について多く報告されているが，海辺でも特に海産の甲殻類への影響が顕在化しつつある（Hano et al. 2017）．水生動物は水を媒介として呼吸や浸透圧調整をするため，陸上昆虫よりも低い濃度で農薬の影響が出やすく，陸域よりも被害が深刻化することが多い．

　また，海辺に近い農地は平地で交通の便もよいことから，住宅地や工場などに改変され，都市化されていった．海岸線の都市化に伴い，陸域の農業と沿岸の漁業を行う海辺が物理的に分断され，伝統的な半農半漁の生活型が喪失し，農業–漁業のつながりの乖離が加速した．島嶼部など都市化していない地域を除き，多くの場所で農業従事者と漁業従事者が別集団となったため，農業従事者は漁業のことを考えることがなくなり，同じく漁業従事者は農業のことを考える機会を失ってしまった．農業と水産業の間で培われてきた栄養循環などの

相乗的な好循環は考慮されなくなり，農薬の負の側面のみがクローズアップされ，両者の関係は共存からコンフリクトへと変化してしまった．

(2) 海洋汚染・海岸開発と人工護岸化

近代以降の経済発展は交通や開発が容易な海辺の地域を開発していき，そのため海岸線の人工護岸化も進んだ．都市開発による海辺の生態系サービスへの影響としては，生産地のそばに消費地ができることになり，漁業にとっては輸送コストの低減や市場などの経済面で有利な点がある．また潮干狩り場など，身近にレクリエーションとして海辺を利用できる場所があれば，海への関心を維持する点でも好ましい．しかし，都市化・工業化によって汚染物質の流出や，富栄養化による赤潮などが生じるリスクも同時に増加することになり，特に東京湾や瀬戸内海など，内湾・内海部では高度経済成長期以降，富栄養化と赤潮・青潮被害に悩まされ続けてきた．都市部や工場地帯に近い海域で漁獲された身近な海の魚介類は重金属などに汚染されているという認識が広まり，都市化していない遠い地域から運ばれてくる魚介類や，外国や国内で養殖された魚介類をより安全と感じる風潮が生まれるきっかけにもなった．そして，いくつかの地域では現実に魚介類が汚染されてしまい，深刻な社会問題となってきた．高度経済成長期に発見された水俣病などの公害病や，赤潮貝毒の発生などで身近な海の魚介類が利用できなくなるケースがその典型である．さらに近年では，海洋プラスチックの問題も社会的に取りざたされるようになってきた（コラム6）．ほかにも，最近では東日本大震災時の福島第一原子力発電所の事故で放出された放射性物質による汚染が記憶に新しい．このように一度汚染されてしまえば，実際に安全が確認された後も風評被害があとを絶たず，地域の漁業はさらなる苦境に立たされることになる．

また，護岸化された海岸線はほぼ垂直護岸となり，移行帯（第2章を参照）の環境，干潟や磯といった生物にとって重要な生息場所となる複雑な景観が失われた．人も物理的に海にアクセスできなくなり，海辺は近寄りがたい危ない場所へと変貌した．また海岸線は，その場所に建てられた工場などに管理されることになり，部外者は容易に立ち入ることができなくなった．こうして，一般市民が気軽に立ち寄ることができる，海と海洋生物を直接体感できる身近な海

辺が減少していった．この傾向はもちろん都市化や工業化が進んだ大都市周辺ほど顕著であり，そして大都市であるゆえに人口も多く，世論に大きな影響を与えることになる．したがって，身近な海辺が減少することは，海洋生物の生産性が高く，生活史上重要な浅い沿岸域の面積が減少すること自体も問題ではあるが，一般社会の海への関心が薄まっていくこと，すなわち生態系サービスの需要が減少していくことも深刻な問題である．これらが総じて海辺のアンダーユースを生じさせる主要因となっている．アンダーユースの増加を含め，生態系サービスへのニーズが変化していくことは，自然資本や生態系サービスを維持・管理していくガバナンスに変化を生じさせることとなる．次節では，人の営みと生態系とのかかわり方の変遷に伴い，海の利用やガバナンスがどのように変化したか，その現状について概説する．

コラム6　海洋プラスチック問題

　プラスチックは現代の私たちの生活になくてはならない材料となっており，石油から原油を精製する過程で生じる副産物の1つとして有名である．手軽で安価，耐久性が高いことから，主に使い捨てされる製品の材料として利用されてきた．近年ではペットボトルや食品トレーなど，リサイクルされるものも増えてきたが，廃棄され，自然界へ排出されるものがいまだに多い．自然界へ排出されたプラスチックの多くは，その耐久性から長期間滞留し，水の流れなどの重力の方向に従って，最終的に海洋へ到達する．

　WWF（2018）によれば，年間800万tのプラスチックゴミが海へ流入し，現時点で海中に存在している総量は1億5000万tに達していると見積もられている．海洋プラスチックが生物多様性に及ぼす影響として顕在化しているものには，魚類や海鳥，あるいはウミガメやアザラシなどが誤飲したり，漁網などに絡まったりして，死亡してしまう事例が有名である．また，海岸などに打ち上げられ，観光や漁業などの生態サービスにも間接的に影響を及ぼしている．最近では，海洋でプラスチックが粒子化されたもの，工業製品に含まれるプラスチック粒子が海洋に流入したものをマイクロプラスチック（5mm以下の粒子）と呼び，自然界や人体への影響が懸念されている．これらは食物連鎖を通じて生物の体内に取り込まれるため，その影響を精査する研究が世界各国で実施されている．

　プラスチックはその耐久性から海流などに乗って広域に分散し，他の国々に影響を及ぼすことも多々ある (図).　自国から流出するプラスチック量を減らすだけでなく，周辺各国と連携して国際的に取り組むことが必要となる.

　図　アオサンゴの大群落で有名な白保海岸（石垣島）の写真.
　　　ペットボトル，漁業資材，コンテナなどが散在している.
　　　これらのほとんどは他の国々からの漂着物であり，ラベル
　　　を確認すると，中国が最も多く，そのほか台湾，韓国，ベ
　　　トナム，インドネシアからきていた.

3.2　　海の利用とガバナンスの変化

(1)　食文化の変化：雑魚食からマグロ食へ

　海辺への関心の低下は，魚食文化の変化にも影響している.　これは周知の事実かもしれないが，おさらいの意味も兼ねて整理したい.　平成19年度水産白書では，「第1章　特集　伝えよう魚食文化，見つめ直そう豊かな海」と題し，魚食文化の現状と魚食文化を復興させる取り組みを紹介している（水産庁 2008）.ここでは，魚食文化の衰退の原因として「魚離れ」と呼ばれる魚介類消費量の減少とともに，利用魚種の変化をあげている.　特に，近年はイワシ・サバ・アジやイカなど，地先や近海でとれる魚種の利用が減少し，サケ・マグロ・カツ

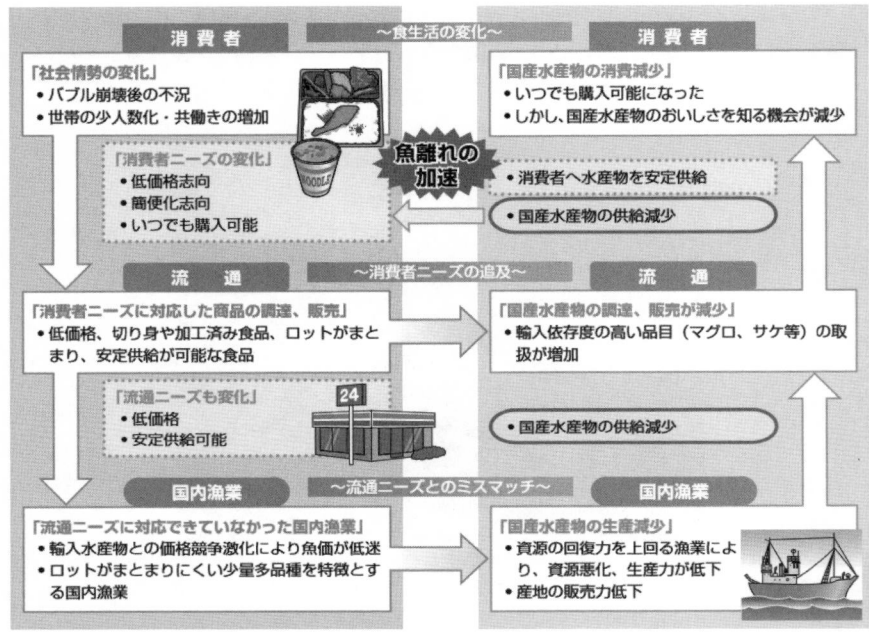

図 3.1　食生活の変化と流通・供給のミスマッチ.
水産庁 (2008) より引用.

オなどの消費の増加が顕著である．その変化の要因として「調理しやすさ」「食
べやすさ」「扱いやすさ」があげられており，煮魚・焼き魚など手間のかかる小
型の魚類よりも，骨のない状態で入手でき，調理せず刺身などで気軽に食べら
れる魚種を好むようになったことがあげられている．大型量販店は切り身や加
工品など，調理がしやすい形態の魚種，かつ流通量が多く同じサイズ・規格の
個体が多数まとまった水産物を中心に扱うようになった．白書では「漁業形態
と消費者ニーズのミスマッチ」と記述されているが，これはまさに生態系サー
ビスの需要と供給のミスマッチを説明している（図3.1）.

　漁法や貯蔵・流通技術の発達・近代化により，現在では自由に沖合や遠洋で
漁ができ，季節に関係なく一定量の魚をそろえることができる．それに連動し
て，切り身で販売できる比較的大型の沖合魚類に需要が集まっている．このこ
とは，日本人と海辺の生態系とのかかわりに関する伝統知を衰退させる要因に

もなっている．第1章で述べてきたように，日本人は身近な海辺の生態系機能
や生物多様性の季節変化を感じとり，そこから生まれる生態系サービスの「旬」
をうまく利用する食文化を育んできた．また，季節変化に伴う陸域の恵みと海
域の恵みの変化をうまく利用して，日々の営みをつないできた．これは日本人
が長い年月をかけて培ってきた「人の営みと生態系とのかかわり」に関する伝
統知の1つといえよう．水産白書では魚離れと魚離れに起因する水産物自給率
の低下を憂い，その改善に一石を投じようとしている．伝統知を維持・回復し，
身近な海辺の生態系サービスのアンダーユースを解消すべきとの判断が垣間見
える．

(2)　食文化の場から産業の場へ

　人の営みと海辺（沿岸浅海域）の生態系のかかわりは，その数千年の歴史の
間に転換点が3つあったと考えることができる．その第一は生業漁業から専門
漁業が生まれた時，第二は近代化によって生業漁業が消失してすべての漁業が
経済活動化した時，そして第三は海辺での漁業の機能が変化し始めた現代，が
あげられよう．近年の魚介類の需要変化は食料供給の場を沖合・遠洋や養殖に
シフトさせつつあり，これまで食料供給の主役を担ってきた海辺での漁業はそ
の役目が失われつつある．水産庁が実施した漁業・漁村に求める機能について
のアンケートでは，95%を超える回答者が「国民に食料を供給する機能」を依
然として選択しているが，実際に国民が海辺の魚介類を利用しなくなりつつあ
ることは先に述べた通りである．その一方で，そのほかの重要な機能として
「生態系を保全する」「伝統漁法などの伝統的文化を継承する」「水質を浄化した
り，海洋環境を保全する」「海難救助」「国境を監視する」などをあげている（図
3.2：水産庁 2010）．これらは漁業・漁村の多面的機能と呼ばれているが，漁業に
新しい機能が生まれたわけではなく，食料供給以外に漁業がもつ機能を再確認
しているわけである．つまり，食料供給以外の機能を際立たせなければならな
いほど，海辺の生態系との関係が希薄になりつつあることを意味している．

　漁業による食料供給への需要が低下し始めたことにより，海辺の供給サービ
スがアンダーユース状態になりつつあることは確かであろう．しかしその一方
で，第1章で述べた文化的サービス，すなわちレジャーの需要は20世紀末にか

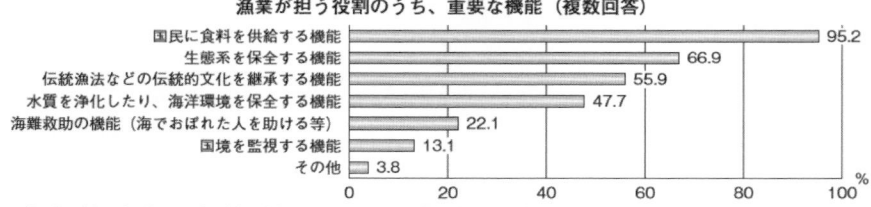

図 3.2　農業・森林・水産業の多面的機能と漁業に求められる機能の紹介.
水産庁 (2010) より引用.

けて増加した．その具体例として，人工的に垂直護岸化された海辺ですら自然
資本を利用できる釣りをはじめとし，海水浴，潮干狩りやダイビング，海岸ハ
イキング，バードウォッチングなどがあげられる．また，漁業を含め，自然資
本からの生態系サービスを利用する一次産業を対象に，その体験を観光として
楽しむグリーンツーリズムなども近年増加傾向にある．これらは，一般社会で
失われつつある，海辺への関心を復活させる起爆剤となる可能性があるが，こ
の点については第 4 章で詳しく述べる．

　そして，最近ではこれらの文化的利用が自然資本と生態系サービスをオーバーユースするケースも増加し始めている．遊漁（釣り）は一時期より減少傾向にあるとはいえ，いまだ懸念が残る課題である．営みの場として漁業権海域を持続的に利用していかなければならない漁業とは異なり，漁具などの一定の規則を守れば，自由に海域を変えながら制限なく資源を利用できる遊漁船は，過剰漁獲の新たな原因となりつつある．また潮干狩りのように，一般向けに開放された海辺に過度に利用者が集中し，その場の資源をとりつくしてしまうコモンズの悲劇，安全面や快適性を追求した挙句に身近な海辺を必要以上に人工護岸化してしまう海水浴場の整備，なども該当する（口絵6参照）．これらは，限られた自然資本へ過度に人が集中してしまうことが根本的原因である．まずは，比較的持続可能なレジャーの例として，主にサンゴ礁を目的としたダイビングの現状を見てみる．

　ダイビングは1960年代に日本でも普及を始めた比較的新しいレジャーである．都市部から近く当初からダイビングスポットであった伊豆半島西部と紀伊半島の先端を除けば，主にサンゴ礁を対象としたダイビングの人気が高い．だが，機材の準備やスキルなどのハードルが高いことや，指導団体による環境保全の意識もあり，サンゴ礁の破壊は今はほとんど見られず，需要面から比較的持続可能な利用が行われている．

　ダイビングは本土においては，供給面でも持続性が高い．例えばサンゴ礁の面積に基づく潜在的なレジャーダイビングの供給量について全国の分布や将来の変化を検討することができる．ここではサンゴ礁の面積に対して，ダイビングスポットの数，あるいはダイビングショップの数を比較した．その結果，比較的低利用な地域も多いこと，将来そうした未利用の潜在地域が増えることがわかった（図3.3）．ほぼ全域にサンゴ礁がある沖縄や，島嶼を含む東京だけではなく，鹿児島や和歌山といったサンゴ礁が多いところはダイビングショップ数も多く，サンゴ礁面積とショップ数とで正の相関があった．この面積から予想されるショップの数の回帰の線との差を比較すると，現在でも，サンゴ礁は多く分布しているが未利用な割合が高い場所が特定できる．

　さらに，海水温とサンゴの面積との相関に基づき，将来の気候変動後のサンゴ礁の分布を推定したうえで，同様の評価を行うこともできる．すると，温帯

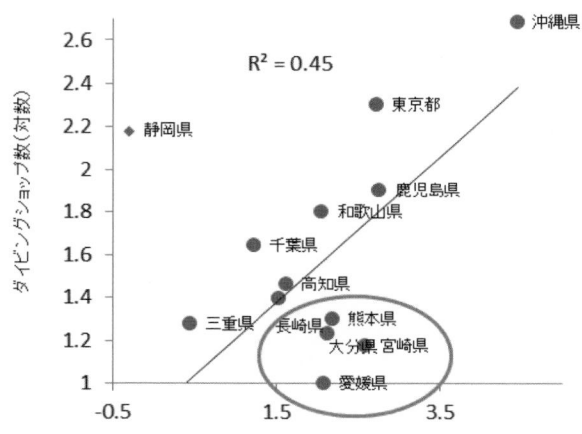

図 3.3 現在のサンゴ礁の分布とダイビングショップ数の都道府県
別の比較.
〇で囲った範囲は，その自然資本から見た潜在的なショッ
プ数よりも低く，利用のポテンシャルが高いことがわかる.
なおサンゴ礁目的以外のダイビングが盛んな静岡県は回帰
線の算出から除外した．データは NTT タウンページおよび
環境省緑の国勢調査に基づく（山北 未発表）.

域の多くの場所でサンゴ礁を対象としたダイビングのポテンシャルが増え，未
利用な割合が多くなることがわかった．実際は，テーブルサンゴのミドリイシ
類ばかりが増加して，サンゴの種多様性は気候変動後でもそれほど高くなく，
健全な熱帯域のサンゴ礁にはその魅力がかなわないことや，海洋酸性化による
影響で 100 年後の推定では減少する可能性があること，沖縄などの暖かい地域
でサンゴの白化が起こりやすくなること，漁法によっては漁業と競合するなど
の課題もある．こうした事情もあり，今のところ気候変動を逆手にとってサン
ゴ礁の増加を売りにしているところは見受けられないが，レジャーの観点から
は，主に本州南部で今後価値が向上する地域がある可能性も考えられる.

　その一方で，潮干狩りについては，近年は供給量が低下し，需要も場所によ
って減少傾向が見られる．これは 2000 年代頃からマリンレジャー全体の需要が
低下しているという社会的要因に加え（国土交通省観光庁観光資源課 2019），潮干
狩りの人気の停滞という個別の社会的要因，さらにアサリの生育環境と潮干狩

り場の環境の劣化という環境的要因が絡み合っている．そもそも，現在の潮干狩りがダイビングや海水浴などと比較して持続的かどうかは疑わしい．一方で，直接的に生物に触れて食べることができ，全年齢型のレジャーであり，江戸時代以前からも行われていたという点は，供給と文化的サービスが複合したサービスであり，サービスどうしのシナジーも見込まれ，高く評価することができる．以下では，その現状を需要と供給の双方の観点から検討する．

歴史をたどれば，潮干狩りは平安時代には雛祭りと関係する儀式に由来すると考えられ，江戸時代頃にレジャーとして普及した．品川や浦安などの東京湾奥では大人がとる対象は主にハマグリで（久保 1985），アサリは子どもが遊びでとるものだった．しかし，生息地の喪失や水質の悪化によりハマグリは激減し，1970 年代頃からアサリへと漁獲対象が変わった．その当時はもちろん，大正時代ですら，ハマグリだけでなくアサリについても幼生の定着の多い地域から他の地域へと稚貝を売っていた記録があり（浦安市郷土博物館 2001），自然状態の生産量は地域的に偏っていたと考えられる．

戦後のアサリが豊富だった当時から，漁獲が過剰であったかどうかは定かではないが，現在の潮干狩りによる採集量は，自然状態の生産量に対して過剰である．例えば，自然に生息するアサリの潮干狩りを，特に管理せずに行っている横浜市の海の公園では，4〜5 月の 60 日で個体数が 4 割も減少するほど採集されており（口絵 6，村井ほか 2008），深い場所に残された個体や，東京湾の千葉県側からの幼生の加入によって維持されている．漁協などが管理する他の潮干狩り場では，近年は稚貝を撒いたり，場所を区切る，養貝場をつくるなどの管理を行って数を維持していることが多い．

その他の文化的な側面で興味深いことは，アサリを餌とするツメタガイやエイを食べる文化が漁師町を中心にあることである．これが資源管理のために意識されたものなのか，単に手近にあるものを利用しているだけなのかは不明であるが，少なくとも現在はアサリ漁業者が駆除対象としており，アサリの捕食者をコントロールする手段の 1 つになっている．

漁業者がさまざまな取り組みを行っているにもかかわらず，昨今はアサリの漁獲量が低迷している．冬場の波や天敵による被食，青潮などの無酸素水塊の発生，外来の病気の蔓延が至近要因とされている．だが，幼生の定着場所の減

少や長期にわたる漁獲圧，瀬戸内海の一部では貧栄養化が遠因として指摘されている．この状況に輪をかけて，近年では大阪湾付近では有毒プランクトンによる麻痺性貝毒が，東京湾ではアサリを餌とする巻貝の一種で外来の捕食者サキグロタマツメタや（大越 2012），従来東日本では見られなかった寄生性のカイヤドリウミグモが大発生したことなどが，国内の漁獲の低迷に拍車をかけている．

アサリの稚貝や養殖した成貝が潮干狩り場へどの程度投入されているかについての統計はないが，1990 年代から海外からのアサリの輸入量が増加し，2018 年の統計では，アサリの国内での漁業養殖生産量である 7736 t の 4.5 倍を超える 3 万 5452 t に達している（農林水産省国際部国際経済課 2019）．40 年ほど前には 16 万 t も記録したアサリの漁獲であるが，現状からすると近い将来には潮干狩りもアサリの漁獲も持続的ではなくなるだろう．

供給側もさることながら，需要側も 2000 年前後から減少している．その傾向はマリンレジャー全体に緩やかに起こっており，ファミリー層の人口の減少や自然と親しむ風習が失われつつあることが指摘される．しかし，こと潮干狩りに関しては，長期的な減少トレンドのほかに，東日本大震災後に激減し，海水浴などと比べてもあまり回復していない（図 3.4）．千葉県浦安市において実施されたアンケートでは，護岸が壊れるなどした物理的影響が心理的な影響をもたらし，人が海を遠ざけていることが分かっている（Yamakita et al. 2017a）．また，海辺の散歩やバードウォッチングを行う利用者数はあまり変わらないのに対し，潮干狩りだけが極端に減少しており，護岸への不安や干潟の沈下のほかに，利用者の多くが子ども連れであり，わずかなレジャー環境や心理の悪化に敏感であることや，他にも多くのレジャーがあることなどの対象者の属性によるところもあるのかもしれない．

一方でインバウンドによる観光需要は，国内全体では円安とアジアの経済成長とともに増加しており，国際的にはマリンレジャー産業も伸びている．旅行客ではないものの，韓国語や中国語やベトナム語を話し，大量にアサリを採集する人たちと干潟で会うことが多くなった．都市化が進んだ地域で生きる日本人よりも，むしろ自然を生かしてたくましく生きるのは，彼らかもしれない．

持続的な利用という観点からこの節をまとめたい．海洋環境にできるだけ負

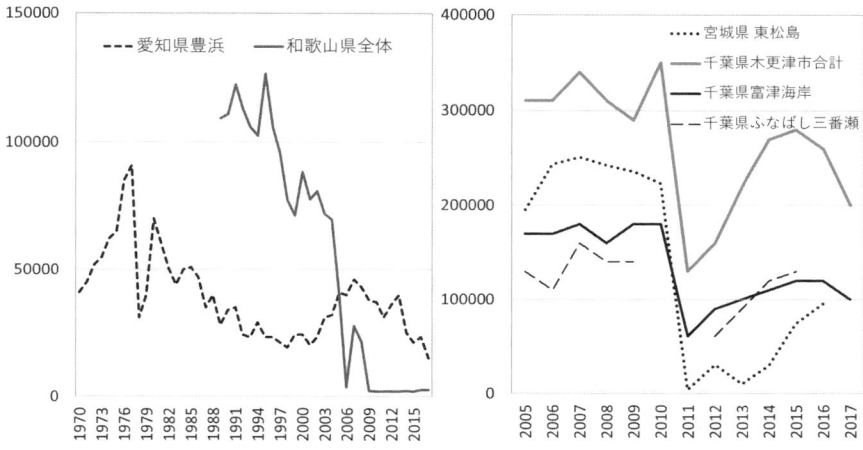

図 3.4 潮干狩り入込の長期的傾向と近年の傾向.
長期資料が得られた愛知や和歌山では 2000 年代にかけて減少傾向である（左）. また, 東日本では 2011 年の東日本大震災の影響とデータの期間が短いために傾向が見えにくいが, 震災後にあまり回復していない（右）. 愛知県, 和歌山県提供データ, Yamakita et al. (2017a) および各県統計資料より作成.

荷を与えずに持続的に利用するレジャーという視点から, ダイビングはその環境教育にある程度成功している. 反対に潮干狩りは, 当初は利用対象種の生息環境が破壊され, それに対応して利用対象種を変えたが, それでも現在では供給の多くを海外からの輸入に依存しており, 資源の管理に失敗している. これは利用者の増加と海の生育環境の悪化の双方が影響しているが, 輸入によって商業的には一見問題が解決できているように見えることも, 持続的でない利用に拍車をかけている.

　海水浴については自然と切り離された度合いが大きいために, 第1章で述べた以上の詳しい例は取り上げなかったが, この例ではレジャーの場の整備と, インフラ開発に伴う直接の環境悪化と, 多数の人が利用することによる自然や場のキャパシティーの超過が指摘できる. インフラ開発としては旅館の増加やホテル建設, 道路の整備など, 今も昔も変わらない開発の問題である. さらに, 海水浴に特有の問題として, 新たな疑似自然型の開発がある. 砂を遠方から輸入し, 利用のために護岸化や海岸に流れつく有機物を一掃し, 外来のヤシを植樹するといった地域の自然と切り離された, 自然を模した環境整備は人工の資

本投入と同様で，真に持続的であるとはいえない．スキー場やゴルフ場開発な
どの自然やその景色を売りにしたリゾート開発では，環境に配慮した開発方針
や管理の取り組みが一部で行われているが，集客のある海水浴場や潮干狩りで
はそうした取り組みがほとんど広まっていない点は，将来への課題である．

(3) ガバナンスの再考の必要性：生態系サービスの需要の変化

生態系サービスを持続的に利用していくためには，その需要と供給の双方に
配慮し，オーバーユースとアンダーユースを減らしていくためのガバナンスが
必要となる．上述したように，近年の需要面では漁業主体の海辺の利用が衰退
してレジャー的利用の比率が増加傾向にあり，少なくとも 1990 年代までは増加
していた．供給面では長年の利用による自然資本の減耗に加え，近年は気候変
動によって自然資本としての生態系の構造が変化しつつある．このような需要
と供給の双方の変化により，近年は両者のミスマッチが生じ，オーバーユース
とアンダーユースがますます顕在化している．生態系サービスがオーバーユー
スになるか，それともアンダーユースになるかは，需要側に左右されることが
多い．その需要を決めるステークホルダー組成は地域によって異なるため，各
地域での需要と供給のギャップを特定し，ギャップを小さくするためのガバナ
ンスとして何が必要かを考慮すべき時がきている．

3.3　漁業とその近代化による自然資本と生態系サービスの変化

前節までは主に生態系サービスを利用する需要側の変化について整理してき
た．その一方で，人の営みの歴史とともに潜在的な自然資本の変化ももちろん
起こっている．その多くが経済活動としての漁業による資源枯渇（自然資本の
劣化）と，沿岸開発による海辺そのものの面積の減少（自然資本の喪失）が原
因である．このほか，水産増養殖の発展が天然個体群に及ぼす影響もよく議論
にあがっている．本節ではこのような漁業の近代化に伴う生態系変化の事例に
ついて紹介する．

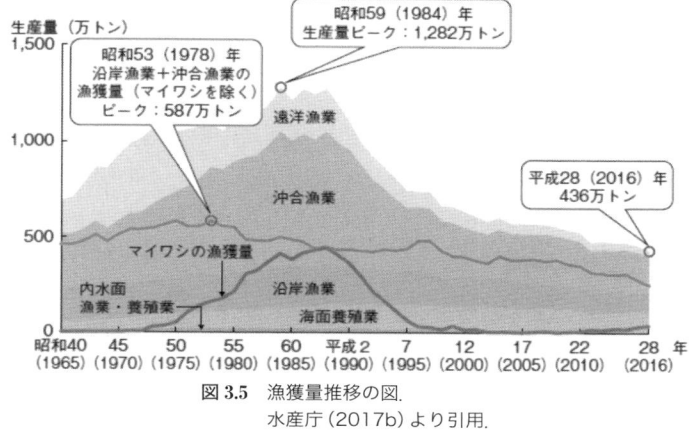

図 3.5 漁獲量推移の図.
水産庁（2017b）より引用.

（1） 過剰漁獲が起こる時

海辺の生態系サービスのオーバーユースは，人口増加とともに経済的な専門漁業が盛んになった江戸時代に端を発する．過剰漁獲の代名詞として知られるニシン漁は，専門漁業の増加によって漁法が多様化した江戸時代後期から始まる．その後，明治時代に最盛期を迎えたニシンの漁獲量は減少の一途をたどり，1950年以降はほとんど漁獲されなくなってしまった．ニシン漁が行われた北海道は明治以降に開拓されたこともあり，第1章で説明した，本州で長い年月をかけて発達してきた，集落による前浜管理が機能しなかったこともその一因であろう．漁獲されたニシンは食料としてではなく，その多くが農業用肥料として販売されたこともあり，経済的には安く販売されていた．このことにより，需要と供給のバランスが機能せず，漁獲競争に陥ってしまったと考えられている（寺岡 2017）．確かな記録は残っていないが，農業用肥料として中世から漁獲されてきたイワシ類にも，何が起こっていたかは想像できる．ある場所でイワシをとりつくしては別の場所を開拓する，という紀州漁民の移動は，その背景には過剰漁獲による漁場の縮小があったはずである．

戦後は，戦争の復興期から高度経済成長期に入り，漁法が大きく近代化したことも相まって漁獲量が再び増加していく（内閣府ウェブサイト；図3.5）．化学

繊維漁網と魚群探知機の普及は沿岸域での漁獲量増大に大きく貢献したといわ
れている．また，船の近代化によって岸辺だけでなく遠方まで漁に出られるよ
うになり，沖合・遠洋漁業によって漁獲量は大きく増加した．その後1986年頃
をピークに，再び沖合・遠洋漁業を筆頭に漁獲量が激減していく．この時期に
設定された排他的経済水域（Exclusive Economic Zone：EEZ）の影響が大き
いが，1980年代以降は海洋環境が大きく変化し始めた時期でもあり，環境変化
によって自然資本の構造や潜在的な生態系サービス供給量が変化した可能性も
ある．そのため，すべての原因が乱獲であるとは考えにくいが，漁獲も少なか
らず影響したと考えられている．江戸時代から続く「磯は地付き，沖は入会」
の伝統をもつ日本の漁業では，漁業権で管理されている沿岸浅海域とは異なり，
沖合・遠洋は取ったもの勝ちとなってしまった．漁獲の自己規制，つまり沿岸
浅海域のような自然資本の持続的な利用を考えにくい構造になっているためで
ある．コモンズの悲劇のような状態が起こっている可能性も考えられる．特に，
近年著しく資源が減少しているマグロ類に関しては，その経済的価値の高さ，
需要の高さから乱獲に拍車がかかっている．国際委員会が設立され，漁獲枠が
設定された後も，漁獲枠の取り合いなどが起こっている．加えて，稚魚や幼魚，
産卵群なども一網打尽にとりつくしてしまう巻き網漁業など，その取り方も問
題視されている．

　沖合・遠洋漁業の漁獲量が激減した一方で，それらの変化に比べると沿岸漁
業の漁獲量はあまり変化していない．長い歴史をもつ沿岸漁業は漁業管理が何
とか機能し，漁獲量を維持できていると考えることもできる．だが，たとえ漁
獲量が同じであったとしても，乱獲になるケースがある．海洋環境が変化し，
自然資本の規模・構造と潜在的な生態系サービス供給量が変化した場合である．
高度経済成長期以降，沿岸域では東京湾や瀬戸内海などの閉鎖性海域を中心に
海洋汚染を危惧する機運が高まり，1980年頃を境に陸域からの栄養塩や重金属
の排出制限などの諸々の規制が始まった．特に栄養塩類は海域の生物生産性を
決定づける要因であるため，2000年以降，瀬戸内海では有害赤潮の発生が徐々
に減少し始めた．これは規制が功を奏していることを示唆すると同時に，植物
プランクトンの一次生産量が減少しつつあることを物語っている．つまり，自
然資本が縮小しているのである．さらに，沖合と同じく海洋環境の変化も始ま

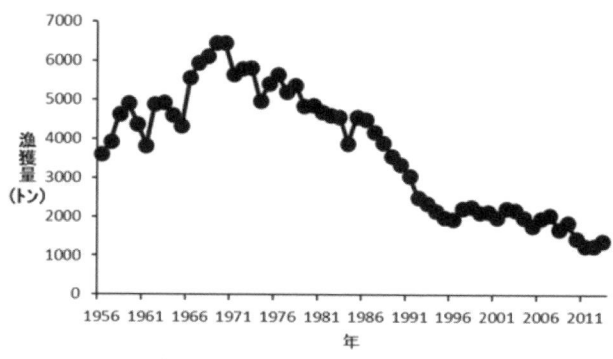

図 3.6　国内のアワビ漁獲量の推移.
アワビガイドライン（山崎ほか 2018）より引用.

っている. 沖合・沿岸漁業と同じく漁獲の影響を直接的に証明することは困難
であるが, 環境の変化が始まっているにもかかわらず, 同じ漁獲量を維持して
きたことは, 自然資本に少なからず影響を与えたに違いない.

　実際に前浜管理が行われていた地域でも, 漁業の近代化によって自然資本の
衰退が起こった例がいくつかある. その典型として, アワビ漁業があげられよ
う. コラム 2（p.22）でも紹介したが, アワビは私たち日本人の営みと海辺の生
態系の関係の歴史で, 単純に食料としてだけでなく, 文化の形成にも深くかか
わってきた特別な漁獲対象種である. その漁獲の歴史はゆうに 1000 年以上に及
ぶが, 江戸時代中頃までは国内消費だけでなく, 中国へ俵物として輸出されな
がらも, 持続的に利用されていた. ところが明治以降も中華食材としての需要
が依然として高く, 高値で取引されることから漁獲が増加していった. 漁獲量
は第二次世界大戦時にいったん減少するが, 1960 年代までは順調に増加し,
1970 年頃にピークに達する（図 3.6）. そして, その後は全国各地で同時に漁獲
量が減少し始め, 1990 年代初頭には 1970 年の 3 分の 1 まで減少している（山崎
ほか 2018）. このような乱獲は日本だけでなく, 世界中のアワビ類で生じてい
る. 世界各地に中華街が形成され, 中国の人口と経済の急激な発展により, ど
の大陸においてもアワビの需要が高いことが原因である（図 3.7, 図 3.8）.

　さらに 100 年以上の漁獲量推移の記録が残されている神奈川県を例にとれば
（神奈川県環境農政局農政部水産課 2018）, 明治〜昭和初期まで, 漁獲量は数十 t

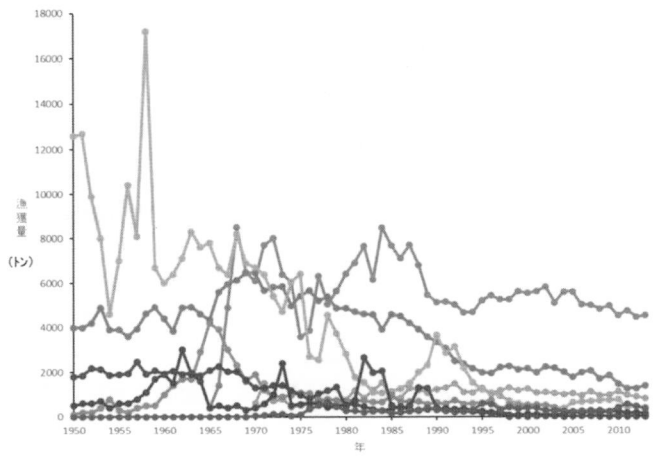

図 3.7 世界のアワビ類漁獲量の推移.
アワビガイドライン（山崎ほか 2018）より引用.

図 3.8 北米西海岸でのアワビ漁業の一例.
巨大なアワビ殻が山積みになっている. カリフォル
ニア大学アワビ回復計画 UC Davis, Coastal and
marine science institute ウェブサイト（https://
marinescience.ucdavis.edu/research-programs/
conservation/saving-white-abalone/overview
（2020 年 12 月 5 日確認））より引用.

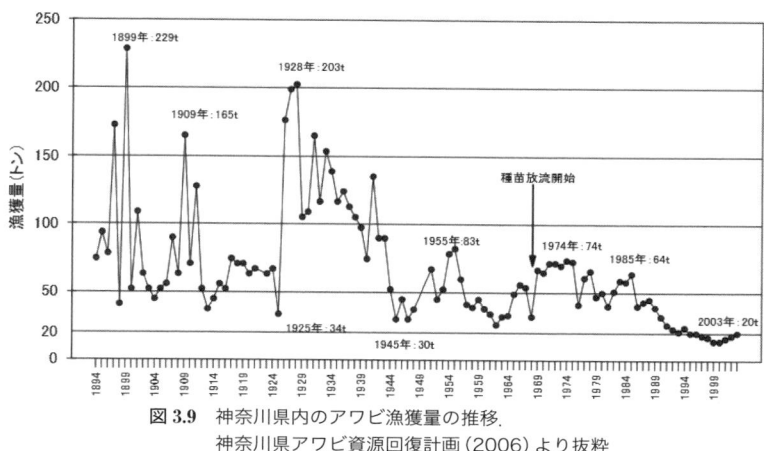

図 3.9　神奈川県内のアワビ漁獲量の推移.
神奈川県アワビ資源回復計画 (2006) より抜粋.

から数百 t の間を大きく変動しながらも，平均で 100 t 程度の高位で維持されて
いる（図 3.9）．この時期は戦後ほど潜水技術・技法が発達していなかったこと
を考えると，当時の資源変動を反映して漁獲量が変動していたと考えてもおか
しくない．すなわちこの時代は，多く加入した年級群は，漁業者の一度の潜水
で発見できるアワビの数，つまり発見効率がよくなり多く漁獲され，加入が少
ない年級群は発見効率が悪くなり，少ない漁獲になるような変化をイメージで
きる．この変化は，アワビ類は漁獲や環境変化などの影響によって資源量の年
変動が大きい生物であること，そして発見されないアワビが相当数残っていた
ことを示唆している．

　その一方で 1960 年代以降は，戦前の漁獲量と比較して漁獲量が 50 t 付近の
低位で推移し，昭和初期までの漁獲量変動と比較しても変動が小さいことが見
てとれる．漁獲量が低位に移行した要因として，まず生息環境が変化したこと
が考えられる．気象庁が解析したこの海域の海面水温の長期変化によれば，海
水温は 1900 年以降から現在まで継続して上昇し続けている（図 3.10）．その中
でも，平年差を大きく下回っていた戦前と比べて，1960 年以降は平年差付近を
推移しており，戦前と戦後で海水温の年変動が大きく異なっていた（気象庁
2020）．この海水温のシフトによって，アワビの餌となる海藻藻場，特に成育・
成熟に不可欠な温帯性コンブ類の状態などが変化した可能性がある．

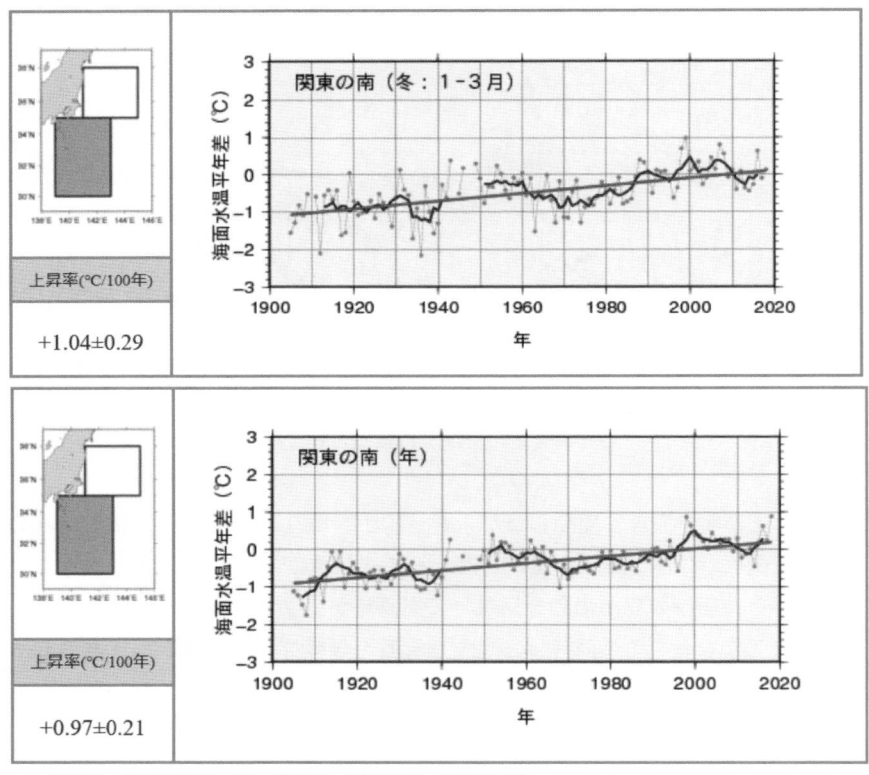

図 3.10　海面水温の長期変化傾向（関東の南：神奈川県）.
上：海藻の生育に重要な冬期の変化, 下：年全体の変化. 気象庁（2020）より引用.

　次に, 1960 年以降はウエットスーツなど近代的な潜水技術が導入されて漁獲
効率が向上し, 資源量が少ない年であっても, 経済的に必要な漁獲量を獲得で
きたと考えられる. 漁獲量の年変動が激しかった戦前と比べ, 1960 年代以降は
多少の増減はあるものの, ほぼ同量を漁獲し続けている. 戦前の漁獲量変動に
見られるように, アワビ類の資源量の年変動が大きかったのであれば, 資源加
入量の少ない年に例年と同等の漁獲量を上げてしまうことは, 結果として過剰
漁獲になっていたはずである. もちろん, 戦後は資源管理として持続的に漁獲
できるよう, 過去の漁獲実績からその年の漁獲量を決めている. 種苗放流によ
る資源管理が功を奏した結果であるとも考えられる. しかし, 気候変化などの

影響で急激な資源量低下，あるいは餌となる海藻の減少が起きた年があれば，その年の漁獲は過剰になる．つまり，定常時では問題がない漁獲圧を，環境変動による非定常な状態が過剰漁獲にしてしまうことがある．この議論は推測の域を出ないが，アワビという生物的側面・生活史を顧みれば，環境変化や過去の漁獲により，予測不可能な資源加入の低下は起こりうることがわかる．アワビは漁業の近代化とともに気候変化の影響が総合的に作用している事例となろうが，気候変化も人類からの間接的影響であることは確かである．

　コラム2にアワビ類の簡単な生態・生活史について紹介したが，アワビ類の生態や管理についてはアワビの資源管理に関するガイドラインが公表されているので（山崎ほか 2018），詳しく知りたい方はそちらを参照願いたい．アワビの生態や生活史の観点から，資源量の変動が起こりやすい要素が少なくとも3つある．まず，浮遊幼生期を有する点である．浮遊幼生は海流に乗って受動的に分散するため，必ずしも親貝と同じ海域に着底するわけでもなく，最悪の場合は岩場が全くない海域（砂浜海岸など）に流されてしまい，無効分散として死亡してしまう．神奈川県のアワビ漁場では，浮遊幼生のうち約3割しか親貝と同じ海域に回帰できていないという報告があるが（Miyake et al. 2009），もちろん他の海域からの加入もあり，その年の海流の動きに依存して加入量が大きく変動する．つまり，加入量の多寡によって，生息環境が健全であっても資源量は大きく変動するのである．

　関連して，浮遊幼生が口をもたない特徴も加入量の変動に影響する．浮遊幼生の間は餌がとれないため，浮遊期間は母貝から受け継いだ卵黄の量に栄養源を依存している．卵黄量が少ないほど浮遊期間が短くなるため，生育に適した岩場に加入できる確率が小さくなる．そして，卵黄量は母貝の栄養状態に依存しているため，それによっても加入量が変化する．個体群サイズ，すなわち資源量が十分であっても，母貝の餌環境となる藻場の状態が悪ければ，加入量は減少することになる．

　最後に，繁殖が体外受精で行われる点である．アワビが生息する岩場は概して波による流れが速く，その状況で体外受精を成功させるためには，雌雄ともが放卵・放精を同調することが必要となる（山崎ほか 2018）．また，卵と精子の受精率は時間とともに減少し，産卵後数時間から6時間で受精率がほぼゼロに

なることが知られている（井上 1969）．つまり，アワビ類は雌雄ともに密集した繁殖集団が形成されなければ，受精卵数・浮遊幼生放出量ともに減少してしまう．アワビの資源管理を精力的に実施しているアメリカ西海岸では，産卵可能な親貝集団を高密度に保つことを目標としている（カリフォルニア大学アワビ回復計画ウェブサイト[3]）．漁獲によって密度が減少することは，繁殖成功率が低下してしまうことを示唆している．

　ここで例を考えよう．たくさんの親貝が密集している高密度な岩場と，1 個体〜数個体しかいない低密度な岩場を想定する．アワビが生息している岩場のほとんどを発見することができるほど潜水の技術が進歩していれば，すべてとりつくして乱獲が起こりうる．一方で持続的利用を考え，いくつか個体を取り残すことを考えた場合，心情的にはたくさんの個体が密集する場所から捕獲し，密度の低い場所を取り残すことが多いだろう．だがアワビの繁殖生態を考慮すれば，たくさんの個体が密集する岩場に数個体のみ取り残したとしても，密度を減少させることは繁殖にとって大きなダメージとなる．むしろ個体の密集する場所を残し，密度の低い場所で採捕するほうが影響は少ないはずだ．

　このように，個体数を多く漁獲する行為のみが過剰漁獲ではない．その対象種の個体群増殖を低下させてしまう場合は，すべて過剰漁獲の範疇になろう．これはアワビに限ったことではなく，すべての漁獲対象種にいえることである．気候変動が顕在化した現在，どのような利用の仕方が過剰となるか，整理しなおす時にきている．

(2)　養殖へのシフト

　古くから行われてきたカキ養殖やノリ養殖に加えて，海面を利用した魚類の給餌養殖も戦前からの歴史がある．その起源は 1930 年頃，香川県でのハマチ養殖から始まったとされている（宮下 2008）．この養殖では，ガラモなどの流れ藻に集まるモジャコと呼ばれるブリの稚魚を採捕し，その稚魚を成長させること

---

3)　UC Davis, Coastal and marine science institute：White abalone recovery program.　https://marinescience.ucdavis.edu/research-programs/conservation/saving-white-abalone/overview（2020 年 12 月 5 日確認）

で行われていた．この手法では稚魚を集めるために藻場が必須となるため，海辺の生態系サービスの一部を利用していることになり，藻場を管理することが重要視されていた．第二次世界大戦前後に一度中断したが，1960年代の高度経済成長期から再開され，現在にいたっている．

　魚類養殖もカキ養殖やノリ養殖と同様にさまざまな技術革新が起こり，安定的な生産体制が時代とともに構築されていく．魚類養殖は漁業のような漁獲の当たりはずれがなく，安定して決まった高収入が得られることや，農業のように計画的に定時に仕事や作業ができるようになるなど，一部の漁業者にとって大きな魅力となった．そのため，漁業から養殖業へのシフトが起こり，高度経済成長期以降の食料生産の需要の増加に伴い，海面養殖業が発展していった．しかしながら，魚類養殖の場合は，カキ養殖やノリ養殖と異なり給餌を行うため，海域を富栄養化して底質悪化を引き起こすなど，地域の海辺環境の劣化の要因ともなってきた．

　近年では持続的な水産業を目指す一環として，環境に配慮した養殖手法が開発・現場実装され，養殖海域の水質環境は環境劣化を引き起こしていた往時よりは改善されてきているようである．また，出荷においても企業努力がなされるようになり，単純に魚を大きくして出荷するだけでなく，需要にあわせて生産量や魚のサイズ，あるいは出荷する時期を調整したり，さらには寄生虫対策などの安全管理を計画的に実施し，収穫物に付加価値をつけるようになっている．こうした努力により，養殖魚は天然魚よりも安全・安心な食品であるとのイメージ化に成功し，ご当地ブームとも相まって地域の水産業活性化に大きく貢献するようになった．国際社会でも，二酸化炭素吸収源を損なわずに実施できる持続的な食料生産であるとの認識が大きく，気候変動の影響が深刻化する将来には，人類の動物性たんぱく質を支える産業になると期待されている（Hoegh-Guldberg et al. 2019）．

　しかしながら，このような漁業から養殖業へのシフトが多くなるにつれ，海辺の生態系への関心と生態系サービスの利用減少がますます懸念されるようになった．現在の海面魚類養殖で対象となる魚種の多くは，すでに人工ふ化技術が確立されている．養殖に使われる稚魚は施設で生産されることが多く，天然の稚魚を採集することが少なくなった．また，養殖施設を海辺の生態系に設置

して水質環境を利用するとはいえ，海面を物理的に利用するだけである．ある
いは陸上施設を利用するなど，自然の生態系とのかかわりを遮断したかたちで
行われることが多くなった．むしろ，変動の激しい自然に頼らずとも安定的に
食料生産ができることが近年の養殖業の売りとなっている．このことは持続的
な食料生産としての価値が高い反面，海辺を管理してきた漁業者の中ですら，
海辺への関心を失いかねないとの危惧が出始めている．先に紹介したような国
際社会での養殖業への過度の偏重は，漁業者が培ってきた海辺の生態系を利用
する術，すなわち前浜管理や伝統知を失うきっかけになりうる．それにより，
生態系のアンダーユースが加速することが懸念される．

(3)　栽培漁業との関係

高度経済成長期以降，養殖業と並び海辺で発展した漁業活動として，栽培漁
業があげられる．栽培漁業は瀬戸内海を最初の対象海域として 1960 年代から始
められた．沿岸漁業の振興や漁業者の収入源を増やすことを目的に，高価格魚
を対象とした人為的な種苗生産と種苗放流により，資源を増加させようとする
資源管理の一策である．したがって，成長させた後に収穫まで一貫して行う養
殖とは明確に趣旨が異なる．その後，瀬戸内海から全国へ活動が広がり，1979
年には瀬戸内海栽培漁業協会が日本栽培漁業協会へと改められて全国組織とな
った．種苗生産技術とは，対象魚種の受精卵を人工的に採取し，ふ化させて稚
魚まで成育させる生産技術のことである．この成長させた稚魚を種苗と呼ぶ．
したがって種苗放流とは成長させた稚魚を対象海域に放流することである．一
般的に，魚類にとって自然界で最も死亡率が高いのは卵期から稚魚期であるた
め，種苗生産技術によってこの時期の死亡率を極限まで小さくさせることを目
的としている．その後は種苗を自然海域へ放流し，成長した魚を漁獲する．こ
の一連のプロセスが農業での苗つくりから収穫までのプロセスと類似している
と思われたため，栽培漁業と名づけられた．

このように書くと，栽培漁業の歴史はまだ浅いように感じられるかもしれな
い．しかし，栽培漁業と同じプロセスを行っていた取り組みが北日本には古く
から存在していた．私たちにとってなじみの深い魚類，サケのふ化・放流活動
である．河川を遡上してくる大型のサケ類は貴重な食料資源となるため，その

図 3.11 北海道でのアイヌの人々によるサケの漁獲風景．
函館市中央図書館蔵「明治初期アイヌ風俗図巻（仮称）」より引用．

漁獲や管理，利用方法は各地域で固有の文化となり，長年伝承されてきた．新潟県村上市や北海道の先住民族アイヌ集落（図 3.11）などが有名である（水産研究・教育機構北海道区水産研究所ウェブサイト）．本州北部のサケが漁獲できる地域では，すでに平安時代に税として京都へ送られていたため，古くから資源を管理する風潮が存在していた．江戸時代中期にはサケの母川回帰の特徴が認識されており，上述した新潟県や山形県では，種川制と呼ばれる，天然産卵場の保護管理が実施されていた．その後，欧州のマス類のふ化法をもとに 1876 年に茨城県にふ化試験場が設立され，日本で初めて人工ふ化試験が開始された．その後，サケ類の主力産地である北海道に 1888 年千歳中央ふ化場が設立され，これを皮切りに，道内各地にふ化場が建設された．これらにより，サケ類の資源管理は，種川制に連なる産卵魚・産卵場保護から人工ふ化放流事業へと大きな転換を行った．これが栽培漁業の始まりと考えられるのではないだろうか．

　栽培漁業では，育てた稚魚の放流は天然海域で行うため，前述の養殖業よりは海辺の生態系機能や生物多様性とのかかわりが強いといえる．特に，対象種が地付き魚と呼ばれる，前浜にとどまって大きく回遊しない魚介類の場合，その魚種の成育を助長できるよう前浜の管理がなされることが多い．しかしなが

ら，このような前浜の管理では，目的を特定種に絞り込むことが多いため，海辺の生態系や生物多様性に負の影響を及ぼす場合がある．例えば，対象種の生存率を上げるために捕食者を駆除することは，行われる可能性が高い．それにより，捕食者を介した生物間相互作用を通して影響が広がり（第2章参照），生物多様性が変化してしまうことがある．この点は，その場に生息する多種多様な魚類を対象とする漁船漁業で行う前浜管理とは異なる．多種多様な魚種を維持するためには，生態系全体の底上げを期待できるような管理が優先されるからである．つまり栽培漁業では，長年海辺で実施されてきた伝統的な管理とは異なる生態系の管理が行われている可能性がある．

　これに加えて，栽培漁業が海辺の生態系を変化させる要因としては少なくとも以下の2点があげられる．第一に，人工種苗生産による遺伝子組成や行動などの撹乱があげられる．特定の親魚から大量の稚魚を生産することで遺伝子型の偏りが生じたり，稚魚すべてを捕食などの死亡がかからない人工環境で成育させるために，本来の自然界では排除されてしまう遺伝子型や表現型が残ってしまう場合がある．例えば大阪湾に生息するマコガレイでは，種苗生産後に放流された他海域の遺伝子組成が，本来の大阪湾の遺伝子組成に組み込まれてしまっていることが指摘されている（農林水産省農林水産技術会議事務局 2020a）．また，ウニの仲間では，自身で貝殻や小石を体の上部に被って身を隠す被覆行動が通常見られるが，種苗生産されたウニ種苗では被覆行動をする個体が少なく，野外で捕食者に捕食されやすくなることがある（Hori and Noda 2007）．この2例はいずれも著者が十数年の間にかかわった事例である．たった2件ではあるが，著者の数少ない栽培漁業との接点から生じた2件であり，栽培漁業と自然資本との関係の構築を考えるうえで示唆に富んでいる．近年では，栽培漁業の分野でも自然選択とは異なる選択圧をつくり出していることが認識され始め，どのように影響を少なくしていくか常に考慮されるようになりつつある．

　また，特定の魚種を大量に放流することにより，海辺の生態系の栄養段階の構造や生物多様性を変化させる可能性も大きい．種苗放流の対象となりやすい魚価の高い高級魚は，高次消費者（魚食魚）が多い．高次消費者ゆえに元来個体数は少ないはずである．これを増やそうと大量に放流した場合，急激な高次栄養段階の増大によって餌生物となる栄養段階の現存量や生産量が縮小し，さ

らにその下位の栄養段階の現存量・生産性にも影響を及ぼすことがある．栽培漁業の例ではないが，生態学の教科書で必ず引用されるラッコの保護の例と同じ現象を引き起こすと考えられよう（Estes et al. 2016）．北米西海岸では毛皮のためにラッコが乱獲されて個体数が激減した際，その餌となるウニ類が増加し，ウニ類が海藻類を大幅に減少させることで海辺の生態系の基盤種である藻場が激減した．その後，ラッコが保護されるようになり，その個体数が回復するとウニ類が減少し，海藻類が増加して藻場が回復した．これは栄養段階をまたぐカスケード効果という意味で，栄養カスケードと呼ばれている．さらに食料目的ではないが，ブラックバス放流も高次捕食者の放流が引き起こす現象の典型であり，状況によっては同じことが起こっているかもしれない．

　もちろん，栽培漁業のすべてが負の影響を及ぼすといっているのではない．前述したアワビのように，栽培漁業と同じく種苗放流によって辛うじて漁獲が維持されている例もある．ただ，資源管理や生態系管理のかたちが従来の漁船漁業主体の前浜管理とは異なるため，生態系が変化する可能性を常に考慮し，時には影響の検証が必要な場合もあるだろう．本節で示した他の課題とともに，自然資本とその生態系サービスを持続的・安定的に得られる方策を整理しなおす時期にきている．

3.4　気候変動と生態系の変化の事例

　3.3節（1）では気候変動に伴い過剰漁獲が発生する状況について説明したが，このほかにも気候変動はさまざまなプロセスを介して海辺の生態系を確実に変化させつつある．この節では気候変動による影響を，自然資本そのものの減少と，生態系サービスの減少（未利用資源の増加）に分けて整理してみる．

（1）　自然資本の減少

　気候変動による，最も明らかで顕著な海辺の生物への影響として，生物の分布を変化させることがあげられよう．海流や流れによって広域に分散可能な海洋生物では，植物や固着動物であっても環境勾配に沿って短期間で分布域が変

化することになる．例えば温暖化などで海水温の上昇が起きた場合，陸域の影響が強い内湾・内海域を除けば，原則的に分布域が北上していくことになる．その一方，自然資本とその生態系サービスを利用する側の人類の活動する場所は変わらず同じ海域で継続される．一般に，水産業では北方に分布する種ほど生態系サービスとしての価値が高い傾向があるため，温暖化で生物の分布が北上すれば，自然資本が発揮する生態系サービスの価値が減少することを意味する．特に，対象種の分布南端付近は，気候変動によってその種がその海域から消滅するため，自然資本そのものが減少することになる．

　北日本に分布南限をもつ亜寒帯性コンブ類は，古来より日本の食文化の発展にも大きく貢献してきた重要な水産資源である（第1章を参照）．近年では国内のみならず，世界での日本食ブームの拡大とともに「出汁」の文化が広まり，世界的に利用される水産資源となっている．加えて，その高い一次生産力によって，新たな二酸化炭素吸収源としての機能も期待されつつある（堀・桑江 2017）．このように人類の営みに大きく関与しているコンブ藻場は，温暖化の影響により分布南限から磯焼け[4]現象が進み，日本の領海内では着実に分布面積が減り始めている（水産庁 2015a）．最新の気候変動予測に基づく日本沿岸のコンブ類の分布予測では，2050年までに現状の39〜78%に減少，2100年には0〜25%に減り，国内から分布域が消失する可能性が示唆されている（Sudo et al. 2020）．

　また，東日本から西日本一帯に分布するアラメやカジメ・クロメといった温帯性コンブ類や，アカモクやヒジキ，ノコギリモクなどのガラモ類は，他の生物を育む重要な藻場を形成している．藻場を生息場所として利用する生物の中でもアワビやイセエビ，サザエなどは「磯もの」と呼ばれ，日本人の食文化に古くからかかわってきた重要な水産対象種である．これら温帯性コンブ類とガラモ類の藻場も磯焼け現象が進行し，分布の南限から消失し始めている．このような藻場の消失は，前述したアワビ類資源の減少に大きく関与している．ア

---

4)　磯焼けとは，磯から大型海藻が消失し，被覆性の無節石灰藻などが岩の表面を覆いつくすだけとなり，焼けたように薄桃〜白色に変わってしまうこと．磯焼けの原因は多種多様であり，温暖化による植食性魚類やウニ類の増加，海藻そのものの衰弱などがあげられる．

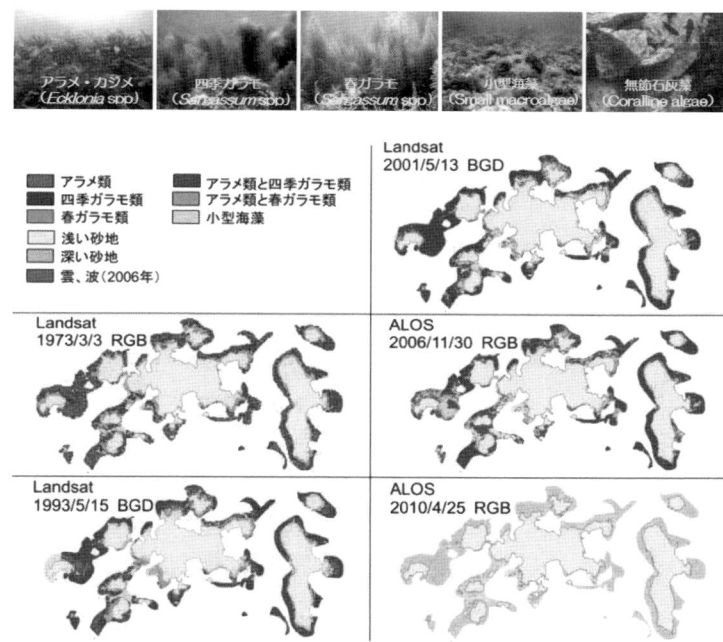

図 3.12 長崎県五島列島・小値賀島における藻場分布の変遷（口絵 8 参照）.
衛星画像解析をもとに，長崎県小値賀地区藻場台帳をシートゥルースとして
用いて作成. 温帯性コンブの藻場から磯焼け状態に変化するまでの時系列変
化. この島はかつて俵物用アワビの主要産地だった. 農林水産省農林水産技
術会議事務局（2020b）より引用.

ワビ類のうち特に大型となるマダカアワビ（中国へ輸出してきた俵物の乾鮑の
主原料），さらにメガイアワビは温帯性コンブ類を専食するよう進化してきたた
め，温帯性コンブ類の消失はこうしたアワビ類の個体群の消失を意味している
（山崎ほか 2018）.

　かつて，温帯性アワビ類 3 種（マダカアワビ，メガイアワビ，クロアワビ）
の主要産地であった長崎県五島列島沿岸では藻場の消失（磯焼け）が深刻化し，
2000 年以降はほぼ全域が磯焼け状態となり，藻場がなくなった（図 3.12）. それ
に伴い，アワビの漁獲量も激減し，現在ではほぼ漁獲がゼロになっている. 磯
焼けはさらに北上し，現在では壱岐島でもアワビ資源の減少が顕在化している.

　分布の北上と南限での消失は，藻場に代表される海洋植物だけでなく，魚類

などの海洋動物でも同様に生じている．その典型的な事例として，サケ（シロサケ）の減少，ブリ・イワシのなどの北上があげられる．北日本に住む人々にとって，サケは単なる食料資源ではなく，古来より地域の文化に深くかかわってきた伝統的な海辺の幸である．しかしながら，サケもコンブ類と同様に本州北中部に分布南限が位置しているため，温暖化によって分布域が北上し，近年では本州東北部から北海道にかけてサケ類の減少が顕在化しつつある．その一方で，ブリやイワシ，マダイなど，より南方に分布する魚類は北上し，生態系サービスに変化が生じている．これら自然資本の変化と利用する人類との関係は，生態系サービスの変化に強くつながっているため，次で詳しく説明する．

(2)　需要の減少と未利用資源の増加

　気候変動，特に温暖化によって海洋生物の分布域が変化・消失することで自然資本に変化が生じると，生態系サービスの需要・供給の関係にも変化が起こる．ここでもサケやブリの分布変化を例に説明しよう．正月のおせち料理は，日本の伝統的・文化的な料理である．おせちには山の幸，海の幸がふんだんに使われているが，その中に含まれる「年取り魚」の焼き魚は地域によって種類が異なる．北日本（北海道，東北，北陸の一部）ではサケ，それより南はブリが多いようで（マルハニチロ・サーモンミュージアムウェブサイト），日本海側から糸魚川と木曽川を境界に，東は「サケ」，西は「ブリ」と分かれているらしい．例えば，長野県の長野市はサケで，松本市はブリである．地域の海辺の生態系が供給する海の幸と，そこで暮らす人々との需要が一致しているのである．

　しかしながら，北日本では今後の気候変動によってサケの分布域が北上することが予測されており，日本近海での漁獲量が減少することが懸念されている（図 3.13）．その一方で近年の温暖化によりブリが北上して増加傾向にある（図 3.14；星野 2017）．それにより，北日本ではサケの漁獲が減り，ブリの漁獲が多くなるという生態系サービスの変化が起きている．温暖化により供給が変化しても，地域文化や習慣に裏づけされた生態系サービスの需要はすぐには変化しない．少なくなったサケに需要が集中するとともに，需要に満たない分は他の地域や海外から輸入することでまかなうことになる．そして，せっかく潜在的な供給量が増加したブリは，利用されずアンダーユースとなってしまう．長年

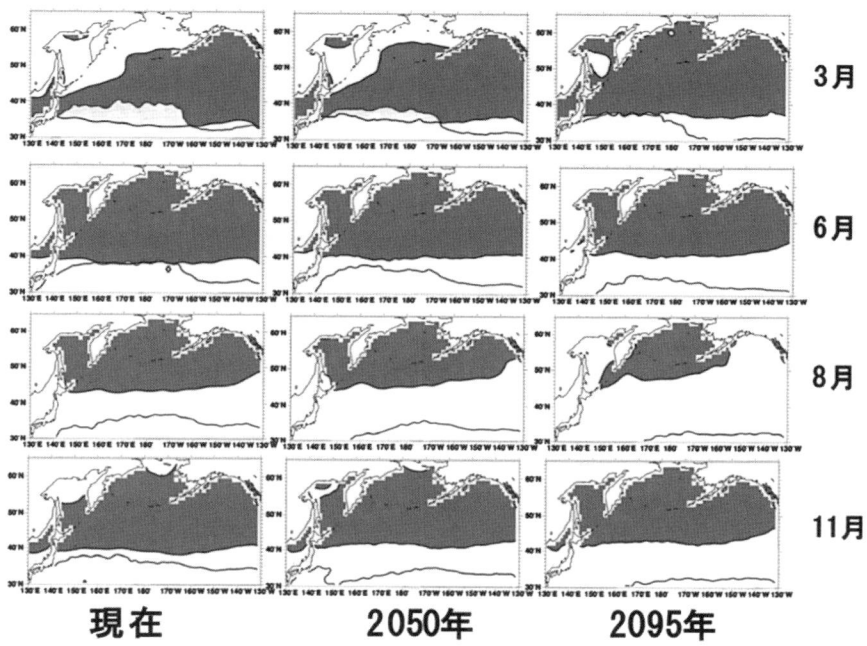

図 3.13 サケ（シロサケ）の分布域の北上に関する将来予測.
農林水産省農林水産技術会議事務局（2016）より引用. 詳細は原著を参照のこと.

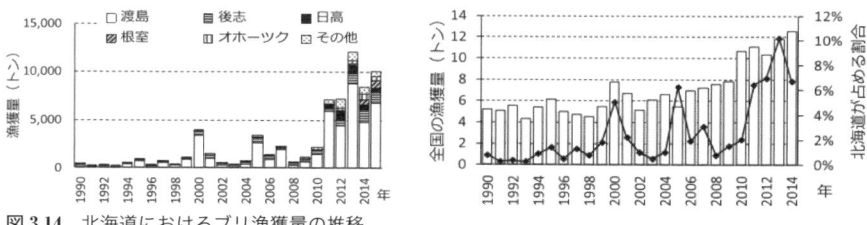

図 3.14 北海道におけるブリ漁獲量の推移.
（左）北海道におけるブリの漁獲量，（右）全国のブリ漁獲量（棒）と北海道が占める割合（折れ線）. 星野（2017）より引用.

慣れ親しんだおせち料理のサケが，翌年からブリに代わることは相当難しいことのようである.

　同様の現象が，亜熱帯と温帯との境界でも生じている. 温帯域で磯焼けを引き起こす主要な原因の１つは植食性魚類による食害であり，温暖化に伴う植食

図 3.15　植食性魚類の主要種の 1 つ, アイゴ(*Siganus fuscescens*).
群れで広範囲を移動することが多い. 写真の
個体は成魚で体長約 30 cm 程度.

性魚類の分布北上が磯焼けを深刻化させている. その代表格のアイゴ類は, 亜熱帯域では食用魚として積極的に漁獲され, 美味しい魚として普通に利用されている (図 3.15). その一方で磯焼けが深刻化している温帯域では, 別名「ネコマタギ」と呼ばれるほど忌み嫌われ, 一部の地域を除いて生態系サービスとして需要が生じることがほとんどない. ブリの例と同様に, 食文化がないためアンダーユースとなっている. これは未利用資源が増加するといった単純な問題にとどまらない. 漁獲されないことにより, 植食性魚類のさらなる分布拡大と現存量の増加が生じ, 大型海藻を減らして磯焼け現象に拍車をかけてしまうことになる. それによって現地で需要の高い, 藻場を利用する温帯性魚類が減少し, 需要に対する供給がさらに不足するといった負のスパイラルに陥る.

　これに関連して, 温暖化による魚種の変化を考慮せずに, 需要面のみで漁場整備などを実施してしまうと, 想定した効果が得られない可能性も考えられる. 需要に対する供給が少なくなった温帯域の魚種を増やすために漁礁などの環境整備をしても, すでに魚種組成に変化が生じている場合は, 必要とする魚種が増えず, 利用されない他の魚種が増えてしまうだろう. 例えば, アワビや, メバル・カサゴなどの地付きの根魚を復活させるために藻場の回復を計画し, 人工ブロックを使って海底藻礁を整備した場合, 植食性魚類が増えていると藻類の芽が片っ端から食害を受けて藻場が成立できず, そこにウニ類が増えてしま

うことがある（水産庁 2006）．ウニ類は定常的に植食を行うため，藻場がない状態が維持され，利用価値のない磯焼け海域を増やしてしまうことになる．仮に藻場がうまく回復できた場合でも，魚種組成の変化によって藻場に集まる魚類の多くは南方から移動してきた亜熱帯性魚類となり，その地域での需要が生まれず未利用資源となる．加えて，温帯域に北上してくる亜熱帯性の生物にはヒョウモンダコやソウシハギなど概して有毒な種類を含むため，水産資源としての利用のみならず，海辺利用に対してディスサービスを引き起こす懸念もある．

　最後に，分布の変化以外の温暖化の影響についても触れておきたい．魚類相の分布変化が生じなくとも，気候変動がその場の生態系サービスに変化を引き起こす可能性がある．近年，マイワシ，シャコ，キンメダイやサクラエビなど，各地のさまざまな魚介類で成熟サイズの小型化が報告されている（田中・斎藤 2008）．これらの多くは集団（個体群）サイズの低下に伴う変化であるとされているが，必ずしもそれだけで成熟サイズの小型化を説明することはできない．大型個体の選択的な漁獲は，必然的に大型の成熟個体を減らし，結果的に小型の成熟個体が残ることになる．これは漁獲という人為選択により，小型でも成熟できる遺伝子型が集団内で優占した結果ともいえる．しかし，一般に生物の表現型は遺伝的要因と環境要因の双方で決定される．遺伝子組成が変化するまでには長い年月が必要であり，近年の小型化への急激な変化を考えると，遺伝的要因だけでは説明できないかもしれない．

　こうした疑問に関連して，最近では温暖化で魚類が小型化するメカニズムの解明が盛んになりつつある．最も盛んに議論されているものに，「酸素制約説」がある（Pauly and Cheung 2018）．おおまかにいえば，エラ呼吸する海洋生物では，海水温が上昇すると代謝が上昇して酸素要求量が増加する一方，海水中に溶け込む溶存酸素量はわずかな水温上昇であっても大きく減少するため，生物の成長速度が低下し，水温上昇とともに小型化するという理屈である．もちろんそれに対する反論もあり，盛んに議論されるホットな話題となっている．また，海洋生物の成熟は積算温度に強く依存し，「温度-サイズ則」（入江 2010）に当てはまりやすい生物である．この法則に従えば，温度が高いほどいち早く成熟可能な積算温度に到達できるため，単純に成熟サイズが小さくなる．前述したサクラエビでは，小型成熟の原因として餌資源の減少とともに高水温の影響

についても言及されている.

　温暖化に伴う成熟サイズの小型化は，漁獲物の価値を低下させ，生態系サービスの減少を引き起こすに違いない．さらには，サイズの小型化が漁獲量を大幅に減少させる場合もある．多くの種は資源管理の観点から，漁獲する最小のサイズが決められ，それ以下の個体はとれても再放流される．温暖化の影響で小型化が進み，漁獲サイズを超える個体が少なくなれば，潜在的資源として十分な個体数がいたとしても，漁獲量としては減少する．これが分布の変化を伴わない未利用資源の増加の要因となる．

　海辺で漁獲される甲殻類のシャコは，江戸前寿司でも人気があり，人の食生活と文化に長年かかわってきた対象種である．日本各地の内湾域で多く漁獲され，特に産卵期に卵をもったメスの需要が高い．近年はどの海域でも漁獲量が大きく減少しているため，各海域でそれぞれ独自に禁漁や漁獲サイズの制限などの資源管理を実施している．主要産地のうち東京湾や瀬戸内海では，漁獲サイズ（東京湾：11 cm 以上，瀬戸内海：10 cm 以上）以下の小さい個体は最盛期よりも減少したとはいえ，まだ数多く採捕されているが，漁獲サイズを超える個体が少なくなる傾向が確認されている（田島 2011）．そして，シャコの最小成熟サイズが小型化していることも報告されている（児玉ほか 2003）．著者も実際にシャコの試験操業に同船し，10 cm 以下で成熟している個体を見せてもらった．これらの個体群のサイズ組成の小型化には，温暖化の影響も関与しているかもしれない．

　以上，この章では海辺の自然資本と生態系サービスが抱える問題や今後の課題について整理してきた．すべての問題を解決することは困難ではあるが，人の営み＝需要面の変革や，自然資本の管理＝供給面の維持・回復，そして両者の関係を再構築することで，解決できることは少なくないだろう．次章では，それら解決策への糸口となる考え方やその取り組みについて考えていく．

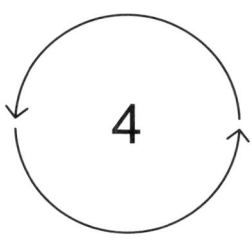

人と海辺の生態系の未来
―課題解決への取り組み―

　日本の沿岸域は，少なくとも数千年以上にわたって人が海辺の生態系を利用し続けてきた．そのため，私たちが明治〜昭和初期の写真などでよく目にする，過去の海辺の状態が原生的自然とは限らない．海辺の景観がたとえ原生的に見えても，伝統的に利用してきた生物種や生物群集は人の営みの影響を受けてきたはずである．なので，人が利用する以前の原生的な状態を推測することはとても困難である．陸域で行われている自然再生と同様に，ステークホルダーの記憶に残り，彼らが望んでいる自然の姿が，本来の「自然」として認識されるはずである．今より人と海辺との距離が近く，海洋生物を採集するなど，海辺に親しむ習慣がまだ残っていた頃，おそらく高度経済成長期前の海辺の姿を想像するに違いない．「昔の海は広かった」「生き物がたくさんいた」「いたるところで泳げた」などの過去の海辺の話を集約すると，自然の姿とは，全く人の営みがない原生の自然というよりは，人が自然と親しむことができる，人工的な構造物で固められていない海辺の姿が浮かび上がってくる．

　人の営みが海辺へ与える影響は，時代を通して広がり続けてきた．現在では，海洋生物が生活史を完結できる空間スケールすべてに人為撹乱の影響が及んでいるに違いない．しかしながら，漁業協同組合などの地域コミュニティや行政区画などの制約により，対策や管理の実施主体の多くが地域レベルでの活動が多いため，海洋生物の広大な行動範囲や生息範囲すべてを管理することは現実的に困難である．全国スケールでの対応が可能な水産庁が，海洋生物が生活史

循環を完結できる漁場整備の施策を明確に打ち出したのは最近 10 年のことである（水産庁 2015b）．だが，里山の事例とは異なり，海で景観多様性を包括的に管理することは現実的ではなく，対象生物の生活史循環をすべて管理することは難しい．このような状況下において，第 3 章であげたさまざまな課題をどのように解決できるだろうか．海岸再生や洋上風力発電など，工学的な手法や評価は他書にゆずり，この章では主要な生態系サービスである漁業と人とをつなぐ取り組みに主軸を置き，社会科学と自然科学の統合的アプローチの側面から人と海とのかかわり方の未来について考えてみよう．

4.1　　新しい海域利用に向けて

　海辺の生態系の衰退を概要すれば，近代以降は食料としての需要増加や，急激な人口増加・経済発展による汚染物質・栄養塩などの環境負荷，さらに海岸線の人工構造物の急増による自然資本の衰退があげられよう．また近年では，気候変動に起因する急激な環境変動の影響が，さらなる自然資本の変化を引き起こし，長年の管理対象のスケールを大きく超える環境変化によって，従来の管理手法がうまく機能できなくなったと考えることができる．このような状況下で，第 3 章であげたような現状の課題を克服し，将来にわたって海辺の生態系の恵みを持続的に利用していくためには，少なくとも以下の 3 点を考慮すべきであろう．

1. 海辺の生態系機能と生物多様性の価値を再認識し，自然資本と生態系サービスの現在の需要と供給，さらにそのバランスを見出すこと．
2. 海辺とその集水域となる陸域との関係を再生，あるいは再構築し，海辺への関心・利用を回復させること．
3. 現状に見合った海辺の生態系のガバナンスを再構築すること．

では，具体的にどのようなことができるのか，順を追って考えていこう．

4.2　陸と海との関係の再構築

(1)　自然資本と生態系サービスの地域再生

　海辺の生態系では，自然資本と生態系サービスはその需要，供給ともに大きく様変わりしつつあるため，その現状を把握し，人と海辺とのかかわりを再構築しなおす必要がある．そのためには，まず地域社会によって異なるステークホルダー（生態系サービスの利害関係者）の構造を確認することから始めなければならない．次に，その地域での需要と供給の関係を解明するための SES マップ（Social Ecological System，コラム 7）を構築し，生態系サービスとステークホルダー間の関係性を明確にする必要がある．そしてその関係性を基準に，需要に見合う新しい資源（生態系サービス）の開拓，あるいは未利用資源を活用（需要を創生）して需要と供給のバランスを維持回復することが重要である．また，すべての地域に共通する課題として，食料生産としての漁業を持続的な状態にもっていくこと，そしてレクリエーション利用と従来の漁業管理とのコンフリクトをなくす努力も必要である．

コラム 7　社会生態システムとは

　社会生態システムとは，人間社会と生態系の相互作用によって成り立つシステムのことを指し，人間活動を生態系の一部としてとらえた相互作用網の一種である．Social Ecological System の頭文字をとって SES と呼ばれる．SES マッピングとは，自然資本と生態系サービス，それらを利用するステークホルダーとの相互作用を記述・解析する際に用いられることが多いアプローチの 1 つである．
　図 1 は，沖縄県八重山諸島・石西礁湖を対象とした，造礁サンゴ礁を基盤とする SES マッピングの研究事例である (Makino et al. 2020)．自然生態系と人間社会系とのつながりを整理し，自然生態系の変化が人間社会のどの利害関係者に影響するか，あるいは人間社会系の変化がどの自然生態系に影響するか，その影響が波及する過程を図上で推測できる．
　例えば気候変動によりサンゴ礁の白化が起きれば，生態系のどの機能に影響

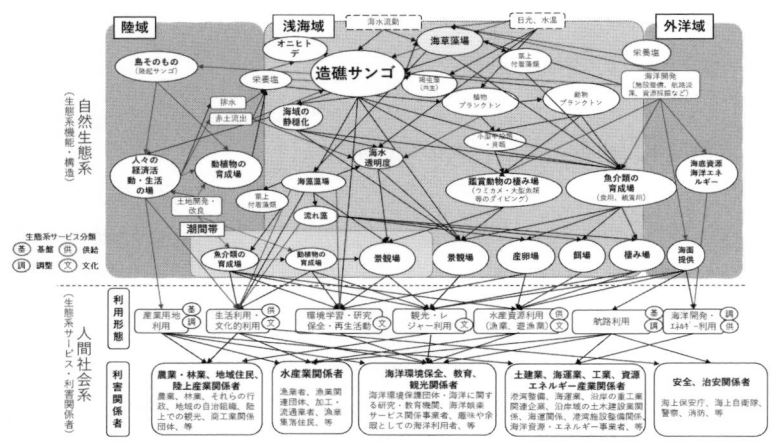

図 1　石西礁湖を対象とした SES マッピングの研究事例.
Makino et al.（2020）を改変.

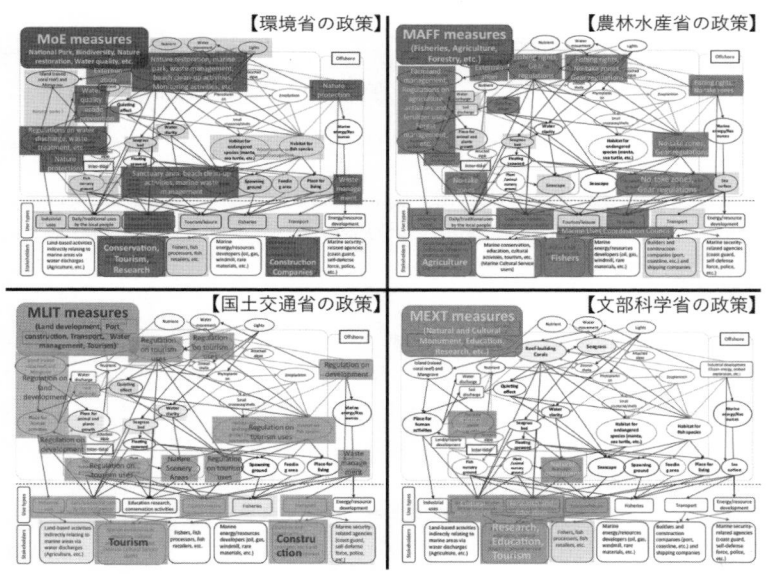

図 2　SES とそのガバナンスとの関係図.
各省庁の政策がカバーする箇所を示す.　Makino et al.（2020）より引用.

し，その影響がどのような経路をたどって利害関係者へと伝達するかを推定することができる．そして，SES マップの各項目と経路がどの省庁の政策によってカ

バーされているか調べることにより（図2：SESマップは原著論文のまま利用している），その変化や影響への対策をどの政策で行っていけばよいか，整理することも可能である．SESマッピングとは，このような議論に優れたアプローチである．

a. グリーンツーリズムの活用

　漁業とレクリエーションのコンフリクトを解消する取り組みの1つとして，海陸問わずに最近人気が出てきた体験型ツアー，すなわちグリーンツーリズムがあげられよう．農林水産省のウェブサイトには，グリーンツーリズムとは「農山漁村地域において自然，文化，人々との交流を楽しむ滞在型の余暇活動」とある．農業・漁業・林業体験を行い，地域の人々との触れ合いを楽しむレクリエーションで，主にヨーロッパ諸国で普及してきた．最近は日本でもいくつかの事例が出てきており，農家民泊，漁師民泊などがよく知られた活動である．また，漁村など海辺での活動を区別してブルーツーリズムと呼ぶこともある．このように一時的な観光客（交流人口）でもなく，かといって農山漁村への移住者（定住人口）でもない，多様な活動で地域とそこに住まう人々とかかわる人々を関係人口と呼び，総務省でも関係人口の増加を推進している．グリーンツーリズムは農山漁村を活性化させ，新たな産業を創出する目的で行われることが多いが，ここに人々の海辺への関心を回復させる意識，さらには海辺を利用する人々のコンフリクトを解消する意識を組み込むことができるはずだ．

　一般に，海辺の利用は狩猟的な要素が強い．遊漁船，海岸での釣り，潮干狩りなど，古来より続く食料確保の漁労要素がそのままレジャーとして引き継がれている．このような海辺の利用を楽しみたい人がグリーンツーリズムを積極的に利用できる仕組みがつくられれば，人々の生態系サービスの需要をまかなうことができるうえ，漁業の仕組みや管理を自然に学ぶ機会にもなる．そのためには単に漁業体験をするだけでなく，例えば対価を払えば漁業の収穫を分けてもらえるような仕組みが有効になるだろう．いわば，漁業からレジャーへ生態系サービスをシェアする仕組みになる．

　その一方で，レジャー利用も漁業と協調できる部分がある．一般に欧米では遊漁はライセンス制が多く，釣獲できる数や種類，シーズンなどが決められて

おり，その日の釣果を報告する義務もある．こうした情報は資源管理にとって
有効な情報となっている．日本ではいくつかの釣りのジャンルではライセンス
制（河川での入漁券など）が導入されている．だが，一般的な海辺の釣りでは
漁業者と同じく漁獲サイズの制限などは決められている一方で，釣果の報告や
釣獲物の持ち帰り量の制限などはほとんど浸透していない．ここにも漁業とレ
ジャーのコンフリクトを緩和できる余地が残っている．理想的にはライセンス
制や釣獲制限など，漁業者と同じ資源管理の制度を適用する必要がある．ライ
センスを導入できなくとも，釣獲物の種類・数・サイズと釣獲した海域を報告
するだけで，漁業資源管理に役立つ貴重な情報となる．また，採捕可能数を制
限するまでにいたらなくとも，自家消費できないほどに釣獲したものは余剰を
漁業者や漁協が買い取り，それを漁獲物として出荷することで水産業に還元す
ることもできる．いわば，レジャーから漁業への生態系サービスのシェアの提
案である．

　漁業者が減少している地域では，レジャー利用を誘致することによって地先
の生態系（自然資本）の管理や漁業の持続性を高めることも可能である．例え
ば，二枚貝漁場として干潟に区画漁業権を設定している地域があるが，資源の
減少や漁業者人口の減少によって使われない場所が多くなることがある（未利
用資源の増加）．この対処として，一般市民が区画に公募できる仕組みをつく
り，潮干狩りレジャーを楽しんでもらうと同時に，余剰分を漁獲物として出荷
してもらうのはどうであろうか．潮干狩りレジャーを漁業活動へ近づけたイメ
ージである．漁業者にとっては資源が減少して生活の糧にならない場所であっ
ても，レジャー感覚で行為を楽しむには十分である場合があるだろう．一般市
民が海辺を身近に感じる機会が大幅に増加するだけでなく，地域の自然資本の
管理や漁業の持続性との win-win 関係を築けるような，新しい海辺の有効利用
とガバナンスが期待される．水産庁では 70 年ぶりに漁業法の改正が行われ，
2020 年 12 月より施行された．この新しい改正漁業法では資源管理の新しいシ
ステム構築が行われると同時に，漁業許可および免許制度の見直しが実施され
る．まさに新しいガバナンスの機会がおとずれている．

b.　漁業者による環境モニタリング
　近年は気候変動による自然資本の変化が顕在化し，自然資本に由来する生態

系サービスも変化してきている．そのため，水産庁が毎年公表している漁獲対象種の資源評価などでも，環境変動を組み入れる試みがなされつつある．また，2023年度までに資源評価の対象となる種を50種から200種まで増やすために，スマート水産業と呼ばれるIoT技術の現場実装の取り組みとあわせて，漁獲データ収集の自動化などの試みがなされている．この取り組みには沿岸漁業，すなわち海辺の生態系を対象としたものが多く含まれている．

　沿岸域は景観多様性や環境異質性が沖合域と比較して大きく，1回の操業で漁獲される魚種は多種にわたる．一方で，一種あたりの漁獲個体数は少なく，例えば集団の齢構成を解析できるようなデータ数は収集できない．またインターネットの普及により，漁業者は漁協の市場を通さずに直接消費者に販売することが増加したため，従来型の調査では資源評価に必要なデータが得づらくなっている．この状況を打開するため，出荷する手前の漁船上で漁獲物データと漁場環境データを同時収集する取り組みも試行段階にある．

　そしてここにも，地域の自然資本の維持・再生に必要な新たな取り組みが必要である．昨今，産業や現場実装に即座に直結しない環境モニタリングへの予算はどの分野も縮小されつつある．その一方で，漁業者が操業中に収集する海域の環境データは，気候変動や地域環境を精緻にモニタリングしたデータとして活用できる．この漁業者による自然環境のモニタリングデータに価値を見出すことはできるだろう．

　農業の現場では，2014年に発足した日本型直接支払制度があり（本シリーズ第1巻を参照），自然環境の保全に資する農業生産活動に伴って発生する追加的コストを支援する制度が存在する．漁業者の環境モニタリングはまさにこの支払制度に合致する内容であり，海域の自然資本と生態系サービスの管理に大きく貢献するはずである．また，この取り組みの利点として，人口の少ない地域ほど貴重なデータとなり，データの価値が上がることになる．そのため，地域の沿岸漁業を活性化する施策として機能できるはずである．後述する水産多面的機能発揮対策とともに，漁業者が沿岸環境のモニターになれる仕組みづくりにも，新しい海域利用の構築へ向けた効果が期待できる．

c．自然資本の管理と連携した地域ブランド

　農産物や水産物には，各地域の文化・伝統や自然環境の特性を反映した地域

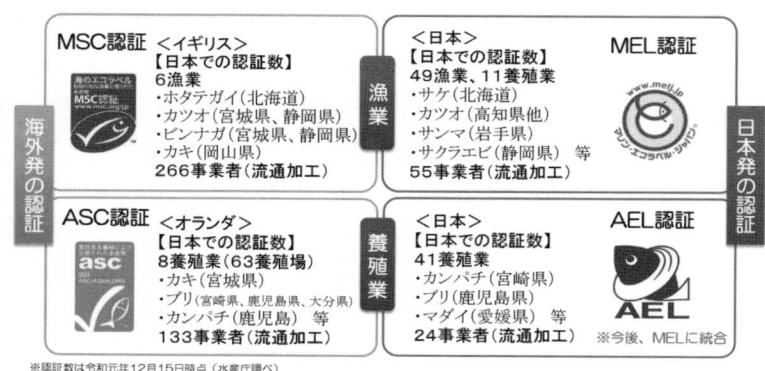

図 4.1　国内で活用されている水産エコラベル.
水産庁 (2020) より引用.

ブランドが存在する.ブランド産品は,食品としての食味や栄養価などが優れ
ていることを示す場合がほとんどであるが,その場所で確実に漁獲されている
ことを示す「証明書」としての価値が最も大きいように思う.食品である限り,安
全・安心な環境で得られた産物であることは必須要素であるし,あるいは環境
保全に配慮した産品であることも,環境配慮が必要な現代社会では重要である.
　その証明書の役割を果たすものとして,エコマーク・エコラベルがある.水
産物では 1995 年,国連食糧農業機関(FAO)において水産資源管理や生態系
保全などの基準を明確に具体化する水産エコラベルに関する取り組みが始ま
り,2005 年に「海面漁業へのエコラベル制定に関するガイドライン」,そして
2011 年に「養殖業に関するガイドライン」が策定された(水産庁 2020).これ
によって世界中にさまざまな水産エコラベル認証制度が誕生し,国内でも現在
4 つの水産エコラベルが普及している(図 4.1).これらの水産エコラベルは,す
べて前述の FAO による国際標準化のガイドラインに沿っており,その認定は
国際民間機関である世界水産物持続可能性イニシアティブ(GSSI:Global Sus-
tainable Seafood Initiative)が行っている.GSSI は持続可能な水産物の普及を
目的に,水産関連企業,NPO,NGO や政府および政府間組織の連合による国
際機関で,各国のさまざまな水産エコラベルの基準を統一し,水産エコラベル
の信頼性の確保と普及,国際的なサプライチェーンの認証に問題が生じないよ

表 4.1 マリン・エコラベル・ジャパン協議会の認証規格.
桑原 (2019) より作成.

漁業への要件	①資源管理が科学的根拠に準じてしっかり行われているか（管理体制）
	②科学的根拠に基づく評価により，対象種の資源量は十分であるか（対象資源）
	③その漁業が対象種以外の種や生態系に悪影響を及ぼしていないか（生態系への配慮）
養殖への要件	①養殖対象種が適切に飼育管理されているか（食品安全の確保）
	②労働環境・衛生・安全や免許・許可などが適切に管理されているか（養殖生産活動の社会的責任）
	③薬品や飼料の使用量，飼育密度など適切に管理されているか（対象種の健康と福祉に対する配慮）
	④水質管理やモニタリングの実施など，養殖場の環境を適切に管理運営しているか（環境保全への配慮）
流通・加工への要件	①適切な労働環境の確保や関係法令・条例の遵守がなされているか（社会的責任）
	②認証された水産物以外の混入を防止できる管理体制か（管理体制）
	③認証された水産物のトレーサビリティが確保されているか（トレーサビリティ）
	④ロゴマークが適正に管理されているか（ロゴ管理）

うに調整する役割を担っている．

　水産エコラベルのうち，一般社団法人マリン・エコラベル・ジャパン協議会の認証規格については，漁業に対して表 4.1 の 3 つの要件があげられている．また養殖に対しては 4 つの要件，加えて漁獲物・養殖生産物の流通・加工に関しても 4 つの要件が必要となる．残念なことに，漁業は沖合で行われることが多いためか，対象魚種の持続的利用の可能性や混獲の影響などの項目に重きが置かれ，環境保全の項目は沿岸域を利用する養殖業にしか含まれていない．漁業にも環境保全の項目を明確化し，漁労活動に付随するさまざまな環境保全活動が認証要件として明確に反映されるようになれば，エコラベル認証の取り組みも自然資本とステークホルダーの地域再生にとって有効な手段の 1 つとなりうる．

　現在，水産エコラベルの動きは，SDGs（持続可能な開発目標）への貢献や 2020 年に予定されていた，東京オリンピック・パラリンピックの開催（エコラベル認証を受けた食品以外は選手に提供できないため）に向け，少しずつ活発化し始めている．水産庁所属の水産研究機関である国立研究開発法人水産研究・教育機構においても，SH "U" N（Sustainable, Healthy and "Umai" Nippon

seafood project：サスティナブルでヘルシーなうまい日本の魚プロジェクト）
と名づけられた，新しい水産物の評価手法を実施している．しかしながら，こ
れらの水産物評価の仕組みは，まだまだ社会的に認知されていない．残念なが
ら平成 30 年に農林水産省が実施した調査結果では，水産エコラベルの意味を知
っている割合は消費者で約 8％，漁業者で約 12％，流通・加工業者ですら約 20
％程度であった（水産庁 2020）．ただし，同じ価格か，あるいは 1 割弱ほどの高
値であれば，水産エコラベルのある商品を買うと答えた消費者の割合は約 80％
にまで及んだらしい．GSSI は世界中に資金提供のあるパートナー企業を有して
おり，その多くは水産物の小売業を行う企業である．日本の大型量販店や水産
会社も含まれている．民間企業でも SDGs への貢献が必須となった今，今後は
これら小売業界がエコラベル活動を活発化させることで，一般社会への浸透が
加速化することが期待できる．

(2)　漁港・漁村・漁場の多面的機能の再評価（コベネフィット）

　海辺の自然資本の特徴として，コベネフィット（相乗便益）性が高いことが
知られている．重要な食料資源を提供してくれるだけでなく，同時に過剰な栄
養塩や海中の浮遊物を吸収・沈殿させることで水質を改善し，大型植物で構成
される藻場は温暖化の原因となる温室効果ガス（CO_2 など）の吸収源として機
能している．また，藻場やサンゴ礁は波浪を軽減して海岸線を保護し，さまざ
まな恵みの礎である生物多様性を保持する場としても機能している．さらには，
釣りやダイビングといったレクリエーションの場としても機能してきた．これ
ら海辺の生態系が同時に発揮しているさまざまな機能と，漁港・漁村など地域
社会が有する機能を統合して「多面的機能」と呼んでいる（水産庁ウェブサイ
ト）．例えば，水産多面的機能発揮対策情報サイト（ひとみ.jp）では，この仕
組みを利用して活動している全国の団体を閲覧することができる．また，各団
体が取り組んでいる多面的機能の活動をその内容をもとに区別し，環境・生態
系保全として 8 つ（藻場の保全，干潟等の保全，ヨシ原の保全，サンゴ礁の保
全，河川・湖沼の保全，海浜清掃，種苗放流，廃棄物の利活用），海の安全確保
として 2 つ（海難救助，国境・水域の監視）をあげている．ここでの多面的機
能には含まれていないが，環境モニタリングやグリーンツーリズムなどの取り

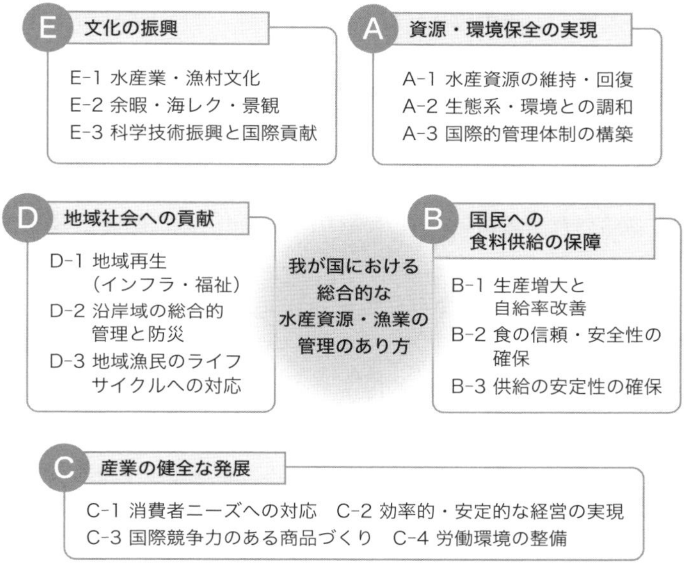

図 4.2　水産資源管理・漁業管理の 5 つの軸.
水産総合研究センター（2009）より作成.

組み，そして前述した温室効果ガス吸収源としての機能も多面的機能に含まれる．水産資源管理や漁業管理の分野においても，こうした多面的機能を背景にした 5 つの軸が設定されている（図 4.2：水産総合研究センター 2009）．

　海辺の生態系が有する多面的機能のうち，気候変動が顕在化した近年は，CO_2 吸収源として気候変動を緩和する機能に大きな注目が集まっている．海辺の生態系のうち，特に大型の海洋植物を基盤とする藻場やマングローブ林，塩性湿地は大気由来の CO_2 を隔離・貯留する能力が高いことが知られている．海洋植物によって海中に吸収された CO_2 由来の炭素はブルーカーボンと呼ばれ，ブルーカーボンの貯留能力が高いこれら 3 つの海辺の生態系はブルーカーボン生態系と呼ばれる（堀・桑江 2017）．海辺の生態系は生物生産や生物多様性が高く，これまで CO_2 の排出源としてみなされていたが，近年の研究により，ブルーカーボン生態系は CO_2 を有機炭素として海中に閉じ込める能力が高く，単位面積あたりでは森林に勝るとも劣らない CO_2 吸収源であることが明らかにされた．最新の吸収源評価では，地球上で人間活動により排出される CO_2 の年間総量の

うち，約 23 % を陸上生態系が吸収している一方で，海洋生態系が約 26 % 吸収しており，その半分弱を，海洋面積では 0.1 % にも満たない沿岸域のブルーカーボン生態系が吸収しているという試算がある（Kuwae and Hori 2019）．

国際社会では，気候変動緩和・適応策にブルーカーボンを利用する動きが活発化している．国連気候変動枠組条約（UNFCCC）締約国会議では 2015 年にパリ協定が締結され，各国の温室効果ガスの排出削減に関する自主目標（Nationally Determined Contribution：NDC）が定められた．その中で，沿岸浅海域のブルーカーボンを緩和効果に活用すると言及している国は 28 か国，適応効果に活用する国は 59 か国に及んでいる．この動きに先駆け，気候変動に関する政府間パネル（Intergovernmental Panel on Climate Change：IPCC）では，ブルーカーボン生態系での温室効果ガスインベントリ算出（温室効果ガスの吸収源としての機能の算定）のための方法論である「湿地ガイドライン」が 2013 年に作成された．UNFCCC での自国の温室効果ガスの排出および吸収のインベントリ作成において，現時点では海域は吸収源としての評価は必須項目となっておらず，利用したい国だけが選定する任意算定ではあるが，アメリカおよびオーストラリアでは湿地ガイドラインをもとに，2017 年以降よりブルーカーボンの算定が始まっている．国内においても，パリ協定に基づく長期戦略（2019 年に閣議決定）として，今世紀後半の早期に「脱炭素化社会」の実現を目指し，2050 年までに 80 % の温室効果ガスの削減に取り組むとされている．そして，2020 年 12 月現在の政権では，温室効果ガス排出ゼロ "ゼロ・エミッション" を 2050 年までに達成すると目標を上方修正した．この取り組みにおいて，ブルーカーボンは長期戦略の実現に有効な，新たな CO_2 吸収源として期待されており，日本でも NDC インベントリにブルーカーボンを含める動きが始まっている．

ブルーカーボンの普及によって，漁業者が水産資源のために行っていた地先の藻場を保全する活動が，地球環境保全にかかわる活動として認識されるようになった．地域での藻場再生活動が，新たな気候変動緩和策や適応策として全国民や地球全体に貢献する活動として位置づけられ，企業や一般市民の藻場再生への関心や，海の利用への関心・関与が大きくなりつつある．海辺の生態系の長所は，コベネフィット性が高いことにより，食料生産と気候変動対策にコンフリクトが生じないことにある．沿岸域の水産資源や海洋環境などの持続的

利用と同時に，ブルーカーボン生態系を活用したバイオマス利用やカーボンオフセットなど，環境負荷（CO_2排出量）の小さい水産業やその他関連産業が推進され，SDGsの達成にも貢献することが期待できる．これらの動きは，海辺の自然資本とその利用に関する地域再生のカンフル剤としても期待されている．

(3) 気候変動への適応

多面的機能を活用した気候変動に対する緩和措置に加えて，温暖化かつ変化の激しい気候に適応する必要性も検討されている．水産庁では2017年に「気候変動に対応した漁場整備方策に関するガイドライン」を作成し，気候変動の影響下において現状の漁場を維持するための「保全策」と，気候変動への「適応策」の双方について検討することを示している（水産庁 2017c）．これは，気候変動に対して生態系サービスの供給を維持・増加させる取り組みである．気候変動による生態系の変化について，第3章で述べたブリを例にすると，分布域が北上し北海道で漁獲が増加したブリを，加工場などのインフラ環境の整った他県まで運搬して加工するか，北海道に新たに加工場を設けるかを検討する必要がある．これは，生態系サービスの需要面での適応といえる．一方で，海水温の変動が激しくなれば，移動性の高い回遊魚は急速にその漁獲が変化する可能性があり，漁業者や加工業，流通業の一時的な移動も含めて変動そのものに対応できるような仕組みの検討が必要である．

別の例であるコンブについては，本来の生息地よりも暖かい海域で養殖を行っている地域が多々ある．もちろん収穫物としての質の問題は残っているが，暖かい海域であっても，夏季の高水温を避ける手法や，幼体期の死亡率を下げたり，水温以外の負の要因を緩和するなど，成長に適した成育環境を整備することで，今後も北海道で産業を維持できる可能性はある．コンブより南方に分布しているが，コンブと同じく温暖化の影響を受けつつある徳島県のワカメ養殖においては，配偶体の培養手法など高水温に適応した養殖技術を独自に開発し，現場実装が始まっている．陸域では，すでにさまざまな適応策の取り組みがなされていて，主食である稲作では，気象条件や肥料の与え方による詳細なシミュレーションを実施して安定した生産を模索している．このような事例を

鑑み，養殖を行っている水産物は養殖方法や加工方法を気候にあわせて適切に変更するか，より気候にあった水産物へと変更することで，気候変動に適応できる可能性がある．

そのほかに，従来利用してきたものを代替の産物に置き換えることも検討する余地がある．特に地域の伝統食材などは，その地域の自然から得られたものを消費することで発生したものであるが，今後は人が移動するか，文化が移動するか，食材を変えるかといった選択を迫られることになる．似たような文化を維持するという観点では，代替食材がいかに普及するかが鍵である．

さらに，気候変動の影響は水産物だけにとどまらない．海岸が減少する可能性や，海岸防護の必要性にも影響する．このように，事情は個別の生物種ごと，また地域ごとに異なってくることから，緩和策の検討は全国一律にはできず，各地域で十分な議論が必要である．

4.3　　集水域から海辺までの統合沿岸管理

海辺の生態系で起こる主要な問題の根源は，人の活動に起因する陸域からの環境負荷によるところが大きい．第3章で紹介した海辺の生態系で生じているさまざまなコンフリクトの解消のためにも，陸と海のステークホルダーを統合した協議を行い，海と陸の関係を再構築することが重要となる．海辺の水質環境や景観構造は海辺だけで決まることはない．陸域の集水域での人間活動や陸水の流入に加え，外洋水の流入にも大きく左右される．沿岸統合管理による集水域単位での広域連携が必要であろう．

1つの自治体ベースの管理から，複数の自治体が協働した動き，例えば観光関連で近年浸透しつつあるDMO（Destination Management Organization）のような，「地域共生ネットワーク」を自然環境・生態系サービスの再生・創出のために組織し，活動することは有効な手段の1つとなろう．DMOは観光庁が支援する観光地域づくり政策の1つで，観光庁の説明では「日本版DMOは，地域の「稼ぐ力」を引き出すとともに，地域への誇りと愛着を醸成する「観光地経営」の視点に立った観光地域づくりの舵取り役として，多様な関係者と協同

しながら，明確なコンセプトに基づいた観光地域づくりを実現するための戦略を策定するとともに，戦略を着実に実施するための調整機能を備えた法人」と記載されている．言い換えると，地域の自然環境や文化・伝統，名所などの潜在的な観光資源としての価値を見出し，地域社会と協働で観光地づくりをする団体である．観光も文化サービスであり，地域の自然環境に関連した伝統知や文化も生態系サービスの需要の一側面である．地域外の人々を誘致する観光だけでなく，その地域に暮らす人々の営みにも目を向け，それらを統合した地域共生コミュニティをつくり，それを集水域全体に当てはめるのはどうだろうか．

観光をベースとした環境保全のための地域コミュニティの事例は，フランス・地中海に見ることができる．フランス南西部，リヨン湾に面した大湿地地帯にトー潟（Thau lagoon）と呼ばれる，約 7500 ha の海面面積を有する閉鎖的な海水湖がある（図 4.3；Hori et al. 2018）．トー潟はカキやムール貝の養殖で有名な湖で，その年間生産量は地中海で生産される養殖カキの 80％ を占めている．湖畔の中心都市であるセート市は観光都市であり，イタリアからの移民で町の歴史が始まったことも関係して，運河と街並みの美しさからフランスのベネチアと呼ばれている．そのため多くの観光客が訪れ，ボートやヨットなどのクルーズをはじめ，海水浴などのマリンレジャーも盛んである．この湖の集水域の 70％ は畑・牧草地であり，集水域の産業は水産業（カキ養殖と漁業），地域観光と海のレジャーを基軸に，農業（牧畜・ワイン・麦）と海運業（北アフリカ航路）で成り立つ地域社会が形成されている．この地に訪れる多くの観光客の目的は湖で収穫されるカキとリヨン湾の豊富なシーフードを楽しむことにあり，それによって集水域内でつくられる牛肉やチーズ，ワインや小麦も同時に地産地消されている．

ところが，この湖では観光業が発達して集水域内の人口が増加するにつれ，都市からの汚水・下水，農地・牧畜からの肥料・し尿が河川を介して流入することによって富栄養化と汚染が進み，カキ養殖をはじめとする水産業や観光業に大きな支障が出るようになった．カキ養殖の衰退や観光業の衰退は，これらの産業に直接携わる人々だけの問題ではなく，集水域全体にとって経済的に大きなマイナスになる．幸運にも，集水域で生活を営む多くの人々がそのことを共通の課題として認識した．そこで，集水域内の 14 の自治体（市と村の首長が

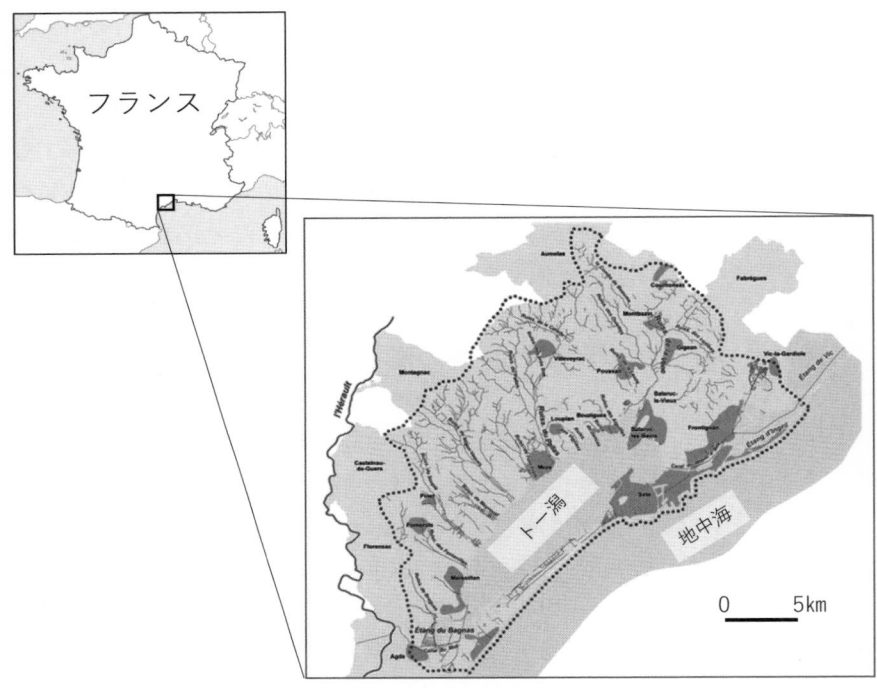

図 4.3　フランス南西部に位置するトー潟とその集水域（点線で囲われた部分）．
濃色部分は市街地および村落を示す．Hori et al.（2018）および Lagarde et al.（2018）を改変．

参加）や多くの企業，市民，地域の国立水産海洋研究機関が 2005 年にトー潟集
水域共同体（Syndicat Mixte du Bassin de Thau：SMBT）を結成し，トー潟
の恩恵を授かるステークホルダー全員で，集水域から湖に流入する水環境の共
同管理を実施するようになった．

　彼らは，共同体を次の 4 つの組織から構成した．総合的コーディネートを行
う①合同支援事務局，すべてのステークホルダーが参加する意思決定機関の②
地域会議，対策・行動の技術と投資の評価・管理を行う③技術委員会，将来計
画やコミュニティ間の調整を行う④戦略的計画委員会である．加えて研究・調
査・レストレーションなどの行動が必要になった場合は，その資金を負担し，
行動後に恩恵を受ける，あるいは行動に賛同する企業や民間団体が提供するフ

表 4.2 SMBT で実施されているいくつかの具体的活動例.
著者が SMBT で行ったヒアリング結果に基づく.

【日々の持続的な活動例】
・降雨後の集水域内での流水量とその流水範囲をシミュレーション等で解析，集水域内での各産業で利用可能量，湖への流入量の目安を推定・指導
・カキ養殖海域への汚染水の到達・拡散を予報して収穫日や出荷停止日を通達，海水浴やレジャー関係者へもウェブサイト上で汚染海域を提示
・水産研究機関と協働で大腸菌や水質モニタリングを毎日実施，その結果をリアルタイム表示
・農地での肥料使用量，カキ出荷施設の排水量，下水処理水の排水量などをその時期の天候・観光等活動量に応じて調節
【中・長期的な活動例】
・下水設備の普及・改良
・土地利用の調整
・新たな農畜産物・農作手法の開発・普及
・湖内の汚染被害対策

ァンディングの仕組みをつくった．集水域内の土地利用計画，観光推進，下水処理計画，水質モニタリング管理，水産廃棄物の管理などを介して，共同体は徹底して水質汚染とその影響波及を防止していった（表 4.2）．それにより湖の水質は改善されて再び観光客が増加していった．集水域で活動するすべての人々が湖の恩恵を授かるステークホルダーとして，持続的に生態系サービスを利用する地域社会共同体となったのである．

ただし，すべてが順調に進んでいるわけではない．近年は新たな問題として，水質管理の徹底による栄養塩の減少が懸念されている．つまり富栄養化から貧栄養化へシフトしたことにより，植物プランクトンの組成・一次生産量の変化が起こり，カキの餌が減少しているのである．また，温暖化によって夏季水温の上昇，貧酸素水塊の発生が深刻化し，養殖に大きな被害が出るようになっている．

これらの貧栄養化や海水温上昇は，日本でも起きている．瀬戸内海や東京湾など，特に日本国内の内海・内湾域では富栄養化時代に隆盛したカキ・ノリ養殖が立ちゆかなくなっている．また，第 3 章で述べた漁業への気候変動の影響も顕在化している．そのため，水産庁や水産研究機関では，近年はその対策に追われている．集水域の水環境の影響が強い沿岸域では，海域を利用する人々だけでなく，集水域内に暮らす人々にも間接的に海域に関与している自覚を共

有してもらう努力を行い，流域圏で一体となった管理を実施していく必要がある．このような流域圏での人間活動，陸域の生態系管理，海域の生態系管理の連携を「里水活動」と呼び，流域管理の実践を始めた地域も出てきている（小野寺ほか 2018）．

4.4　　ガバナンスの再構築：環境に配慮した生態系管理へ

生態系サービスを持続的に利用していくためには，その需要と供給の双方に配慮し，オーバーユースとアンダーユースを減らしていくためのガバナンスが必要となる．需要面のガバナンスとしては，漁獲制限，漁業権の設定やライセンス制の導入などの直接利用を制限する措置，あるいは利用する文化・習慣の導入や新しい利用技術などの利用を促進するための措置を実行し，生態系サービスを利用する量を調節することがあげられる．その一方，供給面へのガバナンスとしては，生態系の保全や再生，種苗放流や産卵場の保護など，自然資本を底上げすることが必要であろう．

生態系サービスへの需要と供給のいずれかで状況が変化すれば，ガバナンスにも変化が必要となる．近年の需要面では，漁業主体の海辺の利用が衰退してレジャー的利用の割合が増加傾向にあり，供給面では長年の利用による自然資本の減耗に加え，近年は気候変動によって自然資本の生態系の構造そのものが変化しつつある．生態系サービスの持続的利用を考える際，生態系サービスがオーバーユースになるか，アンダーユースになるか，その変化は需要側で決まることが多いため，まずは需要面でのガバナンスが鍵となろう．

漁業はその長い歴史の中で，需要と供給の双方に対するガバナンスが発達してきた．需要面では，水産庁による毎年の資源評価に基づく漁獲枠の取り決め，各都道府県での漁業調整規則に基づく漁業制限や漁獲量報告，あるいは漁業者による自主的な漁獲制限や禁漁区・禁漁期間などがあげられる．供給面では，藻場・干潟などの浅場再生，漁業対象種の種苗放流，漁場環境モニタリングなどがあげられよう．これらの取り組みがすべて順調に機能してきたわけではないが，国，都道府県，あるいは漁業者主体で重層的に取り組めるガバナンス構

造がすでにできあがっている．その一方，レジャーはその歴史が浅いがゆえに，漁業に比べるとガバナンスが希薄である．国際社会ではレジャーフィッシングやエコツアーなどに対するライセンス制はいまや普遍的であり，釣果や観察した動物種やそれらの個体数を報告する義務も課していることが多い．そうした情報が資源評価や自然資本の管理に有効であることは世界各国で示されている．日本でも新しいガバナンスの発達を期待したい．

　漁獲にかかわる事例を1つあげよう．近年の水産業界では，気候変動による持続的な食料生産への危機感も相まって，国際的な取り組みとして資源管理を徹底し，持続的な水産資源の確保に向けた動きが盛んになっている．特に，世界自然保護基金（WWF）において提言された IUU（Illegal, Unreported and Unregulated：違法，無報告，無規制）漁業の規制と取り締まりが議論されるようになった（WWF ジャパン 2017）．2017 年には，WWF が日本の水産物市場で IUU 漁業由来の水産物がどの程度含まれているか，そのリスクアセスメントを実施した．その結果，日本はリスクレベルが中～高レベルにあるという報告が公開された．水産資源は世界的に減少しており，その主な原因は「乱獲」にあるといわれている．その是非を明らかにするため，科学的根拠に基づいた実効性ある資源評価が求められている．そのためには，すべての水産物が適正に漁獲され，報告され，管理される必要がある．この論理に従えば，レジャーとしての遊漁も，適切な規制の下に釣獲物を報告すれば，資源管理に貢献できることになる．

　こう書くと，漁業のガバナンスはすでに十分機能しているように思えるかもしれないが，海辺の生態系サービスの近年の利用変化にあわせて，いくつか改善の余地がある．第1章で説明した近代化に伴う漁業権の変遷のように，近代までの海辺の利用は，農業用肥料のための採草藻活動を含め，生態系サービスの利用のほとんどが漁労活動であった．そのため，現在の海辺の自然資本と生態系サービスに対するガバナンスもいまだ漁業主体であり，漁業の管轄省庁である水産庁の政策が主体となっている（Makino et al. 2020）．これに国土交通省が管轄する港湾・航路に関するガバナンス，環境省が管轄する自然公園海域や閉鎖性海域に関するガバナンスが組み合わさった複合的なガバナンスが形成されている．しかしながら，繰り返し述べてきた通り，海辺の生態系サービスへ

の需要は漁業のみの状態からレジャーを含めた多面的な利用へとシフトしつつ
ある．漁業権でほぼ隙間なく守られているために，一般市民が海辺に気軽に近
づけない現状は，一般社会の海への関心をさらに薄めてしまう．加えて，専門
漁業とレジャー産業の間で新しいコンフリクトが生まれている．海辺を利用す
るすべてのステークホルダーが納得できるような，新しいガバナンスが必要と
されている．レジャーユースを含めた望ましい海域を創るためには，漁業のた
めの魚種を管理するのではなく，生態系全体を管理する広義の生態系管理を行
う必要がある．

4.5　　国際的組織と連携した地域管理

(1)　海域の広域評価と重要海域の特定

　海の管理は，地域による自発的な活動や国の政策のほかに，国際的な視野に
立った世界レベルでの取り組みの検討が行われている．特に，どの海域をどの
ように管理すべきかについては，広域スケールでの比較が必要である．そのた
めに，海域の重要性の評価の実施と，管理すべき海域の特定が行われている．
ここでは，海域の生態系の広域評価について，国際的な基準をもとに実施され
た事例を紹介する．
　海に関する広域的な課題を扱う国際組織は古くから多数ある．例えば水産分
野については，FAO の地域漁業管理機関があげられる．ここでは，マグロのよ
うな国をまたいで利用される水産資源の管理や調整が行われているが，ほとん
どは公海上を中心とする遠洋漁業が対象である．近年，国際的な水産資源管理
の機運が高まっているが，沿岸域の水産資源については各国独自の法が適用さ
れるため，あまり対象とされていない．また，地域漁業管理機関では水産資源
以外について議論されることは稀であるが，FAO では混獲による生態系への影
響の評価や，脆弱な海洋生態系（VME）という指標を作成し，2004 年に国連
総会に提案された公海での着底底びき網漁業禁止に対応した，重要な地域の特
定が行われている．ほかに，広域的な国際組織として，ユネスコ傘下にある政
府間海洋学委員会（IOC）があげられる．ここでは，地域の小委員会が設定さ

れており，日本周辺では西太平洋政府間地域小委員会（WESTPAC）という小委員会で，地域の研究協力や，沿岸生物多様性に関する研究活動の総括を行う部会もある．しかし，小委員会全体では海洋学的な沖合の広いスケールでの検討がより活発である．また，海事の分野としては国際海事機関を中心として国連海洋法条約による検討があげられ，海洋汚染，海底の鉱物資源や遺伝資源についての議論がある．

　これら1960年以前につくられた組織に加えて，近年では地球環境全体の持続性に関する総合的な取り組みがより幅広い関係者を交えて急速に進展する．本節ではここに焦点を当てたい．1992年に生物多様性条約（CBD）が採択されて以降，生態系や生物多様性に関する国際目標の設定とその目標の達成に向けた取り組みが進められている．この条約は，それ以前から存在した絶滅危惧種に限定したワシントン条約（1973年）や，湿地に限定したラムサール条約（1971年）による取り組みを補完する役割を担っている．特に，生物多様性の保全と持続可能な利用，公平な遺伝的資源の配分についての取り組みを進めるもので，2019年現在で194か国が加盟している．生物多様性条約の採択が行われた国連環境開発会議（地球サミット，リオデジャネイロ，1992年）では，気候変動枠組条約も同時に採択されている．それまでオゾン層の破壊への国際的な対応などに成果をあげた国連は，この地球サミットを契機に地球規模の環境問題への総合的な取り組みを始めてきた．

　海洋については，1995年の生物多様性条約第2回締約国会議での「海洋及び沿岸の生物多様性」に関する決定（Dicision II/10，通称「ジャカルタ・マンデート」）以降に取り組みが進んだ．この時からすでに，海洋保護区が海面全体の1%未満である点について，改善が必要であると指摘されていた．その後，2008年の第9回締約国会議では，海洋保護区選定に重要な根拠となる生物的生態学的重要海域（EBSA，以下「重要海域」）の7つの基準を採択している（Dicision IX/20，表4.3）．そして2010年に名古屋で開催された第10回締約国会議（COP10）においては，2020年までに海域の10%を効果的に管理された場所（海洋保護区）にすることを含む内容が戦略目標の1つとして採択されるにいたった．

　「重要海域」の選定は国際海洋生物多様性イニシアティブ（GOBI）が中心となった．まず，そのまま社会的な受け入れの可能性や管理方法を検討した海洋

表 4.3　「重要海域」の評価基準と日本の沿岸域で用いた指標の値.
環境省（2015）より作成.

基準	基準の指標	沿岸で用いた値の例
1. 唯一性，又は希少性		
	1a 固有種の分布海域	各分類群の固有種分布データ
	1b 種の唯一の生息地等	分布の北限，南限（ジュゴン・鰭脚類など）・分布限定種（大陸遺存種，鳥類など）
	1c 特異・希少な生態系	潟湖・カキ礁・星砂海岸・マングローブ
2. 種の生活史における重要性		
	2a 種の生活史に重要な場所	繁殖場・産卵域・鳥類の営巣地・中継地・越冬地
	2b 遺伝的多様性を維持するための連続性	（未評価）
3. 絶滅危惧種又は減少しつつある種の生育・生息地		
	3a 絶滅危惧種の生育・生息地	各分類群の絶滅危惧種の生息・生育地
4. 脆弱性，感受性又は低回復性		
	4a 低回復性の種・生態系	海鳥・ジュゴン・沿岸性鯨類・サメ類・冷水性サンゴ
	4b 脆弱性・感受性の高さ	礁湖・閉鎖性水域
5. 生物学的生産性		
	5a 栄養塩を起源とした生産性の高い場所	サンゴ礁・藻場
	5b 化学合成生態系	
6. 生物学的多様性		
	6a 種の多様性	全ての種の分布データ（「種の多様度期待種数（ES10)」にて解析）
7. 自然性		
	7a 人為改変・影響の少ない場所	生物情報：自然性の高いところにしか生息できない「自然度指標種」 物理環境：植生自然度・自然海岸・道路延長
8. 典型生・代表制（日本のみ）		
	8a 典型性・代表性（生物・生態系の情報）	重要湿地 500・国立国定総点検事業・天然記念物・Marine IBA など各種重要地域
	8b 典型性・代表性（物理環境）	主に沖合

保護区（MPA）ではなく，あくまで科学的取り組みであるとして,「重要海域」の基準による全球スケールでの海域評価が早急に進められることとなった．そのための地域ワークショップが開催され，各国が重要さの根拠となる論文をあげた地域を「重要海域」の基準で評価した表を作成した．その結果，日本の近

海では 15 か所以上の海域が「重要海域」として登録されている.

　この登録にあたっては，地域ワークショップの以前から，生物多様性条約事務局に「重要海域」を自薦する検討も含めて，国内の「重要海域」についての検討が環境省を中心に進められていた．日本の「重要海域」に関しては，領海と排他的経済水域（EEZ）を，沿岸，沖合表層，沖合海底の 3 つの領域に分けて，「重要海域」の基準に該当する指標や種を定めて，海域の選定を行っている．例えば沿岸域では，各分類群の固有種分布，特定種（魚類，カブトガニ，ウミガメなど）の産卵域や鳥類の営巣地，絶滅危惧種の生息・生育地，冷水性サンゴ（八放サンゴ類）の分布，サンゴ礁・藻場の分布，生息種数の期待値（ES10）などが「重要海域」の基準に該当する指標として用いられた．このほかに，もともとの「重要海域」の基準で選定されない，一般的・普通に見られる地域の代表となる海域も選ぶために，典型性という 8 つ目の基準が追加された（表 4.3）.

　また，「重要海域」を含めた生物多様性の広域評価を進めるための基礎資料となるデータベース構築も欠かせない．これには，国が過去に実施していた緑の国勢調査などのデータのほかに，2000 年前後から稼働している GBIF（地球規模生物多様性情報機構）や OBIS（海洋生物多様性情報システム）といった国際的なデータベースが活用された．国によってデータベース構築活動に濃淡はあるものの，日本における海洋データとしては，環境省・環境研究総合推進費を利用して取得されたデータ，海上保安庁のデータベースに収集されていた情報が J-OBIS を中心に収集されている．また，博物館の標本情報も国内のネットワークを通じて GBIF へ提供されているほか，環境省のしおかぜログなど新たな情報収集ツールも整備されつつある．世界全体では，OBIS で 5 億 7000 万件，GBIF で 10 億件（2018 年 8 月 1 日時点，藤倉・木村 2019）のデータが集まっている．近年は生物の出現情報以外にも「そこにはいない」という不在情報や，生息環境情報，生物の属性に関する情報が入力可能な新たなフォーマットも提供され，今後も OBIS/GBIF でのデータの情報の充実化とさらなる活用が期待されている.

　こうした，生物の分布データから広域な生息海域を推定し，「重要海域」の検討に役立てる際には，基盤となる海域の地図が陸域と比べて整備されていないことや，海流によって環境の変動が大きいこともしばしば課題になっていた.

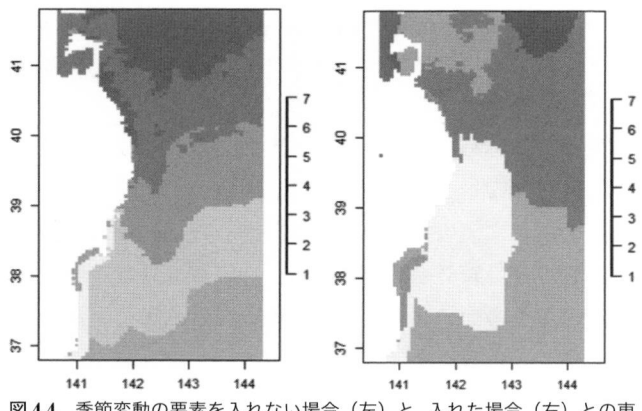

図 4.4　季節変動の要素を入れない場合（左）と，入れた場合（右）との東
北沖の海域環境のクラスター分類結果の違い．濃淡の違いは別のカ
テゴリーに分かれたことを意味する．

しかし近年の広域の生物分布の評価の機運の高まりとともに，評価に有効な地
理・環境データが整備され，「重要海域」の検討にも衛星データが用いられるよ
うになったほかに，基盤データそのものの解析から重要な海域の特定に関する
論文も出されるようになってきている．例えば，地形データや環境データだけ
で季節的な変動をクラスター解析することで，環境変動が大きい場所など，重
要な海域を特定する情報も提供されている（Zhao et al. 2020）．日本近海では，
このような生物情報を有さず，地理・環境データの解析のみで論文として報告
された例は稀である．しかし，例えば東北沖の環境情報を用いて著者が行った
検討例では，環境の変数に特定の季節のみを用いた場合と，各季節の変動する
環境要因を変数に入れて海域クラスター分析によって分類した．すると，季節
変動の要因を考慮することで，東北沖の海流の混合域の範囲を明確に区分して
抽出できている．通常は海洋環境の変化を理解するには，高度な流体のシミュ
レーションとその結果の解釈が必要で，陸上のように地図上の地形や気候帯を
区分することは稀である．しかし，こうした海域の区分を合理的に行うことが
できれば，基盤となる地図の情報からより単純で漁業者や一般にもわかりやす
い環境の区分を示すことができる可能性がある（図 4.4）．

(2) 日本の海洋保護区

　科学的に選定された「重要海域」を，実際に管理や規制を伴う保護区とするには，社会的な要素を考慮した調整が必要である．すでに述べたように，日本では歴史的に漁村単位で漁業に関する海辺の利用や範囲やその権利が決まっていた．こうした採捕を前提とした漁業管理，あるいは潮干狩りなど漁業と同様に採捕する場所や権利を設定するレジャーの管理と，天然記念物や国立公園の特別保護地区のような採集を許可しない厳格な保護区（No Take Area）とは相容れないため，保護区の拡大はしばしば漁業とのコンフリクトを警戒されてきた．しかし，国際的には生物多様性のための海洋保護区とは，採集禁止の区域だけを指すわけではなく，生態系が効果的に管理されている区域のことであり，その取りうる手段はさまざまである．実際に，保護区に関する日本政府の法的な枠組みとしては，環境省が管轄する国立公園や鳥獣保護区，林野庁が管轄する保護林・保安林，文化庁が管轄する天然保護区域，都道府県や市町村の緑地保全地区，水産庁の保護水面・漁業権や指定海域などがある．

　日本の海については，COP10 の行われた 2010 年の時点で，排他的経済水域（EEZ）と領海内で 8.3％が保護区であった（内閣府総合海洋政策本部 2011）．「重要海域」を評価した結果を反映し，保護区の面積を目標に近づけるべく，すでに行っている国立公園の拡張など沿岸域の検討だけでなく，本書の主な対象から外れるが，沖合での検討も現在進められている．2019 年には「自然環境保全法」が改正され，新たに「沖合海底自然環境保全地域」が導入された．これは，EEZ を含む沖合に適用できる海洋保護区の制度であり，主に海山，熱水噴出域および海溝などを対象に導入される．鉱物の採掘・探査や海底の動植物の捕獲などが規制対象となり，普通地区で届け出制，特別保護地区では許可制となる．前述の日本の「重要海域」についての検討会議の答申の中から，まず伊豆・小笠原海溝，西七島海嶺，マリアナ海溝北部，中マリアナ海嶺，西マリアナ海嶺北部について 2020 年 12 月 3 日に指定された．

　さて，上記の取り組みで 10％という目標自体は達成できそうであるが，先にあげた 8.3％という数字は現状追認型であり，EEZ に設定された沿岸水産資源開発促進法に基づく指定海域という広大な面積を含むほかに，漁業権の区域もそのまま含まれている（釣田・松田 2013；表 4.4，図 4.5）．WWF による漁業権や

表 4.4 日本における海洋保護区の種類と面積.
環境省資料より.

目的別	特定するエリア（根拠となる法律）	我が国の管轄権内の水域に対する面積の割合（%）*	指定保護面積（km²）	件数
我が国の海洋保護区		8.30	369000	
自然景観の保護	自然公園（自然公園法）	0.43	19115	70
自然環境又は生物の生息・生育場の保護等	自然環境保全地域（自然環境保全法）	0.01 未満	1	1
	鳥獣保護区（鳥獣保護管理法）	0.01	661	21
	生息地等保護区（種の保存法）	海域にはなし		
水産動植物の保護培養等	保護水面（水産資源保護法）	0.01 未満	28	52
	沿岸水産資源開発区域，指定海域（海洋水産資源開発促進法）	7.46	333616	31
	共同漁業権区域（漁業法）	1.95	87200	多数

*重複等があるためそれぞれの割合の合計値は8.3%にはならない.

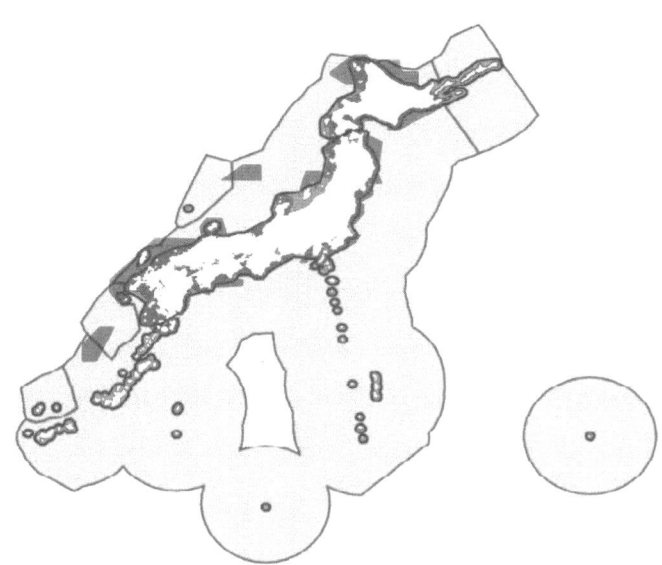

図 4.5 日本の海洋保護区の分布（2012 年時点）.
沖合の濃色は指定海域．その後，慶良間諸島国立公園，三陸復興国立公園，奄美群島国立公園，霧島錦江湾国立公園など沿岸域について拡張・新設され，沖合についても，沖合海底自然環境保全地域が 2020年 12 月 3 日に指定された．日本自然保護協会（2012）より引用.

指定海域を除いた報告では，残りの保護区では領海の0.11％にすぎず，水深10ｍより浅いところでも3.75％にすぎないとされている（前川・山本2009）．生物多様性条約における海洋保護区は海の生態系が効果的に管理された場所であればよく，生態系の持続的な利用を含めて，保護する対象や目的はさまざまであってかまわない．しかし，条約に冠された目的である，生物多様性の保護をすべての海洋保護区で実施すると仮定した場合には，漁業権区域や指定海域において，供給サービスとしての水産資源だけでなく，それを支える潜在的な自然資本である生態系全体に効果的な管理の推進も必要となるだろう．

　人間の生活に直結する海の多くは沿岸域にあり，漁業権も含めるとすでに何らかの規制と管理がかかっている．そのため，人間活動と生態系との関係についてこれまでの節で述べたように，利用のあり方が変化しつつある今こそ，何かしらの規制がある地域の管理をどう再調整するのかについて考える必要がある．つまり，漁業者に管理を協力してもらいながら，水産資源を支える潜在的な自然資本全体についての理解を深め，生態系保全を実践し，漁業以外の利用者を受け入れてともにより良い管理と利用ができる海域を増やしていくことである．日本ではCOP10以降に西表石垣国立公園や三陸復興国立公園の拡張や，鳥獣保護区の指定によるラムサール条約登録湿地の増加を行っている．これらの場所の一部は指定以前から続けられている漁業活動を地域の営みとして維持しており，中には前述のエコラベルを取得しているなど漁業者の活動を海洋保護区の活動の延長として位置づけることができる例もありそうである．

(3)　生物多様性を守る海洋保護区の管理とその効果

　国際的な枠組みと各国の努力によって，生物多様性に関する海洋保護区は着実に増加している．しかし，海洋保護区でどのような管理を行ったらよいのか，実施した管理について実際に効果が出ているのかどうかについての検証は簡単ではない．例えば，東日本大震災による原子力発電所の事故により，一時的に完全に漁業がストップした際は，禁漁の効果でタラなど一部の漁獲対象種が何倍にも増加したことは，すでに論文で示されている（白木原ほか2018）．その例でさえも，漁獲圧の違いや食物網の効果から，すべての魚種が増加したのではない．

　海洋保護区による生物多様性への効果を評価した事例は，データの充実して
いる魚を中心に発表されている．例えば2009年に発表された温帯域を対象とし
た研究では，海洋保護区（漁獲禁止のみ）とそれに隣接する漁獲がある地域を
比較した24の論文をメタ解析した（Stewart et al. 2009）．その結果，海洋保護
区では魚の密度，バイオマス，種多様性とも高く，さらに魚によってウニや貝
などの海藻食の生物が除去される効果で，海藻の密度も高まっていることを示
した．しかし，海洋保護区の定量的な効果を検証するためには，少なくとも37
の大きな海洋保護区が必要であり，海洋保護区を設置する際にその前後のモニ
タリングを統計的な設定の下に行う必要があると主張している．

　熱帯域では，サンゴ礁を中心に充実した魚のモニタリングデータがあり，87
か所もの海洋保護区の状態の比較が行われている (Edgar et al. 2014)．この論文
では海洋保護区の特性のうち，禁漁，管理の厳格さ，設置の古さ，広さ，人間
活動から離れていること，の5つの要素がどのように生物多様性を高める効果
があるのかを検討した．その結果，これら複数の要素が同時に満たされる場合
に生物量と種数が指数関数的に高まっており，1つだけの要素（例えば禁漁の
みの設定）だけでは効果が弱かった．実際には大部分の海洋保護区（59%）で
は1つまたは2つの重要な特徴しかもっておらず，海洋保護区でない他の漁場
と区別できないことがわかった．このことは，単に海洋保護区を設置するだけ
では効果が限定的であることを示している．

　ごく最近になると，海洋保護区の管理体制の情報（人材や資金，モニタリン
グ情報，管理計画など）と魚の多様性に関する変数についての情報の両方を収
集し，分析した例もある．カリブ海とオーストラリア東岸，地中海を中心に200
地点以上について情報収集した研究によれば，効果のバラツキはあるものの，
71%の海洋保護区で魚の個体数が増加する傾向があった（Gill et al. 2017）．ただ
し，多くの海洋保護区で人材と資金が不足しているため，「十分な投資なしの保
護区の拡大は，適切な保全活動の結果を導かない」としている．

　また国際自然保護連合（IUCN）では，海洋保護区のカテゴリーを統一した
基準で比較しようとする試みも行われている（Dudley 2008;表4.5）．例えば，研
究目的以外の人間の利用を完全に排除する場合，人間による活用を通じて保全
を行う場合，資源の持続的な利用を目的とする場合などの区分けが提示されて

表 4.5 IUCN による保護区のカテゴリー．Dudley (2008) より引用．

カテゴリー1	厳正保護地域 原生自然地域	学術研究もしくは原生自然の保護を主目的として管理される保護地域
カテゴリー2	国立公園	生態系の保護とレクリエーションを主目的として管理される地域
カテゴリー3	天然記念物	特別な自然現象の保護を主目的として管理される地域
カテゴリー4	種と生息地管理地域	管理を加えることによる保全を主目的として管理される地域
カテゴリー5	景観保護地域	景観の保護とレクリエーションを主目的として管理される地域
カテゴリー6	資源保護地域	自然の生態系の持続可能な利用を主目的として管理される地域

いるが，管理方法の違いを定量的に評価した例は稀である．

　そのほかに，近年では複数の指標を用いて組み合わせの最適化を行い，海洋保護区の優先順位を検討した例がある（山北 2017, Yamakita et al. 2017b）．また，海洋保護区以外の区域を効果的に組み合わせた面的な保全管理（Other Effective Area-based Conservation Measure：OECM）も重要視され始めている．陸域では景観要素のうち，生物の生息地ではなく移動するだけの区域（マトリックス）を適正に管理・評価することが従来から議論されている．同様な管理を海域で行うためには，従来の政府の政策などによる海洋保護区だけではない，地方自治体や地域の団体などさまざまなガバナンスによる総合的な検討を官民が一体となって行うことが求められている．

(4) 将来の社会の変化を考える

　近年，環境保全に関する取り組みを，将来の地球環境の悪化を食い止めるためにどのように生かすことができるのか検証するために，保全活動や政策の効果を気候変動予測や社会の変化の将来シナリオと組み合わせて評価しようという動きが進んでいる．

　2000 年の国連総会でのアナン国連事務総長による演説を契機に公表された「ミレニアム生態系アセスメント」は，定性的なシナリオによる生態系サービスの将来予測として有名である（小路ほか 2011, 吉田 2007, MA 2007）．ここでは，生態系サービスの要素である「供給」「調整」「文化」「基盤」のうち 24 項目の現状を評価し，さらに将来のシナリオによる変化も評価した．現状評価の結果，

24 項目のうち 4 項目（穀物，家畜，水産養殖，気候調節）のみが向上していたが，15 項目（漁獲，木質燃料，遺伝資源，淡水，災害制御など）が劣化していた．そのうえで，「世界協調」「地域別管理」「順応的モザイク」「テクノガーデン」の 4 つの将来シナリオの下で，これらの項目の定性的な将来予測を行っている．結果として，劣化を緩和できるものもあるが，そのためには将来シナリオに沿った社会の変革が必要であるとしている．

　近年では，IPCC においても共通社会経済経路（SSP）と呼ばれるシナリオが提示されている．ここでは，持続可能，中庸，地域分断，格差，化石燃料依存の 5 つの社会のあり方の要素に，気候変動シナリオを組み合わせて評価している．例えば，生物多様性条約の専門家助言機関である IPBES[5] の地球規模アセスメントでは，SSP と気候変動の組み合わせから複数の評価すべきシナリオを定義して検討結果を示している．その中で「地球の持続可能性シナリオ」では，生態系サービスと生物多様性について，いずれも大きく低下させない結果が得られている．しかし，「地域間競争シナリオ」と「経済楽観主義シナリオ」では，生態系サービスのうち物的寄与の持続可能性が地域によっては最大になるものの，生物多様性と調節的サービスが大きく減少し，それらの犠牲の上に生態系を利用することになる結果が得られた（IPBES 2019）．

　これまでの将来シナリオによる評価では，生態系サービスが向上するものはあっても，生物多様性が向上する結果はまだ得られていない．そこで IPBES では，シナリオとモデルに関する検討グループの中で，自然環境・生物多様性保全を明確な中心にすえた次世代シナリオづくり "Nature Future Scenario" の検討が進んでいる．

　日本においても，環境省が必要とする研究テーマ（行政ニーズ）に合致する研究開発のための競争的研究資金，環境研究総合推進費の枠組みで，S15：社会・生態システムの統合化による自然資本・生態系サービスの予測評価（通称：PANCES）が実施されている．この PANCES プロジェクトでは，将来の日本

---

5)　生物多様性及び生態系サービスに関する政府間科学‐政策プラットフォーム（Intergovernmental science-policy Platform on Biodiversity and Ecosystem Services：IPBES）．国連気候変動枠組条約（UNFCCC）に対する IPCC の役割と近い．

自然資本・コンパクト型社会　　**自然資本活用**　　自然資本・分散型社会

- 高い魚介類自給率（現状以上）と漁業資源の管理
- エコツーリズムなどの新規産業創出
- グリーン・インフラ、生態系を生かした防災・減災の拡大
- 洋上風力・潮流発電の開発

人口集中

- 養殖業拡大を踏まえた人口集積
- 都市近郊・適地での（無給餌）養殖増加・集中化
- 漁村における新規参入
- ボランティア、NPO等の目的志向のつながりの強化

- 零細漁獲漁業の維持
- 外国人労働者の増加
- 分散型の熱・エネルギー生産、利用
- 漁協を中心とした社会関係
- 地縁に基づく人々のつながりの強化

人口分散

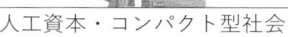

- 現状より低い魚介類自給率
- 遠洋漁業を中心とした漁業生産と給餌養殖が拡大した養殖生産
- 護岸化、港湾整備、砂流出の対策
- 従来産業中心の集落

人工資本・コンパクト型社会　　**人工資本活用**　　人工資本・分散型社会

図 4.6　4つのシナリオごとの特徴（要素とその設定条件）．
人口減少・高齢化、低成長を基調条件（今後確実に進展すると思われる事項）とし、人と自然をとりまく不確実性として、自然資本の活用、人口分布のシナリオを考えている．Saito et al. (2019)、山北ほか（2020）より作成．

社会をとりまく主要な不確実要因に基づくシナリオ軸（Saito et al. 2019）を作成している．この軸にあわせて、専門家らのブレインストーミングと合議によって沿岸域の生物多様性・生態系サービスの保全に関係する要素を選定し、海に関する将来の社会経済の変化から4つのシナリオを作成した（山北ほか 2020）．

　ここでは、シナリオの軸となる日本社会をとりまく主要な不確実要因について、人工資本の活用を推進するか、自然資本の活用をより推進するかという自然性に関する軸と、人口を集中させたコンパクト型社会を目指すか、地方に人口が分散した現状に近い社会を目指すのかという人口配置の軸を設けた．これらの軸の4つの象限について、シナリオに関する要素を図のように配置した（図4.6）．

　シナリオの主な要素として、まず人工資本活用シナリオでは、沿岸域での漁獲漁業の生産が減り、沿岸域の自然資本を利用しない海の食糧資源の移入・輸入が増加する（給餌養殖や沖合・遠洋の漁獲も沿岸域外としている）．コンパクト型シナリオでは、護岸やインフラの整備を都市近郊に限定する．自然資本活用シナリオは、文化的サービスとしてエコツーリズムなどの新規産業を促進す

るなどの要素が配置されている．このようなシナリオ分析は IPBES でも前例が
なかったため，IPBES のシナリオについてのアセスメントで先行事例として情
報共有されている．現在，PANCES プロジェクトではこのシナリオと対応させ
た予測や対応する政策の検討を進めているところである．

4.6　　現在・将来に向けた取り組みのまとめ：むすびにかえて

　人々の多くが豊饒の海の恵みに多くを頼った文化は，縄文時代に端を発し，
稲作が国家の中心となってからも現在まで連綿と持続されてきた．本書では，
その長い歴史の間に，人口の増大や工業化・情報化など人間社会の進展ととも
に顕在化してきた諸問題とその解決に向けた取り組みを取り上げた．なかでも，
現在の沿岸域が抱える最大の問題は，人と海辺の生態系とのかかわりの欠如で
ある．

　この欠如は，中央集権国家の発達とそれに連動した経済優先のガバナンスの
拡大により，弥生時代から徐々に蓄積されてきた負の遺産である．米を主体と
する経済活動によって，海辺の人の営みと都市の人の営みが乖離していくこと
になった．産業としての漁業の拡大とともに，海はますます一部の人たちだけ
がその恵みを利用する体制とガバナンスが構築されていった．それでも，食文
化や潮干狩り，祭りや神事などを通じ，海辺に暮らす人々によって，細く，し
かし確実に海との絆は継承されてきた．現在，その細い絆すら失われようとし
ている．一時的なマリンレジャー産業の繁栄があったものの，少子化やレジャ
ーの多様化，情報化とともに自然の恵みに親しむ機会は減少の一途をたどって
おり，海辺に親しむ機会が減少した．身近な海は護岸や港によって管理され，
都市域では水質は悪化し，人々が容易に海辺に近づけない事態がその減少に拍
車をかけている．

　最近は「経験の消失」という用語が広まりつつある（Pyle 1978, Soga and
Gaston 2016, 飯田ほか 2020）．自然と接する機会が減って「自然離れ」が進むこ
とにより，人の営みの質が下がるだけではなく，自然に対する関心と保全につ
いての意識までもが低下していることを示すものである．こうした無関心は，

家族や友人関係を経て子へと引き継がれる悪循環を生み出す．経験の消失が起きている状況下では，海の自然資本が生み出す多様な恩恵の価値を次世代に引き継げないだけではなく，これまで紡いできた食文化など，海辺の利用に関する伝統知が失われていくことが危惧される．このままでは漁業者ですら海辺の生態系への関心を失い，海辺の自然資本へのガバナンスを欠いた社会へと向かっていくかもしれない．幸いにして，第4章にあげた取り組みの事例では，地域活動・漁業者から国際機関・中央官庁までさまざまな立場の人々が，海とともに生きることに喜びを感じ，熱意をもって人と海辺の生態系との関係の再構築を進めている．著者らは，ここに希望の兆しを見出すことができる．

　私たちの次の世代はどのように海との関係を創っていくのだろうか．著者らが前節で例にあげた4つの将来シナリオは今後の選択肢の1つにすぎないが，シナリオを構成する要素は現時点で実現可能なオプションである．その要素をどう組み合わせるかは，それぞれの地域社会を構成するステークホルダーの構造によって異なるだろう．だが分散型社会を例にとれば，地域社会のつながりが一定の割合で維持されることで，古来から紡いできた漁業と農・林業，野生生物管理を一体的にとらえた，地域共生・循環型の社会が構築できるのかもしれない．また人工資本型の社会であれば，養殖技術や遠洋漁業，輸入に強く依存した食料生産に特化することで，沿岸の資源への経済的依存度は下がり，海辺の生態系は身近に親しむ場所になるかもしれない．ノリやカキなど，ある程度の栄養塩を必要とする無給餌型養殖であれば，都市近郊で人とのかかわりをもって維持できる資源となるだろう．いずれのシナリオであっても，要素の組み合わせ方しだいで，海とのよりよいつき合い方を実現することはできるはずだ．

　海と陸の相互作用という観点から，「陸は海にできることがたくさんあるが，海が陸にできることがあるだろうか」と聞かれたことがある．その物質的・経済的な価値を超越した，いにしえの妙味を実体験でもって人々に伝え，関心を高めることで，海とかかわる機会を増やすだけではなく，私たち自身の満足度を倍加させることができるはずである．本書で記した歴史の息遣い，それを好事例や反面教師として顧みるだけではなく，私たち自身の海の受けとめ方を培うものとして，これからのかかわりを模索するためのきっかけになれば幸いである．

参 考 文 献

Angel MV (1993) Biodiversity of the pelagic ocean. Conservation Biology 7: 760-772.

Bengtsson J, Angelstam P, Elmqvist T et al. (2003) Reserves, resilience and dynamic landscapes. AMBIO: A Journal of the Human Environment 32(6): 389-396.

Bologna PAX, Heck KL (2000) Impacts of seagrass habitat architecture on bivalve settlement. Estuaries 23: 449-457.

Drew KM (1949) Conchocelis-phase in the life history of *Porphyra umbilicalis* (L) Kutz. Nature 164: 748-751.

Dudley, N (ed.) (2008) Guidelines for Applying Protected Area Management Categories. Gland, Switzerland: IUCN.

Dudley N, Stolton S (2008) Defining protected areas: An international conference in Almeria, Spain. IUCN Gland.

Edgar GJ, Stuart-Smith RD, Willis TJ et al. (2014) Global conservation outcomes depend on marine protected areas with five key features. Nature 506(7487): 216-220.

Estes JA, Burdin A, Doak DF (2016) Sea otters, kelp forests, and the extinction of Steller's sea cow. PNAS 113(4): 880-885

Ferretti F, Jorgensen S, Chapple TK et al. (2015) Reconciling predator conservation with public safety. Frontiers in Ecology and Environment 13: 412-417.

Franklin JF (1993) Preserving biodiversity: Species, ecosystems, or landscapes? Ecological Applications 3: 202-205.

Gill DA, Mascia MB, Ahmadia GN et al. (2017) Capacity shortfalls hinder the performance of marine protected areas globally. Nature 543(7647): 665-669.

Gray JS (1997) Marine biodiversity: Patterns, threats and conservation needs. Biodiversity and Conservation 6: 153-175.

Green EP, Short FT (2003) World Atlas of Seagrasses. UNEP-WCMC.

Grubbs RD, Carlson JK, Romine JG et al. (2016) Critical assessment and ramification of a purported marine trophic cascade. Scientific Reports 6: 20970.

Hano T, Ohkubo N, Ito M et al. (2017) Comparative toxicity of seven neonicotinoid insecticides and their two metabolites to juveniles of the marine crustacean kuruma prawn (*Marsuenaeus japonicas*). Japanese Journal of Environmental Toxicology 20: 35-48.

Heck Jr. KL, Valentine JF (2006) Plant-herbivore interactions in seagrass meadows. Journal of Experimental Marine Biology and Ecology 330(1): 420-436.

Hewitt CL, Campbell ML, McEnnulty F et al. (2005) Efficacy of physical removal of a marine pest: The introduced kelp Undaria pinnatifida in a Tasmanian Marine Reserve. Biological Invasions 7: 251-263.

Hoegh-Guldberg O, Caldeira K, Chopin T et al. (2019) The ocean as a solution to climate change: Five opportunities for Action. Report. Washington, DC: World Resources Institute.

Hori M, Noda T (2007) Avian predation on wild and cultured sea urchin *Strongylocentrotus intermedius* in a rocky shore habitat. Fisheries Science 73: 303-313.

Hori M, Hamaoka H, Hirota M et al. (2018) Application of the coastal ecosystem complex concept toward integrated management for sustainable coastal fisheries under oligotrophication. Fisheries Science 84: 283-292.

Hovel KA, Regan HM (2008) Using an individual-based model to examine the roles of habitat fragmentation and behavior on predator-prey relationships in seagrass landscapes. Landscape Ecology 23(1): 75-89.

Kawahata H, Matsuoka M, Togami A et al. (2017) Climatic change and its influence on human society in western Japan during the Holocene. Ouaternary International 440 A: 102-117.

Kritzer JP, Sale PF (2006) Marine Metapopulations. Academic Press.

Kubo T, Uryu S, Yamano H, et al. (2020) Mobile phone network data reveal nationwide economic value of coastal tourism under climate change. Tourism Management 77: 104010.

Kuwae T, Hori M (2019) Blue carbon in shallow coastal ecosystems: Carbon dynamics, policy and implementation. Springer.

Lagarde F, Richard M, Bec B et al. (2018) Trophic environments influence size at metamorphosis and recruitment performance of Pacific oysters. Marine Ecology Progress Series 602: 135-153.

Luo JG, Serafy JE, Sponaugle S et al. (2009) Movement of gray snapper Lutjanus griseus among subtropical seagrass, mangrove, and coral reef habitats. Marine Ecology Progress Series 380: 255-269.

Makino M, Hori M, Nanami A et al. (2020) Mapping the policy interventions on marine social-ecological systems: Case study of Sekisei Lagoon, southwest Japan. In: Saito O, Subramanian SM, Hashimoto S, Takeuchi K (eds) Managing Socio-ecological Production Landscapes and Seascapes for Sustainable Communities in Asia: Mapping and Navigating Stakeholders, Policy and Action. Springer open. 11-30.

Miyake Y, Kimura S, Kawamura T et al. (2009) Simulating larval dispersal processes for abalone using a coupled particle-tracking and hydrodynamic model: Implications for refugium design. Marine Ecology Progress Series 387: 205-222.

Nakamura Y, Sano M (2004) Comparison between community structures of fishes in *Enhalus acoroides*- and *Thalassia hemprichii*- dominated seagrass beds on fringing coral reefs in the Ryukyu Islands, Japan. Ichthyological Research 51: 38-45.

Orth RJ, Carruthers TJB, Dennison WC et al. (2006) A global crisis for seagrass ecosystems. BioScience 56: 987-996.

Pauly D, Cheung WWL (2018) Sound physiological knowledge and principles in modeling shrinking of fishes under climate change. Global Change Biology 24: 15-26.

Polis GA, Winemiller KO (eds.) (1996) Food Webs. Springer US.

Power ME, Parker MS, Wootton JT (1996) Disterbance and Food Chain Length in Rivers. In: Polis GA, Winemiller KO (eds) Food Webs. Springer US. 286-297.

Pyle RM (1978) The extinction of experience. Horticulture 56: 64-67.

Redman CL, Grove JM, Kuby LH (2004) Integrating social science into the Long Term Ecological Research (LTER) network: Social dimensions of ecological change and ecological dimensions of social change. Ecosystems 7: 161-171.

Saito O, Hashimoto S, Managi S et al. (2019) Future scenarios for socio-ecological production landscape and seascape. Sustainability Science 14(1): 1-4.

Soga M, Gaston KJ (2016) Extinction of experience: The loss of human-nature interactions. Frontiers in Ecology and the Environment 14: 94-101.

Steneck R, Graham MH, Bourque BJ et al. (2002) Kelp forest ecosystems: Biodiversity, stability, resilence and future. Environmental Conservation 29: 436-459.

Stewart GB, Kaiser MJ, Côté IM (2009) Temperate marine reserves: Global ecological effects and guidelines for future networks. Conservation Letters 2(6): 243-253.

Sudo K, Watanabe K, Yotsukura N et al. (2020) Predictions of kelp distribution shifts along the northern coast of Japan. Ecological Research 35: 47-60.

TEEB (2010) The economics of ecosystems and biodiversity: The ecological and economic foundations. Earthscan (日本語訳：生態系と生物多様性の経済学：生態学と経済学の基礎).

Ueno Y, Hori M, Noda T et al. (2006) Effects of material inputs by the Grey Heron *Ardea cinerea* on forest-floor necrophagous insects and understory plants in the breeding colony. Ornithological Science 5(2): 199-209.

UC Davis, Coastal and marine science institute: White abalone recovery program. https://marinescience.ucdavis.edu/research-programs/conservation/saving-white-abalone/overview (2020 年 12 月 5 日確認)

Yamakita T, Miyashita T (2014) Landscape mosaicness in the ocean: Its significance for biodiversity patterns in benthic organisms and fish. Integrative Observations and Assessments of Asian Biodiversity: 131-148.

Yamakita T, Matsuoka Y, Iwasaki S (2017a) Impact of the 2011 Tohoku Earthquake on the use of tidal flats. Journal of Environmental Information Science 2017(1): 25-36.

Yamakita T, Sudo K, Jintsu-Uchifune Y et al. (2017b) Identification of important marine areas using ecologically or biologically significant areas (EBSAs) criteria in the East to Southeast Asia region and comparison with existing registered areas for the purpose of conservation. Marine Policy 81: 273-284.

Yoshida M, Hamano Y (2015) Pangea breakup and northward drift of the Indian subcontinent reproduced by a numerical model of mantle convection. Scientific Reports 5: 8407.

Zhao Q, Basher Z, Costello MJ (2020) Mapping near surface global marine ecosystems through cluster analysis of environmental data. Ecological Research 35(2): 327-342.

IPBES (2019) 生物多様性と生態系サービスに関する地球規模評価報告書　政策決定者向け要約（抄訳）

秋山吉寛, 井芹絵里奈, 岡田知也 (2015) 沿岸域の環境デザインに向けた魚類の類型. 土木学会論文集B2（海岸工学）71(2)：I_1495-I_1500.

秋山吉寛, 黒岩　寛, 山内都江ほか (2017) 神社と関連する海の精神的恩恵の定量評価に関する検討. 沿岸域学会誌 30(3)：91-102.

飯田晶子・曽我昌史・土屋一彬 (2020) シリーズ人と生態系のダイナミクス　3：都市生態系の歴史と未来. 朝倉書店.

泉　拓良, 今村啓爾（編）(2013) 講座日本の考古学　第 3 巻：縄文時代〈上〉. 青木書店.

泉　拓良, 今村啓爾（編）(2014) 講座日本の考古学　第 4 巻：縄文時代〈下〉. 青木書店.

稲田孝司, 佐藤宏之（編）(2010a) 講座日本の考古学　第 1 巻：旧石器時代〈上〉. 青木書店.

稲田孝司, 佐藤宏之（編）(2010b) 講座日本の考古学　第 2 巻：旧石器時代〈下〉. 青木書店.

井上正昭 (1969) アワビの種苗生産と放流. 水産増殖 16：295-307.

入江貴博 (2010) 温度-サイズ則の適応的意義. 日本生態学会誌 60：169-181.

宇野木早苗 (2010) 流系の科学―山・川・海を貫く水の振る舞い―. 築地書館.

浦安自然まるごと探検隊 (2014) 新浦安から伝える東京湾の海辺「三番瀬」. 浦安出版会.

浦安市郷土博物館（編）(2001) 浦安市郷土博物館 常設展示解説書. 浦安市.

浦安市郷土博物館（編）(2017) 調査報告第 10 集：浦安の烏賊網漁. 浦安市郷土博物館.

愛媛県史編さん委員会（編）(1984) 愛媛県史　古代 II ・中世. 愛媛県.

大越健嗣（2012）アサリ輸入が生物多様性に与える影響．季刊 Ebucheb 44：2-5.

大場俊雄（2004）ベルソーブックス　002：あわび文化と日本人．成山堂書店.

沖浦和光（1998）瀬戸内の民俗誌―海民史の深層をたずねて―．岩波新書.

小口千明（1985）日本における海水浴の受容と明治期の海水浴．人文地理 37(3)：26-32.

小口千明（1986）潮湯の偏在性に関する地理学的予察．城西人文研究（13）：57-74.

小倉紀雄（編）（1993）東京湾―100 年の環境変遷―．恒星社厚生閣.

小野寺真一，齋藤光代，北岡豪一（2018）瀬戸内海流域の水環境―里水―．吉備人出版.

河井智康（2001）日本人とさかなの出会い―縄文遺跡に見る源流―．角川選書.

神奈川県アワビ資源回復計画（2006）神奈川県三浦半島地区アワビ資源回復計画．https://www.jfa.maff.go.jp/j/suisin/s_keikaku/pdf/kanagawa_awabi.pdf（2020 年 12 月 5 日確認）

神奈川県環境農政局農政部水産課（2018）神奈川県三浦半島地区アワビ資源回復計画．http://www.pref.kanagawa.jp/docs/kb2/cnt/f790/p8872.html（2020 年 12 月 5 日確認）

環境省（1979）図で見る環境白書　1979.

環境省（2010）第 2 回サンゴ礁保全行動計画策定会議（参考資料）観光・レクリエーションの提供にかかる経済価値試算．http://www.env.go.jp/nature/biodic/coralreefs/pdf/project/development/210312_ref02.pdf（2021 年 2 月 1 日確認）

環境省自然環境局自然環境計画課（2015）生物多様性の観点から重要度の高い海域．http://www.env.go.jp/nature/biodic/kaiyo-hozen/kaiiki/index.html（2021 年 2 月 17 日確認）

気象庁（2020）海面水温の長期変化傾向（関東の南）．http://www.data.jma.go.jp/kaiyou/data/shindan/a_1/japan_warm/cfig/warm_area.html?area=M（2020 年 12 月 5 日確認）

鬼頭　宏（2007）人口で見る日本史．PHP 研究所.

國木孝治（2014）我が国における潮湯治から海水浴への変化過程に関する歴史的研究．学位論文 広島大学.

久保牛彦（1985）新房総風土記．うらべ書房.

栗原　康（編著）（1988）河口・沿岸域の生態とエコテクノロジー．東海大学出版会.

桑原伸司（2019）マリン・エコラベル・ジャパン認証について．日本水産資源保護協会季報 令和元年号：3-7.

河内香織（2014）森林―河川―沿岸海域のつながり―粗粒有機物や栄養塩の移動と水生生物との関係―．日本生態学会誌 64：119-131.

国土技術政策総合研究所沿岸海洋研究部（編）（2011）第 11 回 東京湾シンポジウム 報告書．国土技術政策総合研究所沿岸海洋研究部.

国土交通省観光庁観光資源課（2019）ビーチの観光資源としての活性化に向けたナレッジ集．https://www.mlit.go.jp/common/001279559.pdf（2021 年 2 月 1 日確認）

児玉圭太，山川　卓，青木一郎ほか（2003）東京湾産シャコの最小成熟体長の低下と，飼育下における複数回産卵．神奈川県水産総合研究所研究報告 8：77-79.

五嶋聖治（2003）ベントス生態学と水産のかかわり．「海洋ベントスの生態学」（和田恵次 編）．東海大学出版会.

小宮　孟，鈴木公雄（1977）貝塚産魚類の体長組成復元における標本採集法の影響について―特にクロダイ体長組成について―．第四紀研究 16(2)：71-75.

酒詰仲男（1961）日本縄文石器時代食料総説．土曜会.

佐藤和彦（監修）（1994）調べ学習にやくだつくらしの歴史図鑑　5：農業・漁業の歴史．ポプラ社.

The Millennium Ecosystem Assessment（MA）（編）横浜国立大学 21 世紀 COE 翻訳委員会（責任翻訳）（2007）生態系サービスと人類の将来―国連ミレニアムエコシステム評価―．オーム社.

三番瀬再生計画検討会議 (2004) 三番瀬再生計画案. 三番瀬再生計画検討会議事務局.

塩 照夫 (1993) 昆布を運んだ北前船―昆布食文化と薬売りのロマン―. 北国新聞社.

下茂 繁, 秋本 泰, 高浜 洋 (2004) 海生生物の水質環境耐性について:総説. 海生研研報 6:1-159.

小路 淳 (2009) ベルソーブックス 032:藻場とさかな―魚類生産学入門―. 成山堂書店.

小路 淳, 堀 正和, 山下 洋 (編) (2011) 水産学シリーズ 169:浅海域の生態系サービス―海の恵みと持続的利用―. 恒星社厚生閣.

白木原国雄, 雁部総明, 佐伯光広ほか (2018) 東日本大震災特集論文 宮城県沿岸海域における水産動物資源密度の東日本大震災前後の変化―定置網漁獲統計からの評価―. 国際沿岸海洋研究センター研究報告 36:131-137.

水産研究・教育機構 (2019) 水産庁平成30年度漁場環境改善推進事業「栄養塩の水産資源に及ぼす影響の調査」報告書. 水産研究・教育機構瀬戸内海区水産研究所.

水産研究・教育機構 (2020) クロマグロ養殖最前線. FRANEWS 62号.

水産研究・教育機構北海道区水産研究所ウェブサイト. さけます情報ふ化放流事業の歴史.
　　http://salmon.fra.affrc.go.jp/zousyoku/enkaku.html (2020年12月5日確認)

水産総合研究センター (2009) 我が国における総合的な水産資源・漁業の管理のあり方.
　　https://www.fra.affrc.go.jp/kseika/GDesign_FRM/GDesign.html (2020年12月5日確認)

水産総合研究センター (2012) ニホンウナギの資源状態について.
　　http://www.fra.affrc.go.jp/unagi/unagi_shigen.pdf (2020年12月5日確認)

水産多面的機能発揮対策情報サイト ひとうみ.jp.
　　https://www.hitoumi.jp/ (2020年6月15日確認)

水産庁 (2006) 藻場を守る漁業者の活動―保全活動等に関するアンケート調査.
　　https://www.jfa.maff.go.jp/j/kikaku/tamenteki/kaisetu/moba/moba_katudou/ (2020年6月15日確認)

水産庁 (2008) 平成19年度水産白書 第I章 特集:伝えよう漁食文化, 見つめ直そう豊かな海.
　　https://www.jfa.maff.go.jp/j/kikaku/wpaper/h19/index.html (2020年12月5日確認)

水産庁 (2010) 平成21年度水産白書 第I章 特集:これからの漁業・漁村に求められるもの.
　　https://www.jfa.maff.go.jp/j/kikaku/wpaper/h21/index.html (2020年12月5日確認)

水産庁 (2015a) 改訂 磯焼け対策ガイドライン.
　　https://www.jfa.maff.go.jp/j/gyoko_gyozyo/g_hourei/pdf/isoyake1.pdf (2020年12月5日確認)

水産庁 (2015b) 水産生物の生活史を考慮した効果的な漁場環境の形成に係るガイドライン.
　　https://www.jfa.maff.go.jp/j/gyoko_gyozyo/g_hourei/pdf/seikatsushi.pdf(2020年12月5日確認)

水産庁 (2016) サメ類の保護・管理のための日本の国内行動計画.
　　https://www.jfa.maff.go.jp/j/koho/bunyabetsu/pdf/samerui_keikaku160315_a.pdf (2020年12月5日確認)

水産庁 (2017a) 平成29年度水産白書.
　　https://www.jfa.maff.go.jp/j/kikaku/wpaper/h29_h/trend/1/t1_1_1.html(2020年12月5日確認)

水産庁 (2017b) 平成29年度水産白書.
　　https://www.jfa.maff.go.jp/j/kikaku/wpaper/h29_h/trend/1/t1_2_2_1.html (2020年12月5日確認)

水産庁 (2017c) 気候変動に対応した漁場整備方策に関するガイドライン.
　　https://www.jfa.maff.go.jp/j/gyoko_gyozyo/g_hourei/attach/pdf/index-42.pdf(2020年12月5日確認)

水産庁 (2019) 平成29年における国内のクロマグロ養殖実績について.
　　https://www.jfa.maff.go.jp/j/press/saibai/180330.html (2020年12月5日確認)

水産庁 (2020) 水産エコラベルをめぐる状況について.

https://www.jfa.maff.go.jp/j/kikaku/budget/attach/pdf/suishin-14.pd（2020 年 12 月 5 日確認）
水産庁ウェブサイト．水産業・漁村の多面的機能．
　　https://www.jfa.maff.go.jp/j/kikaku/tamenteki/index.html（2020 年 12 月 5 日確認）
水産庁（2017a）平成 29 年度水産白書．
　　https://www.jfa.maff.go.jp/j/kikaku/wpaper/h29_h/trend/1/t1_1_1.html（2020 年 12 月 5 日確認）
水産庁（2017b）平成 29 年度水産白書．
　　https://www.jfa.maff.go.jp/j/kikaku/wpaper/h29_h/trend/1/t1_2_2_1.html（2020 年 12 月 5 日確認）
水産庁（2017c）気候変動に対応した漁場整備方策に関するガイドライン．
　　https://www.jfa.maff.go.jp/j/gyoko_gyozyo/g_hourei/attach/pdf/index-42.pdf（2020 年 12 月 5 日確認）
水産庁ウェブサイト．藻場を守る漁業者の活動．
　　https://www.jfa.maff.go.jp/j/kikaku/tamenteki/kaisetu/moba/moba_katudou（2020 年 12 月 5 日確認）
水産庁漁港漁場整備部 林野庁森林整備部 国土交通省河川局（2004）平成 15 年度国土総合開発事業調整費 森・川・海のつながりを重視した豊かな漁場海域環境創出方策検討調査報告書．
杉浦敬次（2007）東国漁業の夜明けと紀州海民の活躍．セイコー社．
瀬川拓郎（2016）アイヌと縄文．筑摩書房．
全国海苔貝類漁業協同組合連合会（2020）海苔―海苔の知識―．
　　http://www.zennori.or.jp/day.html（2020 年 12 月 5 日確認）
田島良博（2011）東京湾におけるシャコ資源の現状と課題．黒潮の資源海洋研究 12：47-52.
多田邦尚，藤原宗弘，本城凡夫（2010）瀬戸内海の水質環境とノリ養殖．BUNSEKI KAGAKU　59：945-955
館山市立博物館（2010）特別展図録／館山湾の洞窟遺跡．館山市立博物館．
田中寿臣，斎藤真美（2008）駿河湾で漁獲されたサクラエビの小型成熟個体．静岡県水産技術研究所研究報告 43：51-59.
田辺　悟（1998）近世日本蜑人伝統の研究．慶友社．
田辺　悟（2014）ものと人間の文化史　164：磯．法政大学出版局．
谷口和也（1996）牡鹿半島沿岸における漸深帯海藻群落の一次遷移．Nippon Suisan Gakkaishi 62：765-771.
WWF ジャパン（2017）IUU 漁業について．
　　https://www.wwf.or.jp/activities/basicinfo/282.html（2020 年 6 月 15 日確認）
WWF ジャパン（2018）海洋プラスチック問題について．
　　https://www.wwf.or.jp/activities/basicinfo/3776.html（2020 年 6 月 15 日確認）
堤　　隆（2009）遺跡を学ぶ　別冊 02：ビジュアル版 旧石器時代ガイドブック．新泉社．
釣田いずみ，松田　治（2013）日本の海洋保護区制度の特徴と課題．沿岸域学会誌 26(3)：93-104.
出口晶子（2001）ものと人間の文化史　98：丸木舟．法政大学出版局．
寺岡篤志（2017）ニシン枯渇から学ばぬ日本の漁業．日経ビジネス．
　　https://business.nikkei.com/atcl/report/16/082400157/082400002（2020 年 12 月 5 日確認）
戸部民夫（1997）八百万の神々―日本の神霊たちのプロフィール―（Truth In Fantasy）．新紀元社．
富塚朋子，宮田昌彦（2011）木簡に記述された海藻―7 世紀～8 世紀における海藻利用―．藻類 The Japanese Journal of Phycology (Sôrui) 59：145-153.
富永　修，髙井則之（編）（2008）水産学シリーズ　159：安定同位体スコープで覗く海洋生物の生態 アサリからクジラまで．恒星社厚生閣．
内閣府ウェブサイト．我が国水産業の現状と課題．

https://www8.cao.go.jp/kisei-kaikaku/suishin/meeting/wg/suisan/20170920/170920suisan01-1.pdf（2020 年 6 月 15 日確認）

内閣府総合海洋政策本部（2011）総合海洋政策本部会合（第 8 回）議事次第 平成 23 年 5 月 27 日.https://www.kantei.go.jp/jp/singi/kaiyou/dai8/8gijisidai.html（2021 年 2 月 17 日確認）

長尾折三（1910）日本転地療養誌. 吐鳳堂.

中谷礼仁, 庄子幸佑, 堀井隆秀ほか（2014）平安期文献『和名類聚抄』記載郷名の現在比定地を用いた〈千年村〉抽出方法に関する研究. 2014 年度日本建築学会大会（近畿）学術講演会・建築デザイン発表会 2014：119-120.

中西　聡（1998）近世・近代日本の市場構造―「松前鯡」肥料取引の研究―. 東京大学出版会.

中野　繁（2003）川と森の生態学―中野繁論文集―. 北海道大学図書刊行会.

奈良文化財研究所（2017）遺跡データベース.http://mokuren.nabunken.go.jp/Iseki/（2017 年 10 月 28 日確認）

奈良文化財研究所（2019）木簡庫（木簡データベース）.https://mokkanko.nabunken.go.jp/ja/（2019 年 5 月 1 日確認）

西野雅人（1999）縄文中期の大型貝塚と生産活動―有吉北貝塚の分析結果―. 研究紀要 11：135-150. 千葉県文化財センター.

西野雅人（2009）イボキサゴ―大型貝塚を形成した小さな貝―. 研究連絡誌 70：1-8. 財団法人千葉県教育振興財団.

西本昌司（2006）地球の始まりからダイジェスト―地球の仕組みと生命進化の 46 億年―. 合同出版.

西本豊弘, 新美倫子（編）（2010）事典 人と動物の考古学. 吉川弘文館.

日本自然保護協会（2012）日本自然保護協会報告書 第 99 号

沼田　眞（編）（1996）景相生態学―ランドスケープ・エコロジー入門―. 朝倉書店.

根崎光男（2008）江戸の下肥流通と屎尿観. 人間環境論集 9(1)：1-21. 法政大学人間環境学会

農林水産省国際部国際経済課（2019）農林水産物輸出入概況（2018 年）より, あさり（活・生・蔵・凍）輸入量.https://www.maff.go.jp/j/tokei/kouhyou/kokusai/attach/pdf/houkoku_gaikyou-15.pdf（2020 年 12 月 5 日確認）

農林水産省農林水産技術会議事務局(2016)気候変動に対応した循環型食料生産等の確立のためのプロジェクト　水産分野における温暖化緩和技術の開発―地球温暖化が水産分野に与える影響評価と適応技術の開発―.

農林水産省農林水産技術会議事務局（2020a）カレイ類の生態系ネットワーク修復による資源回復に向けたガイドライン.

農林水産省農林水産技術会議事務局（2020b）生態系ネットワークの修復によるアワビ資源回復のためのガイドライン.https://www.affrc.maff.go.jp/docs/project/seika/2016/attach/pdf/seika2016-166.pdf（2020 年 12 月 5 日確認）

海苔 JAPAN（海苔で健康推進委員会）（2020）海苔の基礎講座.https://www.nori-japan.com/kisokouza/kiso-index.html（2020 年 12 月 5 日確認）

羽原又吉（1949）日本古代漁業経済史. 改造社.

羽原又吉（1963）漂海民. 岩波新書.

浜田　浩（1985）伊予国の島嶼土豪忽那氏と海賊衆の形成. 法政大学史学会.

原田信男（2010）日本人はなにを食べてきたか. 角川ソフィア文庫.

広島県立歴史博物館ウェブサイト. ふくやま草戸千軒ミュージアム学芸員だより第 3 回：草戸千軒が消滅した理由は？https://www.pref.hiroshima.lg.jp/site/rekishih/gakugei.html（2020 年 6 月 15 日確認）

広島市郷土資料館（2005）広島市郷土資料館調査報告書 第 18 集：54.

広島市郷土資料館（2013）干潟の恵み―カキとノリの物語―. 広島市郷土資料館.

藤倉克則，木村純一（2019）深海―極限の世界 生命と地球の謎に迫る―. ブルーバックス.

星野　昇（2017）北海道におけるブリの来遊状況. 北水試だより 94：1-4.

堀　正和（2012）海洋生態系の生態系サービス―閉鎖性水域の保全―.「海洋保全生態学」（白山義久，桜井泰憲，古谷　研，中原裕幸，松田裕之，加々美康彦 編）. 講談社.

堀　正和（2017）ブルーカーボンとは―海洋が有する二酸化炭素の隔離・貯留機能の特徴―.「ブルーカーボン―浅海における CO_2 隔離・貯留とその活用―」（堀　正和，桑江朝比呂 編）. 地人書館.

堀　正和，桑江朝比呂（編）（2017）ブルーカーボン―浅海における CO_2 隔離・貯留とその活用―. 地人書館.

前川　聡，山本朋範（2009）日本における海洋保護区の設定状況 2009―CBD2012MPA 目標の達成度評価と今後の課題―. WWF ジャパン.

牧野光琢（2012）漁業管理　社会科学の視点から.「海洋保全生態学」（白山義久，桜井泰憲，古谷　研，中原裕幸，松田裕之，加々美康彦 編）. 講談社.

松島義章（1984）日本列島における後氷期の浅海性貝類群集―特に環境変遷に伴う時間・空間的変遷―. 神奈川県立博物館研究報神奈川県立博物館研究報告　自然科学 15：37-109.
http://nh.kanagawa-museum.jp/files/data/pdf/bulletin/15/bull15_37-109_matsushima.pdf（2021 年 2 月 1 日確認）

松島義章（2012）貝が語る縄文海進〈増補版〉―南関東，+2℃の世界―. 有隣新書.

松田裕之，堀　正和（2010）海洋・沿岸域の生物多様性. 日本の科学者 45：546-551.

マルハニチロ・サーモンミュージアムウェブサイト. サケとブリの戦いがあった.
https://www.maruha-nichiro.co.jp/salmon/culture/01.html（2020 年 6 月 15 日確認）

三重県教育委員会（2012）海女習俗基礎調査報告書. 三重県教育委員会.

溝口常俊（2006）『鮫御役所日記』からみた天明飢饉と漁村―八戸藩の場合―. 立命館大学人文科学研究所紀要 87：161-178.

宮下　章（1974）ものと人間の文化史　11：海藻. 法政大学出版局.

宮下　章（2003）ものと人間の文化史　111：海苔. 法政大学出版局.

宮下　盛（2008）海面魚類養殖施設の歴史と網生簀式養殖. 水産技術 1：13-19

宮下　直，西廣　淳（2019）人と生態系のダイナミクス　第 1 巻：農地・草地の歴史と未来. 朝倉書店.

宮下　直，野田隆史（2003）群集生態学. 東京大学出版会.

宮下　直，井鷺裕司，千葉　聡（2012）生物多様性と生態学―遺伝子・種・生態系―. 朝倉書店.

宮本常一（2015）海に生きる人びと. 河出文庫.

宮本常一，川添　登（1974）日本の海洋民. 未来社.

村井基彦，藤原　奨，山中亮一ほか（2008）マルチエージェントモデルによる潮干狩り行動の数値シミュレーションに関する研究―「海の公園」における数値モデル―. 日本船舶海洋工学会論文集 8：1-8.

村上昌弘，山口勝己（1989）赤潮の毒性に関する研究の現状と課題. 水質汚濁研究 12(12)：757-762.

森　勝義（2006）水産増養殖システム　3：貝類・甲殻類・ウニ類・藻類. 恒星社厚生閣.

柳　哲雄（2010）里海創生論. 恒星社厚生閣.

柳　哲雄（2019）里海管理論―きれいで豊かで賑わいのある持続的な海―. 農林統計協会.

柳　哲雄（2020）持続可能な沿岸海域実現を目指した沿岸海域管理手法の開発. 国際エメックスセンター.

山北剛久（2016）沿岸における景観スケールの生物多様性（特集 沿岸漁場における生物多様性）. 海洋と生物 38(6)：681-686.

山北剛久（2017）アジアの海洋生物多様性 評価，海の生態系サービス評価の現状. 農村計画学会誌

361：25-28.

山北剛久，仲岡雅裕，山野博哉ほか（2020）環境研究総合推進費　戦略的研究開発領域課題（S-15）社会・生態システムの統合化による自然資本・生態系サービスの予測評価 PANCES Policy Brief No.3. http://pances.net/（2021 年 2 月 1 日確認）

山口　徹（2007）ベルソーブックス　029：沿岸漁業の歴史．成山堂書店．

山内清男（1964）日本先史時代概説.「日本原始美術　第 1 巻：縄紋式土器」（山内清男 編）．講談社．

山崎　誠，鴨志田正晃（編），水産増養殖関係研究推進会議養殖産業部会アワビ研究会（監修）（2018）アワビ類の生態に基づく資源管理・増殖．国立研究開発法人 水産研究・教育機構 増養殖研究所．

山本民次，花里孝幸（2015）海と湖の貧栄養化問題．地人書館．

山本裕規，吉木健吾，小松輝久ほか（2018）志津川湾における陸域―海域統合数値モデルによる持続可能な沿岸域環境実現のための最適養殖量の解析―．土木学会論文集 B2（海岸工学）74(2)：I _1279-I _1284.

湯本貴和（編），田島佳也，安渓遊地（責任編集）（2011）日本列島の三万五千年　人と自然の環境史　第 4 巻：島と海と森の環境史．文一総合出版．

吉田伸之，高村直助（編）（1992）商人と流通―近世から近代へ―．山川出版社．

吉田正人（2007）自然保護―その生態学と社会学―．地人書館．

吉成直樹（2011）琉球の成立―移住と交易の歴史―．南方新社．

るるぶ（2016）るるぶ.com　全国プール & ビーチ・海水浴場 2016. https://web.archive.org/web/20160816124240/http://www.rurubu.com/season/summer/umi（2016 年 8 月 10 日確認）

若菜　博（2004）近世日本における魚附林と物質循環（室蘭工業大学共通講座）．水資源・環境研究 17：53-62.

和船建造技術を後世に伝える会（2016）とやまの海と船．和船建造技術を後世に伝える会．

和田恵次（編）（2003）海洋ベントスの生態学．東海大学出版会．

用語索引

生物名索引

著者略歴

堀 正和
ほり まさ かず

1974 年　大阪府に生まれる
2003 年　北海道大学大学院水産科学研究科博士後期課程修了
現　在　水産研究・教育機構 水産資源研究所 グループ長
　　　　博士（水産科学）

山北 剛久
やま きた たけ ひさ

1982 年　千葉県に生まれる
2010 年　千葉大学大学院理学研究科博士後期課程修了
現　在　海洋研究開発機構 副主任研究員
　　　　博士（理学）

人と生態系のダイナミクス
4. 海の歴史と未来　　　　　　　　　　　　定価はカバーに表示

2021 年 4 月 5 日　初版第 1 刷
2022 年 8 月 10 日　　第 2 刷

著　者　堀　　　　正　　和
　　　　山　北　剛　久

発行者　朝　倉　誠　造

発行所　株式会社 朝　倉　書　店

東京都新宿区新小川町 6-29
郵便番号　　162-8707
電　話　03（3260）0141
FAX　03（3260）0180
https://www.asakura.co.jp

〈検印省略〉

© 2021 〈無断複写・転載を禁ず〉　　　　　　　教文堂・渡辺製本

ISBN 978-4-254-18544-7　C 3340　　　　Printed in Japan